LS 7

LAMBACHER SCHWEIZER

Mathematisches Unterrichtswerk
für das Gymnasium
Ausgabe Nordrhein-Westfalen

von
Prof. August Schmid
Prof. Dr. Ingo Weidig

erarbeitet von
Angelika Müller, Aachen
Dr. Wolfgang Riemer, Pulheim
Hartmut Schermuly, Wuppertal
Dr. Ingo Weidig, Landau
Dr. Peter Zimmermann, Speyer

Ernst Klett Verlag
Stuttgart Düsseldorf Leipzig

Bildquellenverzeichnis:

Alexander Weltatlas: S. 118 – Bavaria Bildagentur, Gauting: S. 41 (©SSI), S. 138 (Scholz), S. 141 (©Payson), S. 177 (Fiore) – Breithaupt & Sohn GmbH & Co. KG, Kassel: S. 220 links unten – Eppler: S. 172 – Ertel & Sohn, München: S. 220 links oben – Erzgebirgsmuseum, Annaberg: S. 191 – © M. C. Escher Foundation® – Baarn-Holland. All rights reserved: S. 222, 223 – Foto Marburg, Marburg: S. 163 – R. Grimmel, Stuttgart: S. 9 – Mauritius Bildagentur, Stuttgart: S. 36 (Rosenfeld) – Metzler Schulbuchverlag GmbH, Hannover, aus Mathematik hat Geschichte von Peter Mäder (S. 125): S. 52 – Jens Schacht, Düsseldorf: S. 21, 25, 27, 29, 35, 45, 49, 59, 60, 65, 72, 78, 79, 82, 86, 87, 93, 96, 146, 147, 149, 153, 168, 169, 177, 179, 188, 191, 226 – Ingmar Weidig, Freiburg: S. 159

Gedruckt auf Papier aus chlorfrei gebleichtem Zellstoff, säurefrei.

2. Auflage € A 2 12 | 2005 2004

Alle Drucke dieser Auflage können im Unterricht nebeneinander benutzt werden; sie sind im Wesentlichen untereinander unverändert. Die letzte Zahl bezeichnet das Jahr dieses Druckes.
Ab dem Druck 2000 ist diese Auflage auf die Währung EURO umgestellt. Zum überwiegenden Teil sind in den Aufgaben keine zahlenmäßige Veränderungen erfolgt. Die wenigen notwendigen Änderungen sind mit € gekennzeichnet. Lösungen und Hinweise zu diesen Aufgaben sind im Internet unter http://www.klett-verlag.de verfügbar.

Internetadresse: http://www.klett-verlag.de

Zeichnungen: U. Bartl, Weil der Stadt; R. Hungreder, Leinfelden; A. Ebert, Münster; Bertron & Schwarz, Tanja Diezmann und Ulrich Schwarz, Schwäbisch Gmünd
Umschlagsgestaltung: Alfred Marzell, Schwäbisch Gmünd
DTP-Satz: topset Computersatz, Nürtingen
Druck: SCHNITZER DRUCK GmbH, 71404 Korb

ISBN 3-12-730720-9

Inhaltsverzeichnis

Zum Aufbau des Buches

Jedes Kapitel umfasst:

- mehrere Lerneinheiten,
- Vermischte Aufgaben,
- eine Themenseite oder einen Lesetext,
- einen Rückblick.

- Zum Aufbau einer **Lerneinheit**:
  Jede Lerneinheit beginnt mit ein oder zwei **Einführungsaufgaben**, die jedoch nicht das Ergebnis der Lerneinheit vorwegnehmen. Sie stellen ein Angebot für den Unterricht dar und lassen so der Lehrerin/dem Lehrer methodische Freiheit.
  Es folgt, soweit notwendig, ein **Informationstext**, der Vorüberlegungen zusammenfasst und ggf. zusätzliche Informationen zum Lernziel gibt. In einem **„Kasten"** wird das Lernziel (Ergebnis) der Lerneinheit in einprägsamer Form angegeben. Ergänzende Informationen können folgen.
  In den anschließend vollständig bearbeiteten **Beispielen** werden Begriffsbildungen erläutert und wichtige mathematische Verfahren bzw. Aufgabentypen der Lerneinheiten vorgestellt. Diese Beispiele bieten den Schülerinnen und Schülern besondere Hilfen für das selbstständige Lösen von Aufgaben. Die in *kursiv* gegebenen Hinweise helfen, typische Fehler zu vermeiden und Schwierigkeiten zu bewältigen.
  Der **Aufgabenteil** bietet ein reichhaltiges Auswahlangebot. Die Aufgaben reichen von Routineaufgaben zum Einüben von Fertigkeiten und Darstellungsweisen über zahlreiche Aufgaben im mittleren Schwierigkeitsbereich bis zu schwierigen Aufgaben, die besondere Leistungen verlangen. Zahlreiche Aufgaben zu Sachsituationen helfen, Beziehungen zwischen Mathematik und ihren Anwendungen aufzuzeigen.
  Zur **Differenzierung**: Das gesamte Aufgabenmaterial ist nach steigendem Schwierigkeitsgrad geordnet. Besonders anspruchsvolle Aufgaben (bzw. auch Lerneinheiten) wurden mit einem * gekennzeichnet. Sie sind als Additum insbesondere für leistungsstärkere Schülerinnen und Schüler bzw. Lerngruppen gedacht.
  Wo es aufgrund der besseren Übersicht oder im Sinne eines schnelleren Zugriffs sinnvoll erscheint, werden die Aufgaben durch Zwischenüberschriften gegliedert. In diesen Fällen sind die Aufgaben innerhalb dieser Zwischenüberschriften nach steigendem Schwierigkeitsgrad geordnet.

- In den **Vermischten Aufgaben** gegen Ende des Kapitels werden zusätzliche Übungsaufgaben angeboten. Ferner finden sich dort Aufgaben, die Zusammenhänge zwischen den einzelnen Lerneinheiten des jeweiligen Kapitels herstellen.

- Als Ergänzungsangebot schließen sich Themenseiten oder Lesetexte an. Die **Themenseiten** sollen dazu dienen, Anwendungen der Inhalte des jeweiligen Kapitels in <u>einem</u> Kontext vorzustellen oder im Sinne einer mathematischen Exkursion ergänzende mathematische Fragen anzusprechen. Die **Lesetexte** sind als Anregung für Schülerinnen und Schüler gedacht, sich selbstständig lesend mit mathematischen Fragen auseinander zu setzen. Da das Ziel „lesen und verstehen" ist, enthalten diese Seiten keine Aufgaben.

- Den Abschluss jedes Kapitels bildet ein **Rückblick** im Umfang einer Doppelseite, in dem die zentralen Inhalte des gesamten Kapitels zusammengefasst und an Beispielen verdeutlicht werden. Auf der zweiten Seite werden Aufgaben zum Üben und Wiederholen bereitgestellt, die sich auf diese zentralen Inhalte beziehen. Zur Selbstkontrolle finden Schülerinnen und Schüler die Lösungen dieser Aufgaben am Ende des Buches.

I Zuordnungen

1 Zuordnungen

Preis \ Saison	Vorsaison A 1. Mai – 10. Juli	Hauptsaison B 11. Juli – 20. Aug.	Nachsaison C 21. Aug. – 15. Okt.
Basispreis für 2 Erwachsene und 1 bis 4 Kinder unter 18 Jahren	34,–	58,–	34,–
Zusätzlicher Erwachsener	7,50	7,50	7,50
Preisstufe 1	—	—	—
Preisstufe 2	2,50	2,50	2,50
Preisstufe 3	4,50	4,50	4,50
Preisstufe 4	6,50	6,50	6,50

Preise in € pro Übernachtung und Zelt mit kompletter Einrichtung.

1[€] Die Tabelle zeigt das Angebot eines Reiseveranstalters für eingerichtete Ferienzelte am Mittelmeer.
a) Wie viel € muss Familie Dietz für zwei Erwachsene und 3 Kinder bezahlen, wenn sie vom 11. Juli bis zum 26. Juli einschließlich einem Zelt der Preisstufe 3 bucht?
b) Wie viel € muss Familie Dietz bezahlen, wenn sie vom 5. bis zum 30. Juli fährt?
c) Kann Familie Dietz für 1000 € auch vom 10. bis zum 25. August fahren?

2 Bei Erwachsenen macht das Blut etwa $\frac{7}{100}$ des Körpergewichtes aus. Übertrage die Tabelle in dein Heft und fülle sie aus.

Körpergewicht	55 kg	60 kg	65 kg	70 kg	75 kg	80 kg
Gewicht des Blutes						

Heizölpreise:				
	501 *l* – 950 *l*	31,70 €	4501 *l* – 5500 *l*	21,90 €
	951 *l* – 1500 *l*	27,35 €	5501 *l* – 7500 *l*	21,70 €
	1501 *l* – 2500 *l*	24,70 €	7501 *l* – 9500 *l*	21,40 €
	2501 *l* – 3500 *l*	23,60 €	9501 *l* – 12500 *l*	21,25 €
	3501 *l* – 4500 *l*	22,35 €	12501 *l* – 15000 *l*	20,90 €

In der Preisliste wird jeder Abnahmemenge an Heizöl zwischen 501 *l* und 15 000 *l* ein Preis für 100 *l* **zugeordnet**. Man sagt: Durch die Tabelle wird eine **Zuordnung** *Abnahmemenge → Preis für 100 l* dargestellt.

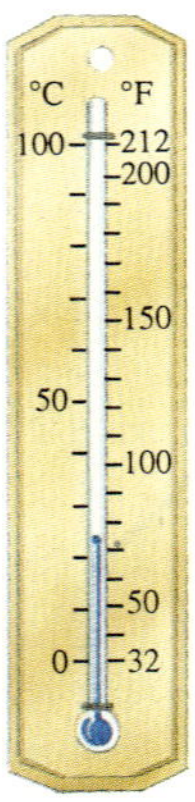

Zu jeder Temperaturangabe zwischen 0 °C und 100 °C (Grad Celsius) kann man an der Doppelskala des Thermometers eine Temperaturangabe in °F (Grad Fahrenheit) ablesen. Die Doppelskala liefert eine Zuordnung *Temperatur in °C → Temperatur in °F*.

Beispiel
Für einen Umzug mietet Familie Jung für einen Tag einen Transporter. Der Tagespreis beträgt 76,50 €. Jeder gefahrene km kostet zusätzlich 0,55 €. Lege eine Tabelle für die Zuordnung: *gefahrene Strecke → Kosten* an. Aus der Tabelle soll man die Kosten für Strecken zwischen 100 km und 300 km in Schritten von 50 km ablesen können.
Lösung:

gefahrene Strecke	100 km	150 km	200 km	250 km	300 km
Kosten	131,50 €	159 €	186,50 €	214 €	241,50 €

Aufgaben

3 a) Wie viel Euro muss man in einem Parkhaus bei einer Parkdauer von $2\frac{1}{2}$ h (3 h 11 min; 5 h 59 min) bezahlen?
b) Wie lange kann man für 5 € (6,50 €) parken?
c) Welche Zuordnung wird durch die Angaben auf dem Schild angegeben?

4 a) Wie viel cm^3 füllen 150 g Mehl aus?
b) Wie viel g wiegt $\frac{1}{8}\,l$ Mehl?
c) Wie viel g wiegen $250\,cm^3$ ($125\,cm^3$; $100\,cm^3$) Zucker?
d) Wie viel g wiegen $250\,cm^3$ ($125\,cm^3$; $100\,cm^3$) Mehl?
e) Wie viel g Mehl füllen den gleichen Raum aus wie 125 g Zucker?
f) Welche Größen kann man einander mit Hilfe des Messbechers zuordnen?

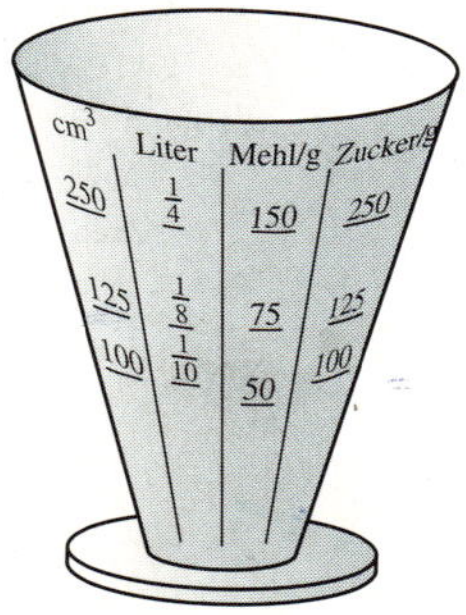

Fig. 1

5 a) Übertrage die Tabelle in dein Heft und vervollständige sie:

Luftdruck	720 mm	750 mm	
Luftdruck			1040 hPa

b) Welche Zuordnungen liefern die Skalen des Barometers?

Fig. 2
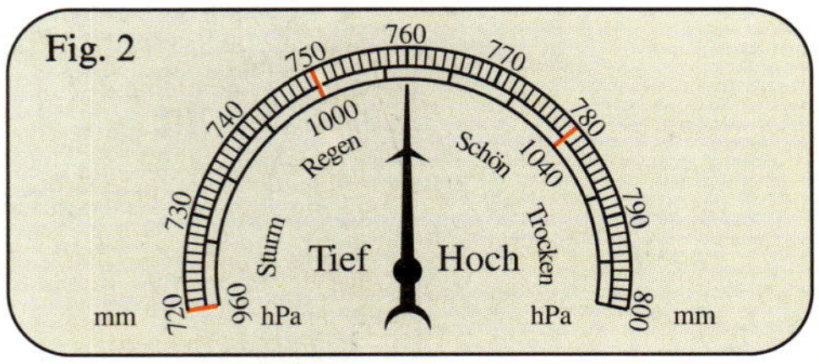

6€ An der Skala einer preisanzeigenden Waage kann man das Gewicht und den zugehörigen Preis einer Ware ablesen.
a) Wie viel Euro kosten 0,700 kg; 0,800 kg; 0,900 kg; 0,850 kg; 0,960 kg? (Fig. 3)
b) Herr Wiener zahlt 1,10 € (1,70 €; 1,45 €). Wie viel kg hat er gekauft? (Fig. 4)

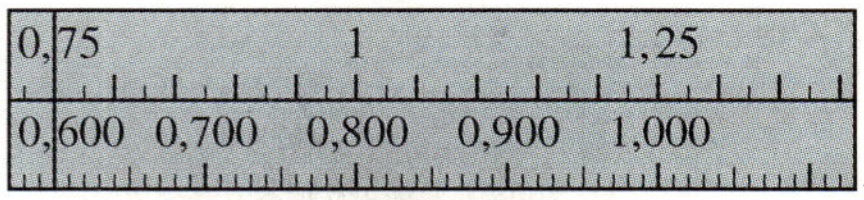

Fig. 3

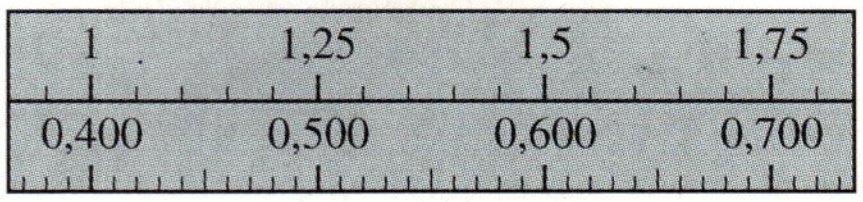

Fig. 4

7€ Kerstin lässt sich bei der Sparkasse eine Währungstabelle für den Urlaub geben.
a) Wie viel $ sind 5 € (9 €; 0,50 €)?
b) Wie viel Euro sind 2 $ (30 $)?
c) In der Tabelle sind 30 € nicht angegeben. Bestimme trotzdem, wie viel $ 30 € entsprechen.
d) Welche Zuordnungen sind durch die Währungstabelle dargestellt?

USA			
€	$	$	€
0,10	0,11	0,10	0,09
0,20	0,22	0,20	0,18
0,50	0,55	0,50	0,45
1,00	1,10	1,00	0,91
2,00	2,20	2,00	1,81
3,00	3,31	3,00	2,72
4,00	4,41	4,00	3,63
5,00	5,51	5,00	4,54
6,00	6,61	6,00	5,44
7,00	7,75	7,00	6,35
8,00	8,82	8,00	7,26
9,00	9,92	9,00	8,17
10,00	11,02	10,00	9,07
100,00	110,22	100,00	90,73

8€ a) Anna behauptet: „Ich brauche keine Währungstabelle für den US-Dollar. Wenn ich wissen will, wie viel Euro ein Pullover für 20 $ kostet, ziehe ich ein Zehntel ab."
Überprüfe Annas Behauptung an mindestens fünf Beispielen.
b) 1 € entspricht laut Tabelle 1,10 $; 10 € entsprechen 11,02 $, aber nicht $10 \cdot 1{,}10$ $.
Versuche dies zu erklären.

9 a) Ein Rad legt bei einer Umdrehung 0,4 m zurück. Fülle die Tabelle im Heft aus.

Anzahl Umdrehungen	1	2	3	5	10	20	100
Weglänge	0,4 m						

b) Welche Zuordnungen sind durch die Tabelle dargestellt?

10 Zur Ermittlung des „Normalgewichts“ eines Erwachsenen findet man häufig die Faustregel: „Körpergröße in cm minus 100 ergibt das Normalgewicht in kg.“
Lege eine Tabelle an, in die du das Normalgewicht für Körpergrößen zwischen 150 cm und 195 cm (in Schritten von jeweils 5 cm) einträgst.

11 a) Stelle für die Seitenlängen 2 cm, 4 cm, 6 cm, 8 cm, 10 cm eines Quadrates eine Zuordnungstabelle auf, aus der man den Flächeninhalt entnehmen kann.
b) Ein Quader hat eine quadratische Grundfläche mit der Seitenlänge 12,5 cm. Lege eine Tabelle für die Zuordnung *Höhe des Quaders → Oberflächeninhalt des Quaders* für Höhen zwischen 5 cm und 30 cm in Schritten von jeweils 5 cm an.
c) Verfahre mit der Zuordnung *Höhe des Quaders → Volumen des Quaders* wie in b).

12 Eine Straßenkarte trägt die Maßstabsangabe 1 : 200 000.
Fülle die Tabelle im Heft aus.

a)

Tatsächliche Entfernung	10 km	20 km	30 km	40 km	50 km	60 km	80 km	100 km
Entfernung auf der Karte								

b)

Entfernung auf der Karte	1 cm	1,5 cm	2 cm	2,5 cm	3 cm	3,5 cm	4 cm	5 cm
Tatsächliche Entfernung								

13 a) Lege eine Tabelle für die Zuordnung *Natürliche Zahl → Anzahl der Teiler* an. Man soll dieser Tabelle die Anzahl der Teiler für die natürlichen Zahlen 1 bis 30 entnehmen können.
b) Ein Teiler einer Zahl heißt echter Teiler, wenn er nicht gleich der Zahl ist. Lege eine Tabelle für die Zuordnung *Natürliche Zahl → Summe ihrer echten Teiler* an. Verfahre wie in a). Zahlen, die sich bei dieser Zuordnung selbst zugeordnet werden, heißen vollkommene Zahlen. Wie viele vollkommene Zahlen gibt es zwischen 1 und 30?

14 Das Morsealphabet ordnet jedem Großbuchstaben des Alphabets und den Ziffern eine Folge von kurzen und langen Signalen zu.
a) Mit Hilfe des Morsealphabets kann man jedem Wort eine Folge von Signalen zuordnen, wenn man zwischen zwei Signalen für einen Buchstaben eine Pause einfügt.
Ordne den Wörtern HAUS; MORSE die entsprechenden Signalfolgen zu.
b) Jeder Signalfolge, in der nur Zeichen des Morsealphabets vorkommen, lassen sich Buchstaben- und Wortfolgen zuordnen. Ordne die richtigen Wörter zu:

– – · – – ···· · – – · – – ·· – · –   ·· ··· –   – – · · ···· · ·· – – – · ·· ··· ··· – – – –   · – ·· · – ··

Morsealphabet

Buchstabe	Signal	Buchstabe	Signal
a	· –	n	– ·
ä	· – · –	o	– – –
b	– · · ·	ö	– – – ·
c	– · – ·	p	· – – ·
ch	– – – –	q	– – · –
d	– · ·	r	· – ·
e	·	s	· · ·
f	· · – ·	t	–
g	– – ·	u	· · –
h	· · · ·	ü	· · – –
i	· ·	v	· · · –
j	· – – –	w	· – –
k	– · –	x	– · · –
l	· – · ·	y	– · – –
m	– –	z	– – · ·

Knobelecke

15 Ein Restaurant bietet Hamburger, Pizza, Schnitzel und Salat an. Die Auswahl an Getränken ist mit Cola, Limo und Mineralwasser ebenfalls recht dürftig. Vier Freunde nerven den Kellner mit folgender Bestellung: Das gesamte Angebot soll auf den Tisch. Ines isst weder Hamburger noch Schnitzel. Peter bestellt Pizza, während Sabine gerne Hamburger oder Pizza isst und keinen Durst hat. Die guten Sitten verlangen, dass man zu Pizza kein Mineralwasser und zu Salat keine Cola trinkt. Welche „Menüs“ kann der Kellner den einzelnen Gästen zuordnen?

2 Graphen von Zuordnungen

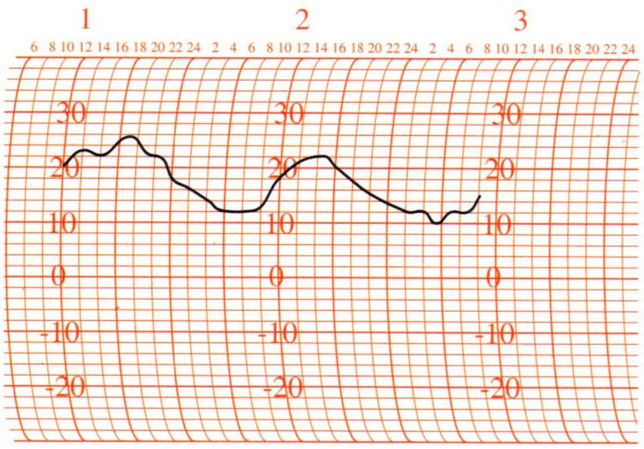

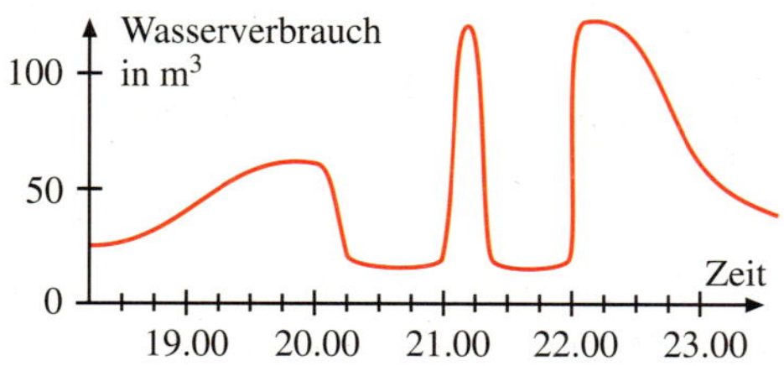

1 a) Der Temperaturverlauf wurde von einem Thermographen aufgezeichnet. Lies die Temperatur jeweils um 12 Uhr mittags (14 Uhr, 18 Uhr) ab.
b) Übertrage die Zuordnungstabelle in dein Heft und fülle sie mit den Werten vom ersten Tag aus.

Zeitpunkt (Uhr)	12	14	16	18	20
Temp. (in °C)					

c) Welchen Vorteil hat die grafische Darstellung einer Zuordnung gegenüber der Darstellung durch eine Tabelle?

2 Am Abend der Fernsehübertragung eines Fußballspiels wurde der Wasserverbrauch einer Kleinstadt aufgezeichnet.
a) Wann war die 1. Halbzeit zu Ende?
b) Wann endete das Spiel?
c) Wer hat gewonnen?

Auf der 1. Achse wird die 1. Größe bzw. der 1. Wert abgetragen, auf der 2. Achse die 2. Größe bzw. der 2. Wert.

In vielen Fällen ist eine grafische Darstellung einer Zuordnung übersichtlicher als die Darstellung durch eine Tabelle.
Wird durch die Zuordnung *Länge → Gewicht* der Länge 50 cm dem Gewicht 20 g zugeordnet, so gehört der Punkt P(50|20) in einem Achsenkreuz zum Graphen der Zuordnung.
Der **Graph der Zuordnung** besteht aus all den Punkten, die auf diese Weise aus Paaren einander zugeordneter Größen entstehen.

Beispiel 1

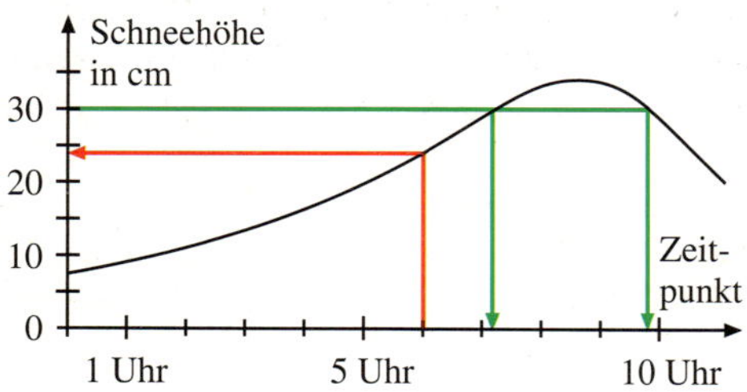

Der Graph gehört zu einer Zuordnung *Zeitpunkt → Schneehöhe in cm.*
a) Wie viel cm hoch lag der Schnee um 6 Uhr?
b) Um wie viel Uhr betrug die Schneehöhe 30 cm?

In Frage a) ist der 1. Wert gegeben. Deswegen beginnt der rote Pfeil auf der 1. Achse. Am Ende des roten Pfeils kannst du die Antwort auf Frage a) ablesen.
In Frage b) ist der 2. Wert gegeben. Daher beginnt der grüne Pfeil auf der 2. Achse. Er schneidet den Graphen zweimal. Daher gibt es zwei Lösungen.
Lösung:
a) Der Schnee lag um 6 Uhr ungefähr 25 cm hoch.
b) Die Schneehöhe betrug um 7.15 Uhr und um 9.55 Uhr 30 cm.

Beispiel 2

Ein Rohr wiegt 1,5 kg je m. Lege eine Zuordnungstabelle für Rohrlängen von 0 m bis 5 m an (Schrittweite 1 m). Zeichne den Graphen der Zuordnung *Rohrlänge ⟶ Gewicht.*
Wähle die Einteilung der Achsen so, dass alle in der Tabelle auftretenden Größen gut eingetragen werden können. Nimm auf der 1. Achse 1 cm für 1 m Rohrlänge, auf der 2. Achse 1 cm für 1 kg Gewicht. Trage die zu den Werten der Tabelle gehörenden Punkte in das Achsenkreuz ein. Da jedem Zwischenwert bei den Rohrlängen ein Gewicht zugeordnet werden kann, ist es sinnvoll, die eingezeichneten Punkte zu verbinden.
Lösung:

Rohrlänge in m	Gewicht in kg
0	0
1	1,5
2	3
3	4,5
4	6
5	7,5

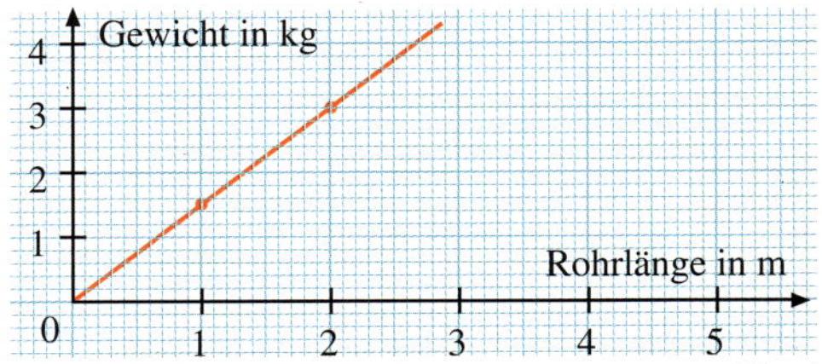

Fig. 1

Aufgaben

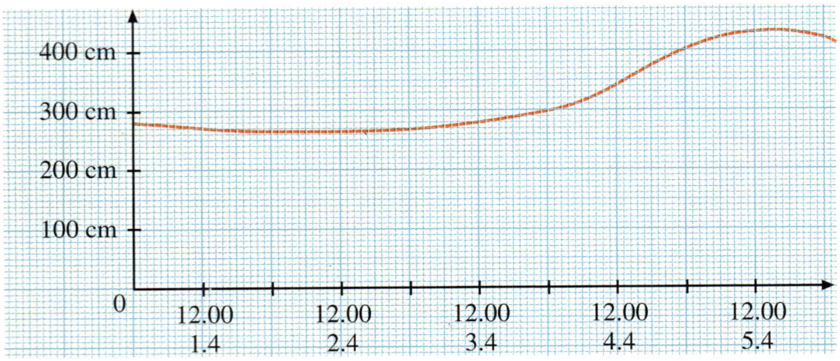

Fig. 2

3 Beim Kölner Pegel wird laufend der Wasserstand des Rheins aufgezeichnet. Man erhält damit den Graphen einer Zuordnung *Zeit ⟶ Wasserhöhe.*
a) Wie hoch war jeweils mittags um 12 Uhr der Wasserstand?
b) Wann betrug der Wasserstand 260 cm?
c) Wann war der Wasserstand am höchsten?
d) Wann stand das Wasser höher als 300 cm?

4 Stoff wird auf eine Rolle gewickelt. Lies an Fig. 3 ab:
a) Wie viel kg wiegt die leere Rolle?
b) Wie viel kg wiegen 5 m des Stoffes?
c) Wie viel m lang ist eine Bahn aus diesem Stoff mit einem Gewicht von 3 kg?

5€ a) Lies an Fig. 4 ab: Wie viel Euro kostet eine einfache Fahrt mit der DB in der 2. Klasse über eine Entfernung von 4 km (10 km; 11,8 km; 12 km; 13 km)?
b) Weshalb werden die Endpunkte der Strecken unterschiedlich gezeichnet?

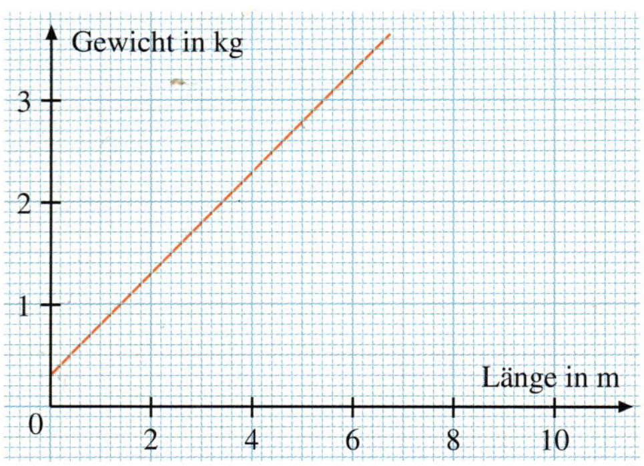

Fig. 3

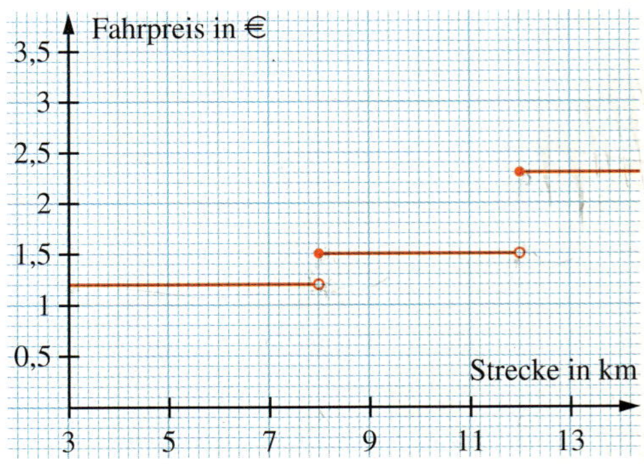

Fig. 4

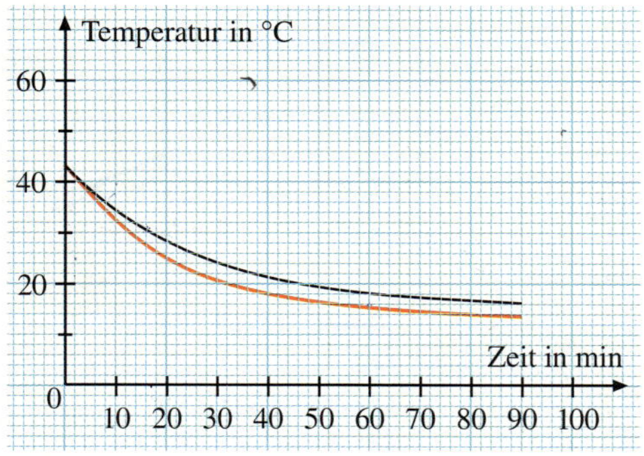

Fig. 1

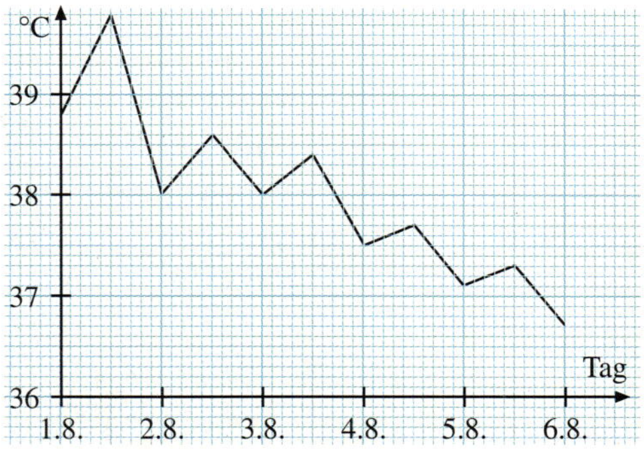

Fig. 2

6 In Fig. 1 zeigt der schwarze Graph die Abkühlung von heißem Wasser in einem Glas, der rote die Abkühlung in einem Aluminiumbecher.
a) Wie warm ist jeweils das Wasser nach 1 h?
b) Um wie viel Grad hat es sich in den ersten 10 min abgekühlt?
c) Dauert es genauso lange, bis das Wasser von 35 °C auf 30 °C abgekühlt ist, wie von 30 °C auf 25 °C?
d) Wie hoch ist die Raumtemperatur höchstens?

7 a) Bei Andreas wurde im Abstand von 12 Stunden die Körpertemperatur gemessen. Entspricht die „Fieberkurve“ in Fig. 2 dem tatsächlichen Temperaturverlauf?
b) Übertrage die „Messpunkte“ in ein Achsenkreuz und versuche, einen Graphen zu zeichnen, der dem tatsächlichen Temperaturverlauf entsprechen könnte.

8 a) 1 m^2 einer Papiersorte wiegt 80 g. Lege eine Tabelle für die Zuordnung *Flächeninhalt → Gewicht* für Flächen zwischen 1 m^2 und 10 m^2 mit einer Schrittweite von 1 m^2 an.
b) Trage die zu den Werten der Tabelle gehörenden Punkte in ein Achsenkreuz ein.
c) Warum ist es sinnvoll, die eingezeichneten Punkte zu verbinden?

9 Quadratische Teppichfliesen werden in verschiedenen Größen geliefert. Zeichne die Graphen der Zuordnungen *Fliesenzahl → Inhalt der ausgelegten Fläche* für Fliesen mit einer Kantenlänge von 50 cm (30 cm; 40 cm). Lege eine Tabelle für die Fliesenzahlen von 5 Stück bis 50 Stück in 5er-Schritten an.

10[€] Ein Kundendienst berechnet 20 € für die Anfahrt und 35 € je angefangene Arbeitsstunde. Zeichne den Graphen für die Zuordnung *Arbeitszeit → Kosten für Anfahrt und Arbeitslohn* für Arbeitszeiten zwischen 0,5 h und 5 h.

11 Zeichne die Graphen der Zuordnungen. Wähle die Einteilungen auf den Achsen möglichst geschickt. Fülle die Tabellen mit den abgelesenen Werten im Heft aus.

a)

Länge in m	1	2	3	4	5	1,5	2,4	3,7
Preis in €	1,20	2,40	3,60	4,80	6,00			

b)

Rauminhalt in l	20	40	60	80	10	30	50	70	90
Gewicht in kg	18	36	54	72					

12 Miss eine Stunde lang alle 5 min die Länge einer brennenden Kerze. Zeichne den Graphen der Zuordnung *Brennzeit → Kerzenlänge*. Nach welcher Brenndauer wird die Kerze abgebrannt sein?

3 Wachsende und fallende Zuordnungen

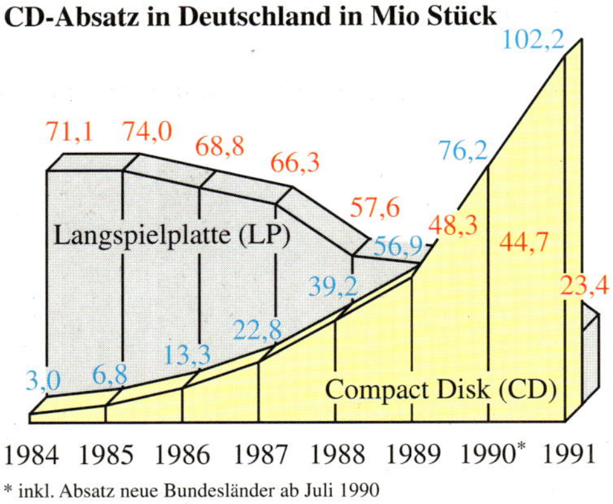

Fig. 1

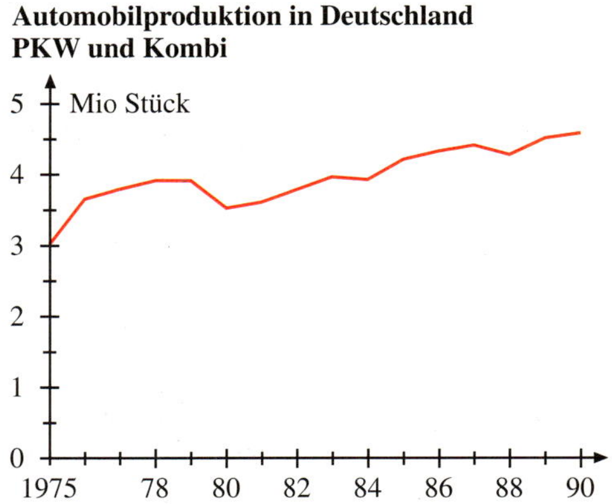

Fig. 2

1 Beschreibe die Zuordnungen in Fig. 1 und Fig. 2. Wie verhält sich jeweils die 2. Größe, wenn die 1. Größe zunimmt?

2 Welche Aussagen über eine Waschmaschine sind richtig?
a) Je länger sie gelaufen ist, desto mehr Wasser hat sie benötigt.
b) Je länger sie gelaufen ist, desto mehr Wasser befindet sich in der Maschine.
c) Je länger sie gelaufen ist, desto kürzer ist die Zeit, die sie noch laufen muss.

Eine Zuordnung heißt wachsend (fallend), wenn bei Zunahme der 1. Größe die 2. Größe zunimmt (abnimmt).

Beispiel

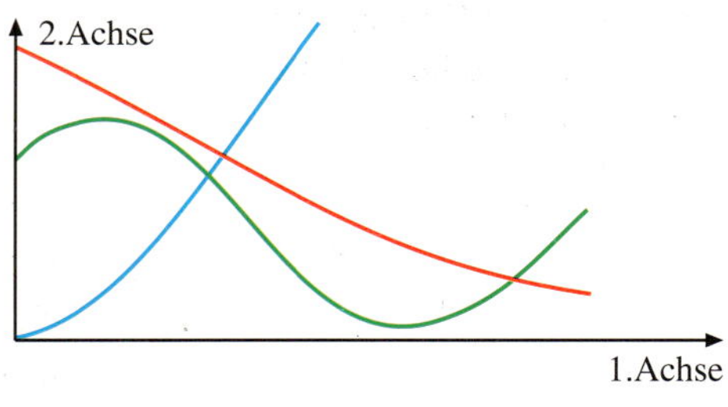

a) Welche der dargestellten Zuordnungen sind wachsend, welche fallend? Begründe deine Antworten.
b) Zum Graphen einer Zuordnung gehören die Punkte $P(2|3{,}5)$ und $Q(7|4{,}2)$. Kann die Zuordnung wachsend sein? Muss sie wachsend sein?

Lösung:
a) rot: fallend, denn wenn die Werte auf der 1. Achse zunehmen, dann nehmen sie auf der 2. Achse ab.
blau: wachsend, denn wenn die Werte auf der 1. Achse zunehmen, dann nehmen auch die Werte auf der 2. Achse zu.
grün: weder wachsend noch fallend, denn mit zunehmendem 1. Wert wächst zuerst der 2. Wert, danach fällt der 2. Wert.
b) Die Zuordnung kann wachsend sein, denn dem größeren 1. Wert ist ein größerer 2. Wert zugeordnet. Sie muss nicht wachsend sein; z. B. $R(3|6)$ könnte ein Zwischenpunkt sein.

Aufgaben

3 Von welchen Zuordnungen kann man sicher sagen, dass sie wachsend (fallend) sind?
a) *Alter → Größe beim Wachstum von Menschen*
b) *Zeit → Temperatur beim Abkühlen von heißem Kakao auf Zimmertemperatur*
c) *Bandlänge → Abspielzeit bei einem Kassettenrekorder*
d) *Fahrzeit → Tankinhalt bei einer langen Autofahrt*

4 Welche Tabellen können zu wachsenden oder zu fallenden Zuordnungen gehören? Begründe die Antworten.

a)

1. Wert	1	2	3	4	5
2. Wert	3	2,7	2,2	1,1	0,8

b)

1. Wert	1,1	1,2	1,3	1,4	1,5
2. Wert	3,1	4,8	4,9	4,1	5,2

c)

1. Wert	6	15	30	50	100
2. Wert	7,4	8,2	8,5	8,3	9,2

d)

1. Wert	2,6	3,5	4,1	5,2	6,3
2. Wert	111	122	167	239	415

(1)

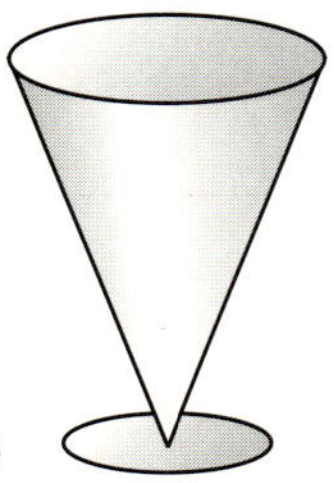
(2)

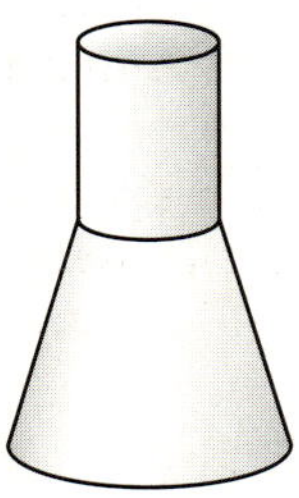
(3)

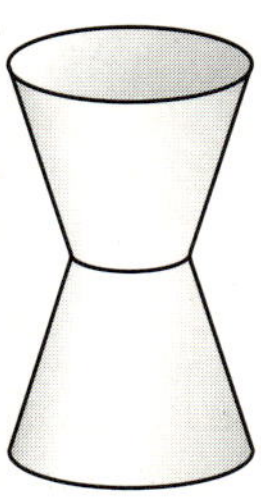
(4)

5 Die roten Punkte gehören zur Darstellung einer wachsenden Zuordnung.
a) Nenne drei weitere Punkte, deren 1. Koordinate zwischen 0,5 und 2 liegt, die zum Graphen der Zuordnung gehören können.
b) Welcher der Punkte R, S, T, U könnte zum Graphen gehören?

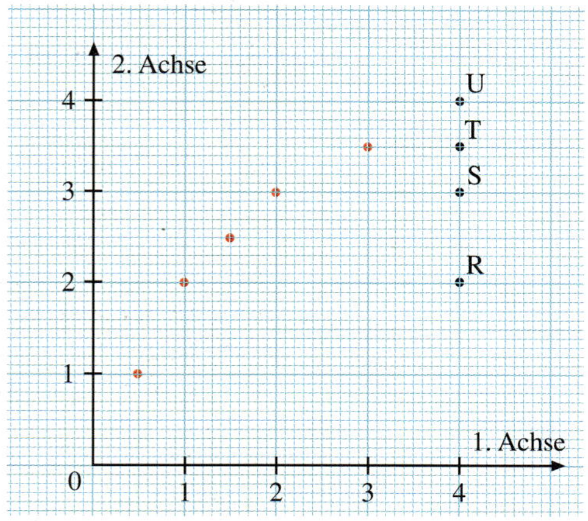

6 Ergänze die Tabelle in deinem Heft so, dass sie zu einer wachsenden Zuordnung gehören kann.

1. Wert	2,5	3,5	5,6		7,2	
2. Wert	1,3	2,6		5,1		6,3

7 Die Punkte P(0,5|10), Q(2|8), R(4|5,5), S(6,5|1,5) und T(8|0,5) gehören zum Graphen einer Zuordnung.
a) Trage die Punkte in ein Achsenkreuz ein.
b) Welche 2. Koordinate kann ein Punkt U haben, dessen 1. Koordinate 7 ist, wenn er zum Graphen der Zuordnung gehört und diese fallend ist?
c) Zeichne den Graphen einer fallenden und den Graphen einer nicht fallenden Zuordnung durch die Punkte P, Q, R, S und T.

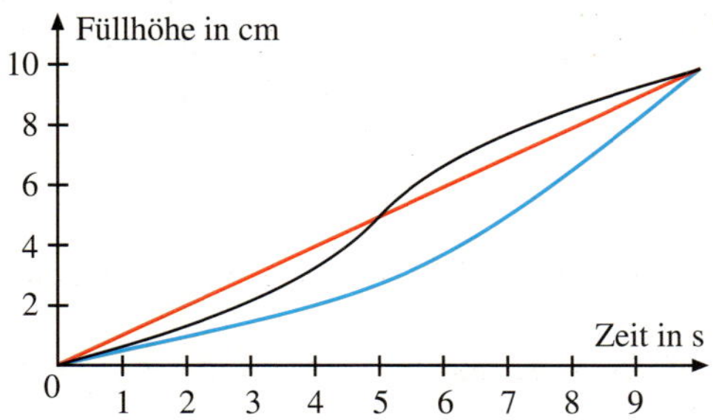

8 Die Graphen stellen die Zuordnung *Zeit → Füllhöhe* für die Gefäße auf dem Rand dar, wenn sie durch einen gleichmäßigen Zustrom gefüllt werden.
a) Welcher Graph gehört zu welchem Gefäß?
b) Alle diese Zuordnungen sind wachsend. Nenne Eigenschaften, durch die sich die Zuordnungen bzw. deren Graphen unterscheiden.
c) Zu einem Gefäß ist kein Graph gezeichnet. Skizziere den Verlauf des zugehörigen Graphen.

4 Proportionale Zuordnungen

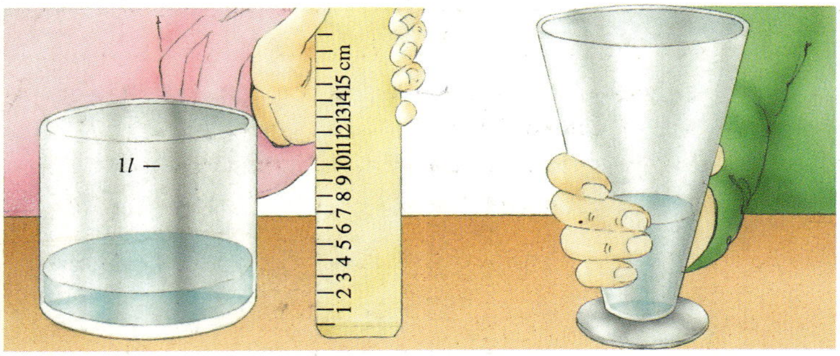

1 Anke und Sven haben je 0,2 *l* Wasser in das vor ihnen stehende Gefäß gefüllt.
a) Wie hoch steht das Wasser in Ankes Gefäß, wenn sie 0,4 *l* (0,8 *l*; 0,1 *l*) einfüllt?
b) Wie viel *l* Wasser sind in Ankes Gefäß, wenn es 1 cm (3 cm; 6 cm) hoch steht?
c) Warum kannst du die Fragen a) und b) für Svens Gefäß nicht beantworten?

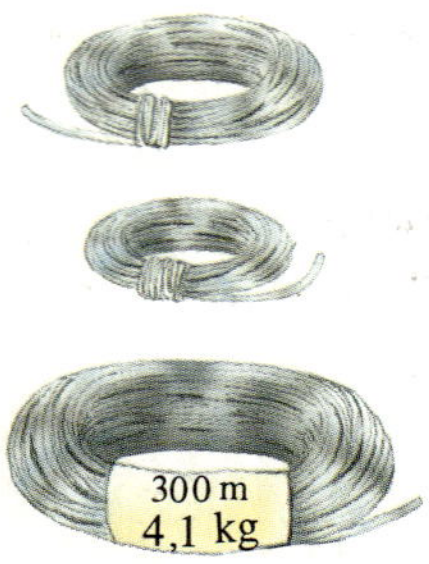

2 Eine Drahtrolle mit 100 m Draht wiegt 1,4 kg, eine zweite Drahtrolle mit 50 m Draht wiegt 0,7 kg, eine dritte Drahtrolle mit 300 m Draht wiegt 4,1 kg. Kann es sich bei allen drei Rollen um die gleiche Drahtsorte handeln?

Ein 1 m langes Stück einer Kabelsorte wiegt 250 g.
Die Zuordnung *Länge des Kabels → Gewicht des Kabels*
hat eine Eigenschaft, die es ermöglicht, das Gewicht von Kabelstücken mit anderer Länge als 1 m zu berechnen:
Dem Doppelten (Dreifachen, Vierfachen usw.) einer Länge in m ist stets das Doppelte (Dreifache, Vierfache usw.) des Gewichtes in g zugeordnet.

> Gehört bei einer Zuordnung
> zum Doppelten, zum Halben, . . ., zum r-fachen der 1. Größe,
> das Doppelte, die Hälfte, . . ., das r-fache der 2. Größe,
> so heißt die Zuordnung **proportionale Zuordnung**.

10 €	111 sKr
20 €	222 sKr
30 €	333 sKr
40 €	444 sKr
50 €	555 sKr
60 €	666 sKr
70 €	777 sKr
80 €	888 sKr
90 €	999 sKr
100 €	1110 sKr

Der Ausschnitt aus der Währungstabelle zeigt, dass 0,10 € 111 sKr (schwedische Kronen) entspricht. Die Zuordnung *Betrag in € → Betrag in sKr* ist proportional. 100 € entsprechen dem 100fachen des Wertes von 1 € und 70 € entsprechen dem 70fachen des Wertes von 1 €. Ebenso entsprechen 170 € dem 170fachen, dies ist aber auch die Summe aus dem 100fachen und dem 70fachen des Wertes, also 30 sKr + 21 sKr = 51 sKr.

Beispiel 1
Können die Tabellen zu proportionalen Zuordnungen gehören?

a)

1. Wert	1	2	3	4	5	6
2. Wert	6	12	18	24	30	36

b)

1. Wert	1	2	3	4	5	6
2. Wert	4	8	10	16	18	20

Lösung:
a) Die Tabelle kann zu einer proportionalen Zuordnung gehören, denn zum 2fachen, 3fachen, . . ., 6fachen der 1. Größe gehört das 2fache, 3fache, . . ., 6fache der 2. Größe.
b) Die Tabelle kann nicht zu einer proportionalen Zuordnung gehören, denn z. B. zur 1. Größe 2 gehört 8, aber zum 3fachen von 2, also 6, gehört nicht das 3fache von 8.

Beispiel 2
Die Tabelle gehört zu einer proportionalen Zuordnung. Übertrage sie in dein Heft. Ergänze sie. Rechne dabei möglichst geschickt.

1. Wert	3	1,5	4,5	6	7,5	9	13,5
2. Wert	0,46						

Die Zahlen 6 und 9 sind leicht zu bestimmende Vielfache von 3; 1,5 ist die Hälfte von 3. Die zugeordneten Zahlen sind dann die entsprechenden Vielfachen bzw. die Hälfte von 0,46. 4,5 ist die Summe von 3 und 1,5, also wird der 4,5 die Summe der Zahlen zugeordnet, die der 3 und der 1,5 zugeordnet werden. 7,5 ist die Summe aus 6 und 1,5, während 13,5 die Summe aus 9 und 4,5 ist.
Lösung:

1. Wert	3	1,5	4,5	6	7,5	9	13,5
2. Wert	0,46	0,23	0,69	0,92	1,15	1,38	2,07

Aufgaben

3 Welche Zuordnungen sind proportional? Begründe deine Antwort.
a) *Anzahl der Blätter → Höhe des Stapels* bei einem Stapel Schreibmaschinenpapier
b) *Dauer der Berieselung → Gewicht des Gemüseertrages* beim Betrieb einer Berieselungsanlage
c) *Seitenlänge → Umfang* bei Quadraten
d) *Seitenlänge → Flächeninhalt* bei Quadraten

4 Welche der folgenden Zuordnungen sind wachsend, welche sind proportional?
a) *Zeit → Temperatur des Wassers,* wenn Wasser in einem Kessel erhitzt wird
b) *Zeit → zurückgelegte Strecke* bei einer Autofahrt
c) *Gewicht der Zuckerrüben → Gewicht des hergestellten Zuckers*
d) *Alter → Körpergewicht eines Menschen* im Laufe seines Lebens
e) *Anzahl der Hausaufgaben → Zeit zum Anfertigen der Hausaufgaben*

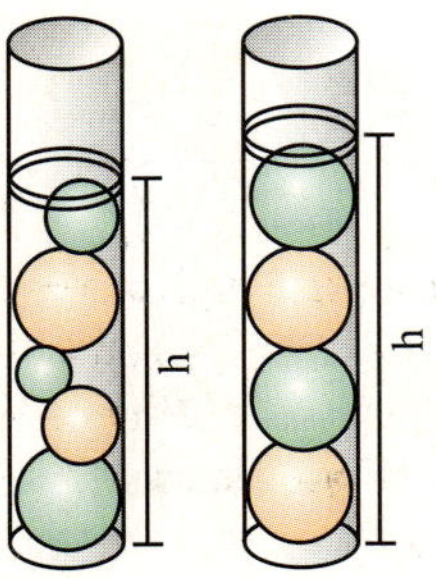

(1) (2)

5€ a) Begründe: Die Zuordnung *Gewicht des Packungsinhaltes → Preis der Packung* ist bei den Waschmittelpackungen nicht proportional.
b) 150 g Joghurt kosten 0,19 €; 250 g kosten 0,39 €. Ist die Zuordnung *Gewicht → Preis* proportional?
c) Welche Gründe kann es haben, dass diese Zuordnungen nicht proportional sind?

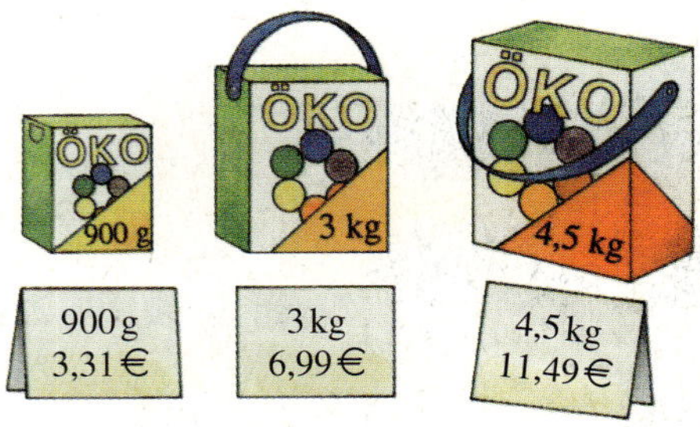

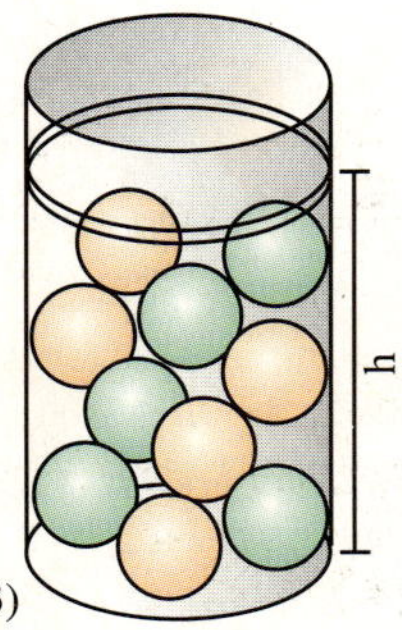

(3)

6 Unter welchen Voraussetzungen sind die folgenden Zuordnungen proportional?
a) *Öffnungszeit des Wasserhahns → Wasserhöhe,* wenn eine leere Wassertonne gefüllt wird
b) *Anzahl Schritte → zurückgelegte Strecke*
c) *Streckenlänge → Benzinverbrauch* bei einer Autofahrt
d) *Anzahl der Personen → Fahrtkosten*

7 Die Figuren auf dem Rand zeigen in Pappröhren verpackte Kugeln. Die verschiebbare Abdeckung soll die Kugeln schützen. In welchen der dargestellten Fälle ist die Zuordnung *Anzahl der Kugeln → Höhe der Abdeckung* proportional?

8 Können die Tabellen zu proportionalen Zuordnungen gehören? Begründe deine Antworten.

a)

1. Wert	1	2	3	4	5	6	7
2. Wert	7	14	21	28	35	42	49

b)

1. Wert	0,25	0,5	1	2,5	3	3,5
2. Wert	3	6	12	30	36	45

c)

1. Wert	3	6	12	36	45	72	96
2. Wert	0,5	1	2	6	7,5	14	16

d)

1. Wert	1,2	3,6	9,6	14,4	18	30
2. Wert	0,3	0,9	2,4	3,6	4,5	7,5

9 Die Tabellen gehören zu proportionalen Zuordnungen. Übertrage sie in dein Heft. Ergänze sie. Rechne dabei möglichst geschickt.

a)

1. Wert	1	3	4	7	8	11
2. Wert		6				

b)

1. Wert	2	4	12	16	28	36
2. Wert			42			

c)

1. Wert	3,5	7	10,5	14	28	35
2. Wert				44		

d)

1. Wert	0,02	0,05	0,1	0,5	1,0	8,5
2. Wert			125			

10€ Übertrage die Tabelle ins Heft. Ergänze sie.

a) Ein Becher Margarine kostet 0,69 €.

Anzahl der Becher	1	2	15	17
Preis in €	0,69			

b) 2 cm^3 Silber wiegen 21 g.

Rauminhalt in cm^3	2	4	6	28
Gewicht in g	21			

11 Die Angaben auf dem Marmeladenglas bedeuten, dass zur Herstellung von 100 g dieser Marmelade 50 g Früchte und 63 g Zucker verwendet wurden.

a) Wie viel g Zucker und wie viel g Früchte wurden zur Herstellung des Glasinhalts verwendet?

b) Daniel hat sich ein Brot mit 20 g dieser Marmelade bestrichen. Wie viel g Zucker und wie viel g Früchte wurden zur Herstellung dieser Portion Marmelade verwendet?

12 In 100 g eines Kakaos sind 1 mg Vitamin B_1, 10 mg Vitamin B_3 und 50 mg Vitamin C enthalten. Wie viel mg der Vitamine sind in 50 g, 200 g, 20 g, 70 g, 25 g, 95 g Kakao enthalten? Rechne möglichst geschickt.

13 Aus 1000 t Eisenerz werden in einem Hochofen 480 t Roheisen gewonnen. Wie viel t Roheisen kann man aus 5000 t (2500 t; 7500 t; 200 t; 7700 t; 7900 t) der gleichen Eisenerzqualität gewinnen?

14 Ein Nachrichtensatellit umkreist die Erde auf einer 266 000 km langen Kreisbahn. Seine Geschwindigkeit ist so groß, dass er scheinbar fest am Himmel steht. Wie groß ist die zurückgelegte Flugstrecke in 3 h (2 h; 5 h; 1 min; 1 s)?

15€ An einer Wurst ist ein Aufkleber angebracht: „12 € je kg; Gewicht 850 g".

a) Wie viel Euro kostet die Wurst?

b) Wie viel Euro kostet eine Wurst dieser Sorte, die 400 g (650 g; 950 g) wiegt?

5 Dreisatzrechnen mit proportionalen Zuordnungen

1 500 Blätter Papier wiegen 2500 g.
a) Wie viel g wiegen 750 (800; 123) Blätter der gleichen Sorte?
b) Wie viele Blätter wiegen 1000 g (125 g; 420 g)?

2[€] Vier Kinder haben gemeinsam einen Beutel Apfelsinen gekauft und unter sich aufgeteilt.
a) Jedes Kind soll seinen Anteil bezahlen. Wie viel Euro muss jedes einzelne Kind bezahlen?
b) Wie viel Euro kosten im Geschäft 4 (1000) dieser Apfelsinen?

Der Name Dreisatz für das Rechenschema kommt daher, dass drei Größen „gesetzt", d. h. gegeben sind und daraus die vierte Größe berechnet wird.

Ein Metallwürfel mit einem Rauminhalt von $64\,cm^3$ wiegt 192 g. Die Zuordnung *Rauminhalt → Gewicht* ist proportional. Daher kann man das Gewicht eines Würfels mit einem Rauminhalt von $27\,cm^3$ aus dem gleichen Material mit dem **Dreisatzschema für proportionale Zuordnungen** so bestimmen:

Text		Tabelle: Rauminhalt	Tabelle: Gewicht		Kurzform
$64\,cm^3$ wiegen 192 g.		$64\,cm^3$	192 g		$64\,cm^3 \mapsto 192\,g$
$1\,cm^3$ wiegt den 64. Teil:	: 64			: 64	
192 g : 64 = 3 g		$1\,cm^3$	3 g		$1\,cm^3 \mapsto 3\,g$
$27\,cm^3$ wiegen 27-mal so viel:	· 27			· 27	
3 g · 27 = 81 g		$27\,cm^3$	81 g		$27\,cm^3 \mapsto 81\,g$

Beispiel 1
5 kg Gießharz kosten 30 €. Wie viel Euro kosten 11 kg Gießharz?
1. Überlege, um welche Zuordnung es sich handelt und ob diese proportional ist.
2. Lege eine Kurztabelle mit drei Zeilen an; trage die erste und letzte Zeile ein (hier grün).
3. Suche dir eine „passende" Zwischengröße (hier 1 kg) auf der Seite der Tabelle, auf der schon zwei Größen eingetragen sind.
4. Berechne nun die fehlenden Größen (hier rot) mit dem Dreisatzschema.
Lösung:
Es handelt sich um eine Zuordnung *Gewicht → Preis.* Diese ist proportional, denn zum doppelten Gewicht gehört der doppelte Preis, usw.

Text		Tabelle: Gewicht	Tabelle: Preis		Kurzform
5 kg kosten 30 €.		5 kg	30 €		5 kg ↦ 30 €
	: 5			: 5	
1 kg kostet den fünften Teil.		1 kg	6 €		1 kg ↦ 6 €
	· 11			· 11	
11 kg kosten 11-mal so viel.		11 kg	66 €		11 kg ↦ 66 €

Ergebnis: 11 kg Gießharz kosten 66 €.

Beispiel 2
Rechne geschickt.
Eine Stange mit 50 Heftklammern ist 35 mm lang.
Wie lang ist eine Stange mit 30 Heftklammern?
Hier ist es nicht nötig, über die Einheit zu gehen.
50 und 30 haben den gemeinsamen Teiler 10, also kann man 10 als Zwischenwert nehmen.
Lösung:
Die Zuordnung *Anzahl → Länge* der Stange ist proportional.

Anzahl Klammern	Länge der Stange
50	35 mm
10	7 mm
30	21 mm

Ergebnis: Eine Stange mit 30 Heftklammern ist 21 mm lang.

Beispiel 3
Rechne geschickt.
Eine 1250 cm² große Holzplatte wiegt 950 g.
Wie viel g wiegt eine 2375 cm² große Holzplatte der gleichen Stärke?
Bei großen Zahlen ist es zweckmäßig, die Zwischenergebnisse als Brüche zu schreiben und den letzten Bruch möglichst vor dem Ausrechnen zu kürzen.

Lösung:
Die Zuordnung *Flächeninhalt → Gewicht* ist proportional.

Flächeninhalt	Gewicht
$1250\,\text{cm}^2$	950 g
$1\,\text{cm}^2$	$\frac{950}{1250}$ g
$2375\,\text{cm}^2$	$\frac{950 \cdot 2375}{1250}\,\text{g} = 1805\,\text{g}$

Ergebnis: Eine $2375\,\text{cm}^2$ große Holzplatte wiegt 1805 g.

Aufgaben

Achte beim Lösen der Aufgaben auf Rechenvorteile (vgl. Beispiel 2 und 3).

3 Beim Backen benötigt man für 5 kg Brot 4000 g Mehl. Wie viel g Mehl benötigt man für 3 kg Brot?

4€ 3 m Stoff für ein Kleid kosten 49 €. Wie viel Euro kosten 2 m Stoff vom gleichen Ballen?

5€ Ein Strauß mit 5 Nelken kostet 1,95 €. Wie viel Euro kosten 7 Nelken?

6 5 kg Wandfarbe sind mit $750\,\text{cm}^3$ Wasser zu verdünnen. Mit wie viel cm^3 Wasser muss man 3 kg verdünnen?

7 Ein Paket mit 5 kg Rasendünger reicht für $350\,\text{m}^2$ Rasen. Wie viel m^2 Rasen kann man mit 7 kg düngen?

8 Eine Arzneimittelfabrik füllt 90 *l* Hustensaft in 500 Flaschen ab. Wie viel *l* Hustensaft benötigt sie für 600 Flaschen der gleichen Größe?

9 a) Aus 100 g Möhren erhält man beim Pressen $25\,\text{cm}^3$ Saft. Wie viel cm^3 Saft erhält man aus 250 g Möhren?
b) Wie viel g Möhren braucht man zur Herstellung von 1 *l* Saft?

10 Für 4 Portionen Kartoffelsalat benötigt man 1 kg Kartoffeln. Wie viel kg Kartoffeln braucht man für 10 Portionen?

11 Ein Rasenmäher verbraucht in 20 min $150\,\text{cm}^3$ Benzin. Wie viel cm^3 Benzin verbraucht er in 50 min?

Vitamin C in 100 g je Fruchtsorte:

12 Mit unserer Nahrung sollten wir täglich mindestens 75 mg Vitamin C zu uns nehmen. Wie viel g musst du jeweils von einer der Fruchtsorten essen, um den täglichen Bedarf an Vitamin C damit abzudecken?

13 Eine Packung mit 125 g Bonbons enthält 30 Bonbons. Wie viele Bonbons enthält eine 400-g-Packung der gleichen Sorte?

14 60 Heftklammern wiegen 3 g. Wie viel g wiegen 80 Heftklammern?

15€ 1 kg Schrauben kostet 3,85 €. Wie viel Euro kosten 240 g dieser Schrauben?

16€ Brigitte tauscht bei einer Bank 250 € gegen 225 $ (US-Dollar). Wie viel $ hätte sie für 300 € bekommen?

17€ Sabine will 250 g Salami zu 3,10 € kaufen. Die Verkäuferin wiegt 15 g mehr ab. Wie viel Euro muss Sabine bezahlen?

18€ Sonja kauft 750 g Weintrauben, Alexander kauft 500 g. Zusammen zahlen sie 2,50 €.
a) Wie viel Euro muss jeder von ihnen bezahlen?
b) Wie viel g Weintrauben bekommt man für 1,60 €?

19 Ein Tintenstrahldrucker hat eine Druckleistung von bis zu 3 Seiten in 1 Minute.
a) Wie viel min braucht man mindestens zum Ausdruck von 20 Seiten?
b) Wie viele Seiten werden höchstens in 1 h gedruckt?
c) Der Drucker hat eine Auflösung von 300 dpi (dots per inch). Das bedeutet, dass er auf einer 1 inch (= 2,54 cm) langen waagerechten Linie 300 Punkte druckt. Eine DIN-A4-Seite ist 21 cm breit. Aus wie vielen Punkten besteht eine 21 cm lange waagerechte Linie?

100 g Haferflocken enthalten (Durchschnittswerte)

Eiweiß	15 g	Fett	8 g
Kohlenhydrate	65 g	Rohfaser	3 g
Mineralstoffe	2 g	Ballaststoffe	7 g

20 Berechne, wie viel g der einzelnen Bestandteile enthalten sind:
a) in einer 250-g-Packung,
b) in einem Teller mit 35 g Haferflocken.

21 Bei einem Unwetter fielen auf eine 900 cm^2 große Messfläche 180 cm^3 Regen. Wie viel Liter Regenwasser sind auf eine 5 km^2 große Ortschaft niedergegangen?

22 Zum Streichen eines 3 m × 4 m großen Fußbodens werden 3,6 kg Farbe benötigt. Wie viel kg Farbe braucht man für einen 4 m × 5 m großen Fußboden?

23 Ein quaderförmiger Holzklotz ist 30 cm lang, 12 cm breit und 15 cm hoch. Er wiegt 3,24 kg.
a) Wie viel kg wiegt ein Klotz aus gleichem Holz der Größe 15 cm × 15 cm × 12 cm?
b) Wie viel kg wiegt ein Würfel mit 15 cm Kantenlänge aus dem gleichen Holz?

Vorsicht!
Auf dieser Seite lassen sich nicht alle Aufgaben mit dem Dreisatz lösen. Manche Aufgaben lassen sich gar nicht lösen.

24 Eine Wasserpumpe fördert 10 *l* Wasser in 50 s. In wie viel s ist ein 15 *l* fassender Behälter gefüllt?

25 Ein Kanister ist mit 15 *l* Farbe gefüllt. Die Farbe wiegt 30 kg. Wie viel kg wiegen 12 *l* von dieser Farbe?

26 Tina, Marcella und Anna haben den gleichen Schulweg. Sie benötigen 15 min. Jetzt nehmen sie noch Sarah mit. Wie lange brauchen die Mädchen jetzt für ihren Schulweg?

27 100 g Nägel kosten 3,60 €. Wie viel Euro kosten 60 g von diesen Nägeln?

28€ In einer Konditorei kosten 150 g Pralinen 4,20 €. Wie viel Euro kosten 150 kg dieser Pralinen in der Konditorei?

29 Mit einem Überlaufgefäß kann man den Rauminhalt von Gegenständen bestimmen, die nicht quaderförmig sind.
Der Rauminhalt einer goldenen Figur ist 17,5 cm^3.
Die Figur wiegt 295 g.
1 cm^3 reines Gold wiegt 19,25 g.
Kann die Figur aus reinem Gold bestehen?

30 Aus einem Fenster kann man 300 m weit sehen. Wie weit kann man aus einem Doppelfenster sehen?

31 100 g Gebäck enthalten 435 Kalorien. Wie viel Kalorien enthalten 125 g dieses Gebäcks?

32 3 Eier werden 5 min lang gekocht. Wie lange muss man 7 Eier kochen, damit sie genauso weich sind?

33 3 Eier kosten 0,90 €. Wie viele Eier bekommt man für 1 €?

34 Beim Füllen eines Öltanks steigt der Ölspiegel im Tank gleichmäßig an. Nach 5 min steht er 30 cm hoch. Wie hoch steht er nach 13 min?

35 Wie viel Euro kostet eine 15er-Karte für das Freibad?

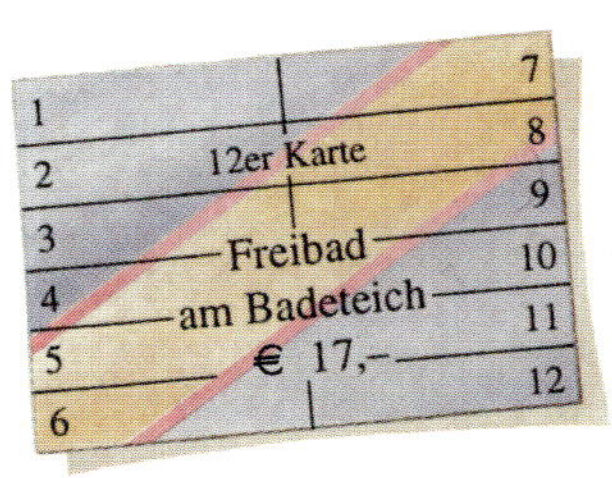

36 Für 400 m braucht ein guter Läufer 48 s. Wie lange braucht der gleiche Läufer bei gleichem Wetter für 12 000 m?

37 In einem Wald werden 15 m^3 Holz geschlagen. Wie oft muss ein Lkw, der 6 m^3 laden kann, zum Abtransport fahren?

38 Eine Kabeltrommel mit 50 m Kabel wiegt 6,5 kg; die gleiche Trommel mit 30 m Kabel wiegt 4,9 kg. Wie viel kg wiegt die Trommel ohne Kabel?

39 Vor zwei Tagen hat Nico 3-mal geniest, gestern 4-mal. Wie oft niest er heute?

6 Der Graph einer proportionalen Zuordnung

1 Die Tabelle gehört zu einer proportionalen Zuordnung *Zeit → Füllhöhe*.
a) Übertrage sie in dein Heft und fülle sie aus.
b) Trage die zugehörigen Punkte in ein Achsenkreuz ein.
c) Lies am Graphen ab, wie viel cm die Füllhöhe nach 35 min (42 min) beträgt.

Zeit in min	0	10	20	30	40	50	60
Füllhöhe in cm	0	5					

2 Fig. 1 zeigt den Graphen einer Zuordnung *Länge → Gewicht* für eine Kabelsorte.
Prüfe anhand der roten Punkte, ob die Zuordnung proportional sein kann.

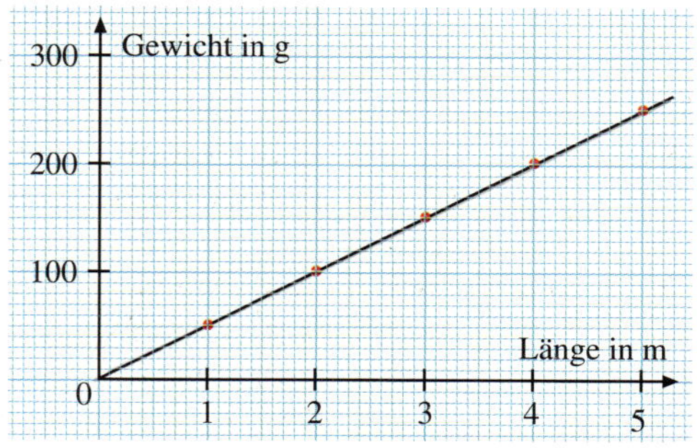

Fig. 2

Der Graph einer proportionalen Zuordnung ist besonders einfach zu zeichnen und zu erkennen:

> Die Punkte, die zum Graphen einer proportionalen Zuordnung gehören, liegen auf einer Halbgeraden.
> Die Halbgerade geht durch den Ursprung (0|0) des Achsenkreuzes.
> Die Halbgerade ist durch einen weiteren Punkt festgelegt.

Liegen die Punkte des Graphen einer Zuordnung auf einer Halbgeraden durch den Ursprung, so handelt es sich um eine proportionale Zuordnung. Auf diese Art wird häufig bei Messergebnissen untersucht, ob es sich um eine proportionale Zuordnung handeln kann.

Beispiel
Aus einem Brunnenrohr fließen in 2 min 1,5 *l* Wasser. Zeichne den Graphen der proportionalen Zuordnung
Zeit in min → Wassermenge in l.
Es genügt, einen Punkt der Zuordnung einzutragen und eine Halbgerade vom Ursprung durch diesen Punkt zu zeichnen.
Wähle einen Punkt, der möglichst leicht ins Achsenkreuz einzutragen ist, hier z. B. den Punkt (4|3).

Lösung:

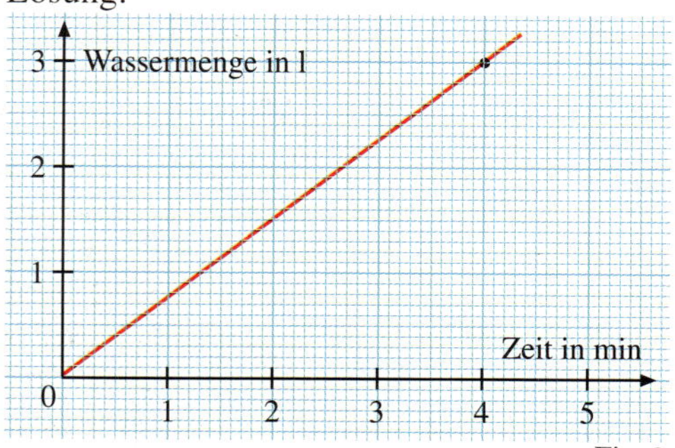

Fig. 3

3[€] 500 g Käse kosten 5,90 €.
a) Zeichne den Graphen der Zuordnung *Gewicht → Preis.*
b) Lies am Graphen ab, wie viel Euro 750 g (1300 g) kosten.
c) Überprüfe die Ergebnisse von b) durch eine Rechnung.

4 12 *l* Kleber wiegen 20 kg.
a) Zeichne den Graphen der Zuordnung *Rauminhalt → Gewicht.*
b) Lies am Graphen ab, wie viel kg 5 *l* (7 *l*; 17 *l*) Kleber dieser Sorte wiegen.
c) Lies am Graphen ab: In einem Eimer sind noch 8 kg Kleber. Wie viel *l* sind das?

5 Die Spitze des kleinen Zeigers einer Uhr legt in 12 h einen Weg von 7,5 cm zurück.
a) Zeichne den Graphen der Zuordnung *Zeit in h → zurückgelegter Weg in cm.*
b) Lies am Graphen ab: Welchen Weg legt die Zeigerspitze in 5 h (7 h) zurück?
c) Lies am Graphen ab: In welcher Zeit legt sie einen Weg von 3 cm (10 cm) zurück?

6 Susanne experimentiert an einem defekten Wasserhahn, der seit einiger Zeit gleichmäßig tropft. Sie stellt ein Gefäß unter den Wasserhahn und stellt nach 15 min fest, dass die Höhe des Wasserspiegels 35 cm beträgt.

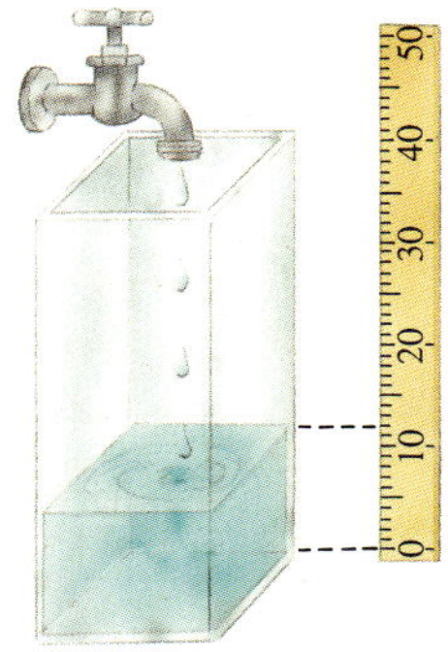

a) Zeichne den Graphen der Zuordnung *Zeit → Höhe des Wasserspiegels.*
b) Susanne ersetzt das Gefäß durch ein schmaleres, bei dem eine Seite der Grundfläche nur halb so lang ist, und führt wieder eine Messung durch.
Wie unterscheidet sich der Graph von dem Graphen in Aufgabe a)? Zeichne.
c) Wie verändern sich die Graphen aus a) und b), wenn aus dem Wasserhahn die doppelte (dreifache) Wassermenge in der gleichen Zeit tropft? Zeichne.

7 Ralf schneidet aus Pappe verschieden große Rechtecke aus. Er misst die Seitenlängen, berechnet den Flächeninhalt und wiegt dann die Rechtecke.
Die gefundenen Werte trägt er in ein Achsenkreuz ein.

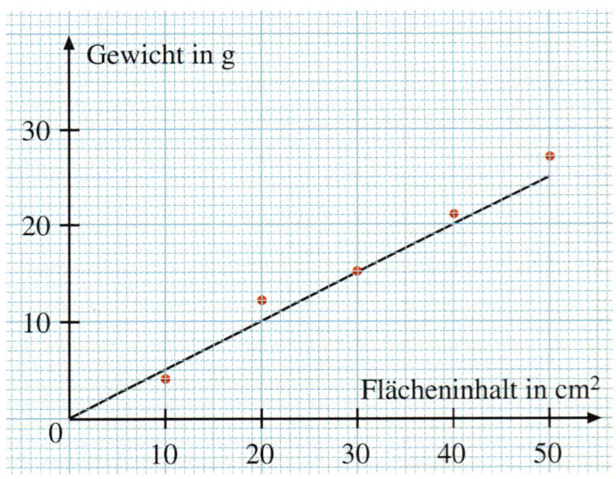

a) Ist die Zuordnung *Flächeninhalt → Gewicht* proportional?
b) Wie kommt es, dass die Punkte nicht alle auf einer Geraden liegen?
c) Nach welchem Gesichtspunkt wurde die schwarze Gerade gezeichnet?

8 Zur Prüfung einer Lieferung Torf wurden aus dem Ballen Proben herausgebohrt. Der Rauminhalt und das Gewicht der Proben wurden gemessen. Hier das Ergebnis der Messungen.

Rauminhalt in cm³	195	283	502	790	605
Gewicht in g	70	85	152	236	185

a) Zeichne die entsprechenden Punkte der Zuordnung *Rauminhalt → Gewicht* in ein Achsenkreuz mit geeignet eingeteilten Achsen.
b) Welches Gewicht hat eine 500-cm³-Probe ungefähr? Zeichne zur Beantwortung eine Halbgerade möglichst sinnvoll und lies dann die Antwort am Graphen ab. Welche Annahme über die Zuordnung *Rauminhalt → Gewicht* macht man bei diesem Verfahren?

7 Quotientengleichheit und Proportionalitätsfaktor

Fig. 1

Rauminhalt in cm^3	4	7	13	15
Gewicht in g	35,6	62,3	115,7	133,5

1€ a) Der Metzger fügt noch 200 g Hackfleisch hinzu. Welche Zahlen stehen dann in den Anzeigefeldern der Waage?
b) Der Metzger wiegt 368 g Koteletts für 2,36 € aus. Welche Zahlen müssen jetzt in den Anzeigefeldern stehen?

2 Die Tabelle gehört zu der Zuordnung *Rauminhalt* ⟶ *Gewicht* für Kupfer.
a) Wie viel g wiegt 1 cm^3 Kupfer?
b) Berechne für jedes Paar zugeordneter Größen den Quotienten aus der Maßzahl für das Gewicht und der Maßzahl für den Rauminhalt. Was fällt dir auf?

20 *l* Benzin kosten z. B. 16 €. Die Zuordnung *Rauminhalt* ⟶ *Preis* ist proportional.
1 *l* Benzin kostet also 16 € : 20 = 0,80 €. Auf die gleiche Art kann man den Preis für 1 *l* aus den anderen zu dieser Zuordnung gehörenden Größenpaaren berechnen. Daher müssen alle diese Quotienten untereinander gleich sein.
Bei einer proportionalen Zuordnung eignet sich der Quotient zweier zugeordneter Größen gut zum Vergleichen von Zuordnungen. Mit seiner Hilfe kann man auch leicht eine Zuordnungsvorschrift angeben. Bei der Zuordnung *Rauminhalt* ⟶ *Preis* ist dieser Quotient eine neue Größe (hier der **Literpreis**) mit der neuen Maßeinheit $\frac{€}{l}$ (gelesen € pro *l*).

Gerechnet wird so: $\frac{16\,€}{20\,l} = \frac{16}{20}\frac{€}{l} = 0{,}80\frac{€}{l}$

Der Quotient $q = 0{,}80\frac{€}{l}$ gibt den Literpreis an.

Deshalb kann man den Preis für x *l* so berechnen: $0{,}80\frac{€}{l} \cdot x\,l = 0{,}80 \cdot x\,€$.

proportio (lat.): das entsprechende Verhältnis

> Bei einer proportionalen Zuordnung sind die Quotienten zugeordneter Größen gleich.
> Der Quotient $\frac{\text{2. Größe}}{\text{1. Größe}}$
> heißt **Proportionalitätsfaktor**. Die Zuordnungsvorschrift mit dem Proportionalitätsfaktor q lautet $x \mapsto q \cdot x$.

Ist bei einer Bewegung die Zuordnung *Zeit* ⟶ *zurückgelegter Weg* proportional, so spricht man von einer **gleichförmigen Bewegung**. Der Proportionalitätsfaktor bei einer gleichförmigen Bewegung ist der Quotient $\frac{\text{Weg}}{\text{Zeit}}$. Er heißt Geschwindigkeit.
Häufig benutzte Maßeinheiten für Geschwindigkeit sind $\frac{m}{s}$ und $\frac{km}{h}$.
Viele Bewegungen verlaufen nicht gleichförmig. Ein 400-m-Läufer benötigt z. B. für die 400-m-Strecke 48 s. Dabei legt er diese Strecke sicher nicht gleichförmig zurück. In diesen Fällen nennt man den Quotienten aus Gesamtstrecke und Gesamtzeit die **Durchschnittsgeschwindigkeit**.

Beispiel 1

Überprüfe, ob die Tabelle zu einer proportionalen Zuordnung gehören kann.

Länge in m	3	5	8	12,5
Gewicht in kg	10,5	17,5	28	43,75

Berechne für alle Paare zugeordneter Größen den Quotient 2. Größe : 1. Größe (= Gewicht : Länge). Nur wenn alle diese Quotienten gleich sind, kann eine proportionale Zuordnung vorliegen.

Lösung:

Es gilt: $\frac{10{,}5}{3} = 3{,}5$; $\frac{17{,}5}{5} = 3{,}5$; $\frac{28}{8} = 3{,}5$; $\frac{43{,}75}{12{,}5} = 3{,}5$

Also kann die Tabelle zu einer proportionalen Zuordnung gehören.

Beispiel 2

Zum Streichen von $40\,m^2$ Wandfläche benötigt man 16 kg einer bestimmten Farbe.

a) Bestimme den Proportionalitätsfaktor für die Zuordnung *Wandfläche ⟶ Farbverbrauch.*

b) Bestimme die Zuordnungsvorschrift.

c) Wie viel kg dieser Farbe benötigt man zum Anstrich von $50\,m^2$ Wandfläche?

Lösung:

a) Der Proportionalitätsfaktor ist $q = \frac{16\,kg}{40\,m^2} = \frac{16}{40}\frac{kg}{m^2} = 0{,}4\frac{kg}{m^2}$.

Der Proportionalitätsfaktor gibt hier den Farbverbrauch in kg pro m^2 an.

b) Die Zuordnungsvorschrift lautet: $x \mapsto 0{,}4\frac{kg}{m^2} \cdot x$

c) $50\,m^2 \mapsto 0{,}4\frac{kg}{m^2} \cdot 50\,m^2 = 0{,}4 \cdot 50\,kg = 20\,kg$

Beispiel 3

Ein Sportler läuft 100 m in 9,9 s. Ein Mofa fährt mit einer Durchschnittsgeschwindigkeit von $35\frac{km}{h}$. Vergleiche die Durchschnittsgeschwindigkeiten.

Hier müssen die Maßeinheiten für die Geschwindigkeiten vereinheitlicht werden.

Lösung:

1. Möglichkeit: $35\frac{km}{h} = 35 \cdot \frac{1000\,m}{3600\,s} = 35 \cdot \frac{1}{3{,}6}\frac{m}{s} = \frac{35}{3{,}6}\frac{m}{s} \approx 9{,}7\frac{m}{s}$

Die Durchschnittsgeschwindigkeit des Läufers beträgt $\frac{100\,m}{9{,}9\,s} = \frac{100}{9{,}9}\frac{m}{s} \approx 10{,}1\frac{m}{s}$

2. Möglichkeit: $\frac{100\,m}{9{,}9\,s} = \frac{0{,}1}{\left(\frac{9{,}9}{3600}\right)}\frac{km}{h} = \frac{0{,}1 \cdot 3600}{9{,}9}\frac{km}{h} = \frac{360}{9{,}9}\frac{km}{h} \approx 36{,}4\frac{km}{h}$

Ergebnis: Der Läufer bewegt sich mit einer etwas größeren Durchschnittsgeschwindigkeit.

Aufgaben

3 Überprüfe, ob die Tabellen zu proportionalen Zuordnungen gehören.

a)

1. Wert	4	7	11	15	21
2. Wert	7,2	12,6	19,8	27	37,8

b)

1. Wert	6	9	10	18	25
2. Wert	13,8	20,7	25,2	41,4	57,5

4[€] Die Tabellen gehören zu proportionalen Zuordnungen.

Gewicht	Preis
0,5 kg	0,75 €
1,2 kg	
4,3 kg	

Zeit	Volumen
10 s	5 *l*
8 s	
25 s	

Länge	Gewicht
5 m	43 kg
3,8 m	
6,2 m	

a) Übertrage die Tabellen in dein Heft. Bestimme jeweils den Proportionalitätsfaktor und die Zuordnungsvorschrift.

b) Berechne die fehlenden Größen mit Hilfe des entsprechenden Proportionalitätsfaktors.

5 Gib die Geschwindigkeiten in $\frac{\text{m}}{\text{s}}$ an.

a) $38\,\frac{\text{km}}{\text{h}}$ b) $0{,}7\,\frac{\text{km}}{\text{h}}$ c) $47\,\frac{\text{m}}{\text{h}}$ d) $15\,\frac{\text{km}}{\text{s}}$ e) $\frac{3}{5}\,\frac{\text{km}}{\text{h}}$

6 Bei den olympischen Spielen 1992 in Barcelona wurden über die Laufstrecken folgende Ergebnisse erzielt.

Distanz	100 m	200 m	400 m	800 m
Männer	9,96 s	20,01 s	43,50 s	1:43,66 min
Frauen	10,82 s	21,81 s	48,83 s	1:55,54 min

Gib die Durchschnittsgeschwindigkeit in $\frac{\text{km}}{\text{h}}$ an.

7 Für eine Materialprüfung werden einer Betonmauer 5 Gesteinsproben entnommen und jeweils der Rauminhalt und das Gewicht der Probe bestimmt.

Rauminhalt in cm^3	96	163	72	248	362
Gewicht in g	171	294	130	446	652

a) Prüfe, ob die Zuordnung *Rauminhalt → Gewicht* annähernd proportional ist.
b) Was bedeutet es, wenn bei solchen Proben die Zuordnung *Rauminhalt → Gewicht* annähernd proportional ist? Welche Auskunft gibt in solchen Fällen der Proportionalitätsfaktor?

8 Von verschiedenen Materialien werden Proben genommen. Messungen ergaben folgende Ergebnisse:

Probe	I	II	III	IV	V
Rauminhalt in cm^3	67	93	112	84	102
Gewicht in g	120,6	223,2	268,8	151,2	244,8

Welche Proben können aus dem gleichen Material sein?

9€ Gibt man das Gewicht einer Ware in kg an, so wird der Quotient $\frac{\text{Preis}}{\text{Gewicht}}$ auch kg-Preis genannt.
a) Vergleiche die Preise der verschiedenen Käsesorten, indem du die kg-Preise berechnest.
b) Wie viel Euro kosten 347 g von jeder dieser Käsesorten?

10 Ein Wasserhahn liefert 5 *l* Wasser in 10 s. Bestimme die Zuflussgeschwindigkeit $\frac{\text{Rauminhalt}}{\text{Zeit}}$ in $\frac{\text{m}^3}{\text{h}}$.

11 Hängt man Gewichte an eine Schraubenfeder, so dehnt sie sich aus. Ein Experiment ergab:

Gewicht in g	10	15	25	40	55	60	65
Ausdehnung in cm	3,7	5,6	9,3	14,8	20,4	22,2	24,1

a) Die Zuordnung *Gewicht → Ausdehnung für diese Feder* ist proportional. Begründe dies.
b) Wie lautet die Zuordnungsvorschrift für die Zuordnung *Gewicht → Ausdehnung* dieser Feder?

8 Antiproportionale Zuordnungen

1 a) Bestimme die Größe des Winkels zwischen aufeinander folgenden Speichen des Rades.
b) Wie groß ist der Winkel zwischen den Speichen, wenn ein Rad 24 (36; 6; 4) Speichen hat?
c) Wie viele Speichen muss man in ein Rad einziehen, wenn der Winkel zwischen zwei Speichen 30° (10°; 15°; 45°) betragen soll?

2 Für ein Sportfest sollen von Schülern 2400 Reklamezettel verteilt werden.
a) Wie viele Zettel muss jeder Schüler verteilen, wenn 10 (20; 30; 15) Schüler gleich viele Zettel nehmen?
b) Wie viele Schüler braucht man, wenn jeder 100 (200; 50; 150) Zettel verteilen soll?

Zersägt man eine Holzleiste in 6 gleich lange Stücke, so ist jedes Stück 30 cm lang.
Die Zuordnung *Anzahl der Stücke → Länge der Stücke* hat besondere Eigenschaften, die es ermöglichen, die Länge der Stücke auch bei anderen Anzahlen als 6 Stück zu berechnen. Dem Doppelten (Dreifachen, Vierfachen usw.) der Stückzahl ist die Hälfte (ein Drittel, ein Viertel usw.) der Länge der Stücke zugeordnet.

> Gehört bei einer Zuordnung
> zum Doppelten, zum Halben, . . . , zum r-fachen der 1. Größe
> die Hälfte, das Doppelte, . . . , der r-te Teil der 2. Größe,
> so heißt sie **antiproportionale Zuordnung**.

Beispiel 1
Marc hat mit jeweils gleich vielen Memory-Karten Rechtecke gelegt und die Ergebnisse in der Tabelle zusammengestellt. Ist die Zuordnung *Anzahl der Karten in einer Reihe → Anzahl der Reihen* antiproportional?

Anzahl der Karten in einer Reihe	6	12	3
Anzahl der Reihen	4	2	8

Lösung:
Legt Marc statt 6 Karten doppelt so viele in eine Reihe, so erhält er halb so viele Reihen; legt er halb so viele in eine Reihe, so erhält er doppelt so viele Reihen. Die Zuordnung ist antiproportional.

Beispiel 2
Kann die Tabelle zu einer antiproportionalen Zuordnung gehören?

1. Wert	10	20	40	60	80	90
2. Wert	90	80	60	40	20	10

Lösung:
Die Tabelle kann nicht zu einer antiproportionalen Zuordnung gehören, denn z. B. zum 1. Wert 10 gehört der 2. Wert 90, zum Doppelten von 10 gehört aber nicht die Hälfte von 90.

Beispiel 3
Die Tabelle gehört zu einer antiproportionalen Zuordnung. Bestimme die fehlenden Werte.

1. Wert	4	6	8	12	16	24
2. Wert			15			

Die Hälfte von 8 ist 4, die Werte 12, 16 und 24 sind Vielfache von 4.
Die zugeordneten Werte sind daher bei 4 das Doppelte von 15, also 30; bei 12, 16 und 24 die entsprechenden Teile von 30.
Den Wert, der 6 zugeordnet ist, kann man aus dem Wert berechnen, der der 12 zugeordnet ist.
Lösung:

1. Wert	4	6	8	12	16	24
2. Wert	30	20	15	10	7,5	5

Aufgaben

Wenn eine Zuordnung nicht proportional ist, dann muss sie nicht antiproportional sein!

3 Welche der Zuordnungen sind nicht proportional? Sind sie antiproportional? Begründe deine Antwort.
a) *Anzahl der Lastwagen → Anzahl der Fahrten pro Lastwagen* beim Abtransport einer großen Schutthalde
b) *Gewicht eines Briefes → Porto für einen Brief*
c) *Entfernung eines Läufers vom Start → Entfernung zum Ziel* bei einem 100-m-Lauf
d) *Schnittbreite eines Rasenmähers → Dauer zum Mähen eines Sportplatzes*
e) *Geldbetrag → Anzahl der dafür mindestens benötigten Münzen*

4 Welche der Zuordnungen sind fallend, welche sind antiproportional?
a) *Umfang eines Rades → Anzahl der benötigten Umdrehungen,* um eine Strecke von 100 m Länge zurückzulegen
b) *Rauminhalt der Gläser → Anzahl der Gläser,* die man mit einem Saftvorrat füllen kann
c) *Anzahl der vergangenen Tage eines Monats → Anzahl der Resttage eines Monats*
d) *Dicke der Brotscheiben → Anzahl der Brotscheiben* beim Aufschneiden eines Toastbrotes
e) *Dauer einer Fernsehsendung → Anzahl der eingeschlafenen Zuschauer*

5€ a) In einem Blumengeschäft werden Rosen zu 1,25 € das Stück angeboten. Wie viel Euro kostet ein Strauß mit 15 (20; 25; 30) Rosen?
Um welche Art von Zuordnung handelt es sich bei der Zuordnung *Anzahl der Rosen → Preis des Straußes*?
b) Die Belegschaft einer Firma hat zum Jubiläum einer Kollegin einen Blumenstrauß für 30 € bestellt. Wie viel Euro muss jeder bezahlen, wenn sich 15 (20; 25; 30) Personen zu gleichen Teilen an den Kosten beteiligen?
Um welche Art der Zuordnung handelt es sich bei der Zuordnung *Anzahl der Personen → Kosten pro Person*?

6 Unter welchen Voraussetzungen sind die folgenden Zuordnungen antiproportional?
a) *Schrittlänge → Zahl der Schritte* beim Abschreiten einer 100-m-Strecke
b) *Zahl der eingesetzten Stanzmaschinen → Dauer* zum Stanzen von 5000 Stück
c) *Zahl der Arbeiter → Dauer* der Erledigung des Auftrags
d) *Anzahl der geöffneten Leitungen → Füllzeit* beim Füllen eines Behälters durch mehrere Leitungen

7 Können die Tabellen zu antiproportionalen Zuordnungen gehören? Begründe deine Antworten.

a)

1. Wert	1	2	3	4	6	8
2. Wert	48	24	16	12	8	6

b)

1. Wert	1	3	9	15	45
2. Wert	45	15	6	3	1

c)

1. Wert	1	2	4	8	16	32
2. Wert	144	72	36	18	9	3

d)

1. Wert	2,5	5	7,5	10	15
2. Wert	60	30	20	15	10

8 Die folgenden Tabellen gehören zu antiproportionalen Zuordnungen. Übertrage sie ins Heft; bestimme die fehlenden Werte.

a)

1. Wert	1	3	6	7	14	21
2. Wert	42					

b)

1. Wert	3	15	21	42	45
2. Wert		14			

c)

1. Wert	2,5	5	10	12,5	25	40
2. Wert				4		

d)

1. Wert	3	4	6	8	24
2. Wert		15			

9 Von einer Rolle Bindfaden kann man 45 Stücke von je 60 cm Länge abschneiden. Trage in die Tabelle für die Zuordnung *Anzahl der Stücke → Länge eines Stückes* ein, wie viele Stücke der Länge 30 cm; 45 cm; 90 cm; 1,35 m; 1,50 m man von einer solche Rolle abschneiden kann.

10[€] Die Wanderkasse einer Jugendgruppe enthält 860 €.
a) Wie viel Euro kann die Jugendgruppe täglich ausgeben, wenn sie 4 (6; 8; 10; 12; 15; 16) Tage unterwegs ist? Stelle die Ergebnisse in einer Tabelle zusammen.
Ist die Zuordnung *Anzahl der Tage → € pro Tag* antiproportional?
b) Für wie viele Tage reicht das Geld bei täglichen Ausgaben von 40 € (60 €; 120 €)? Stelle die Ergebnisse in einer Tabelle zusammen.
Ist die Zuordnung *€ pro Tag → Anzahl der Tage* antiproportional?

11 Eine rechteckige Terrasse mit den angegebenen Maßen soll mit quadratischen Platten belegt werden. Es stehen Platten mit Seitenlängen von 50 cm; 40 cm; 25 cm; 20 cm und 10 cm zur Verfügung.
Übertrage die Tabellen in dein Heft, prüfe die schon eingetragenen Werte. Fülle die Tabellen vollständig aus.
Überprüfe, ob es sich um antiproportionale Zuordnungen handelt.

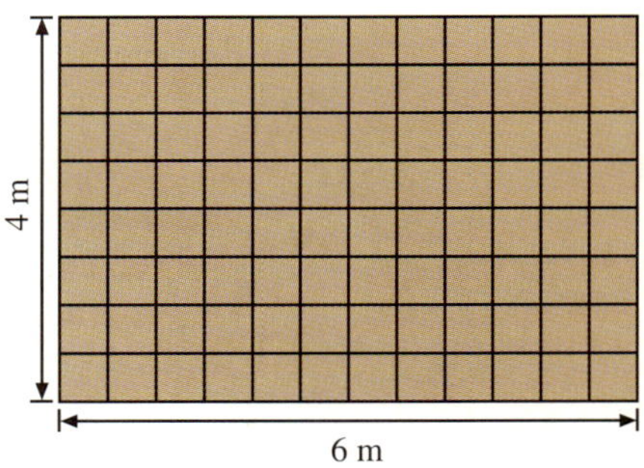

a)

Seitenlänge der Platten	50 cm	40 cm	25 cm	20 cm	10 cm
Anzahl der benötigten Platten	96				

b)

Flächeninhalt der Platten	2500 cm²	1600 cm²	cm²	cm²	cm²
Anzahl der benötigten Platten	96				

12 Was soll der Werbespruch des Gartenmarktes aussagen? Welche Zuordnung *Zahl der Pflanzen →* ☐ könnte gemeint sein? Welche Eigenschaft soll sie haben?

9 Dreisatzrechnen mit antiproportionalen Zuordnungen

1 Die abgebildeten Ordner sind je 8 cm breit.
a) Wie viele 5 cm breite Ordner benötigen denselben Platz?
b) Es sollen 16 gleich breite Ringbücher auf denselben Platz gestellt werden. Wie dick dürfen diese dann sein?

2 Joghurt wird in 20 Becher zu je 150 g abgefüllt. Wie viele 250-g-Becher kann man mit der gleichen Menge füllen?

Ein Sandkuchen wird in 16 Scheiben von 2,5 cm Dicke aufgeschnitten. Die Zuordnung *Dicke der Scheiben → Anzahl der Scheiben* ist antiproportional. Daher kann man die Anzahl der Scheiben bei einer Dicke von 2 cm mit dem
Dreisatzschema für antiproportionale Zuordnungen so bestimmen:

		Dicke	Anzahl		**Kurzform**
2,5 cm dicke Scheiben ergeben 16 Stück.		2,5 cm	16		2,5 cm ↦ 16 Scheiben
Schneidet man 1 cm dicke Scheiben, so erhält man 2,5-mal so viele Scheiben:	: 2,5			· 2,5	
16 Scheiben · 2,5 = 40 Scheiben		1 cm	40		1 cm ↦ 40 Scheiben
Schneidet man 2 cm dicke Scheiben, so erhält man halb so viele Scheiben:	· 2			: 2	
40 Scheiben : 2 = 20 Scheiben		2 cm	20		2 cm ↦ 20 Scheiben

Beispiel
Eine Honigernte füllt 15 Gläser mit 400 g. Wie viel g Honig kommen in ein Glas, wenn die Ernte gleichmäßig auf 12 Gläser verteilt werden soll?
1. Überlege, um welche Zuordnung es sich handelt und ob diese antiproportional ist.
2. Lege eine Tabelle mit drei Zeilen an; trage die bekannten Größen in die erste und letzte Zeile ein (hier grün).
3. Suche eine „passende" Zwischengröße (hier 3 Gläser) auf der Seite der Tabelle, auf der schon zwei Größen eingetragen sind.
4. Berechne nun die fehlenden Größen (hier rot) mit dem Dreisatzschema für antiproportionale Zuordnungen.
Lösung:
Es handelt sich um eine Zuordnung *Anzahl der Gläser → Gewicht.* Diese ist antiporportional, denn z. B. in die doppelte Anzahl von Gläsern kann man nur die Hälfte füllen.

		Anzahl	Gewicht		**Kurzform**
Bei 15 Gläsern kommen 400 g in ein Glas.		15	400 g		15 Stück ↦ 400 g
Bei 3 Gläsern kommt 5-mal so viel in ein Glas: 2000 g	: 5	3	2000 g	· 5	3 Stück ↦ 2000 g
Bei 12 Gläsern kommt ein Viertel von 2000 g in ein Glas: 500 g	· 4	12	500 g	: 4	12 Stück ↦ 500 g

Ergebnis: Bei 12 Gläsern kommen in jedes Glas 500 g Honig.

Aufgaben

3 Die Schokoladenstreifen sind je 18 mm breit.
Wie viele 12 mm breite Streifen passen in die gleiche Packung?

4 Eine Teepackung enthält 15 Beutel zu je 2 g. Die gleiche Teemenge wird in 10 gleich schwere Beutel verpackt. Wie viel g wiegt jeder dieser Beutel?

5 Ein Hafervorrat reicht bei einem Gestüt mit 8 Pferden für 120 Tage. Wie lange reicht der Vorrat für 6 Pferde bei gleichen Rationen?

6 Zwei Mähdrescher bringen die Ernte eines Feldes in 12 Stunden ein. Wie lange brauchen 3 Mähdrescher (5 Mähdrescher) für die gleiche Ernte?

7 Ein Buch hat 380 Seiten und auf jeder Seite 32 Zeilen. Wie viele Seiten hat das Buch, wenn man in der gleichen Schriftgröße auf jeder Seite 28 Zeilen (36 Zeilen) derselben Länge druckt?

8 Bei einer Flurbereinigung wird ein rechteckiges Grundstück von 6 m Breite und 30 m Länge in ein gleich großes rechteckiges Grundstück von 15 m Breite umgetauscht. Wie viel m ist das neue Grundstück lang?

9 Wenn ein Campingkocher täglich 2 h brennt, reicht das Gas für 14 Tage. Wie lange reicht das Gas bei einer täglichen Brenndauer von $\frac{1}{2}$ h?

10 Der Inhalt eines Fasses Apfelsaft reicht für 160 Flaschen mit je 0,75 *l* Inhalt.
Wie viele Flaschen mit 0,25 *l* (1 *l*) Inhalt kann man aus dem Fass füllen?

11 Um einen rechteckigen Flur mit Teppichfliesen auszulegen, werden 30 Stück zu 3600 cm² benötigt. Wie viele Fliesen zu 900 cm² kann man stattdessen nehmen?

12 Aus einem Baumstamm können 25 Bretter mit einer Dicke von je 6 cm gesägt werden.
a) Wie viele Bretter mit einer Dicke von 5 cm kann man aus diesem Stamm erhalten?
b) Der Stamm wird in 40 gleich dicke Bretter zersägt. Wie dick sind die Bretter?

13 Ein Mehlvorrat reicht zum Backen von 90 Broten zu je 1,5 kg.
a) Wie viele Brote zu 2,5 kg können aus dem gleichen Vorrat gebacken werden?
b) Wie viel kg wiegt ein Brot, wenn man aus dem Vorrat 108 Brote backt?

14 Ein überschwemmter Keller wird mit 3 gleichen Pumpen in $1\frac{3}{4}$ h leer gepumpt.
a) Wie lange dauert es, wenn man den Keller mit 2 solchen Pumpen leert?
b) Wie viele solcher Pumpen können den Keller in höchstens $1\frac{1}{2}$ h leeren?

15 Jede Scheibe auf dem Stift ist 4 mm dick.
a) Wie viele Scheiben mit einer Dicke von 5 mm kann man auf den Stift stecken?
b) Wie dick dürfen die Scheiben nur sein, wenn 12 Scheiben auf den Stift passen sollen?

16 Auf einen Rollfilm passen 12 Bilder im Format 6 cm × 6 cm.
a) Wie viele Bilder vom Format 6 cm × 9 cm passen auf den Film?
b) Wie viele Bilder vom Format 4,5 cm × 6 cm passen auf den Film?

Vorsicht!
Auf dieser Seite lassen sich nicht alle Aufgaben mit dem Dreisatz lösen. Manche Aufgaben lassen sich nicht lösen.

17 Ein Betrieb beschäftigt 20 Arbeiter, die wöchentliche Arbeitszeit beträgt 38,5 h. Wie viele Arbeiter benötigt der Betrieb, um bei einer 35-Stunden-Woche die gleiche Arbeitszeit zur Verfügung zu haben?

18 2 Bagger heben eine Baugrube in 10 Stunden aus. Wie lange brauchen 24 Bagger für diese Arbeit?

19 Ein Küchenboden ist mit 450 Kacheln belegt, die je einen Flächeninhalt von $250\,cm^2$ haben. Wie viele quadratische Kacheln mit einer Seitenlänge von 15 cm braucht man, um damit den Boden vollständig zu erneuern?

20 Ein quaderförmiger Goldbarren mit der Grundfläche von $1\,cm^2$ und der Dicke von 5 mm wird zu $5\,m^2$ Blattgold ausgewalzt. Wie dick ist das Blattgold?

21 Jürgen stößt die 7,5-kg-Kugel 8 m weit. Wie weit stößt er mit einer 5-kg-Kugel?

22 Der Heuvorrat eines Landwirts reicht für seine 18 Kühe insgesamt 240 Tage.
a) Er kauft noch 4 Kühe dazu. Wie lange reicht nun sein Vorrat?
b) Wie viele Kühe müsste er kaufen, damit sein Vorrat ein Jahr (= 360 Tage) reicht?

23 Eine Bergmannskapelle aus Schalke hat 24 Musiker, sie spielt einen Marsch in 4 Minuten. Am nächsten Tag sind 6 Musiker krank. Wie viel Minuten braucht jetzt die Kapelle zum Spielen des Marsches?

24 Ein Schüler löst eine Mathematikaufgabe in 15 Minuten. Wie lange brauchen drei Schüler zum Lösen dieser Aufgabe?

25 Ein Rechteck ist 5,2 cm lang und 4,8 cm breit. Wie breit ist ein Rechteck mit gleichem Flächeninhalt, das 6,24 cm lang ist?

26 Miriam besteigt einen Turm. Sie ist bereits 25 Stufen gestiegen. Sie hat noch 35 Stufen vor sich. Wie viele Stufen muss sie noch steigen, wenn sie bereits 50 Stufen geschafft hat?

27 Ein Kind mit 4 Jahren schläft täglich ungefähr 14 Stunden. Wie viele Stunden schläft ein Kind mit 2 Jahren (mit 12 Jahren) täglich?

28 Auf ein Brett passen genau 12 Dosen mit einem Durchmesser von 11,5 cm. Wie viele Dosen mit einem Durchmesser von 10,5 cm passen auf das gleiche Brett?

29 Vor 10 Jahren war Tante Silvia 30 Jahre alt. Wie alt war sie vor 20 Jahren?

30 An der Straßenseite eines Grundstücks wird ein Zaun aus 9 Fertigteilen von je 4 m Länge gebaut. Wie viele Teile von 3 m Länge kann man stattdessen nehmen?

31 Die Abstände zwischen den Pfosten sowie zwischen den äußeren Pfosten und der Hecke betragen je 90 cm. Wie groß wären die Abstände bei 5 Pfosten?

10 Der Graph einer antiproportionalen Zuordnung

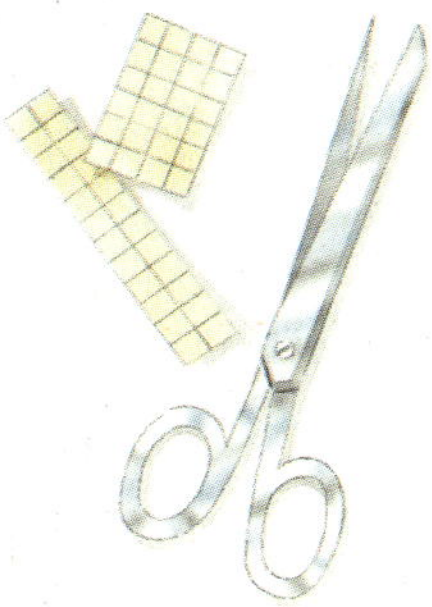

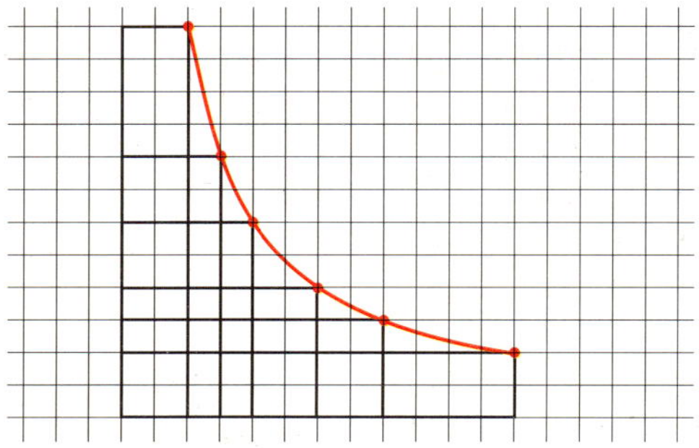

Fig. 1

1 a) Schneide aus kariertem Papier möglichst viele Rechtecke mit 24 Karos. Von jeder Sorte sollen 2 Stück vorkommen. Lege sie, wie in Fig. 1, auf kariertes Papier. Markiere die Eckpunkte oben rechts und verbinde diese anschließend.
b) Du hast den Graphen einer Zuordnung gezeichnet. Um welche Zuordnung handelt es sich? Welche besonderen Eigenschaften hat diese Zuordnung?

2 Ein Schwimmbecken wird gefüllt. Die Zuordnung
Zufluss in l je s → Fülldauer in h
ist eine antiproportionale Zuordnung. Lies die Antworten auf die Fragen am Graphen von Fig. 2 ab.
a) Wie viel *l* müssen je s zufließen, damit das Becken nach 12 h (10 h; 8 h; 6 h) gefüllt ist?
b) Wie lange dauert eine Füllung bei einem Zufluss von 20 *l* (25 *l*; 30 *l*; 48 *l*) je s?

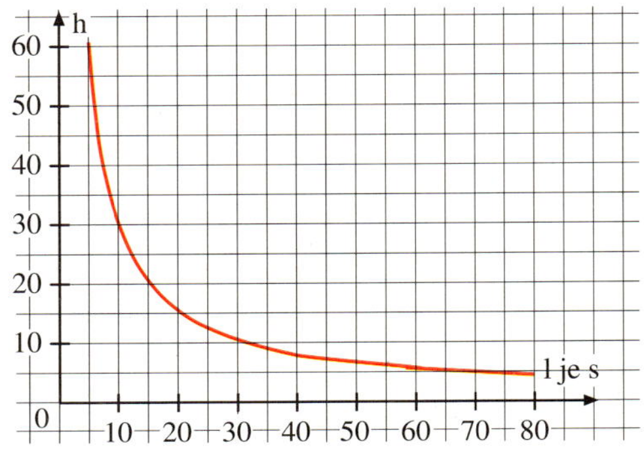

Fig. 2

Die Punkte des Graphen einer antiproportionalen Zuordnung liegen auf einer „gekrümmten Linie". Sie heißt **Hyperbel** (Fig. 2).

Beispiel
Zeichne den Graphen der Zuordnung *Länge → Breite* für Rechtecke mit einem Flächeninhalt von 12 cm².
Stelle zuerst eine Tabelle der Zuordnung auf. Wähle die ersten Werte, die Längen, so, dass du möglichst viele ganzzahlige zweite Werte für die Breite bekommst.

Lösung:
Tabelle der Zuordnung mit Angaben in cm.

Länge	1	1,5	2	3	4	6	8	10	12
Breite	12	8	6	4	3	2	1,5	1,2	1

Da jedem Zwischenwert bei den Längen jeweils eine Breite zugeordnet ist, ist es sinnvoll, die eingezeichneten Punkte zu einer Hyperbel zu verbinden.

Graph der Zuordnung:

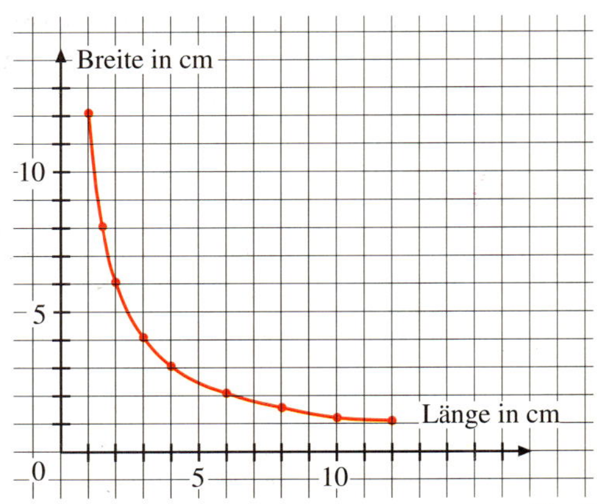

Fig. 3

Aufgaben

3 Der Graph in Fig. 1 beschreibt eine antiproportionale Zuordnung.
a) Übertrage die Tabelle in dein Heft und lies die 2. Werte am Graphen ab.

1. Wert	1	1,5	2	3	4	6	8	12
2. Wert								

b) Rechne nach, ob deine abgelesenen Werte zu einer antiproportionalen Zuordnung gehören können. Wenn nicht, verbessere deine abgelesenen Werte.

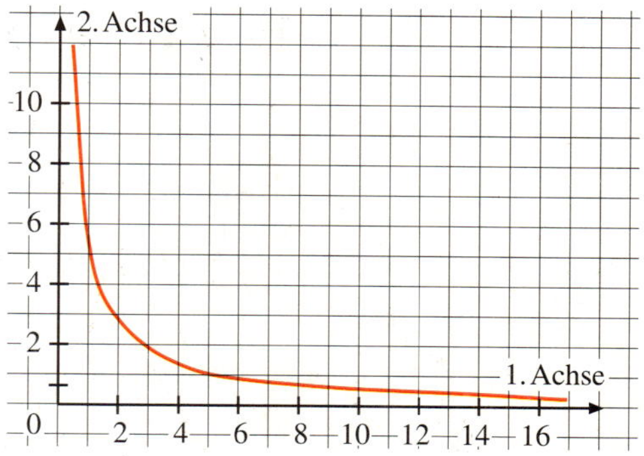

Fig. 1

4 a) Fig. 2 zeigt drei Graphen von Zuordnungen. Lies für alle drei Graphen den Wert für 1 ab.
b) Berechne damit die Werte für 2; 3; 4; 5 und 6 für den Fall einer antiproportionalen Zuordnung. Vergleiche mit dem Graphen. Kann es sich um antiproportionale Zuordnungen handeln?

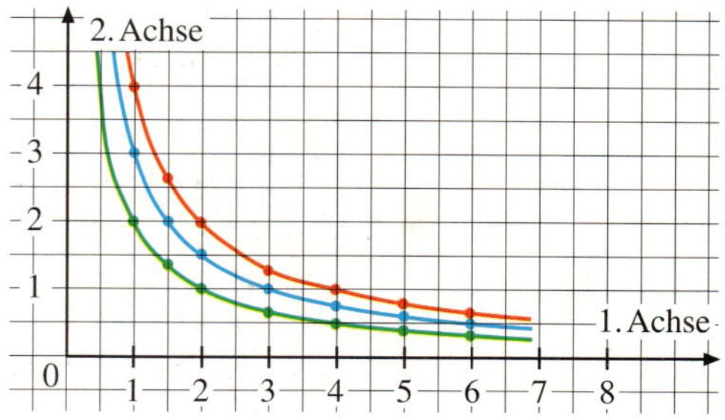

Fig. 2

5 Das Volumen eines Quaders ist 32 cm³.
a) Zeichne den Graphen der Zuordnung *Inhalt der Grundfläche* ⟶ *Höhe des Quaders*.
b) Lies am Graphen ab, wie hoch ein Quader mit einer Grundfläche von 9 cm² (14,5 cm²) ist.
c) Lies am Graphen ab, welchen Flächeninhalt die Grundfläche hat, wenn die Höhe 8 cm (12 cm; 18,5 cm) beträgt.

6 Ein 2,40 m langes Band wird in gleich lange Stücke zerschnitten.
a) Lege eine Tabelle für die Zuordnung *Anzahl der Stücke* ⟶ *Länge der Stücke* für 1; 2; . . . 10 Stücke an. Trage die zugehörigen Punkte in ein Achsenkreuz ein.
b) Ist es bei dieser Zuordnung sinnvoll, die eingetragenen Punkte zu verbinden?

7 Sebastian hat die beiden Tabellen antiproportionaler Zuordnungen in sein Heft übertragen. Dabei sind ihm jedoch Fehler unterlaufen.

1. Wert	5	10	15	20	25	30
2. Wert	4	2	$\frac{3}{4}$	1	$\frac{4}{5}$	$\frac{3}{2}$

1. Wert	1	2	4	8	12	24
2. Wert	20	12	8	3	2	1

Versuche diese Fehler zu finden, indem du die Tabellenwerte jeweils als Punkte in ein Achsenkreuz einträgst.

8 In Fig. 3 ist die Zuordnung *Zeit* ⟶ *Temperatur* beim Abkühlen einer Tasse Tee dargestellt.
a) Lies die Temperatur nach 1 min (2 min; 2,5 min; 3,5 min) ab.
b) Nach wie viel min hat der Tee eine Temperatur von 75 °C (70 °C; 60 °C)?
c) Ist die Zuordnung *Zeit* ⟶ *Temperatur* antiproportional?

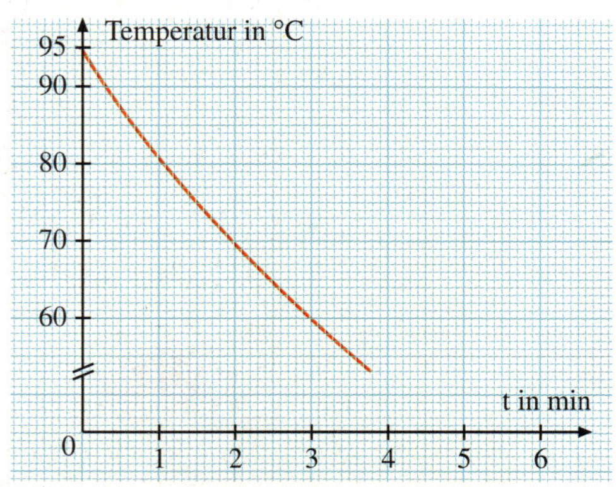

Fig. 3

11 Produktgleichheit und Gesamtgröße

1 Fig. 1 ist der Graph der antiproportionalen Zuordnung *Länge → Breite* von Rechtecken mit gleichem Flächeninhalt.
a) Lies die fehlenden Werte ab:

Länge in cm	1	2	3	6	9
Breite in cm					

b) Welchen Inhalt haben die Rechtecke? Kontrolliere alle Produkte „Länge · Breite“.

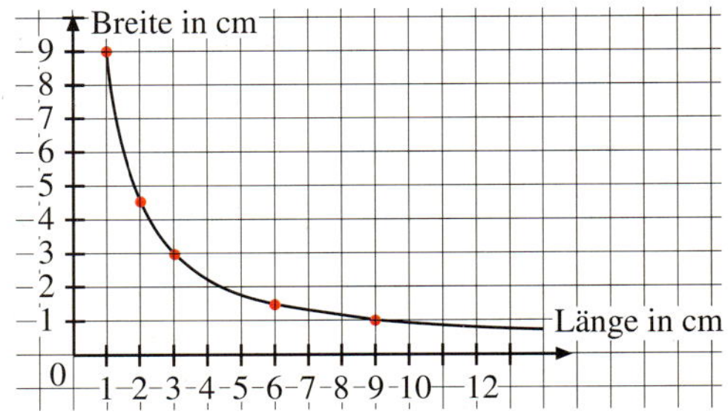

Fig. 1

2 Ein Straßenrand wird mit Randsteinen versehen. Die Zahl der benötigten Steine hängt von der Länge der Steine ab:

Länge l eines Steines in m	0,5	1	2	0,75	0,4
Anzahl z der Steine	480	240	120	320	600

Berechne für jedes Wertepaar das Produkt $l \cdot z$ und vergleiche. Welche Bedeutung hat dieses Produkt?

Ein Heizölvorrat reicht bei gleichem Tagesverbrauch von $16\,l$ für 30 Tage. Die Zuordnung *Tagesverbrauch → Zahl der Tage* ist antiproportional. Das Produkt beider Größen gibt den gesamten Vorrat an: $480\,l$. Auf diese Weise kann man aus allen zu dieser Zuordnung gehörenden Wertepaaren den Vorrat berechnen. Daher müssen alle diese Produkte gleich sein.
Das Produkt zweier bei einer antipropotionalen Zuordnung einander zugeordneten Größen eignet sich gut zum Vergleich der Zuordnungen. Mit seiner Hilfe kann man auch eine Zuordnungsvorschrift angeben.
Ist bei der Zuordnung *Tagesverbrauch → Zahl der Tage* p das Produkt aus Tagesverbrauch und Zahl der Tage, so gibt p den Heizölvorrat an. Beträgt der Tagesverbrauch nun $x\,l$ pro Tag, so reicht der Heizölvorrat füt $\frac{p}{x}$ Tage, bei $p = 480\,l$ also für $\frac{480}{x}$ Tage.

> Bei einer antiproportionalen Zuordnung sind die Produkte zugeordneter Größen gleich.
> Ist dieses Produkt p, so lautet die Zuordnungsvorschrift $x \mapsto \frac{p}{x}$.

Beispiel 1
Vier Radfahrer fahren mit verschiedenen Geschwindigkeiten dieselbe Strecke. Prüfe, ob die in der Tabelle beschriebene Zuordnung *Geschwindigkeit → Zeit* antiproportional ist. Welche Bedeutung hat das Produkt dieser Größen? Gib auch die Zuordnungsvorschrift an.

Geschwindigkeit in $\frac{km}{h}$	15	20	24	30
Zeit in h	4	3	$2\frac{1}{2}$	2

Berechne die Produkte „Geschwindigkeit · Zeit“.
Lösung:
$15\frac{km}{h} \cdot 4\,h = 20\frac{km}{h} \cdot 3\,h = 24\frac{km}{h} \cdot 2\frac{1}{2}\,h = 30\frac{km}{h} \cdot 2\,h = 60\,km$. Die Zuordnung ist antiproportional. 60 km ist die Länge der Strecke. Zuordnungsvorschrift: $x \mapsto \frac{60}{x}$.

Aufgaben

3 Prüfe, ob die Tabellen zu antiproportionalen Zuordnungen gehören können.

a)

1. Wert	24	32	40	60	96
2. Wert	20	15	12	8	5

b)

1. Wert	0,9	2,7	3	3,6	5,4
2. Wert	2	$\frac{2}{3}$	0,6	0,7	$\frac{1}{3}$

c)

1. Wert	0,45	0,36	0,27	0,15	0,02
2. Wert	2,4	3,5	5,4	6,8	8,5

d)

1. Wert	1,2	1,8	2	2,4	3,6
2. Wert	80	$53\frac{1}{3}$	48	40	21

4 Die Tabellen gehören zu antiproportionalen Zuordnungen.

Verbrauch	Zeit	Inhalt der Grundfläche	Höhe	Geschwindigkeit	Zeit
$3\,\frac{l}{h}$	8 h	$20\ cm^2$	15 cm	$60\,\frac{km}{h}$	2 h
$4\,\frac{l}{h}$		$15\ cm^2$		$80\,\frac{km}{h}$	
$5\,\frac{l}{h}$		$10\ cm^2$		$100\,\frac{km}{h}$	

a) Übertrage die Tabellen in dein Heft. Bestimme jeweils das Produkt der Größen und die Zuordnungsvorschrift. Welche Bedeutung haben jeweils die Produkte?
b) Berechne die fehlenden Größen mit Hilfe des entsprechenden Produkts.

5 Für eine Zuordnung gilt: $5 \mapsto 6$ $(4 \mapsto 2{,}5;\ 0{,}7 \mapsto \frac{1}{4})$.
Wie lautet die Zuordnungsvorschrift, wenn die Zuordnung
a) antiproportional, b) proportional ist?

6 Ergänze die Tabellen im Heft so, dass die beschriebene Zuordnung proportional (antiproportional) ist. Gib jeweils die Zuordnungsvorschrift an, zeichne den Graphen.

a)

1. Wert	5		10	15	20	25
2. Wert		20		10		

b)

1. Wert	1	3	6		12	
2. Wert	3			9		21

7 Eine antiproportionale Zuordnung hat die Zuordnungsvorschrift $x \mapsto \frac{1{,}2}{x}$.
Berechne zu 1; 2; 3; 4; 5; 6 die Werte und stelle sie in einer Tabelle dar. Kontrolliere deine Ergebnisse, indem du die Produkte der zugeordneten Werte berechnest.

8€ a) Herr Wolters tankt immer für 25 €. Ist für ihn die Zuordnung *Benzinpreis in* $\frac{€}{l}$ → *Benzin in l* antiproportional? Gib auch die Zuordnungsvorschrift an.
b) Wie viel *l* Benzin tankt Herr Wolters, wenn 1 *l* Benzin 0,739 € (0,719 €; 0,879 €) kostet?

9 Der Luftdruck wird in hPa (Hektopascal) gemessen, er liegt bei 1000 hPa. Wenn man die Ventilöffnung einer Fahrradpumpe mit dem Daumen verschließt, so spürt man beim Pumpen: Je kleiner der Rauminhalt der eingeschlossenen Luft, desto höher der Druck.

Bei Messungen ergaben sich die Werte der Tabelle:

Rauminhalt in cm^3	125	120	110	100	90
Druck in hPa	1000	1040	1140	1250	1390

Prüfe, ob die Zuordnung *Rauminhalt* → *Druck* antiproportional ist

12 Zusammengesetzte Zuordnungen

1 Eine Pumpe leert ein Wasserbecken in 21 Stunden. Nach 10 Stunden wird noch eine zweite Pumpe mit gleicher Leistung eingesetzt. Nach insgesamt wie viel Stunden ist das Becken leer gepumpt?

2 Vier Maschinen füllen in 8 Stunden 16 000 Flaschen ab. In welcher Zeit füllen bei gleicher Leistung fünf Maschinen 25 000 Flaschen ab?

Manche Sachaufgaben können nur schrittweise gelöst werden. Oft sind auch zwei Zuordnungen enthalten.

Beispiel
Vier Werkzeugmaschinen erzeugen in 8 Stunden 960 Formteile. Wie viele Teile erzeugen drei dieser Maschinen in 5 Stunden?
Gehe am besten schrittweise vor:
1. Schritt: Überlege, welche Zuordnungen die Aufgabe enthält. Sind sie proportional, sind sie antiproportional? Welche anderen Größen dürfen sich dabei nicht ändern?
2. Schritt: Zerlege die Aufgabe entsprechend in zwei Teilaufgaben und löse diese dann nacheinander.
Lösung:
1. Schritt: Die Aufgabe enthält zwei Zuordnungen:
Die proportionale Zuordnung
Anzahl der Maschinen → Anzahl der Teile bei gleicher Arbeitszeit;
die proportionale Zuordnung
Anzahl der Teile → Arbeitszeit bei gleicher Anzahl der Maschinen.
2. Schritt:

Bei einer Arbeitszeit von 8 Stunden:

	Anzahl der Maschinen	Anzahl der Teile	
	4	960	
: 4	1	240	: 4
· 3	3	720	· 3

Bei 3 Maschinen:

	Anzahl der Teile	Arbeitszeit	
	720	8 h	
: 8	90	1 h	: 8
· 5	450	5 h	· 5

Ergebnis: Drei Maschinen erzeugen in 5 Stunden 450 Teile.

Neben diesem Lösungsweg gibt es noch weitere Möglichkeiten:
– Man kann im 2. Schritt erst die Zuordnung Anzahl der Teile → Arbeitszeit für 4 Maschinen betrachten, danach die Zuordnung Anzahl der Maschinen → Anzahl der Teile für eine Arbeitszeit von 5 Stunden.
– Man kann schon im 1. Schritt andere Zuordnungen betrachten:
Anzahl der Maschinen → Arbeitszeit bei gleicher Teilezahl (antiproportionale Zuordnung), Arbeitszeit → Teilezahl bei gleicher Maschinenzahl (proportionale Zuordnung).
Im 2. Schritt sind dann diese beiden Zuordnungen anzuwenden.

Aufgaben

3 Miss in Fig. 1, wie dick die einzelnen Perlen sind. Wie viele sind es?
Wie viele Perlen mit dem Durchmesser von 4 mm passen
a) auf ein 6 cm kürzeres Band,
b) auf ein $1\frac{1}{2}$-mal so langes Band?

Fig. 1

4 Drei Kinder bekommen einen Sack mit Nüssen geschenkt. Beim Teilen stellen sie fest, dass es für jeden 40 Nüsse sind. Nachdem jedes Kind 8 Nüsse gegessen hat, kommt ein viertes Kind hinzu. Sie beschließen, die Nüsse zu teilen.
Wie viele Nüsse bekommt jetzt jedes Kind?

5 Eine Himalajaexpedition mit 10 Teilnehmern hat für 21 Tage 420 kg Verpflegung dabei. Wegen eines Unfalls werden drei Teilnehmer mit 70 kg Verpflegung zurückgeschickt. Wie lange reicht nun der Rest der Verpflegung?

6 Der Lebensmittelvorrat eines Kreuzfahrtschiffes reicht für die 120 Personen 18 Tage. Nach 6 Tagen werden 24 Personen zusätzlich an Bord genommen. Wie lange reicht der Vorrat insgesamt?

7 Drei Pumpen fördern in 24 Stunden 7200 *l* Wasser. Wie viel *l* Wasser fördern 5 Pumpen in 20 Stunden?

8 a) Für eine Rohrleitung heben 4 Bagger in 5 Tagen 1200 m³ Erde aus. Wie viele Tage benötigen 3 Bagger für 900 m³ Erde?
b) Vier kleinere Bagger benötigen für 1200 m³ Erde 6 Tage. Wie viele dieser Bagger müssen eingesetzt werden, um in 8 Tagen 2000 m³ Erde auszuheben?

9 Fünf Pkws desselben Typs verbrauchen während einer Testfahrt auf einer Strecke von 280 km 113,4 *l* Benzin. Wie viel *l* Benzin verbrauchen unter gleichen Bedingungen acht dieser Pkws auf einer Strecke von 350 km?

10 Am Ende des Schreibmaschinenkurses schreibt Markus 150 Anschläge in der Minute. Für eine Seite rechnet er mit 2250 Anschlägen. Wie lange braucht er zum Abschreiben von 20 Seiten?

11 Auf einer Kohlenbahn werden in einer Woche mit 6 Arbeitstagen 36 000 t Kohle befördert. Dazu werden 200 Güterwagen benötigt.
Wie viel t Kohle werden abgefahren, wenn nach einer Modernisierung der Bahn nur an 5 Tagen in der Woche gearbeitet wird, dafür aber 420 Güterwagen benutzt werden, die das 1,5fache der alten Wagen fassen?

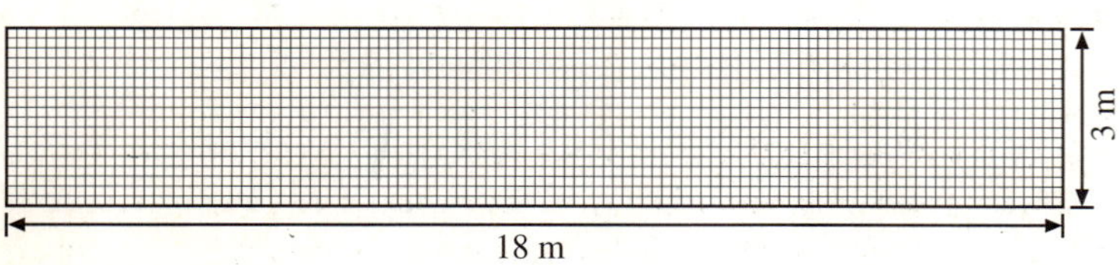

Fig. 2

12 3 Arbeiter pflastern eine Garageneinfahrt mit den Maßen von Fig. 2 in 8 Stunden. Wie lange brauchen 4 Arbeiter für eine 4 m breite und 9 m lange Einfahrt?

13 Vermischte Aufgaben

1 In Fig. 1–8 sind die Graphen verschiedener Zuordnungen dargestellt.

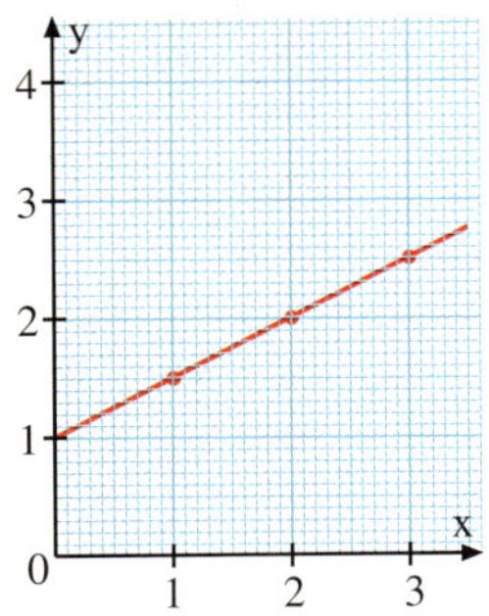

Fig. 1

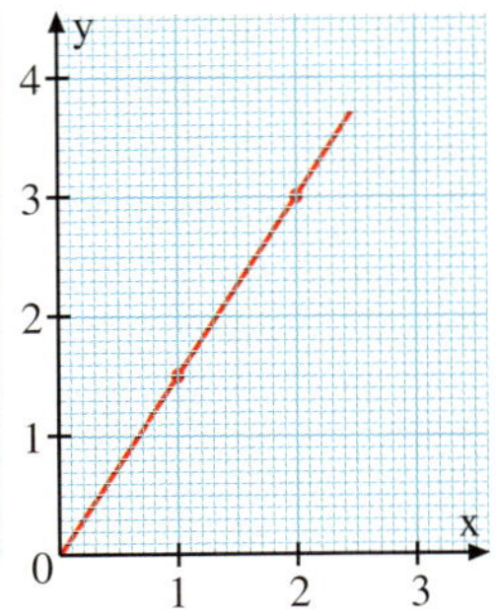

Fig. 2

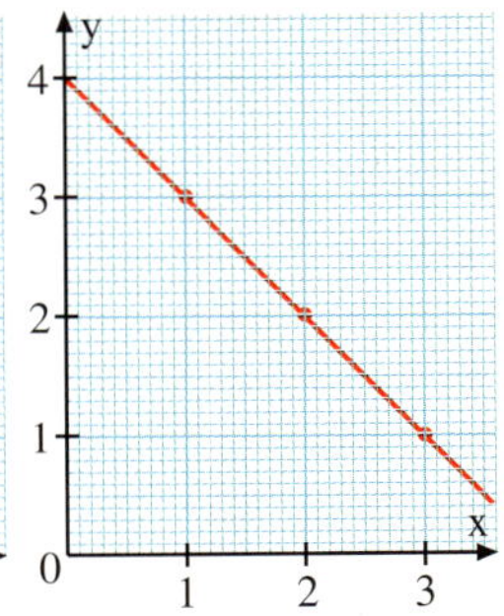

Fig. 3

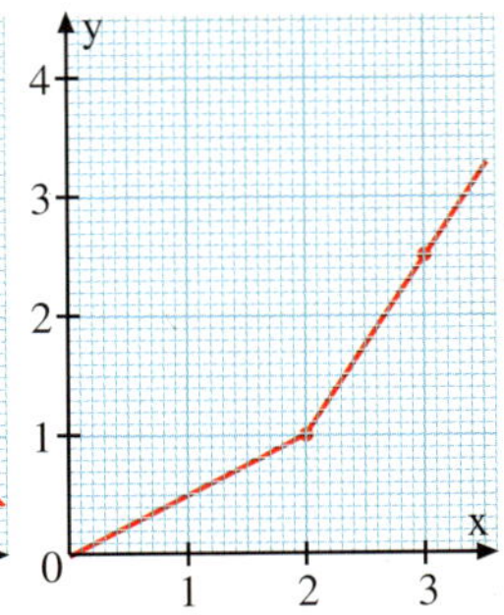

Fig. 4

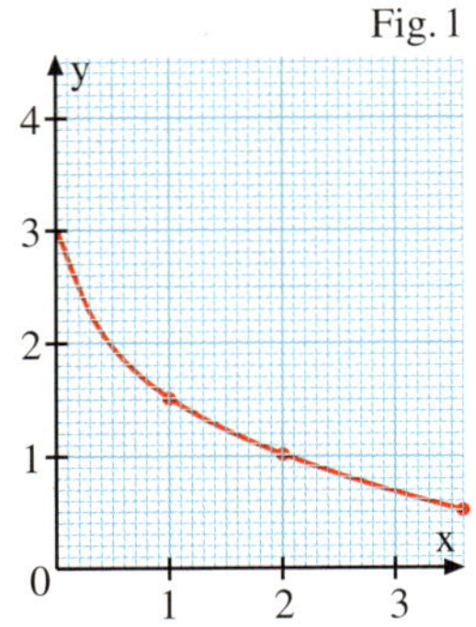

Fig. 5

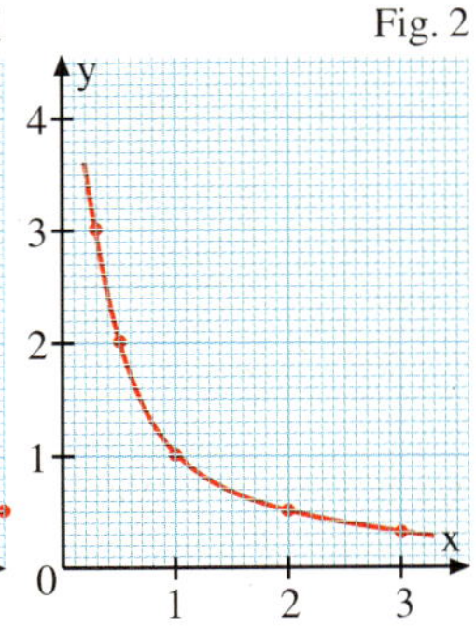

Fig. 6

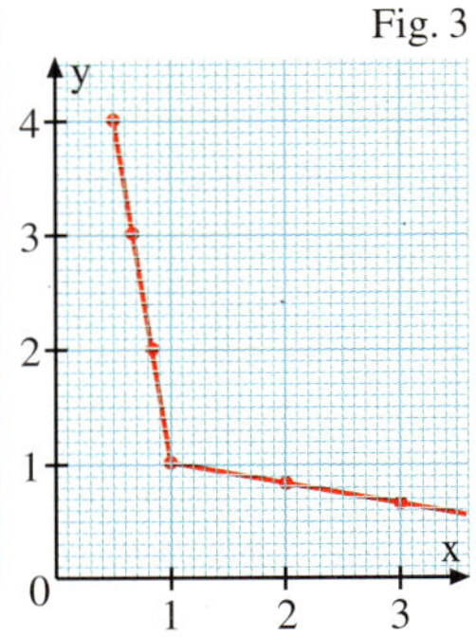

Fig. 7

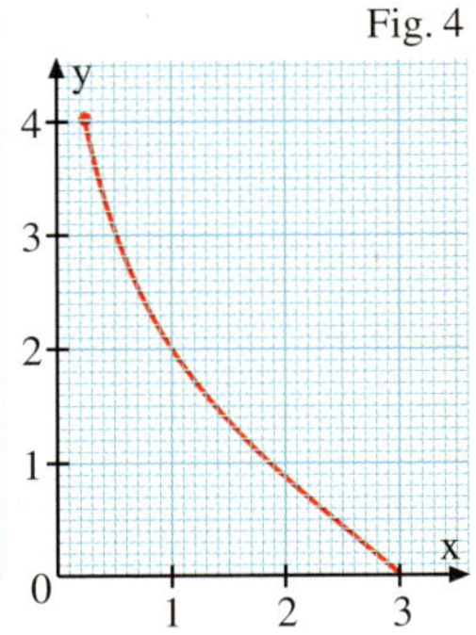

Fig. 8

a) Welche der dargestellten Zuordnungen sind steigend, welche sind fallend? Welche Graphen gehören zu einer proportionalen Zuordnung, welche zu einer antiproportionalen Zuordnung? Begründe deine Antworten.
b) Gib für die proportionalen und für die antiproportionalen Zuordnungen jeweils die passende Zuordnungsvorschrift an.

2 Welche der folgenden Tabellen können zu einer proportionalen Zuordnung gehören, welche zu einer antiproportionalen Zuordnung? Begründe deine Antworten.
Gib auch jeweils, wenn möglich, die Zuordnungsvorschrift an.

a)

1. Wert	32	12	6	2
2. Wert	3	8	16	48

b)

1. Wert	24	8	16	96
2. Wert	3	1	2	12

c)

1. Wert	3	16	8	6
2. Wert	24	5	9	12

d)

1. Wert	1	1,2	9	1,5
2. Wert	12,6	10,5	1,4	8,4

3 Die folgenden Tabellen sollen proportionale (antiproportionale) Zuordnungen beschreiben. Übertrage sie ins Heft und ergänze die fehlenden Zahlen.

a)

1. Wert	2	3	12		
2. Wert	24			12	3

b)

1. Wert	2	0,4		3	0,2
2. Wert	1,2		4,8		

4 Zeichne den Graphen für die Zuordnung: a) $x \mapsto \frac{x}{4}$ b) $x \mapsto \frac{4}{x}$

Aus dem Alltag

5 Das Lasagne-Rezept gilt für 4 Personen. Rechne die Zutaten um für
a) 3 Personen, b) 7 Personen.

6 Ein Stapel mit 150 Blatt Schreibmaschinenpapier wiegt 750 g. Wie viel g wiegen 1000 Blatt dieses Papiers?

7€ In einem Obstgeschäft kostet 1 kg Bananen 0,90 €. Gerd kauft davon und bezahlt 1,53 €. Wie viel kg Bananen hat Gerd gekauft?

Lasagne al prosciutto

Eine Auflaufform mit Butter ausstreichen.
150 g Schinken und 100 g Mozzarella würfeln und mit 4 Eiern, 80 g Parmesankäse, etwas Fleischbrühe, Salz und Pfeffer vermischen.
250 g Lasagneplatten einzeln nur so lange in heißes Wasser geben, bis sie geschmeidig sind. Abwechselnd Lasagneplatten und Füllung in die Form schichten. Auf die Oberfläche 20 g Sesambrösel und Butterflocken geben.
Bei 200° 20 Min. überbacken.

Preistafel

Weißbrot	500 g	1,10 €
Roggenmischbrot	1,5 kg	2,95 €
Vollkornbrot	750 g	2,10 €

8€ Berechne die kg-Preise der einzelnen Brotsorten.

9 Zum Pflügen eines 2 ha großen Feldes benötigt ein Landwirt $3\frac{1}{2}$ Stunden. Wie viel Stunden braucht er für ein $7\frac{1}{2}$ ha großes Feld?

10 In einem Aquarium mit einer Grundfläche von $1500\,cm^2$ steht das Wasser 35 cm hoch. Wie hoch steht das Wasser, wenn man es in ein Aquarium mit einer $1800\,cm^2$ großen Grundfläche umgießt?

11 Eine Radtour soll 6 Tage dauern bei einer Fahrstrecke von täglich 56 km.
a) Wie viele Tage werden benötigt bei einer täglichen Fahrstrecke von 84 km?
b) Wie viel km müssen bei gleich langen Etappen gefahren werden, wenn für die Radtour 7 Tage zur Verfügung stehen?

12 Ein Baugebiet ist in 24 Bauplätze zu je $325\,m^2$ eingeteilt. Wie viele Bauplätze ergeben sich, wenn man jeden der vorgesehenen Plätze
a) um $25\,m^2$ verkleinert, b) um $65\,m^2$ vergrößert?

13 Zum Grillfest hat Christoph für jeden der 15 Teilnehmer 3 Würstchen gekauft. Wie viele Würstchen gibt es pro Person, wenn überraschend noch drei Kinder aus der Nachbarschaft hinzukommen?

14€ Frau Meyer-Schönfeld und Herr Krämer kaufen gemeinsam im Supermarkt einen Karton mit 36 Dosen Brechbohnen zum Sonderpreis von 12,24 €. Frau Meyer-Schönfeld nimmt 20 Dosen, Herr Krämer die restlichen 16 Dosen. Wie viel Euro hat jeder zu bezahlen?

15 Berechne und vergleiche die Durchschnittsgeschwindigkeiten:
a) Frau Abelein-Vogel fährt 225 km in $2\frac{1}{2}$ h, Frau Schulz 340 km in 4 h.
b) Herr Frank fährt 7 km in $\frac{1}{4}$ h, Herr Jonathan 12 km in $\frac{3}{4}$ h.
c) Sabine joggt 6 km in 40 min, Tim läuft 12 km in 72 min.
d) Matthias fährt mit dem Rad 12 km in $\frac{1}{2}$ h, Katrin läuft 200 m in 30 s.

16 Ein Sportflugzeug legt bei gleich bleibender Geschwindigkeit in 2 Stunden 440 km zurück.

a) Zeichne den Graphen der Zuordnung *Flugzeit* ⟶ *Flugstrecke*. Wähle dazu auf der 1. Achse 1 cm für $\frac{1}{2}$ h, auf der 2. Achse 1 cm für 200 km.

b) Lies am Graphen ab: Wie weit fliegt das Flugzeug in $\frac{1}{2}$ h ($1\frac{1}{4}$ h; $1\frac{3}{4}$ h; $2\frac{1}{4}$ h)?

c) Wie lautet die Zuordnungsvorschrift? Was gibt der Proportionalitätsfaktor an?

17[€] Aus einem undichten Wasserhahn tropft in $1\frac{1}{2}$ Stunden 1 Liter Wasser.

a) Wie viel Liter Wasser gehen in 1 Stunde (in 1 Tag; in 1 Woche; in 1 Jahr) verloren?

b) Wie viel Euro kostet dieses Wasser, wenn man für 1 m³ Wasser 2,65 € bezahlen muss?

18 Wird ein Metallstab erwärmt, so dehnt er sich aus. Ein Experiment mit Eisen ergab die Messwerte in der Tabelle:

Temperatur in °C	20	30	45	65	78	96
Länge in mm	1,00024	1,00036	1,00054	1,00078	1,00094	1,00116

a) Untersuche, ob die Länge zur Temperatur proportional ist.

b) Lege eine Tabelle an, bei welcher der Temperaturänderung die entsprechende Längenänderung zugeordnet wird. Ist diese Zuordnung proportional?

19 Bei Bremsversuchen mit einem Pkw wurde bei verschiedenen Geschwindigkeiten der Bremsweg gemessen.

Geschwindigkeit in $\frac{km}{h}$	10	20	30	40	50	60
Bremsweg in m	0,5	2,2	4,9	8,8	13,7	19,8

a) Zeichne den Graphen der Zuordnung *Geschwindigkeit* ⟶ *Bremsweg*.

b) Wie erkennt man am Graphen (an der Tabelle), dass die Zuordnung zwar wachsend, aber nicht proportional ist?

c) Welche wichtige Erkenntnis für den Autofahrer ergibt sich aus dem Verlauf des Graphen?

20 Inge hat zwei Hamster. Eine Packung Futter reicht für beide Tiere drei Wochen lang. Einen Tag nachdem sie eine neue Packung angebrochen hat, nimmt sie von Kindern aus der Nachbarschaft drei weitere Hamster in Pflege. Wie lange reicht das Futter der angefangenen Packung?

21 Für eine Altkleidersammlung werden 7 Lastwagen für 7 Stunden benötigt. Nach drei Stunden fällt ein Wagen aus.
Wie lange müssen die restlichen 6 Wagen noch eingesetzt werden, um die Sammlung vollständig durchzuführen?

22 Vier Hochöfen erzeugen in 24 Stunden 3408 t Roheisen. Wie viel t erzeugen drei Hochöfen in 16 Stunden?

23 Eine Maschine verkorkt in einer Stunde 200 1-*l*-Weinflaschen. Wie lange braucht sie, um 300 $\frac{3}{4}$-*l*-Flaschen zu verkorken?

24 5 Katzen fangen 5 Mäuse in 5 Minuten. Wie viele Katzen fangen 50 Mäuse in 50 Minuten?

THEMA:

Messgenauigkeit im Leistungssport

Beachte bei allen Aufgaben auf dieser Seite: Olympische Schwimmwettbewerbe werden auf 50-m-Bahnen ausgetragen.

1 a) Wie genau wurden beim Wettbewerb über 400 m Lagen der Herren die Zeiten gemessen? Wie groß war der zeitliche Vorsprung des Siegers gegenüber dem Zweiten?
b) Nimm an, die Bahn von Larsson war genau 50,000 m lang, die Bahn von McKee aber 1 mm länger. Berechne dazu für beide Schwimmer die Durchschnittsgeschwindigkeit in $\frac{m}{s}$. Runde das Ergebnis auf 5 Stellen hinter dem Komma.
c) Berechne mit dem Ergebnis von b), welche Zeit McKee für genau 400,000 m benötigt hat. Vergleiche mit der Zeit von Larsson.
d) Nachmessungen haben ergeben, dass die Bahn von McKee sogar um einige mm länger war als die von Larsson. Nach 1972 hätten beide die Goldmedaille erhalten, weil dann nur noch auf $\frac{1}{100}$ s genau gestoppt wurde.
Nimm an, zwei Bahnen unterscheiden sich um 3 mm. Wie viel s beträgt auf 400,000 m der Zeitunterschied bei der in b) bestimmten Geschwindigkeit von McKee?

2 a) 1980 errang Ines Geißler in Moskau über 200 m Delphin die Goldmedaille in 2:10,44 min mit $\frac{1}{100}$ s Vorsprung vor Sybille Schönrock. Zeige, dass beide Schwimmerinnen die Goldmedaille verdient hätten, wenn man annimmt, dass die Bahn der Zweiten um 4 mm länger war als die der Siegerin.
b) Die knappste Entscheidung bei den Schwimmwettbewerben 1992 in Barcelona fiel wieder über 200 m Delphin der Damen. Hier gewann Xiachong Wang (China) die Silbermedaille in 2:09,01 min vor Susan O'Neil (Australien) mit $\frac{2}{100}$ s Vorsprung. Zeige, dass diese Entscheidung auch dann gerechtfertigt ist, wenn man annimmt, dass die Bahn der Drittplatzierten um 5 mm länger war als die der Zweitplatzierten.

3 Die Tabelle bezieht sich auf das Freistilschwimmen der Herren.

Schwimmdisziplin in m	100	200	400	1500
Siegerzeit in Barcelona in min	0:49,02	1:46,70	3:45,00	14:43,48
Toleranz für die 50-m-Bahn in mm	5,0	2,3	1,1	0,2

a) Zeige, dass ein Zeitunterschied von $\frac{1}{100}$ s eine sinnvolle Entscheidung über die Platzierung zulässt, wenn bei den Längen der Bahnen die angegebenen Toleranzen eingehalten werden.
b) Zeige, dass eine sinnvolle Entscheidung nicht mehr möglich ist, wenn die angegebenen Toleranzen auch nur um 0,1 mm überschritten werden.

Rückblick

Zuordnungen

Durch eine Zuordnung wird jeweils einer 1. Größe (einem 1. Wert) eine 2. Größe (ein 2. Wert) zugeordnet.
Eine Zuordnung kann man beschreiben z. B.
- durch eine Zuordnungstabelle,
- durch einen Graphen,
- durch eine Zuordnungsvorschrift.

Eine Zuordnung heißt wachsend (fallend), wenn bei Zunahme der 1. Größe die 2. Größe zunimmt (abnimmt).

Zuordnungstabelle:

Zeit in h	*1*	*2*	*3*	*4*	*5*
Weg in km	*20*	*40*	*55*	*70*	*80*

Graphen von zwei Zuordnungen:

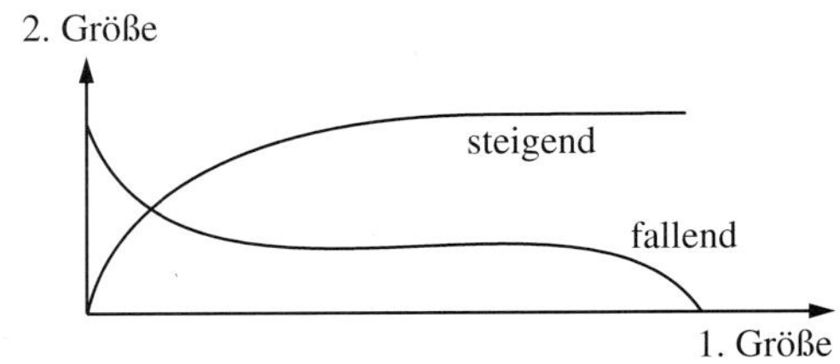

Proportionale Zuordnungen

Gehört bei einer Zuordnung
zum Doppelten, zum Halben, . . . , zum r-fachen der 1. Größe
das Doppelte, die Hälfte, . . . , das r-fache der 2. Größe,
so heißt sie proportionale Zuordnung.

Die Punkte des Graphen einer proportionalen Zuordnung liegen auf einer Halbgeraden durch den Ursprung (0|0).
Diese Halbgerade ist durch einen weiteren Punkt festgelegt.

Bei einer proportionalen Zuordnung sind die Quotienten zugeordneter Größen gleich.
Die Zuordnungsvorschrift einer proportionalen Zuordnung hat die Form $x \mapsto q \cdot x$, wobei q der Quotient aus 2. Größe : 1. Größe ist.

Beim Tanken ist die Zuordnung Benzin in l ⟶ Kosten in DM proportional.

	Benzin	*Kosten*	
	60 l	*42 €*	
: 2			*: 2*
	30 l	*21 €*	
· 3			*· 3*
	90 l	*63 €*	

Der Quotient 2. Größe : 1. Größe ist der Literpreis von $0{,}70\,\frac{€}{l}$.
Die Zuordnungsvorschrift lautet damit $x \mapsto 0{,}7 \cdot x$.

Antiproportionale Zuordnungen

Gehört bei einer Zuordnung
zum Doppelten, zum Halben, . . . , zum r-fachen der 1. Größe
die Hälfte, das Doppelte, . . . , der r-te Teil der 2. Größe,
so heißt sie antiproportionale Zuordnung.

Die Punkte des Graphen einer antiproportionalen Zuordnung liegen auf einer Hyperbel.

Bei einer antiproportionalen Zuordnung sind die Produkte zugeordneter Größen gleich.
Die Zuordnungsvorschrift einer antiproportionalen Funktion hat die Form $x \mapsto \frac{p}{x}$, wobei p das Produkt zugeordneter Größen ist.

Für einen Vorrat ist die Zuordnung Gewicht einer Portion ⟶ Anzahl der Portionen antiproportional.

	Gewicht	*Anzahl*	
	300 g	*20*	
: 3			*· 3*
	100 g	*60*	
· 10			*: 10*
	1000 g	*6*	

Das Produkt 1. Größe · 2. Größe ist der Vorrat von 6000 g.
Die Zuordnungsvorschrift lautet damit $x \mapsto \frac{6000}{x}$.

Aufgaben zum Üben und Wiederholen

1 Welche der folgenden Tabellen können zu einer proportionalen Zuordnung gehören, welche zu einer antiproportionalen Zuordnung? Begründe deine Antworten.
Gib auch jeweils die Zuordnungsvorschrift an.

a)

1. Wert	2	3	4	6	7
2. Wert	42	28	21	14	12

b)

1. Wert	35	5,6	3,5	1,75
2. Wert	5	0,8	0,5	0,25

2 Die folgende Tabelle soll eine proportionale (antiproportionale) Zuordnung beschreiben. Übertrage sie ins Heft und ergänze die fehlenden Zahlen.

1. Wert	7	9	$\frac{2}{3}$		$\frac{3}{7}$
2. Wert	$\frac{2}{7}$			1,5	

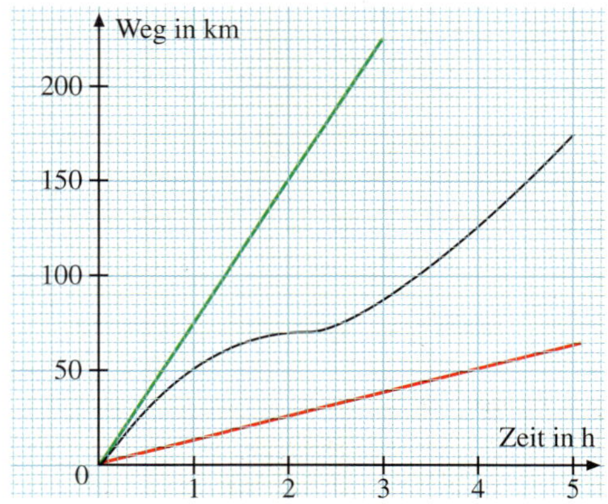

Fig. 1

3 Die drei Graphen in Fig. 1 gehören zu drei Zuordnungen *Zeit → Weg*.
a) Welche der Zuordnungen sind proportional? Welche der dargestellten Bewegungen sind gleichförmig?
b) Lies bei den gleichförmigen Bewegungen ab, welcher Weg jeweils in 1 h zurückgelegt wird.

4 Zeichne die Graphen der Zuordnungen. Sind die Zuordnungen proportional? Übertrage die Tabellen in dein Heft und fülle sie mit Hilfe des Graphen aus.

a)

Höhe in cm	10	20	30	40	50	5	12	24	36	49	57
Rauminhalt in *l*	25	50	75	100	125						

b)

Gefahrene km	2	4	6	8	10	1,5	3,5	5	8,1	11	12
Fahrpreis in €	10	16	22	28	34						

5 Bei der Zubereitung von Eierkuchen rechnet man auf 2 Eier $\frac{1}{4}$ *l* Milch, 180 g Mehl, ca. 1 g Salz und 50 g Fett.
Wie viel von den Zutaten braucht man bei a) 3 Eiern, b) 5 Eiern, c) 7 Eiern?

6 a) Bei den Neubaustrecken der Deutschen Bundesbahn werden 120 m lange Schienen mit einem Gewicht von 7236 kg verwendet. Wie viel kg wiegen die beiden Schienen eines 1 km langen Gleises?
b) Ältere Eisenbahnschienen haben ein Gewicht von 1482 kg bei 30 m Länge.
Berechne für beide Schienensorten das „Metergewicht", also den Quotienten $\frac{\text{Gewicht}}{\text{Länge}}$.

7€ Eine Busreise kostet pro Schüler 3,20 €, wenn 25 Schüler teilnehmen. Berechne zunächst die Gesamtkosten und dann die Kosten pro Schüler, wenn 26 (22; 28; 32) Schüler teilnehmen.

8 Für einen Auftrag über 800 Stück benötigen 5 Arbeiterinnen 4 Tage. Wie viele Tage benötigen 10 Arbeiterinnen für einen Auftrag über 7200 Stück?

Die Lösungen zu den Aufgaben dieser Seite findest du auf Seite 230.

9 Am 6. 2. um 8 Uhr betrug die Außentemperatur 3 °C. Bestimme die Außentemperatur für den 12. 4. um 8 Uhr.

1 Prozentbegriff

1 Bei welcher der beiden Joghurtsorten ist der Fruchtanteil größer?

2 a) Was bedeuten die Prozentangaben in der Zeitungsmeldung? Warum wurden die geschädigten Flächen nicht in km^2 angegeben?
b) Die Waldfläche in NRW beträgt $8400\,km^2$. Wie viel km^2 sind deutlich geschädigt?
c) Jeder 9. Baum ist deutlich geschädigt. Was bedeutet diese Sprechweise? Passt diese Aussage zu der Zeitungsmeldung?

Waldschadensbericht vorgelegt
Düsseldorf (eigene Meldung) Im Waldschadensbericht 1991 war Erfreuliches für NRW zu lesen. Mit nur 11 % deutlich geschädigter Waldfläche gehörte unser Land zusammen mit Niedersachsen und Rheinland-Pfalz zu den drei Bundesländern mit den geringsten Waldschäden. Am schlimmsten ist die Situation in Thüringen mit 50 % geschädigter Fläche. Dieser Anteil wird international nur noch von Weißrußland mit 54 % übertroffen. Trotzdem haben die Ver-

Um Anteile besser vergleichen zu können, gibt man sie häufig in Prozent an. Dabei bedeutet Prozent Hundertstel.

$$1\,\% = \frac{1}{100}; \quad p\,\% = \frac{p}{100}$$

Beispiel 1
Gib die Anteile als Bruch, Dezimalbruch und in Prozent an. Vergleiche sie.
(1) 6 von 25 Frauen (2) Jede 5. Frau
Den zu einem Anteil wie „6 von 25“ gehörenden Bruch erhält man, indem man 6 als Zähler und 25 als Nenner des Bruchs nimmt.
„Jede 5. Frau“ bedeutet „1 von 5 Frauen“.
Lösung:
6 von 25 Frauen: $\frac{6}{25} = \frac{24}{100} = 0{,}24 = 24\,\%$; jede 5. Frau: $\frac{1}{5} = \frac{20}{100} = 0{,}20 = 20\,\%$,
damit ist der Anteil „6 von 25“ mit 24 % größer als „jede 5.“ mit 20 %.

Beispiel 2
Verwandle in Prozent: a) $\frac{3}{5}$ b) $\frac{1}{40}$ c) $\frac{5}{6}$ d) $\frac{5}{4}$
Lösung:

1. Möglichkeit
Verwandle den Bruch in Hundertstel. Dabei kann wie bei b) und c) im Zähler ein Bruch entstehen.
a) $\frac{3}{5} = \frac{60}{100} = 60\,\%$
b) $\frac{1}{40} = \frac{25}{1000} = \frac{2{,}5}{100} = 2{,}5\,\%$
c) $\frac{5}{6} = \frac{250}{300} = \frac{\frac{250}{3}}{100} = \frac{83\frac{1}{3}}{100} = 83\frac{1}{3}\,\%$
d) $\frac{5}{4} = \frac{125}{100} = 125\,\%$

2. Möglichkeit
Schreibe den Bruch als Quotienten und dividiere. Verwandle dann den Dezimalbruch in Prozent.
a) $\frac{3}{5} = 3 : 5 = 0{,}6 = 60\,\%$
b) $\frac{1}{40} = 1 : 40 = 0{,}025 = 2{,}5\,\%$
c) $\frac{5}{6} = 5 : 6 = 0{,}8333\ldots = 83{,}33\ldots\,\% = 83\frac{1}{3}\,\%$
d) $\frac{5}{4} = 5 : 4 = 1{,}25 = 125\,\%$

Ist wie in d) der Bruch größer als 1, so ergeben sich mehr als 100 %.

$\frac{1}{2} = 0{,}5 = 50\,\%$
$\frac{1}{3} = 0{,}\overline{3} = 33\frac{1}{3}\,\%$
$\frac{1}{4} = 0{,}25 = 25\,\%$
$\frac{1}{5} = 0{,}2 = 20\,\%$
$\frac{1}{6} = 0{,}1\overline{6} = 16\frac{2}{3}\,\%$
$\frac{1}{8} = 0{,}125 = 12{,}5\,\%$
$\frac{1}{10} = 0{,}1 = 10\,\%$
$\frac{1}{20} = 0{,}05 = 5\,\%$

Aufgaben

3 Schreibe als Bruch und kürze, wenn möglich.

a) 20 % b) 25 % c) 30 % d) 50 % e) 70 % f) 80 % g) 150 % h) 100 %
i) 3 % k) 40 % l) 60 % m) 14 % n) 12 % o) 6 % p) 33 % q) 48 %

4 Schreibe als Dezimalbruch.

a) 23 % b) 95 % c) 15 % d) 6 % e) 7 % f) 8 % g) 125 % h) 250 %

5 Schreibe in Prozent.

a) 0,5 b) 0,3 c) 0,75 d) 0,11 e) 1,7 f) 2,9 g) 0,05 h) 0,15

6 Schreibe als Dezimalbruch und in Prozent.

a) $\frac{1}{50}$ b) $\frac{3}{20}$ c) $\frac{9}{10}$ d) $\frac{11}{25}$ e) $\frac{3}{50}$ f) $\frac{13}{10}$ g) $\frac{7}{4}$ h) $\frac{3}{40}$
i) $\frac{1}{25}$ k) $\frac{17}{50}$ l) $1\frac{1}{2}$ m) $2\frac{1}{4}$ n) $3\frac{1}{5}$ o) $\frac{5}{12}$ p) $\frac{11}{12}$ q) $\frac{1}{30}$

7 Wie viel Prozent der abgebildeten Gummibärchen sind rot (grün; gelb; weiß)?

8 Gib die Anteile zunächst als Bruch, dann in Prozent an.

a) 7 von 10 b) 19 von 20 c) 22 von 25 d) 80 von 400
e) 40 € von 100 € f) 35 kg von 25 kg g) 18 km von 20 km h) 3 min von 25 min

9 Wie viel Prozent entsprechen

a) 100 von 200, b) 50 von 250, c) 80 von 40, d) 10 von 1000,
e) 120 m von 3000 m, f) 165 *l* von 150 *l*, g) 64 € von 800 €, h) 13 km von 13 km?

10 Gib in Prozent an.

a) 1 von 200 b) 7 von 400 c) 12 von 15 d) 10 von 1000
e) 0,5 € von 10 € f) 2,4 km von 60 km g) 62 m von 60 m h) 1,7 kg von 50 kg

11 Welcher der beiden Anteile ist größer? Gib sie in Prozent an und vergleiche.

a) 3 von 5 / 52 von 80
b) 9 von 12 / 37 von 50
c) 11 von 40 / 7 von 25
d) 99 von 100 / 199 von 200

12 Bei der Wahl zum Klassensprecher wird Udo in Klasse 7b mit 20 von insgesamt 32 Stimmen gewählt. In Klasse 7c erhält Birgit 18 von 30 Stimmen. Wie viel Prozent der Stimmen erhielten Udo und Birgit jeweils in ihrer Klasse?

13 Niels hat von den 40 Seiten seines Fotoalbums 12 Seiten mit Bildern beklebt. Wie viel Prozent der Seiten sind noch leer?

14 Geli ist Fußballfan. Ihre Mannschaft hat 60 % aller Spiele dieser Runde gewonnen, nur ein Viertel aller Spiele wurden verloren. Wie viel Prozent der Spiele gingen unentschieden aus?

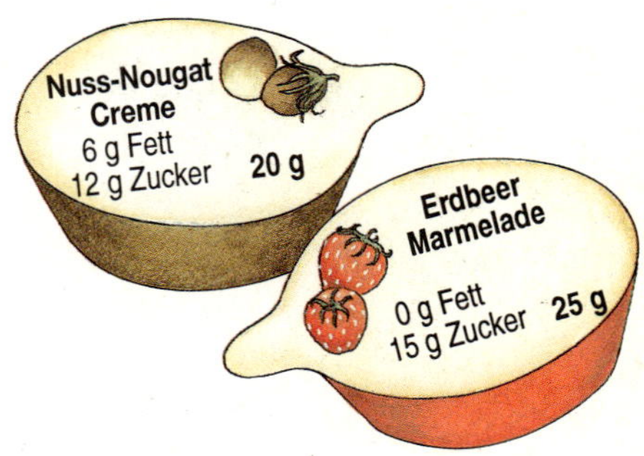

15 Wie viel Prozent Fett, wie viel Prozent Zucker enthält Nuss-Nougat-Creme (Marmelade)? Wie viel Prozent andere Bestandteile sind noch enthalten?

2 Berechnung des Prozentwertes

1 Ein Sportgeschäft veranstaltet einen Jubiläumsverkauf.
a) Wie viel Euro werden die einzelnen Skier billiger?
b) Berechne auch die ab Montag geltenden Preise der ausgestellten Skier.

2[€] Ein Pkw verliert im ersten Jahr meistens 20 % des Neupreises an Wert und im folgenden noch einmal 15 % des Neupreises. Berechne damit den Wertverlust eines 14 000 € teuren Pkw in den ersten zwei Jahren.

Berechnet man 20 % von 300 €, so erhält man 60 €.
Hierbei nennt man 20 % den **Prozentsatz**,
300 € den **Grundwert**,
60 € den **Prozentwert**.
Den Prozentwert kann man mit Hilfe der Bruchrechnung bestimmen.
$\frac{p}{100}$ von einem Grundwert G bedeutet: Multipliziere G mit $\frac{p}{100}$.
Den Prozentwert kann man auch mit dem Dreisatzschema bestimmen.
Ordne 100 % dem Grundwert G zu.

Berechnung des Prozentwertes:
Gegeben: Grundwert G, Prozentsatz p %. Gesucht: Prozentwert P.

1. Möglichkeit:
Prozentwert = Grundwert · Prozentsatz
Formel:
$$P = G \cdot \frac{p}{100}$$

2. Möglichkeit:
$100\,\% \mapsto G$
$1\,\% \mapsto \frac{G}{100}$
$p\,\% \mapsto \frac{G}{100} \cdot p = P$

Bei Benutzung des Taschenrechners ist die Bestimmung des Prozentwertes durch Multiplizieren mit dem Dezimalbruch besonders günstig.

Beispiel 1
Berechne 12,5 % von 17 kg.

Lösung mit der Bruchrechnung:
$P = 17\,\text{kg} \cdot \frac{12{,}5}{100}$
$= 17\,\text{kg} \cdot 0{,}125$
$= 2{,}125\,\text{kg}$

Lösung mit dem Dreisatzschema:
$100\,\% \mapsto 17\,\text{kg}$
$1\,\% \mapsto 0{,}17\,\text{kg}$ *(= 17 kg : 100)*
$12{,}5\,\% \mapsto 2{,}125\,\text{kg}$ *(= 0,17 kg · 12,5)*

Beispiel 2
Frau Jahner kauft eine Stereoanlage für 1795 €. Bei sofortiger Bezahlung, man nennt das Barzahlung, erhält sie 3 % „Skonto". Das bedeutet, sie erhält einen Preisnachlass in Höhe von 3 % des Kaufpreises. Berechne Skonto und den Preis bei Barzahlung.
Lösung:
Skonto: P = 1795 € · 0,03 = 53,85 € Preis bei Barzahlung: 1741,15 €.

Aufgaben

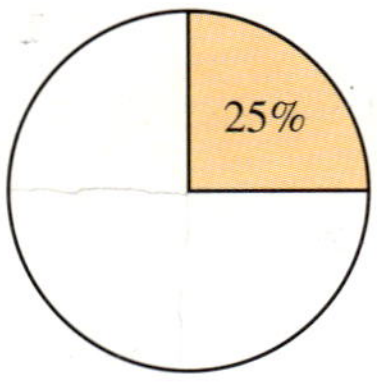

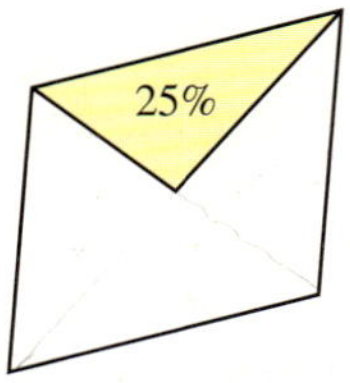

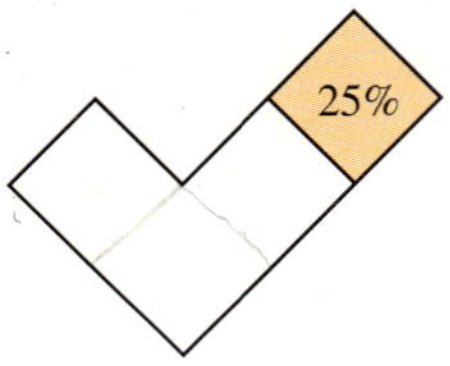

3 Berechne:
a) 4 % von 600 kg b) 13 % von 300 m c) 28 % von 1100 km d) 42 % von 3000 m^3
e) 7 % von 90 cm f) 15 % von 40 € g) 36 % von 950 *l* h) 72 % von 2350 dm.

4
a) 16 % von 50 € b) 65 % von 480 kg c) 14 % von 875 € d) 22 % von 3455 km
e) 35 % von 12 m f) 32 % von 75 cm g) 3 % von 5 € h) 115 % von 40 €

5 Berechne 3 % (18 %; 85 %) von:
a) 3400 *l*; b) 230 g; c) 150 t; d) 24 kg; e) 5 t; f) 7 km; g) 190 m; h) 76 m^2.

6 Berechne 7 % (27 %; 180 %) von:
a) 20; b) 70; c) 85; d) 18; e) 5; f) 2,4; g) 17,5; h) 22,4.

7 Berechne 2,5 % (13,7 %; 43,5 %) von:
a) 400; b) 1200; c) 120; d) 150; e) 712; f) 53; g) 8; h) 56;
i) 212; k) 90; l) 17; m) 720; n) 37; o) 5; p) 42; q) 15.

8 Berechne 0,9 % (20,5 %; 62,5 %) von:
a) 215,5; b) 350,8; c) 62,7; d) 21,5; e) 1,8; f) 6,4; g) 1,04; h) 2,8.

9 Ersetze den Prozentsatz durch einen gekürzten Bruch. Berechne damit den gesuchten Prozentwert.
a) 10 % von 75 € b) 25 % von 280 € c) 50 % von 620 km d) 20 % von 80 m
e) 75 % von 240 kg f) 40 % von 360 g g) 60 % von 80 cm h) 120 % von 40 km

10 Berechne 20 % (75 %; $33\frac{1}{3}$ %) von:
a) 300; b) 120; c) 4800; d) 15; e) 48; f) 7,2; g) 10,8; h) 0,84.

11 Ermittle den Prozentwert näherungsweise durch eine „Überschlagsrechnung" im Kopf, indem du anstelle des angegebenen Grundwertes einen geeigneten Näherungswert verwendest. (Bei a) z. B. 200 kg statt 205 kg.)
a) 25 % von 205 kg b) 75 % von 55 m c) 80 % von 187 € d) $66\frac{2}{3}$ % von 1,84 t
e) 30 % von 12,3 € f) 20 % von 47 € g) 60 % von 178 km h) 15 % von 73 €

12 Überschlage, indem du anstelle des angegebenen Prozentsatzes einen geeigneten Näherungswert verwendest.
a) 9,2 % von 300 € b) 19,7 % von 90 kg c) 31 % von 12 km d) $13\frac{1}{2}$ % von 250 €
e) 4,8 % von 32 m f) $7\frac{1}{4}$ % von 120 g g) 92 % von 48 cm h) 112 % von 240 t

13 Überschlage, indem du den Grundwert und den Prozentsatz durch geeignete Näherungswerte ersetzt.
a) 33 % von 205 m b) 26 % von 105 ha c) 82 % von 198 kg d) 11 % von 95 h*l*
e) 73 % von 42 € f) 65 % von 580 m^2 g) 19 % von 123 t h) 17 % von 37 cm

14 Gib den Grundwert zuerst in einer kleineren Einheit an. Berechne dann 6 % (21 %) von: a) 8 m; b) 7 kg; c) 25 km; d) 9 t; e) 4 m^2; f) 14 ha; g) 20 a.

15 a) Vermindere 180 € um 10 % (um 15 %, um 28 %, um 80 %).
b) Vermehre 2400 € um 10 % (um 5 %, um 25 %, um 60 %).

Aus dem Alltag

Fruchtsaftanteile (Mindestanteile bei Orangen)

	Eiweiß	Fett	Kohlenhydrate
Schweinefleisch	18 %	21 %	—
Rindfleisch	15 %	18 %	—
Salami-Wurst	17 %	47 %	—
Kabeljaufilet	17 %	—	1 %
Hering	12 %	12 %	—
Vollkornbrot	7 %	1 %	46 %
Kartoffeln	2 %	—	19 %
Äpfel	0,3 %	—	12 %
Erdnüsse, geröstet	27 %	47 %	19 %

16 Wie viel l Orangensaft enthalten 0,75 l Nektar, Fruchtsaftgetränk, Limonade?

17 Die wichtigsten Bestandteile unserer Lebensmittel sind Eiweiß, Fett und Kohlenhydrate.
Berechne den Gehalt an Eiweiß (Fett) für
a) 125 g Schweinefleisch, b) 180 g Rindfleisch, c) 75 g Salami,
d) 200 g Kabeljaufilet, e) 160 g Hering, f) 80 g geröstete Erdnüsse.

18 Wie viel g Kohlenhydrate enthalten jeweils 175 g Vollkornbrot, Kartoffeln, Äpfel?

19 a) Ein 2-Pfennig-Stück wiegt 2,9 g. Wie viel g Kupfer und wie viel g Eisen sind in einer Münze enthalten?
b) Wie viel g der einzelnen Metalle enthält ein 5,4 g schweres 1-DM-Stück?
c) Nur Sonderprägungen wie die abgebildete 10-DM-Münze enthalten noch Silber. Wie viel g Silber enthält die 15,5 g wiegende Münze?

20 Im Jahr 1991 wurden in Deutschland 4,2 Millionen Pkws neu zugelassen. Berechne, wie viele Fahrzeuge der im Diagramm aufgeführten Marken es jeweils waren.

Das Autojahr 1991
PKW-Neuzulassungen
in der Bundesrepublik Deutschland
(einschl. Kombi)

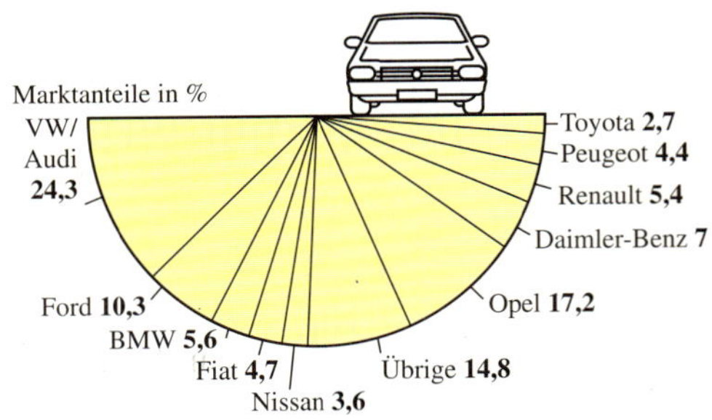

Die Stromerzeugung in Deutschland 1991
alte Bundesländer: 458 Mrd kWh neue Bundesländer: 78 Mrd kWh

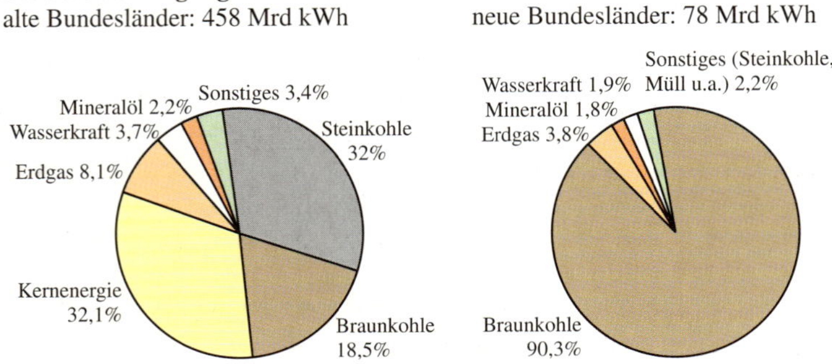

21 a) Wie viel Milliarden kWh Strom wurde in den alten und in den neuen Bundesländern jeweils aus Braunkohle erzeugt? Vergleiche die Prozentsätze und die Prozentwerte.
b) Berechne, wie viel kWh Strom jeweils aus Kernenergie, Wasserkraft und Erdgas erzeugt wurden.
c) Überprüfe die Behauptung: „Über ein Drittel der Stromerzeugung in der Bundesrepublik erfolgt ohne CO_2-Ausstoß.“

Prozentuale Zu- und Abnahmen

Mac-Auto Ihr Reifendienst Essen, den 9.4.99

Frau
Angelika Schulz
Essen-Altenessen

RECHNUNG

4 Reifen komplett mit Montage		
und Wuchten	zu 59,50	238,00€
zuzüglich	16% MwSt.	38,08€
		276,08€

Bei Barzahlung 2% Skonto

22[€] Bei Rechnungen von Handwerkern, Autowerkstätten oder unter Firmen wird erst ein Preis ohne Mehrwertsteuer (MwSt) angegeben. Dann wird die Mehrwertsteuer berechnet und addiert.
a) Rechne nach, ob die MwSt richtig berechnet wurde.
b) Berechne den Preis bei Barzahlung.

23[€] Berechne die MwSt und den Preis einschl. MwSt für einen Warenwert von
a) 3780€; b) 2,70€; c) 316€;
d) 19,80€; e) 72,40€; f) 36000€.

24[€] Statt erst die MwSt zu berechnen und sie dann zu addieren, kann man gleich 116% des Warenwerts berechnen, um den Preis einschl. MwSt zu erhalten. Berechne so den Preis einschließlich MwSt bei einem Warenwert von
a) 23,60€; b) 126,00€; c) 175,20€; d) 540,00€; e) 1248,00€.

25 Aus besonderen Anlässen dürfen Firmen einen Preisnachlass **(Rabatt)** geben. Berechne für den Räumungsverkauf die neuen Preise. Die Waren kosteten vorher:
a) 498€ b) 99,50€ c) 698€
d) 995€ e) 1250€ f) 1790€

26[€] Familie Burgner braucht einen neuen Kühlschrank.
a) Herr Burgner bekommt einen Tipp von einem Kollegen: Beim Großhandel-Müller gibt es 30% Rabatt, es kommen aber dann 16% MwSt hinzu. Im Katalog ist ein Preis von 739,00€ angegeben. Wie viel Euro kostet der Kühlschrank bei Großhandel-Müller?
b) Frau Burgner erkundigt sich im Fachgeschäft Elektro-Jürgens. Dort soll derselbe Kühlschrank 598,00€ kosten. Bei Barzahlung gibt es 2% Skonto. Wie viel Euro kostet der Kühlschrank bei Barzahlung? Vergleich mit a).

27[€] Eine Wohnzimmerlampe hat einen „empfohlenen Verkaufspreis" von 350,00€. Vergleiche die Preisangebote.
a) 25% Rabatt, zuzüglich 16% MwSt
b) 15% Rabatt, zuzüglich 16% MwSt
c) 10% Rabatt, Preis einschließlich MwSt
d) nur 3% Skonto, keine extra MwSt

Tarifabschluss perfekt

Ab Mai gibt es 5% mehr Gehalt. Darauf haben sich Arbeitgeber und Gewerkschaften am späten Abend geeinigt...

28[€] Herr und Frau Grewe arbeiten bei einer Bank. Sie verdienen beide 2500€ im Monat. Frau Grewe erhält im April wegen besonderer Leistungen eine Gehaltserhöhung von 5% und im Mai die Gehaltserhöhung durch den neuen Tarifvertrag. Herr Grewe erhält im Mai aufgrund besonderer Leistungen eine Gehaltserhöhung in Höhe des doppelten Prozentsatzes der Tariferhöhung.
Berechne für beide jeweils das Gehalt im Mai. Wer verdient jetzt mehr? Warum?

***29** Was ergibt am Ende das höhere Gehalt: Fünfmal hintereinander eine Gehaltserhöhung um 10% oder eine einmalige Gehaltserhöhung um 50% (um 60%)?

3 Berechnung des Grundwertes

1 a) Das Foto zeigt den Erzberg der Stadt Eisenerz in Österreich. Das dort im Tagebau abgebaute Erz enthält 32 % Eisen. Wie viel t von diesem Erz benötigt man für 100 t Roheisen?
b) In Schweden fördert man Eisenerz mit einem Eisenanteil von 70 %. Wie viel t von diesem Erz benötigt man für 100 t Roheisen?

2 Bei einer Umfrage sprachen sich 18,4 % der Befragten für Neuwahlen aus, das waren 161 Personen. Wie viele wurden befragt?

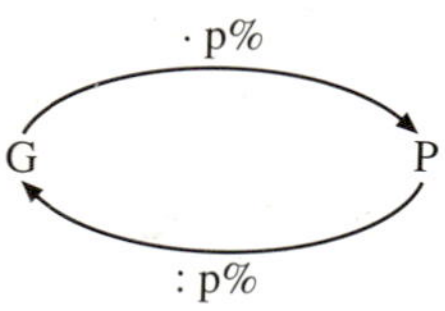

Um aus Prozentwert P und Prozentsatz p % den Grundwert G zu bestimmen, kann man umgekehrt wie bei der Berechnung des Prozentsatzes vorgehen:
Statt den Grundwert G mit $\frac{p}{100}$ zu multiplizieren, muss man jetzt den Prozentsatz P durch $\frac{p}{100}$ dividieren.
Beim Dreisatzschema beginnt man mit p %, um daraus 100 % zu bestimmen.

Berechnung des Grundwertes:
Gegeben: Prozentwert P, Prozentsatz p % Gesucht: Grundwert G.

1. Möglichkeit:
Grundwert = $\frac{\text{Prozentwert}}{\text{Prozentsatz}}$
Formel:
$$G = P : \frac{p}{100} = \frac{P}{p} \cdot 100$$

2. Möglichkeit:
$p\,\% \mapsto P$
$1\,\% \mapsto \frac{P}{p}$
$100\,\% \mapsto \frac{P}{p} \cdot 100 = G$

Beispiel 1
Kai hat einen goldenen Ring gefunden und ihn beim Fundbüro abgegeben. Nach einigen Tagen erhält er 30 € als Finderlohn. Der Finderlohn beträgt 5 % vom Wert des Fundstücks. Auf welchen Wert wurde der Ring geschätzt?

Lösung mit der Bruchrechnung:
$G = 30\,€ : \frac{5}{100}$
$G = 30\,€ : 0{,}05$
$G = 600\,€$

Lösung mit dem Dreisatzschema:
$5\,\% \mapsto 30\,€$
$1\,\% \mapsto 6\,€$ *(= 30 € : 5)*
$100\,\% \mapsto 600\,€$ *(= 6 € · 100)*

Der Wert des Ringes wurde auf 600 € geschätzt.

Beispiel 2
Der Preis für eine Hose wird um 15 % auf 131,75 € herabgesetzt.
Berechne den alten Preis.
Hier sind die 131,75 € gerade 100 % – 15 % = 85 % des alten Preises.
Lösung mit der Bruchrechnung: Der alte Preis beträgt G = 131,75 € : 0,85 = 155 €.

Aufgaben

3 Berechne den Grundwert G.
a) 3 % von G ist 6 kg b) 50 % von G ist 150 € c) 20 % von G ist 12 a
d) 7,5 % von G ist 2550 *l* e) 18,5 % von G ist 15,17 m f) 115 % von G ist 391 €

4 Berechne den Grundwert G für p % = 3 % (12 %; 2,5 %) und
a) P = 60 €, b) P = 240 g, c) P = 18 m, d) P = 54 kg, e) P = 144 km.

5 Berechne den Grundwert G für P = 45 km (150 €; 600 m^2) und
a) p % = 2 %, b) p % = 3 %, c) p % = 15 %, d) p % = 48 %, e) p % = 80 %.

6 Berechne aus Prozentwert P und Prozentsatz p % den Grundwert G.

	a)	b)	c)	d)	e)	f)	g)
P	483 m	253 t	7,65 €	115 h*l*	66 cm^2	47,5 kg	140,5 *l*
p %	21 %	110 %	17 %	2,5 %	1,2 %	3,8 %	$2\frac{1}{2}$ %

7 Ersetze den Prozentsatz durch einen gekürzten Bruch. Berechne damit den gesuchten Grundwert.
a) P = 68 t; p % = $33\frac{1}{3}$ % b) P = 72 cm; p % = $66\frac{2}{3}$ % c) P = 320 g; p % = 40 %
d) P = 84 kg; p % = 75 % e) P = 35 g; p % = 12,5 % f) P = 45 €; p % = 90 %

8 Überschlage den Grundwert G, indem du Prozentwert P und Prozentsatz p % durch geeignete Näherungswerte ersetzt.
a) P = 94 m; p % = 31 % b) P = 21 mm^2; p % = 4,8 % c) P = 950 €; p % = 19 %
d) P = 7,8 kg; p % = 0,9 % e) P = 630 *l*; p % = 78 % f) P = 5,1 km; p % = 24 %

9 Addiert man zum Grundwert G noch 10 % (40 %; 60 %) von G, so ergeben sich
a) 1320 €; b) 6,27 m^2; c) 74,25 kg; d) 40,92 m^2; e) 20,79 €.
Wie groß ist jeweils der Grundwert G?

10 Subtrahiert man vom Grundwert G noch 12 % (60 %; 75 %) von G, so ergeben sich
a) 11,44 €; b) 404,8 kg; c) 88 €; d) 63,36 m^3; e) 22 *l*.
Wie groß ist jeweils der Grundwert G?

11€ Der Eintritt für die Nachmittagsvorstellung im Gloria-Kino kostet 75 % des Preises für die Abendvorstellung. Katrin bezahlt am Nachmittag 6,75 €. Wie viel Euro kostet der Eintritt am Abend?

12€ Herr Thomas ergattert im Schnäppchenmarkt eine Uhr zu 40 % unter dem empfohlenen Preis. Er bezahlt 24 €. Wie viel Euro beträgt der empfohlene Preis?

Vitamin-C-Gehalt

Orangensaft	0,05%
Petersilie	0,13%
Rosenkohl	0,08%
Paprika	0,11%
Sanddornbeerensaft	0,27%

13€ Bei den Preisen der meisten Waren ist die Mehrwertsteuer (MwSt) enthalten. Sie beträgt seit 1998 in der Regel 16 % des Warenwertes. Berechne den Preis ohne MwSt, wenn er einschließlich MwSt
a) 98 €; b) 12,95 €; c) 235,50 €; d) 2664,55 € beträgt.

***14** Der Tagesbedarf an Vitamin C beträgt 80 mg. Wie viel g Orangensaft (Petersilie, Rosenkohl, Paprikagemüse, Sanddornbeerensaft) muss man zu sich nehmen, um damit allein den Tagesbedarf an Vitamin C zu decken?

4 Berechnung des Prozentsatzes

Emmy Noether (1882–1935) gilt als die bedeutendste Mathematikerin. Sie lehrte bis 1933 in Göttingen. Von ihr stammen wesentliche Beiträge zur modernen Algebra.

1 In welchem Loseimer ist der Anteil der Gewinne größer? Gib die Anteile in Prozent an.

2 Von den 80 Schülerinnen und Schülern der 7. Klassen der Emmy-Noether-Schule nahmen 44 am Mathematik-Wettbewerb teil. An der Ricarda-Huch-Schule beteiligten sich 52 % der Schülerinnen und Schüler. Wo war die Beteiligung größer?

Ein Prozentsatz gibt den Anteil des Prozentwertes am Grundwert an. Um diesen Anteil als Bruch zu schreiben, muss man als Zähler den Prozentwert nehmen, als Nenner den Grundwert. Den Prozentsatz erhält man dann (wie am Anfang des Kapitels), indem man den Zähler durch den Nenner dividiert, also Prozentwert durch Grundwert. Dieses Vorgehen kann man auch an der Formel $P = G \cdot \frac{p}{100}$ erkennen. Will man darin den Prozentsatz $\frac{p}{100}$ bestimmen, so muss man den Prozentwert P durch den Grundwert G dividieren.
Man kann den Prozentsatz auch mit dem Dreisatzschema bestimmen. Dazu ordnet man dem Grundwert 100 % zu und bestimmt dann den zum Prozentwert gehörenden Prozentsatz. Beachte: Die Zuordnung erfolgt jetzt andersherum als bisher!

Berechnung des Prozentsatzes:

Gegeben: Grundwert G, Prozentwert P — Gesucht: Prozentsatz p %

1. Möglichkeit:

$\text{Prozentsatz} = \frac{\text{Prozentwert}}{\text{Grundwert}}$

Formel:

$$p\,\% = \frac{p}{100} = \frac{P}{G}$$

2. Möglichkeit:

$G \mapsto 100\,\%$

$1 \mapsto \frac{100}{G}\,\%$

$P \mapsto \frac{100}{G} \cdot P\,\% = p\,\%$

Beispiel 1

Bei der Wahl zum TOP-HIT von Radio FfF7 erhielt die Gruppe Quark 827 von 4840 Stimmen. Berechne den Stimmenanteil in Prozent. Runde auf Zehntel Prozent.

Lösung durch Division:

$p\,\% = \frac{827}{4840} = 827 : 4840$
$= 0{,}1708\ldots$
$\approx 0{,}171 = 17{,}1\,\%$

Lösung mit dem Dreisatzschema:

$4840 \mapsto 100\,\%$
$1 \mapsto \frac{100}{4840}\,\%$
$827 \mapsto \frac{100}{4840} \cdot 827\,\% = 17{,}08\ldots\,\% \approx 17{,}1\,\%$

Der Stimmenanteil für die Gruppe Quark beträgt ungefähr 17,1 %.

Bei Benutzung des Taschenrechners ist die Bestimmung des Prozentsatzes durch Dividieren besonders günstig. Beim entstehenden Dezimalbruch braucht man dann nur noch das Komma um 2 Stellen nach rechts zu verschieben.

Beispiel 2

Im Februar 1993 hat es an 12 Tagen geregnet, im März an 13 Tagen. In welchem Monat hat es häufiger geregnet? Bestimme die absoluten und die relativen Häufigkeiten.

Lösung durch Division:

Februar: absolute Häufigkeit: 12 Tage; relative Häufigkeit: $12 : 28 = 0{,}4285\ldots \approx 42{,}9\,\%$
März: absolute Häufigkeit: 13 Tage; relative Häufigkeit: $13 : 31 = 0{,}4193\ldots \approx 41{,}9\,\%$

Zur Erinnerung:
relative Häufigkeit $= \frac{\text{absolute Häufigkeit}}{\text{Gesamtzahl}}$

Aufgaben

3 Bestimme im Kopf den Prozentsatz, der dem folgenden Anteil entspricht:
a) 36 € von 400 € b) 48 kg von 1200 kg c) 45 m von 500 m
d) 60 t von 2000 t e) 80 € von 400 € f) 90 *l* von 500 *l*.

4 Berechne im Kopf zum Prozentwert P und dem Grundwert G den Prozentsatz p %.
a) P = 24 m; G = 200 m b) P = 60 kg; G = 1500 kg c) P = 160 €; G = 400 €
d) P = 51 km; G = 600 km e) P = 52 m²; G = 600 m² f) P = 24,5 h*l*; G = 700 h*l*
g) P = 17 a; G = 50 a h) P = 6 km²; G = 40 km² i) P = 18 mg; G = 60 mg

5 Berechne aus Prozentwert P und Grundwert G den Prozentsatz p %.

	a)	b)	c)	d)	e)	f)	g)
P	61,2 t	868 g	663,6 km	196,2 *l*	423 ha	15,52 m	1,26 €
G	72 t	1240 g	1580 km	1090 *l*	498 ha	48,5 m	16,80 €

6 Welchem Prozentsatz entsprechen 12 € (36 €; 108 €) von:
a) 60 €; b) 108 €; c) 12,50 €; d) 3000 €; e) 250 €;
f) 2400 €; g) 160 €; h) 1875 €; i) 6,25 €; k) 468,75 €?

7 Bestimme den Prozentsatz durch einen Überschlag, indem du anstelle des Grundwertes einen geeigneten Näherungswert nimmst.
a) 7 von 102 b) 10 von 48 c) 6 m³ von 29 m³
d) 25 km von 51 km e) 30 ha von 87 ha f) 0,4 t von 2,1 t

8 Überschlage, indem du den Prozentwert durch einen Näherungswert ersetzt.
a) 23 von 50 b) 8,1 kg von 200 kg c) 39 m*l* von 240 m*l*
d) 77 m² von 800 m² e) 0,49 € von 1,25 € f) 32,5 kg von 45 kg

9 Überschlage, indem du Grund- und Prozentwert durch Näherungswerte ersetzt.
a) 11 von 51 b) 11 von 35 c) 43 mg von 210 mg
d) 296 ha von 901 ha e) 6,5 t von 10,4 t f) 0,38 m von 0,81 m

10 Bestimme den Prozentsatz. Runde auf Zehntel-Prozent.
a) 14 von 41 b) 62 von 85 c) 187 von 240
d) 19 m² von 110 m² e) 732 t von 950 t f) 53 km von 420 km
g) 27 m*l* von 28 m*l* h) 7 € von 16 € i) 13 mm von 120 mm

11 Bestimme den Prozentsatz. Runde auf Zehntel-Prozent.
a) 0,8 m von 0,97 m b) 1,7 g von 15,3 g c) 0,36 € von 2,90 €
d) 13,7 t von 15,4 t e) 0,7 *l* von 1500 *l* f) 12,3 mm³ von 0,81 mm³
g) 4,3 kg von 7500 kg h) 0,9 m² von 72 m² i) 0,04 ha von 123 ha

12 Bestimme die prozentuale Zunahme bzw. Abnahme.
a) Von 5 kg auf 7 kg b) Von 1000 € auf 1200 € c) Von 1500 t auf 2500 t
d) Von 3 m auf 1,8 m e) Von 80 kg auf 70 kg f) Von 10 € auf 7 €

13 Bestimme die prozentuale Zunahme bzw. Abnahme auf Zehntel-Prozent gerundet.
a) Von 17 auf 20 b) Von 105 m² auf 100 m² c) Von 100 m² auf 105 m²
d) Von 3 t auf 2,6 t e) Von 70 € auf 75 € f) Von 5 cm³ auf 0,7 cm³
g) Von 120 *l* auf 290 *l* h) Von 0,47 m auf 0,50 m i) Von 0,62 t auf 2,8 t

Aus dem Alltag

14 Der Hausmeister einer Schule bekommt morgens 20 Becher Joghurt und 12 Becher Milchreis geliefert. Nach der ersten Pause hat er 16 Becher Joghurt und 10 Becher Milchreis verkauft. Wie viel Prozent der Lieferung sind das jeweils? Vergleiche.

15 Im Jahr 1991 hatten die Fußballvereine in Deutschland 5 245 535 Mitglieder, darunter 521 029 weibliche, die Turnvereine zählten 4 244 859 Mitglieder, darunter 2 926 626 weibliche. Berechne die Anteile der männlichen bzw. der weiblichen Mitglieder in Prozent.

Müsli für 1 Portion:

75g Haferflocken
50g Weizenflocken
40g Sonnenblumenkerne
35g Rosinen
30g Haselnüsse
15g Kürbiskerne
5g Leinsamen

16 Corinna mischt sich ihr Müsli selbst. Berechne für die einzelnen Zutaten die Anteile in Prozent.

17 „Wohin geht das Haushaltsgeld?" Im Jahr 1991 stand einem 4-Personen-Haushalt mit mittlerem Einkommen 4906 DM zur Verfügung. Berechne, wie viel Prozent davon für die einzelnen im Diagramm aufgeführten Bereiche ausgegeben wurden.

Die Rechnung mit dem Haushaltsgeld
monatlich verfügbares Einkommen mittlerer Arbeitnehmerhaushalte 1991 (2 Erwachsene, 2 Kinder)

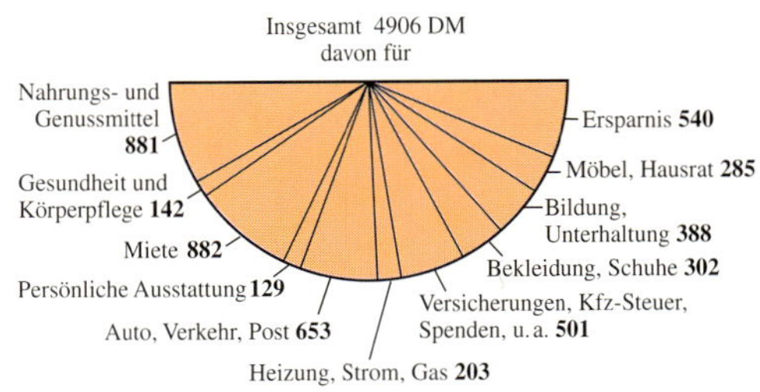

18 Berechne für 1970, 1980 und 1990 jeweils den Anteil der Ausgaben der gesetzlichen Krankenversicherung für
a) Behandlung durch Ärzte,
b) Krankenhauspflege,
c) Arzneien.
Vergleiche die Anteile.

Ausgaben der gesetzlichen Krankenversicherung
(alte Bundesländer) in Mrd DM

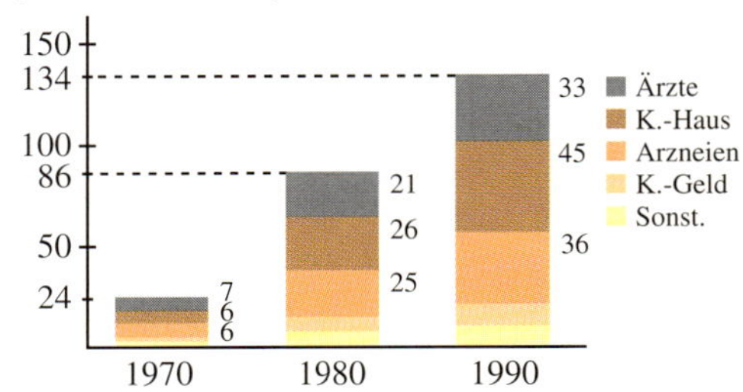

19€ Michael hat sich eine neue Jeans für 35 € ausgesucht. Weil ein Knopf fehlt, erhält er die Jeans 5 € billiger. Wie viel Prozent beträgt der Preisnachlass?

20€ Die Fünferkarte für den Stadtbus kostet 5,50 €, ein Einzelfahrschein 1,25 €. Um wie viel Prozent ist die Fünferkarte billiger als fünf Einzelfahrscheine?

21 Der Eintrittspreis für das Schwimmbad wird von 3,50 € auf 4,00 € angehoben. Um wie viel Prozent wurde der Eintritt teurer?

22 Durch technische Verbesserungen wird der durchschnittliche Benzinverbrauch eines Pkws von 9 *l* auf 8,5 *l* pro 100 km gesenkt. Wie viel Prozent beträgt die Einsparung?

***23** Martina verdünnt 0,3 *l* Pfirsichnektar mit 0,2 *l* Mineralwasser. Wie viel *l* Frucht enthält die Mischung? Gib ihren Anteil in Prozent an.

24 Klaus will eine Quarkspeise herstellen. Er verrührt 250 g Sahnequark mit einem Fettanteil von 12 % mit 500 g Quark mit einem Fettanteil von 6 %.
Wie viel g Fett enthält der Quark insgesamt? Berechne den Fettanteil der Mischung in Prozent.

Relative Häufigkeiten

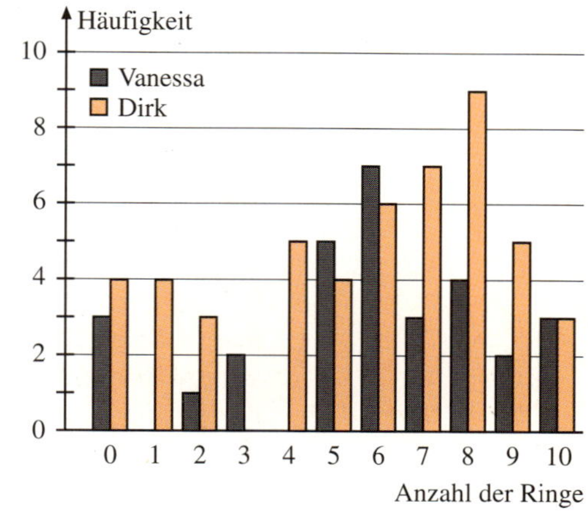

25 Vanessa hat mit Wurfpfeilen 30-mal auf die Scheibe geworfen, Dirk 50-mal. Das Diagramm zeigt, wie häufig sie die einzelnen Ringe geworfen haben. Bei 0 sind die Fehlwürfe angegeben.
a) Welchen Ring traf Vanessa (Dirk) am häufigsten, welchen überhaupt nicht?
b) Stelle für Vanessa und für Dirk zum Diagramm je eine Häufigkeitstabelle auf. Berechne auch die relativen Häufigkeiten. Gib sie in Prozent an.
c) Wer hat häufiger die 10 getroffen?

26 Ergebnisse der Fahrradüberprüfung in Burghausen

	in Ordnung	leichte Mängel	schwere Mängel
Lise-Meitner-Schule	180	96	24
Otto-Hahn-Schule	204	92	40

a) Berechne die relative Häufigkeit, mit der an den beiden Schulen jeweils Fahrräder mit leichten Mängeln (mit schweren Mängeln) festgestellt wurden.
b) Wie viel Prozent der Fahrräder hatten jeweils irgendwelche Mängel, wie viel Prozent waren in Ordnung?
c) Berechne auch für beide Schulen zusammen die relativen Häufigkeiten der drei Ergebnisse der Fahrradüberprüfungen.

27 Dorothea hat ausgerechnet, dass bei den Bundesjugendspielen 26 % der 375 Teilnehmer eine Urkunde erhalten haben. Wie viele Schüler waren es? Könnten es auch 95, 96, 99 oder 100 Schüler gewesen sein? Wie hat Dorothea gerechnet?

***28** Radio FfF7 hat eine Hörerumfrage gemacht. In einer Tabelle sind leider einige Daten nicht mehr lesbar. Berechne sie.

Hörerumfrage Radio FfF7				
	zufrieden	weniger zufrieden	nicht zufrieden	keine Angabe
Anzahl	442	280		23
relative Häufigkeit	57 %		4 %	

5 Diagramme

1 a) Das **Streifendiagramm** zeigt, wie Helge die 24 Stunden eines Tages verbringt. Die angegebenen Prozentsätze entsprechen den Anteilen an der Streifenlänge. Miss nach.
b) Zeichne selbst ein Streifendiagramm zu den Angaben in der Tabelle. Wähle als Streifenlänge 10 cm.
Vollmilchschokolade enthält:

Eiweiß	Fett	Kohlenhydrate	Sonstiges
9 %	33 %	55 %	3 %

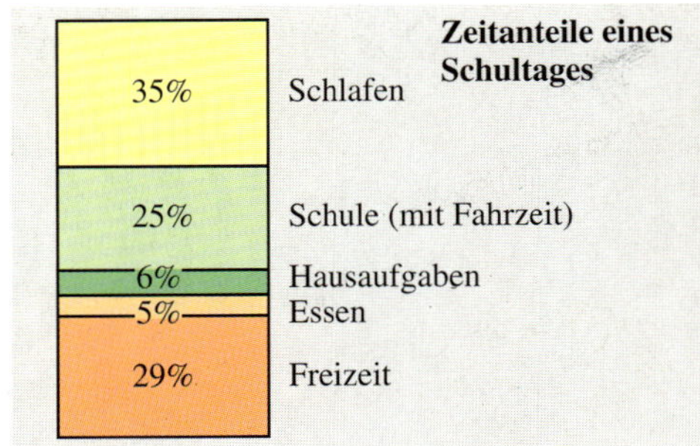

2 a) Das **Kreisdiagramm** beschreibt die Zusammensetzung eines Tierfutters. Dabei ist der Kreis entsprechend den Prozentsätzen aufgeteilt. Miss die Winkel α, β, γ und δ und bestimme ihren Anteil am Vollwinkel von 360°. Vergleiche mit den Anteilen des Tierfutters.
b) Zeichne selbst ein Kreisdiagramm für die Zusammensetzung von Lötzinn (Hartlot):

Zink	Kupfer	Silber	Cadmium
25 %	40 %	20 %	15 %

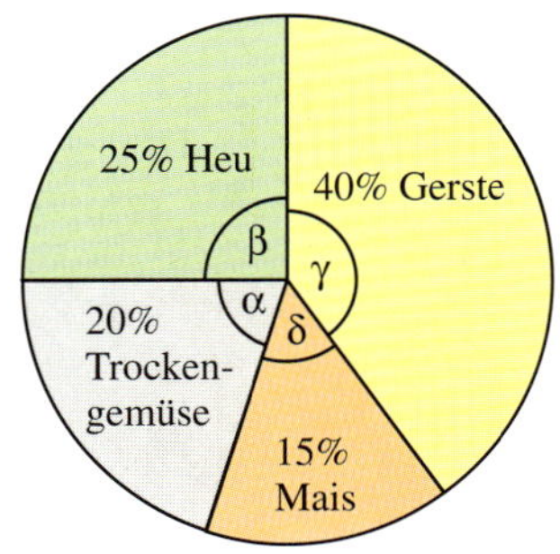

Streifendiagramme lassen sich leichter zeichnen, Kreisdiagramme machen aber die Anteile deutlicher. So ist z. B. 25 % am Kreisdiagramm sofort erkennbar.

Rechne vorher die entsprechenden Anteile von 360° aus.

Bei einem **Streifendiagramm** werden Anteile durch entsprechende Streifen**längen** dargestellt, bei einem **Kreisdiagramm** durch entsprechende **Winkel** am Kreismittelpunkt.

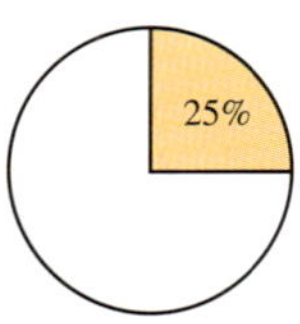

Beispiel
Gregor mischt Blumenerde aus 3 Schaufeln Sand, 15 Schaufeln Torf und 12 Schaufeln Kompost. Stelle die Anteile in einem Kreisdiagramm dar.

Gehe in drei Schritten vor:
1. Berechne die Anteile in Prozent.
2. Berechne die entsprechenden Teile von 360°.
3. Zeichne das Kreisdiagramm mit den berechneten Winkeln.
Lösung:

		Sand	Torf	Kompost
1.	Anteile der Erde	$\frac{3}{30} = 10\,\%$	$\frac{15}{30} = 50\,\%$	$\frac{12}{30} = 40\,\%$
2.	Teile von 360°	36°	180°	144°

3. Zeichnen des Kreisdiagramms

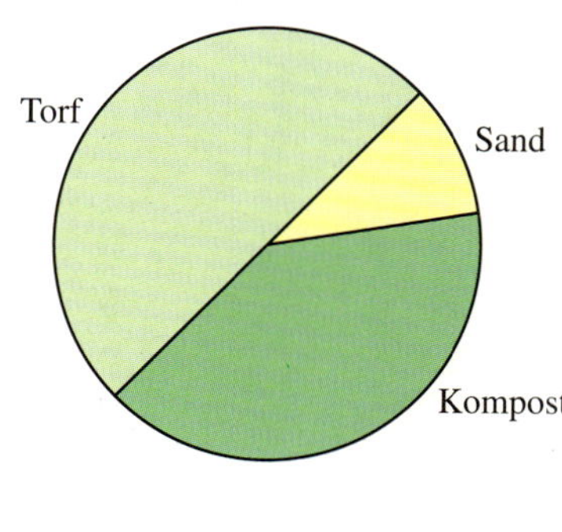

Aufgaben

Streifendiagramme

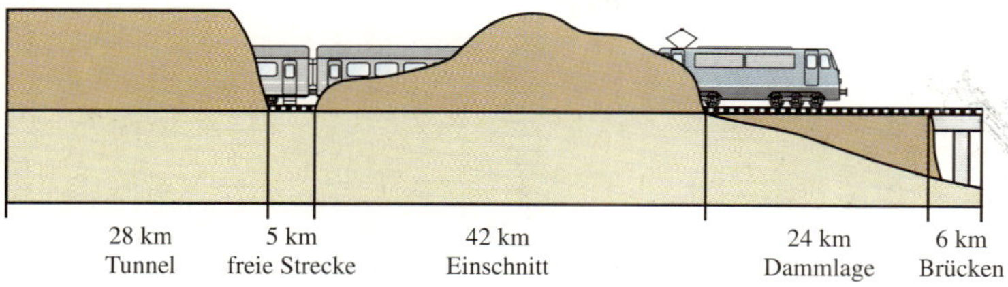

3 Die Neubaustrecke der Deutschen Bundesbahn von Mannheim nach Stuttgart ist 105 km lang.
a) Berechne die Anteile der Tunnel, der freien Strecke usw. an der Gesamtstrecke.
b) Zeichne für die Anteile ein Streifendiagramm. Wähle als Streifenlänge 10 cm.

4 Das Statistische Bundesamt stellte für das Jahr 1991 fest, dass in den alten Bundesländern ein 4-Personen-Haushalt durchschnittlich 3773 DM im Monat für seinen Unterhalt ausgab. Wie viel DM wurden nach den Angaben zum „Warenkorb“ in den verschiedenen Bereichen ausgegeben?

Warenkorb 1991 (alte Bundesländer)

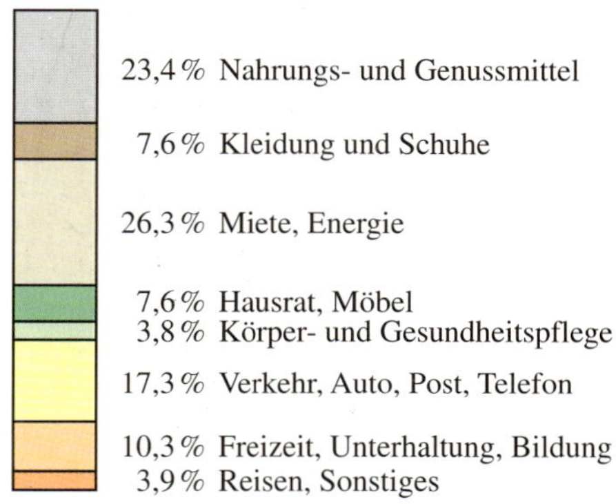

5 Eine Klassenfahrt soll 225 € kosten. Darin sind 135 € für Verpflegung und 36 € für Unterkunft enthalten. Der Rest sind Fahrtkosten. Stelle die Anteile in einem Streifendiagramm dar.

6 Die Kohlendioxid (CO_2)-Belastung gilt als eine der Ursachen des Treibhauseffektes. Stelle den CO_2-Ausstoß in Deutschland 1989 in einem Streifendiagramm dar:

Kraftwerke:	403 Mio. t
Industrie und Gewerbe	358 Mio. t
Verkehr	184 Mio. t
Private Haushalte	120 Mio. t

7 Stelle für die Jahre 1980 und 1990 die Anteile der Verkehrsträger im Güterverkehr jeweils in einem Streifendiagramm dar.

Güterverkehr in Deutschland
(alte Bundesländer) in Millionen t

	Bahn	Lkw	Schiff	sonst.*)
1980	364	2553	395	77
1990	310	2848	375	65

*) Luftverkehr und Rohrleitungen

Kreisdiagramme

8 Das Kreisdiagramm zeigt die Zusammensetzung von Schokopulver.
a) Miss die Innenwinkel des Diagramms und berechne ihren Anteil an 360°. Ist das Diagramm richtig gezeichnet?
b) Wie viel g wiegen die einzelnen Bestandteile einer 800-g-Packung Schokopulver?

Alles Gute im Schoko-Pulver

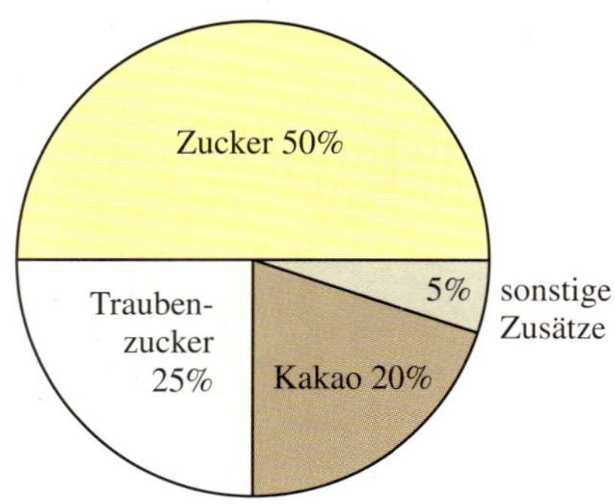

9 Pommes frites enthalten 34 % Kohlenhydrate, 24 % Fett und 4 % Eiweiß. Der Rest sind Wasser, Fasern und Salze. Stelle die Anteile in einem Kreisdiagramm dar.

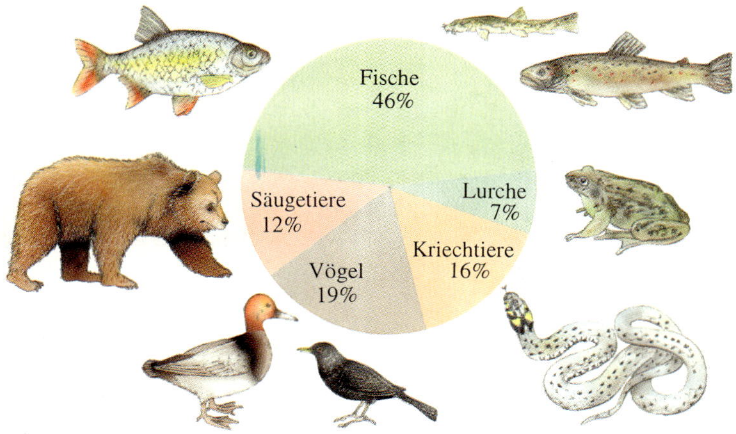

10 Man kennt zur Zeit etwa 1 200 000 Tierarten auf der Erde, davon sind ungefähr 45 000 Wirbeltierarten.
Wie viele Arten von Fischen, Lurchen, Kriechtieren, Vögel und Säugetieren gibt es jeweils?

11 Unter den in Deutschland lebenden etwa 42 000 Tierarten gehören 700 zu den Wirbeltieren, 29 000 zu den Insekten, 900 zu den Krebsen, 3500 zu den Spinnentieren, 500 zu den Weichtieren und 4500 zu den Würmern, der Rest sind Urtiere. Zeichne dazu ein Kreisdiagramm.

12 Der Energieverbrauch in den alten Bundesländern betrug 1991 400 Millionen t SKE („Steinkohleeinheiten").
a) Berechne für die einzelnen Energiearten den jeweiligen Verbrauch.
b) Der Energieverbrauch in den neuen Bundesländern betrug 80 Millionen t SKE. Er verteilte sich so auf die Energieträger:

Braunkohle:	61,7 %	Mineralöl:	24,3 %
Erdgas:	10,1 %	übrige:	3,9 %

Zeichne dazu ein Kreisdiagramm. Berechne den Verbrauch der einzelnen Energieträger.

Energieträger 1991 (alte Bundesländer)

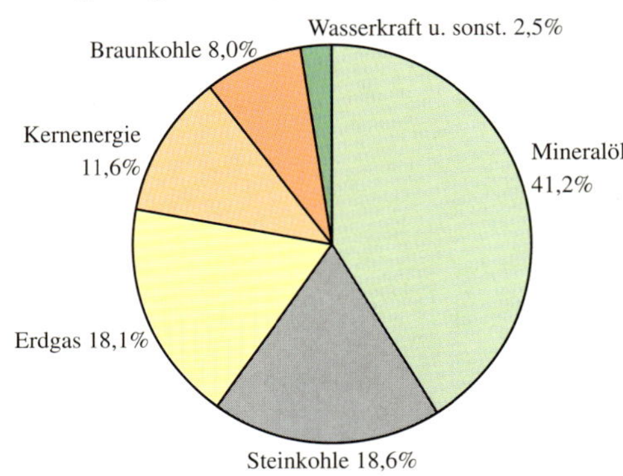

13 Zeichne ein Kreisdiagramm für die Sitzverteilung im 1. Gesamtdeutschen Bundestag.

Sitze im 1. Gesamtdeutschen Bundestag

FDP	CDU/CSU	Grüne B 90	SPD	PDS
79	319	8	239	17

14 Die Welt-Goldproduktion betrug 1990 rund 1750 t. Hauptproduzenten waren:
Südafrika 600 t; GUS 300 t;
Australien 240 t; USA 210 t;
Kanada 140 t; Brasilien 100 t.
Zeichne für die Anteile ein Kreisdiagramm.

15 Stelle die Verteilung der Weltbevölkerung auf die fünf Kontinente in einem Kreisdiagramm dar.

Weltbevölkerung 1990 in Millionen

Asien	3112	Europa	498
Amerika	724	Australien/	
Afrika	642	Ozeanien	26

16 Die Tabelle beschreibt die Anzahl der Schülerinnen und Schüler zu Beginn des Schuljahres 1990/91 in Nordrhein-Westfalen in den einzelnen Schularten:

Grundschule	Hauptschule	Sonderschule	Realschule	Gymnasium	Gesamtschule
702 000	307 000	78 000	240 000	472 000	124 000

Berechne die Anteile und stelle sie in einem Kreisdiagramm dar.

6 Zinsrechnung: Jahreszinsen

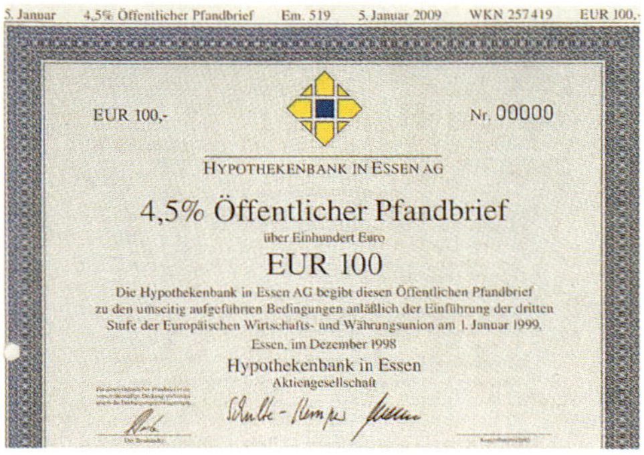

1[€] Frau Ruppert kauft für 100 € einen öffentlichen Pfandbrief. Für dieses Kapital von 100 € erhält sie jedes Jahr Zinsen und zwar 6,5 % des Kapitals. Wie viel Euro sind das?

2 Herr Hagen möchte für 8000 € neue Möbel kaufen. Den benötigten Betrag will er sich von der Bank leihen. Die Bank verlangt dafür jährlich 920 € Zinsen. Wie viel Prozent von 8000 € sind das?

Zahlt man auf ein Sparkonto ein oder kauft man einen Pfandbrief, so erhält man dafür von der Bank oder Sparkasse **Zinsen**. Will man sich umgekehrt von der Bank oder der Sparkasse Geld leihen (man sagt dazu auch, einen **Kredit** oder ein **Darlehen** bekommen), so muss man dafür Zinsen bezahlen. Den gesparten bzw. geliehenen Geldbetrag nennt man in der Zinsrechnung **Kapital**. Die Zinsen für ein Jahr, man nennt sie auch **Jahreszinsen**, werden meistens in Prozent des Kapitals angegeben.

Die Zinsrechnung ist eine Anwendung der Prozentrechnung. Dabei entsprechen
das Kapital dem Grundwert,
der Zinssatz dem Prozentsatz,
die Jahreszinsen dem Prozentwert.

Beispiel 1
Sabine hat zum Jahresbeginn 150 € auf ihrem Sparbuch. Im Laufe des Jahres zahlt sie nichts ein und hebt nichts ab. Wie viel Euro Zinsen erhält sie am Jahresende, wenn der Zinssatz 2,5 % beträgt?
Hier sind der Grundwert und der Zinssatz gegeben, die Jahreszinsen, also der Prozentwert, sind zu berechnen.
Lösung:

1. Möglichkeit:
Jahreszinsen = Kapital · Zinssatz
150 € · 0,025 = 3,75 €

2. Möglichkeit:
100 % ↦ 150 €
1 % ↦ 1,50 € *(= 150 € : 100)*
2,5 % ↦ 3,75 € *(= 1,50 € · 2,5)*

Beispiel 2
Frau Janson erzählt, dass sie bei einem Zinssatz von 7,5 % jährlich 2100 € Zinsen erhält. Wie viel Euro beträgt das Kapital?
Hier sind die Jahreszinsen und der Zinssatz gegeben, das Kapital, also der Grundwert, ist gesucht.
Lösung:

1. Möglichkeit:
$\text{Kapital} = \frac{\text{Jahreszinsen}}{\text{Zinssatz}}$
2100 € : 0,075 = 28 000 €

2. Möglichkeit:
7,5 % ↦ 2100 €
1 % ↦ 280 € *(= 2100 € : 7,5)*
100 % ↦ 28 000 € *(= 280 € · 100)*

Beispiel 3
Herr Geier benötigt einen Kredit in Höhe von 6000 € für die Dauer eines Jahres. Ein Kreditbüro verlangt dafür 1000 € Zinsen. Berechne den Zinssatz.
Hier ist der Zinssatz, also der Prozentsatz der Jahreszinsen, gesucht.
Lösung:
1. Möglichkeit:
$\text{Zinssatz} = \frac{\text{Zinsen}}{\text{Kapital}}$
$\frac{1000\,€}{6000\,€} = 0{,}1666\ldots = 16\frac{2}{3}\,\%$

2. Möglichkeit:
$6000\,€ \mapsto 100\,\%$
$1\,€ \mapsto \frac{100}{6000}\,\%$
$1000\,€ \mapsto \frac{100}{6000} \cdot 1000\,\% = \frac{100}{6}\,\% = 16\frac{2}{3}\,\%$

Aufgaben

3 Berechne die Jahreszinsen bei einem Zinssatz von 3,5 % für:
a) 100 €; b) 12 €; c) 720 €; d) 4300 €; e) 187,50 €.

4 Berechne die Jahreszinsen für 1250 € bei einem Zinssatz von:
a) 6 %; b) 12,5 %; c) 14,2 %; d) $8\frac{1}{3}$ %; e) 10,675 %.

5 Welches Kapital erbringt bei einem Zinssatz von 7,5 % Jahreszinsen in Höhe von:
a) 132 €; b) 15,30 €; c) 0,45 €; d) 732 €; e) 30 €?

6 Bei welchem Zinssatz erbringen 2400 € einen Jahreszins von:
a) 60 €; b) 144 €; c) 180 €; d) 156 €; e) 200 €?

7 Berechne die Jahreszinsen.

	a)	b)	c)	d)	e)	f)
Kapital	150 €	380 €	2100 €	3445 €	8500 €	9500 €
Zinssatz	3 %	4 %	3,25 %	8 %	7,5 %	11 %

8 Berechne das Kapital.

	a)	b)	c)	d)	e)	f)
Zinssatz	4 %	5 %	3,5 %	8 %	9 %	12 %
Jahreszinsen	10 €	24 €	49 €	416 €	306 €	96 €

9 Berechne den Zinssatz.

	a)	b)	c)	d)	e)	f)
Kapital	350 €	880 €	1750 €	4000 €	7500 €	9000 €
Jahreszinsen	14 €	22 €	140 €	290 €	900 €	945 €

10 Tanja hat auf ihrem Sparbuch ein Jahr lang ein Guthaben von 548 €. Sie erhält 13,70 € Zinsen. Berechne den Zinssatz.

11 Eine Bank bietet Sparbriefe mit einem Zinssatz von 7,5 % an. Für wie viel € muss Herr Birgel Sparbriefe kaufen, wenn er jedes Jahr 1200 € Zinsen erhalten möchte?

12 Frau Habel benötigt ein Darlehen von 9000 €. Sie soll für jeden Monat 55 € Zinsen zahlen. Wie viel € sind das in einem Jahr? Welchem Zinssatz entspricht das?

13 Herr Wagner kauft für 2500 DM Bundesschatzbriefe, bei denen die Zinsen jährlich ausgezahlt werden. Der Zinssatz steigt dabei von Jahr zu Jahr.
Berechne für jedes Jahr die Zinsen.
Wie viel Zinsen sind es insgesamt?

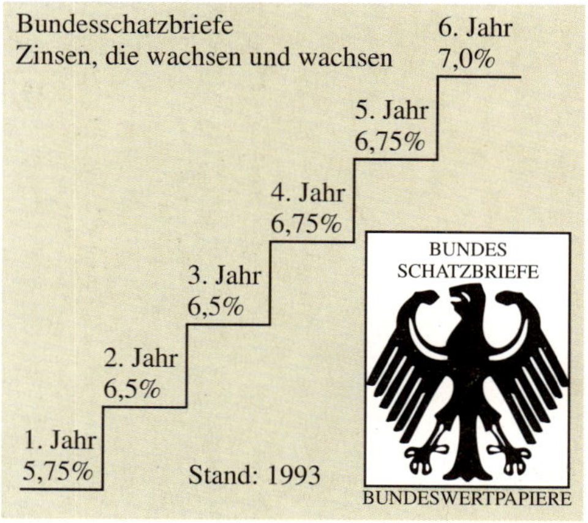

14 Frau Kaps hat Bundesschatzbriefe gekauft. Im 2. Jahr erhält sie 24 DM mehr Zinsen als im 1. Jahr.
a) Auf wie viel DM lauten ihre Bundesschatzbriefe?
b) Wie viel DM Zinsen erhält sie insgesamt in den 6 Jahren?

15 Ein Darlehen über 25 000 € soll nach einem Jahr mit 30 000 € zurückgezahlt werden. Welchem Zinssatz entspricht das?

Mit dem Begriff „Bearbeitungsgebühr" versuchen Banken und Sparkassen, Kreditkosten zu verstecken, damit der Zinssatz niedriger wird. Ein ähnlicher Trick ist, die Zinsen pro Monat anzugeben.

16 Frau Joop benötigt für einen Autokauf einen Kredit über 8000 €.
a) Die Sparkasse bietet ihr den Kredit für 680 € Zinsen im Jahr an. Welchem Zinssatz entspricht das?
b) Die Kreditbank verlangt für das Darlehen 8 % Zinsen und dazu eine Bearbeitungsgebühr von 50 €. Wie viel Euro kostet hier der Kredit für ein Jahr?

17 Vergleiche die Kosten für einen Kredit über 12 500 € für ein Jahr:
(1) 8,25 % Zinsen, 125 € Bearbeitungsgebühr;
(2) monatlich 0,75 % Zinsen, keine Bearbeitungsgebühr.

18 Vergleiche die Kosten für einen Kredit über 15 000 € für ein Jahr:
(1) 6,5 % Zinsen, 300 € Bearbeitungsgebühr
(2) $8\frac{1}{4}$ % Zinsen, keine Bearbeitungsgebühr
(3) 7 % Zinsen, 100 € Bearbeitungsgebühr

Zinsen für mehrere Jahre

19 Judith bekommt einen Sparbrief über 250 € geschenkt. 4 Jahre lang erhält sie jedes Jahr 6,25 % Zinsen. Wie viel Euro Zinsen sind das insgesamt?

Unter einer Laufzeit versteht man die Zeitdauer, für die Zinsen gezahlt werden bzw. zu zahlen sind.

20 Berechne die gesamten Zinsen für einen Sparbrief über 5000 € bei
a) einem Zinssatz von 5,75 % und einer Laufzeit von 6 Jahren,
b) einem Zinssatz von 6,5 % und einer Laufzeit von 4 Jahren,
c) einem Zinssatz von $6\frac{3}{8}$ % und einer Laufzeit von 5 Jahren.

21 Die Firma Müller & Co. KG benötigt für 8 Jahre ein Darlehen über 350 000 €. Der Zinssatz beträgt 7,6 %. Berechne die gesamten Zinsen.

22 Vergleiche die Kosten für einen Kredit über 27 500 € mit einer Laufzeit von 3 Jahren:
(1) 8 % Zinsen jährlich, einmalige Bearbeitungsgebühr von 550 €,
(2) 8,5 % Zinsen jährlich, keine Bearbeitungsgebühr.

7 Zinsrechnung: Tageszinsen

Konto-Nr.	Herr/Frau/Fräulein					
123 456 789	Marco Schmidt, Am Entenfang, 40489 Düsseldorf					

Unterschrift	Datum		Vorfall	Auszahlung	Einzahlung	Guthaben
	31.07.99	123 456 789	EINZ		600,00	***600,00
	31.12.99	123 456 789	ZINS		8,75	***608,75

1 Das Guthaben von Marcos Sparbuch wird mit einem Zinssatz von 3,5 % verzinst. Berechne 3,5 % von 600 €. Vergleiche mit den Zinsen im Sparbuch.

2 Das Autohaus Blitz GmbH hat ein Darlehen über 150 000 € zu einem Zinssatz von 8,4 % erhalten. Die Jahreszinsen sind in vierteljährlichen Teilbeträgen zu zahlen. Wie viel € sind das jeweils?

Zinsen für ein Sparbuch werden tageweise berechnet. Dabei setzt man:

1 Jahr = 360 Zinstage, 1 Monat = 30 Zinstage.

Für jeden Tag wird $\frac{1}{360}$ der Jahreszinsen gezahlt, für t Tage $\frac{t}{360}$ der Jahreszinsen. Damit werden z. B. für 1 Monat $\frac{30}{360}$, also $\frac{1}{12}$ der Jahreszinsen gezahlt.
Dies gilt ensprechend für Kredite, deren Zinsen tageweise berechnet werden.
Man spricht dabei von **Tageszinsen**, die Zeitdauer nennt man die **Laufzeit**.

In der Zinsformel werden durch $K \cdot \frac{p}{100}$ die Jahreszinsen berechnet.

Durch Multiplikation mit $\frac{1}{360}$ werden die Tageszinsen als Anteil der Jahreszinsen bestimmt.

Berechnung der Tageszinsen Z_t für t Tage:
Gegeben: Kapital K, Zinssatz p %, Laufzeit t Gesucht: Tageszinsen Z_t

1. Möglichkeit:
Formel:

$$Z_t = K \cdot \frac{p}{100} \cdot \frac{t}{360}$$

2. Möglichkeit:
Mit dem Dreisatzschema:
1. Schritt: Berechne die Jahreszinsen.
2. Schritt: Berechne die Zinsen für t Tage.

Beispiel
Frau Ratzki hat ihr Konto 18 Tage lang um 450 € überzogen. Der Zinssatz für diesen Kredit beträgt 12,5 %. Berechne die Zinsen.

Man kann die Aufgabe auch so lösen: Berechne erst einmal die Jahreszinsen, wie du es gewohnt bist. Bestimme dann davon den Anteil $\frac{18}{360}$.

Lösung mit der Formel:
In die Formel ist einzusetzen:
450 € für das Kapital K,
12,5 für p; 18 für t:

$$Z_{18} = 450\,€ \cdot 0{,}125 \cdot \frac{18}{360}$$
$$= 450 \cdot 0{,}125 \cdot \frac{1}{20}\,€$$
$$= 2{,}8125\,€$$
$$\approx 2{,}81\,€$$

Lösung mit dem Dreisatzschema:
1. Schritt: Berechnung der Jahreszinsen
100 % ↦ 450 €
1 % ↦ 4,50 €
12,5 % ↦ 56,25 €
2. Schritt: Berechnung der Tageszinsen:
360 Tage ↦ 56,25 €
1 Tag ↦ 0,15625 €
18 Tage ↦ 2,8125 € ≈ 2,81 €

Die Zinsen für 18 Tage betragen 2,81 €.

Aufgaben

3 Berechne die Zinsen. Wandle vorher die Monate in Zinstage um.

	a)	b)	c)	d)	e)	f)
Kapital	360€	2200€	2700€	15000€	24000€	50000€
Zinssatz	3,5%	6,25%	7,5%	9%	10,5%	13,5%
Laufzeit	21 Tage	1 Monat und 6 Tage	4 Monate und 5 Tage	44 Tage	3 Monate und 10 Tage	1 Tag

4 Kreditzinsen sind meistens vierteljährlich zu bezahlen. Berechne die Zinsen für 3 Monate bei einem Zinssatz von 9,75% und einer Kredithöhe von
a) 1200€, b) 3800€, c) 10000€, d) 12338€, e) 24650€.

5 Berechne die Zinsen für ein Sparbuch mit einem Zinssatz von 2,5%.
a) Heike hat 4 Monate und 12 Tage lang 190€ auf ihrem Sparbuch.
b) Maik hat 6 Monate und 20 Tage lang 85€ auf seinem Sparbuch.

6 Herr Jakob hat sein Konto für 22 Tage um 880€ überzogen. Berechne die Zinsen bei einem Zinssatz von 11,5%.

7 Familie Nordmeier hat gebaut. Sie hat zwei Baudarlehen aufgenommen:
200000€ zu einem Zinssatz von 7,25% und 130000€ zu einem Zinssatz von 8,5%.
Berechne die monatliche Zinsbelastung.

8 Frau Manger hat im letzten Vierteljahr ihr Konto überzogen:
a) 5 Tage mit 240€, 18 Tage mit 700€ und 3 Tage mit 1200€,
b) 12 Tage mit 75€, 3 Tage mit 350 € und 7 Tage mit 480 €.
Wie viel Euro Zinsen muss sie bei einem Zinssatz von 11% dafür bezahlen?

9 a) Eine Rechnung über 2500€ (6000€) kann in einem Monat bezahlt werden.
Bei sofortiger Zahlung können 2% Skonto abgezogen werden. Wie viel € sind das?
b) Berechne die Zinsen für einen Kredit über 2500€ (6000€) für 1 Monat bei einem Zinssatz von 9%.
c) Vergleiche die Zinsen mit dem Skontobetrag. Wie sollte man die Rechnung bezahlen?
d) Hängt das Ergebnis in c) von der Höhe des Betrages ab?

10 Andy hat am Jahresanfang 150€ auf seinem Sparbuch. Zum 1. Juni zahlt er 90 € ein.
Wie viel Euro Zinsen erhält er am Jahresende bei einem Zinssatz von 2,75%, wenn er sonst nichts einzahlt oder abhebt?

Damit die Zinsen für den ganzen Monat gezahlt werden, muss man das Geld am letzten Tag des Monats vorher einzahlen.

11 Ramona zahlt jeden Monat 24€ auf ihr Sparbuch ein. Der Zinssatz beträgt 2,5%. Sie beginnt Ende Juni. Wie viel Euro Zinsen erhält sie am Jahresende? Übertrage dazu die Tabelle in dein Heft und fülle sie aus.

Monat	Guthaben	Zinsen für den Monat
Juli	24€	*0,05€*
Aug.	48€	
Sept.	72€	
Okt.	96€	
Nov.	120€	
Dez.	144€	
		Summe:

12 Berechne mit einer Tabelle wie in Aufgabe 11 die Zinsen, wenn 6 Monate (12 Monate) lang jeden Monat 120€ gespart werden und der Zinssatz 3% beträgt.

8 Zinsrechnung: Umkehraufgaben

1 Wie viel € Zinsen verlangt das Kreditbüro Raabe für einen Kredit über 1000 € in einem Jahr? Berechne daraus den Zinssatz.

Baudarlehen jetzt günstig!
Zinssatz nur 7,2%
Ihre Hypothekenbank

KREDITBÜRO RAABE
Kredite für alle Zwecke
für je 1 000 €
n u r 12 €
Zinsen im Monat

2 Ein Darlehen zum Kauf einer Eigentumswohnung und zum Bau eines Hauses nennt man **Hypothek**. Familie Fox will eine Eigentumswohnung kaufen, sie kann monatlich 1500 € für Zinsen bezahlen. Wie hoch ist das Darlehen, das sie dafür von der Hypothekenbank bekommen kann?

Will man in der Zinsrechnung das Kapital oder den Zinssatz berechnen, so muss man dazu die Jahreszinsen kennen. Sind jedoch nur die Zinsen für einen Teil des Jahres gegeben, so muss man daraus erst die Jahreszinsen berechnen.

Beispiel 1
Bei einem Autokauf wird vereinbart, 7500 € des Kaufpreises 2 Monate später zu bezahlen. Dafür werden 100 € Zinsen berechnet. Welchem Zinssatz entspricht das?
2 Monate sind $\frac{1}{6}$ Jahr. Die Jahreszinsen sind also das 6fache der Zinsen für 2 Monate.
Lösung:
Jahreszinsen: 100 € · 6 = 600 €
Zinssatz *(berechnet mit der Formel)*:
$\frac{600\,€}{7500\,€} = \frac{2}{25} = \frac{8}{100} = 8\,\%$ bzw. $\frac{600\,€}{7500\,€} = 0{,}08 = 8\,\%$

Beispiel 2
Herr Kaufmann hat sein Konto 5 Tage lang überzogen. Bei einem Zinssatz von 12 % berechnet die Sparkasse 4,75 € Zinsen. Um wie viel € hat er das Konto überzogen?
Als Zwischenschritt kann man hier die Zinsen für 1 Tag berechnen.
Lösung:
Zinsen für einen Tag: 4,75 € : 5 = 0,95 €; Jahreszinsen: 0,95 € · 360 = 342 €
Kapital *(berechnet mit der Formel)*: 342 € : 0,12 = 2850 €

Aufgaben

Berechnung des Zinssatzes

3 Berechne den Zinssatz, wenn ein Kapital von 672 € in 2 Monaten an Zinsen erbringt:
a) 2,80 €; b) 3,92 €; c) 6,72 €; d) 8,40 €.

4 Berechne den Zinssatz.

	a)	b)	c)	d)	e)	f)
Zinsen	106 €	3,60 €	31,20 €	53,55 €	7,20 €	780 €
Laufzeit	3 Monate	15 Tage	1 Monat	42 Tage	75 Tage	200 Tage
Kapital	8480 €	2880 €	3120 €	6120 €	576 €	8640 €

5 Berechne für die drei Kreditangebote jeweils den Zinssatz.

> **Kleinkredite bei uns sofort.**
> Z. B. 5 000 € kosten im Monat nur
> 68,75 € Zinsen.
> Ihr Geldberater **Alles, Nix und Co.**

> **Brauchst du Geld fürs Haus, komm nur zu Frank und Krauß**
> unser Angebot:
> 10 000 € für 375 € im Vierteljahr

> **Der Knüller von Kredit-Müller:**
> Bei uns kostet ein Kredit über 2 000 €
> **nur 1** € Zinsen am Tag.

6 Frau Rang will eine neue Stereoanlage kaufen. Ein Kaufhaus bietet an:

1998 €
bei sofortiger Zahlung

2097,50 €
bei Zahlung in 3 Monaten

Wie viel € Zinsen werden für die spätere Zahlung verlangt? Berechne den Zinssatz.

7 Familie Holsten muss dringend neue Möbel kaufen. Sie kann jedoch den Kaufpreis von 8500 € nicht sofort bezahlen. Der Verkäufer bietet an:
Nur der halbe Preis wird sofort bezahlt, der Rest einen Monat später.
Dafür verlangt er einen Zuschlag von 85 €.
Welchem Zinssatz entspricht das?

Berechnung des Kapitals

8 Berechne das Kapital, wenn bei einem Zinssatz von 8,5 % die Zinsen für 3 Monate betragen: a) 5,95 € b) 11,05 € c) 25,50 € d) 42,50 €

9 Berechne das Kapital.

	a)	b)	c)	d)	e)	f)
Zinsen	96 €	26,60 €	1,20 €	10,20 €	70,20 €	5,40 €
Laufzeit	4 Monate	24 Tage	15 Tage	153 Tage	72 Tage	1 Tag
Zinssatz	7,5 %	3,5 %	8 %	2,5 %	9 %	6 %

10 Frau Radowski hat im Fußballtoto gewonnen. Sie legt den Gewinn zu einem Zinssatz von 7,5 % an. Ihrer Freundin erzählt sie, dass sie nach einem Vierteljahr bereits 600 € Zinsen kassiert hat. Wie hoch war der Totogewinn?

11 Herr Kramer lebt von den Zinsen seines Vermögens. Alle 3 Monate bekommt er 6300 €. Der Zinssatz beträgt 7 %. Wie hoch ist das Vermögen?

12 Tobias hat seit 2 Monaten ein Sparbuch, heute erhielt er seine ersten Zinsen: 1,25 €. Der Zinssatz beträgt 2,5 %. Wie viel Euro hat er auf dem Sparbuch?

13 Frau Meier-Rabold hat ihr Gehaltskonto 15 Tage lang überzogen. Bei einem Zinssatz von 11,5 % berechnet die Bank 2,30 € Zinsen. Um wie viel Euro hat sie ihr Konto überzogen?

9 Zinseszins

1 Herr Schneider hat 1000€ auf seinem Sparbuch. Der Zinssatz beträgt 5 %.
a) Berechne die Zinsen für 1 Jahr (6 Jahre).
b) Herr Schneider lässt sich die Zinsen nicht auszahlen. Sie werden stattdessen zu seinem Guthaben addiert. Dadurch werden in den folgenden Jahren auch für die Zinsen wieder Zinsen gezahlt. Berechne für jedes Jahr das Guthaben und die Zinsen dafür. Lege am besten eine Tabelle an:

	Guthaben	Zinssatz	Zinsen	neues Guthaben
1. Jahr	1000€	5 %	50€	1050€
2. Jahr	1050€	5 %		
3. Jahr				
4. Jahr				
5. Jahr				
6. Jahr				

Zinsen für 1000 €
bei einem Zinssatz von 5%

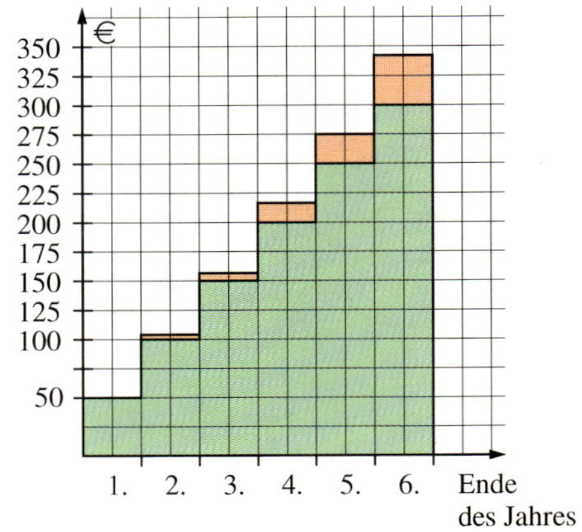

c) Vergleiche die berechneten Zinsen mit dem Diagramm.

Werden Zinsen dem Kapital zugeschlagen und dann mitverzinst, so gibt es auch für die Zinsen wieder Zinsen. Man spricht dabei von **Zinseszinsen.**
Beträgt der Zinssatz z. B. 6 %, so beträgt nach einem Jahr das Kapital mit Zinsen 106 % des ursprünglichen Kapitals, also gerade das 1,06fache. Um diesen Faktor wächst dann das Kapital jedes Jahr.

> Wird ein Kapital mit p % verzinst, dann wächst das Kapital in einem Jahr um den
> **Zinsfaktor** $q = 1 + \frac{p}{100}$.

Beispiel 1
Ein Kapital von 3000€ wird mit einem Zinssatz von 7,5 % verzinst. Auf welchen Betrag wächst es in 6 Jahren mit Zinsen und Zinseszinsen an?
Der Zinsfaktor beträgt hier 1,075; mit ihm ist 6-mal zu multiplizieren.
Lösung:
$3000€ \cdot 1{,}075 \cdot 1{,}075 \cdot 1{,}075 \cdot 1{,}075 \cdot 1{,}075 \cdot 1{,}075 = 4629{,}904\ldots€ \approx 4629{,}90€$

Beispiel 2
Ein Kapital von 5000€ wird mit einem Zinssatz von 8 % verzinst. Nach wie vielen Jahren hat sich das Kapital mit Zinsen und Zinseszinsen ungefähr verdoppelt?
Zähle, wie oft du 5000 € mit dem Zinsfaktor 1,08 multiplizieren musst, um ungefähr 10 000 € zu erhalten.
Lösung: Nach 9 Jahren, denn 5000€ 9-mal mit 1,08 multipliziert ergibt 9995€.

Aufgaben

2 a) Übertrage die Tabelle in dein Heft und fülle sie aus.

	Guthaben	Zinssatz	Zinsen	neues Guthaben
1. Jahr	2400,00 €	6,5 %		
2. Jahr		6,5 %		
3. Jahr		6,5 %		
4. Jahr		6,5 %		
5. Jahr		6,5 %		
6. Jahr		6,5 %		
7. Jahr		6,5 %		

b) Vergleiche die Zinsen im 1. Jahr mit den Zinsen im 7. Jahr.
c) Vergleiche das 7fache der Zinsen im 1. Jahr mit der Summe aller Zinsen.

3 Berechne mit Hilfe des Zinsfaktors das Guthaben nach der angegebenen Laufzeit einschließlich Zinsen und Zinseszinsen.

	a)	b)	c)	d)	e)	f)
Kapital	1200 €	1750 €	2500 €	3700 €	12 500 €	32 000 €
Zinssatz	2,5 %	6,5 %	5,5 %	7 %	7,5 %	7,2 %
Laufzeit	5 Jahre	4 Jahre	8 Jahre	11 Jahre	7 Jahre	10 Jahre

4 Lies am Diagramm ab, in ungefähr wie vielen Jahren sich ein Kapital von 100 € bei einem Zinssatz von 10 % durch Zinsen und Zinseszinsen
a) verdoppelt,
b) verdreifacht,
c) vervierfacht.

Entwicklung von 100 €
bei einem Zinssatz von 10%

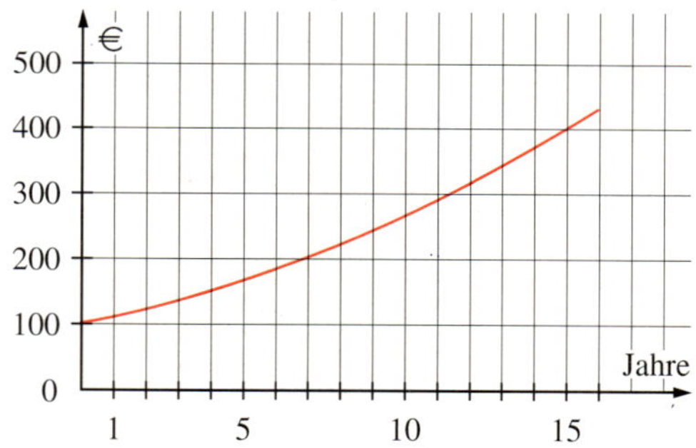

5 Bestimme wie in Beispiel 2, in welcher Zeit sich ein Kapital von 200 € mit Zinsen und Zinseszinsen ungefähr verdoppelt, wenn der Zinssatz beträgt:
a) 3,5 % b) 5 % c) 7 % d) 14 %
Gib jeweils auch das genaue Guthaben an.

6 In wie vielen Jahren verdoppelt sich ein Kapital von 100 € (1000 €; 10 000 €) mit Zinsen und Zinseszinsen bei einem Zinssatz von 10 %?
Hängt die Antwort von der Höhe des Kapitals ab?

7 Frau Römer hat bei einer Bank einen Sparvertrag über 7 Jahre abgeschlossen: Sie zahlt jeweils zum Jahresanfang 600 € auf ein Konto ein. Am Jahresende werden jeweils 5 % Zinsen gutgeschrieben. Über welchen Betrag kann Frau Römer am Ende der 7 Jahre verfügen? Stelle eine Tabelle auf:

	Einzahlung	Guthaben	Zinssatz	Zinsen	neues Guthaben
1. Jahr	600,00 €	600,00 €	5 %		
2. Jahr	...				

10 Vermischte Aufgaben

1 Drücke in Prozent aus.

a) $\frac{2}{3}$ b) $\frac{3}{8}$ c) $\frac{5}{12}$ d) $\frac{4}{12}$ e) $\frac{2}{9}$ f) $\frac{5}{6}$ g) $\frac{5}{9}$ h) $\frac{7}{15}$ i) $\frac{3}{7}$

2 Berechne:

a) 7,5 % von 130 kg, b) 3,5 % von 17 000 €, c) 113 % von 12 €,
d) $8\frac{1}{3}$ % von 144 m^2, e) 12,5 % von 830 *l*, f) $3\frac{1}{3}$ % von 48 t,
g) 17,4 % von 980 m, h) 120 % von 2495 t, i) 115 % von 9850 €.

3 Berechne den Grundwert G:

a) P = 140 €; p % = 35 % b) P = 140,7 kg; p % = 2,1 %
c) P = 108 ha; p % = 7,2 % d) P = 13,20 m; p % = $133\frac{1}{3}$ %
e) P = 630 €; p % = 112,5 % f) P = 175 m^2; p % = 0,75 %

4 Welchem Prozentsatz entsprechen

a) 135 € von 3000 €, b) 5,25 € von 350 €, c) 5,4 km von 1800 km,
d) 18 € von 720 €, e) 6,8 kg von 400 kg, f) 24 000 von 144 000 Wählern?

5 Berechne die fehlenden Angaben.

	a)	b)	c)	d)	e)	f)
Prozentsatz	11,5 %	17,8 %		9,9 %		180 %
Grundwert	480 m^2		12 000 m	27 000 kg	7850 €	
Prozentwert		63 ha	750 m		990 €	650 h*l*

6 Berechne die fehlenden Angaben.

	a)	b)	c)	d)	e)	f)
Kapital	1640 €	186 €		624 €		975 €
Zinssatz	4 %		9 %	5,5 %	3,75 %	
Jahreszinsen		6,51 €	738,45 €			
Laufzeit	5 Monate	8 Monate	45 Tage	165 Tage	324 Tage	196 Tage
Zinsen					124,20 €	38,22 €

Promille

mille (lat.): tausend

7 Sehr kleine Anteile werden manchmal in **Promille (‰)** angegeben. Dabei ist

$$1‰ = \frac{1}{1000}; \quad p‰ = \frac{p}{1000}.$$

Wie viel Promille sind

a) $\frac{3}{1000}$; b) $\frac{1}{125}$; c) $\frac{3}{200}$; d) $\frac{7}{250}$; e) $\frac{3}{400}$; f) 1 %; g) 0,7 %; h) 0,03 %; i) 12 %?

8 Wie viel Promille sind

a) 17 g von 8,5 kg; b) 12 € von 2000 €; c) 5,2 m von 1560 m;
d) 2 mg von 1,6 g; e) 72 m von 12 km; f) 20 m von 40 km?

Anteile im Alltag

9 Von den 27 000 Zuschauern bei einem Länderspiel waren 6500 Jugendliche. Berechne den Anteil der Jugendlichen in Prozent.

10 Denise hat beim Diktat von 153 Wörtern 9 falsch geschrieben, bei Lars waren von 213 Wörtern 194 richtig. Wer von beiden hat prozentual mehr Wörter falsch geschrieben?

11 Berechne das Fassungsvermögen der Biggetalsperre.

Biggetalsperre nur zu 40 % gefüllt

Auf nur 60 Millionen m^3 ist der Wasservorrat der Biggetalsperre gesunken, wie uns der

12 Ein Automobilklub berichtet:
„30 % von 6800 Motorradunfällen wurden von Fahrern verursacht, die den Führerschein weniger als ein Jahr hatten.“ Bei wie vielen Unfällen war dies der Fall?

13 Falco erzählt: „In meiner Klasse sind 60 % Mädchen und nur 10 Jungen.“
Wie viele Mädchen sind in seiner Klasse?

14 Normale Kondensmilch enthält 7,5 % Fett, Kondensmilch „leicht“ 4 %. Außerdem gibt es noch Kondensmilch mit 10 % Fettgehalt. Wie viel m*l* Fett enthalten jeweils
a) eine Packung Kondensmilch von 316 m*l*, b) eine Portion Kondensmilch von 10 m*l*?

15 Eine 0,7-*l*-Flasche Mineralwasser (= 700 g) enthält 88 mg Calcium, 12 mg Kalium, 68 mg Natrium und 15 mg Magnesium. Gib die Anteile in Promille an.

Mischungen

16 Für ein Fruchtsaftgetränk werden 1 Teil Sirup mit 5 Teilen Wasser gemischt.
a) Wie viel Prozent Sirup enthält das Fruchtsaftgetränk?
b) Wie viel *l* Fruchtsaftgetränk erhält man aus 0,35 *l* Sirup?

17 Das Kühlwasser eines Autos ist im Winter mit Frostschutzmittel zu mischen. Wie viel Prozent Frostschutzmittel soll das Kühlwasser enthalten?

Frostschutz bis	–30 °C
Frostschutzmittel:	3,5 *l*
Wasser:	4 *l*

18 Messing ist eine Legierung (= Mischung) aus Kupfer und Zink.
a) Bei der Herstellung werden 90 kg Kupfer und 60 kg Zink zusammengeschmolzen. Wie viel Prozent Kupfer und wie viel Prozent Zink enthält die Legierung?
b) Eine andere Messingsorte soll 65 % Kupfer enthalten. Für die Legierung sollen 300 kg Kupfer verwendet werden. Wie viel kg Zink werden benötigt?
c) Es werden 20 kg Messing mit einem Kupferanteil von 55 % mit 40 kg Messing mit einem Kupferanteil von 70 % zusammengeschmolzen. Wie viel kg Kupfer enthält die neue Legierung, wie viel Prozent sind das?

19 Der Goldgehalt von Schmuckstücken wird in Promille angegeben. So bedeutet „Feingold 750“ einen Goldanteil von 750 ‰. Der Rest besteht meistens aus Silber und Kupfer. Wie viel g reines Gold enthält ein 6 g schwerer Ring aus Feingold 750 (Feingold 585, Feingold 333)?

Brutto – Netto

brutto *(ital.): roh*
netto *(ital.): klar, rein*
tara *(ital.): von*
tarh (arab.): Abzug

20 Das Gesamtgewicht einer Ware mit ihrer Verpackung nennt man das **Bruttogewicht**, das Gewicht der Ware ohne Verpackung das **Nettogewicht**. Das Verpackungsgewicht wird auch **Tara** genannt.

a) Wie viel Prozent des Bruttogewichts beträgt das Nettogewicht (die Tara) bei der abgebildeten Kiste?
b) Bei einer Dose Rindfleisch beträgt das Nettogewicht 340 g. Dies entspricht 68 % des Bruttogewichts. Berechne das Bruttogewicht und die Tara der Dose.
c) Eine Dose mit der Schönheitscreme „Jung wie nie" wiegt 140 g, die Creme allein wiegt 28 g. Wie viel Prozent des Bruttogewichts macht die Tara aus?

21 a) Eine Kiste mit Erdbeeren wiegt brutto 3,100 kg. Die Kiste selbst wiegt 13 % des Bruttogewichts. Berechne das Gewicht der Erdbeeren.
b) Die Kiste Erdbeeren kostet 9,90 €. Berechne den Preis für 1 kg.

22 Vanessa kauft einen 5-kg-Eimer Supercolor für 49,50 €. Sie stellt fest, dass 5 kg das Bruttogewicht ist. Der Eimer ohne Farbe wiegt 5 % davon.
Berechne den Preis für 1 kg Farbe. Vergleiche mit dem Angebot.

23 Frau Gebhardt verdient im Monat 2400 €. Davon werden Steuern und Versicherungsbeiträge abgezogen. Die 2400 € nennt man daher das Bruttogehalt. Ausbezahlt erhält sie das Nettogehalt von 1560 €. Gib in Prozent des Bruttogehalts an: das Nettogehalt und die Abzüge.

Steigung

24 Unter **Steigung** versteht man den Quotienten aus Höhenunterschied und Entfernung. Man gibt die Steigung meistens in Prozent an.

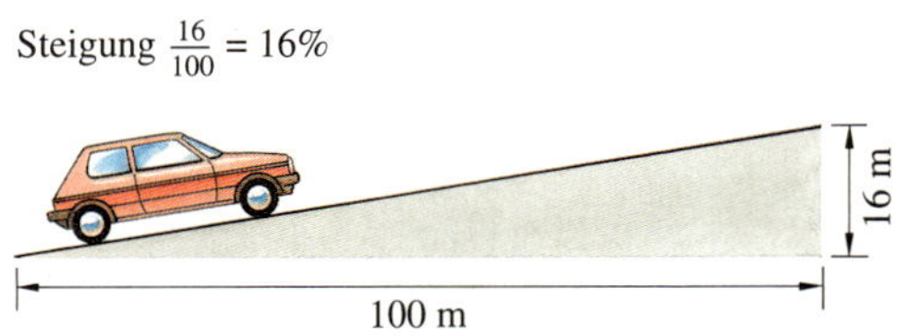

a) Eine Straße hat auf 350 m einen Höhenunterschied von 42 m. Berechne die Steigung in Prozent.
b) Erkläre die beiden Verkehrszeichen. Berechne die Höhenunterschiede.

25 a) Die Straße von Innsbruck nach Seefeld hat am Zirler Berg auf 2,2 km einen Höhenunterschied von 330 m. Ein Pkw mit einem Wohnanhänger schafft höchstens eine Steigung von 12 %. Kann man die Straße mit dem Wohnwagen befahren?
b) Die Bahnstrecke von Düsseldorf nach Wuppertal überwindet zwischen Erkrath und Hochdahl auf 2,8 km einen Höhenunterschied von 95 m. Bis 1927 wurden hier die Züge mit Hilfe eines Seiles heraufgezogen. Berechne die Steigung in Prozent.

Zu- und Abnahme

26 Wie viel Prozent beträgt die Ermäßigung für Schüler beim Kauf einer Theaterkarte der verschiedenen Preisstufen?

THEATERKASSE

	Erwachsene	Schüler
Reihe 1–10	18,00 €	14,00 €
Reihe 11–20	12,00 €	9,00 €
Reihe 21–30	8,00 €	5,00 €
Seite	5,00 €	2,50 €

27€ Familie Bogner musste bislang monatlich 440 € Miete zahlen. Nun wird die Miete um 6,5 % erhöht. Berechne den neuen Mietpreis.

28 Für einen Computer waren im Dezember 1460 € zu bezahlen. Nach Weihnachten sank der Preis um 15 %. Berechne den neuen Preis.

29 Ein Auto kostet neu 27 850 €. Als Vorführwagen wird es 17 % billiger angeboten. Wie viel Euro kostet der Vorführwagen?

30 In einer Porzellanfabrik rechnet man bei der Herstellung von Geschirr mit 20 % Bruch. Wie viele Teller müssen gefertigt werden, um einen Auftrag über 1000 Stück erfüllen zu können?

31 Denise lässt sich im Baumarkt eine Spanplatte der Größe 2,25 m × 2,20 m zuschneiden. Wie viel Euro muss sie bei dem im Bild angegebenen Preis bezahlen?

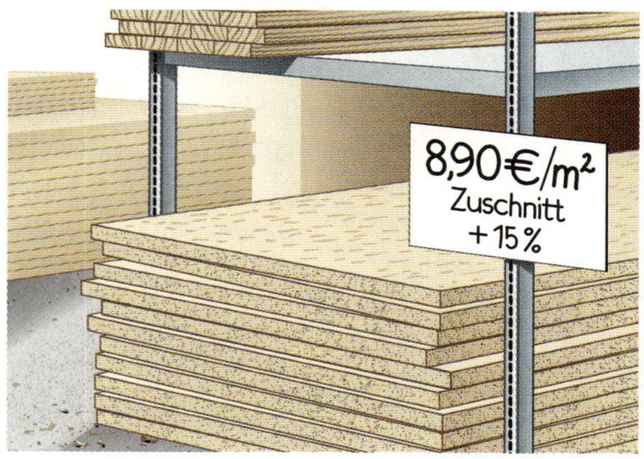

32€ Zu den folgenden Preisen kommt jeweils 16 % Mehrwertsteuer hinzu. Berechne die Preise einschließlich MwSt.

a) 635 € b) 956 €
c) 1250 € d) 1799 €
e) 8590 € f) 21 850 €

33€ Wie viel Euro muss man bezahlen?

a) 1 Schrank zu 998 €, 20 % Rabatt
b) 4 Reifen zu je 129 €, 15 % Rabatt
c) 100 Zaunpfähle zu je 6,95 €, 12 % Rabatt
d) 2000 Steine zu je 0,38 €, 3 % Skonto

34€ Vergleiche die Angebote:

(1) 1498 €, 3 % Skonto, (2) 1498 €, 18 % Rabatt, zuzüglich 16 % MwSt.

35€ Vergleiche die Angebote:

(1) 6 Sack Dünger zu 25 kg für 54,90 € abzüglich 20 % Rabatt zuzüglich 16 % MwSt.;
(2) 50 Packungen Dünger zu 3 kg für je 5,98 €.

36 Beantworte mit Hilfe der Zeitungsmeldung.

a) Um wie viel Prozent stieg der Verkauf der Videokassetten?
b) Wie viel DM betrug der Umsatz im Verleih 1990?

Videokassetten auf dem Vormarsch
Der Verkauf von Videokassetten stieg von 94 Mio. DM im Jahr 1990 auf 280 Mio. DM im Jahr 1991. Der Verleih erzielte dagegen nur einen Umsatzzuwachs um 3,5% auf 420 Mio DM.

Statistiken

37 Im Jahr 1991 importierte die Bundesrepublik Deutschland 89 Millionen t Rohöl. Berechne, wie viel t Rohöl aus den fünf bedeutendsten Lieferländern jeweils eingeführt wurden.

Rohöllieferanten der Bundesrepublik Deutschland 1991

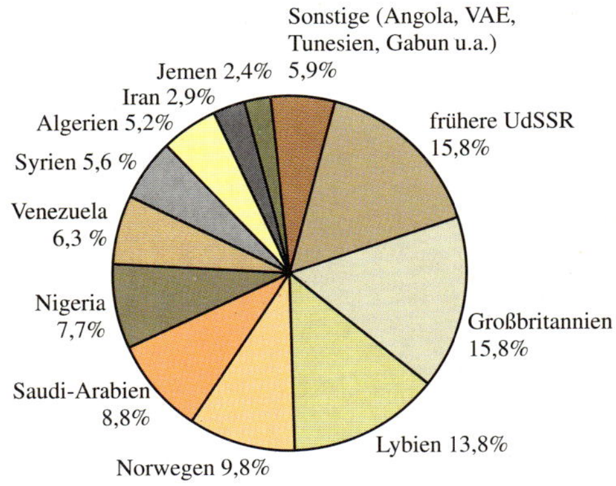

38 Im Jahr 1990 wurden weltweit 270 Millionen t Kartoffeln geerntet, davon über 10 Millionen t in den Ländern: frühere UdSSR: 64 Mio. t, Polen: 36 Mio. t, China: 33 Mio. t, Deutschland: 18 Mio. t, USA: 18 Mio. t, Indien: 15 Mio. t. Berechne die Anteile der genannten Länder an der Welternte in Prozent. Zeichne dazu ein Kreisdiagramm.

39 Im Jahr 1990 betrug die Kakaoernte weltweit 2 400 000 t. Berechne mit Hilfe der Angaben des Kreisdiagramms, wie viel t die genannten Länder geerntet haben.

Kakaoernte 1990

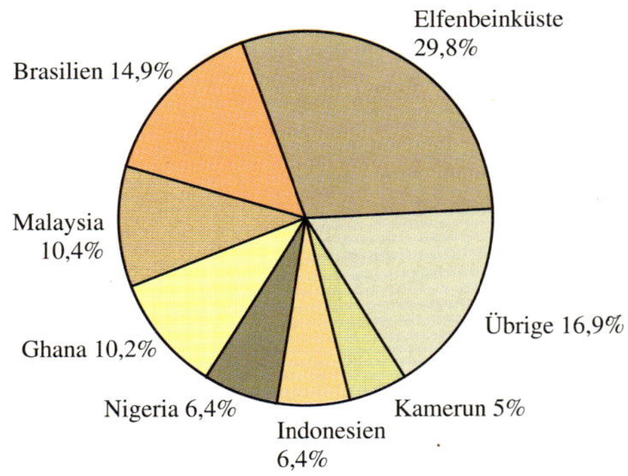

40 Die Weltproduktion an Käse erreichte 1990 fast 15 Mio. t. Davon entfielen auf USA 3,0 Mio. t, frühere UdSSR 2,1 Mio. t, Frankreich 1,4 Mio. t, Deutschland 1,3 Mio. t, Italien 0,7 Mio. t, Holland 0,6 Mio t. Berechne die Anteile der genannten Länder an der Weltproduktion in Prozent. Zeichne dazu ein Kreisdiagramm.

41 Im Jahr 1988 wurde die D-Mark 40 Jahre alt.
a) Ein Industriearbeiter erhielt 1948 im Durchschnitt einen Stundenlohn von 1,20 DM, im Jahr 1988 von 19,32 DM. Um wie viel Prozent ist der Stundenlohn in den 40 Jahren gestiegen?
b) Berechne ebenso die prozentuale Zunahme oder Abnahme der Preise für die in der Tabelle aufgeführten Waren.

So sah im Jahr 1948 unser Geld aus.

Ware	Preise in DM	
	1948	1988
2,5 kg Kartoffeln	0,40	2,47
1 kg Rindfleisch zum Braten	2,52	17,19
10 Eier	5,50	2,48
1 kg Bohnenkaffee	41,69	8,93
1 Paar Damenstrümpfe	10,59	5,23
1 Herrenanzug	121,43	334,00
1 Bügeleisen	13,85	41,20

Versicherungen

42 Der Beitrag für die Haftpflichtversicherung eines Pkws hängt davon ab, wie lange man unfallfrei gefahren ist. So muss ein Anfänger 175 % des „Tarifbeitrages" bezahlen, nach z. B. 6 Kalenderjahren unfallfreien Fahrens beträgt der Beitrag nur noch 55 % des Tarifbeitrages.
Berechne den Versicherungsbeitrag für
a) 6 Jahre unfallfrei, 452 € Tarifbeitrag,
b) 2 Jahre unfallfrei, 753 € Tarifbeitrag,
c) Anfänger, 254 € Tarifbeitrag,
d) 10 Jahre unfallfrei, 849 € Tarifbeitrag.

Schadensfreiheit	Beitrag in %
$<\frac{1}{2}$ Kalenderjahr	175
$\frac{1}{2}$ Kalenderjahr	125
1 Kalenderjahr	100
2 Kalenderjahre	85
3 Kalenderjahre	70
4 Kalenderjahre	65
5 Kalenderjahre	60
6 Kalenderjahre	55
7 Kalenderjahre	50
8 Kalenderjahre	45
9 Kalenderjahre	45
10 Kalenderjahre	40

43 Bei einer Sturmversicherung muss man 20 % des Schadens selbst tragen, höchstens jedoch 250 €. Bei welcher Schadenshöhe wird dieser Betrag erreicht?

44 Familie Meyring will ihren Hausrat versichern. Die Feuerversicherung kostet jährlich 0,5 ‰ der Versicherungssumme, die Diebstahlversicherung 0,6 ‰. Berechne den Beitrag für die Feuerversicherung und für die Diebstahlversicherung bei einer Versicherungssumme von
a) 80 000 €, b) 110 000 €, c) 140 000 €.

Zinsrechnung

45 Herr Seeger erhält für ein Guthaben von 15 000 € jährlich 5,5 % Zinsen. Diese werden vierteljährlich ausgezahlt. Wie viel Euro sind das jeweils?

46 Ein Kredit über 5000 € soll jeden Monat 55 € Zinsen kosten. Wie viel Euro sind das im Jahr? Welchem Zinssatz entspricht das?

47 Frau Wagner überzieht ihr Gehaltskonto für 12 Tage um 420 €. Der Zinssatz beträgt 9,75 %. Berechne die Zinsen.

48 Ein Kapital von 7500 € wird mit 6,5 % verzinst. Berechne das Guthaben nach 6 Jahren einschließlich Zinsen und Zinseszinsen.

49 a) Herr Brodel will eine neue Stereoanlage für 1898 € kaufen, er kann aber nur 698 € sofort bezahlen. Den Rest möchte er in drei Raten bezahlen. Dafür verlangt der Händler 1 % der Restsumme als Zuschlag. Wie viel Euro sind das?
b) Herr Brodel kann bei der Bank einen Kredit bekommen. Der Zinssatz beträgt 10,5 %. Übertrage die Tabelle in dein Heft und berechne die Zinsen. Vergleiche mit a).

	Schuld	Zinsen für den Monat
1. Monat	1 200 €	€
2. Monat		€
3. Monat		€
Zinsen insgesamt:		€

THEMA:

Prozentrechnung mit Tücken

1 € a) Berechne für einen Listenpreis von 1000 € (2500 €; x €) den Endpreis bei 16 % Rabatt zuzüglich 16 % MwSt.
Wie viel Prozent des Listenpreises beträgt der Endpreis?
b) Warum erhält man aus dem Grundpreis G den Endpreis E durch $E = G \cdot \frac{84}{100} \cdot \frac{116}{100}$?
c) Zeige mit b), dass stets $E < G$.

2 Der Kurs einer Aktie fällt um 20 % (um 50 %).
Um wie viel Prozent muss der Kurs dann wieder steigen, um seine alte Höhe zu erreichen?
Schätze erst, rechne dann.

3 a) Ein Kapital von 1000 € wird jährlich mit 6 % verzinst. Berechne das Endkapital mit Zins und Zinseszinsen nach 5 Jahren. Vergleiche mit dem Inserat.
b) Welchen Fehler hat der Werbetexter der Bau-Steine-Bank gemacht?

4 Michael wiegt 50 kg. Er probiert die neue Pilz-Diät aus. Mit ihr soll er täglich 2 % seines Gewichtes abnehmen. Wie lange soll es dauern, bis er nur noch 40 kg wiegt?
Schätze erst. Rechne dann Schritt für Schritt.

5 Nimm an, mit Meyers Hanteln wird man wirklich jeden Tag 1 % stärker. Ramona kann im Moment 20 kg heben. Rechne mit dem Taschenrechner aus, nach wie vielen Tagen sie so stark sein soll, dass sie 40 kg heben kann.

6 Eine Maschine kostete 20 000 €. Sie verliert jährlich 10 % des jeweiligen Wertes.
a) Nach wie vielen Jahren ist die Maschine nur noch 10 000 € wert?
Schätze erst. Rechne dann.
b) Berechne den Wert der Maschine nach 10 Jahren (nach 14 Jahren).

Aus der Geschichte der Prozentrechnung

Schon im antiken Ägypten findet man Ansätze einer Prozentrechnung. So kommen schon Ausdrücke wie „ihr 5 von 100“ vor, in der Sprache von heute also 5 %. Im Mittelalter begannen die Kaufleute erst in Italien (pro cento (ital.): für hundert), dann auch in Deutschland, immer häufiger den Prozentbegriff zu benutzen. Das Zeichen % für Prozent entstand aber erst später aus der Abkürzung p c^0 für pro cento. Aus dem handschriftlichen ⁒ für c^0 wurde im Laufe der Jahrhunderte %.

Im Mittelalter wurden die Preise für Waren oft für einen Zentner (= 100 Pfund) der Ware angegeben. Auf 100 Pfund bezogen wurden dann z. B. Gewinne und Verluste oder der Verpackungsanteil (Tara) berechnet.
Die älteste Form der Prozentrechnung ist jedoch die „Fusti“-Rechnung. Das italienische „fusto“ bedeutet so viel wie „Stengel, Stiel, Halm, Stamm“. Man verstand unter „Fusti“ das Unreine, Minderwertige einer Ware.

Aus dem Bamberger Rechenbuch von 1483

Eyner kaufft 2781 ℔ negellē ye 1 ℔ laut' vm b 11
ß 3 h vñ ye 1 ℔ fusti für 2 ß mi⁹ 3 h Nu helt ye 1 c 13
lb fusti was kostē die obgeschr' negellē mitsampt
den fusti Machs also wart zu erstē wieuil 2781
lb fusti habē Sprich 100 ℔ geben 13 lb fusti was
geben 2781 lb vnd komē 361 lb $\frac{53}{100}$ die subtrahir
von 2781 lb beleybñ 2419 ℔ $\frac{47}{100}$. Nu sprich 1 lb
lauter negellē p 11 ß vñ 3 h wie komē 2419 ℔ $\frac{47}{100}$
vñ komen 1360 fl 19 ß 0 hell $\frac{9}{20}$ eins hellers Dann
wart was die fusti kosten Sprich 1 ℔ p 2 1 h wie
361 lb $\frac{53}{100}$ vñ komē 31 fl 12 ß 8 h $\frac{13}{100}$ die addir zu
1360 fl 19 ß 0 h $\frac{9}{20}$ vñ werdē 1392 fl 11 ß 8 h $\frac{29}{50}$

Der Text in der heutigen Sprache

Einer kauft (Gewürz-)Nelken, je 1 Pfund reine (= lauter) Nelken für 11 Schilling und 3 Heller und je 1 Pfund Fusti für 2 Schilling minus 3 Heller.

Nun enthält je 1 Zentner 13 Pfund Fusti. Was kosten die oben geschriebenen Nelken mitsamt den Fusti?

Mache es so: Prüfe zuerst, wie viel Fusti 2781 Pfund haben. Sprich: 100 Pfund ergeben 13 Pfund Fusti, was ergeben 2781 Pfund? Heraus kommen $361\frac{53}{100}$ Pfund.

Es folgt die Berechnung der Kosten.

Der Fusti-Anteil wird mit 13 % angegeben, nämlich je 1 Zentner 13 Pfund. Entsprechend ist 13 % von 2781 Pfund zu berechnen. Als Ergebnis wird $361\frac{53}{100}$ Pfund genannt. Rechne nach.

Als nächstes eine Aufgabe aus dem **Rechenbuch von Adam Ries** von 1550.

137. Ein Centner wachs / so da hat 100 pfunt / kost 15 fl 1 ort / wie kommet 1 pfunt / so man 10 fl am 100 ge= winnen wil / facit 3 schil. 4 hlr. vnd $\frac{13}{50}$ teil / Rechen zum ersten / wie jn 1 pfunt ankompt /

Ein Zentner Wachs, das 100 Pfund hat, kostet 15 Gulden 1 Ort. Wie (teuer) kommt 1 Pfund, so man 10 Gulden an 100 gewinnen will.

1 fl = 1 Florin oder Gulden
1 Gulden
= 4 Ort (Viertel)
= 20 Schilling
= 240 Heller

Der Gewinn ist hier mit „10 Gulden an 100“ angegeben, also 10 %.
Als Lösung soll dann zuerst der Einkaufspreis von 1 Pfund berechnet werden, also der hundertste Teil von 15 Gulden 1 Ort, das sind 3 Schilling $\frac{3}{5}$ Heller (rechne nach!). Der vorgesehene Gewinn soll 10 % betragen, also $3\frac{33}{50}$ Heller (rechne ebenfalls nach). Damit ergibt sich als „facit“ der Preis für ein Pfund Wachs: 3 Schilling $4\frac{13}{50}$ Heller.

Rückblick

Prozentbegriff

Im Alltag werden Anteile häufig in Prozent (= Hundertstel) angegeben:

$$p\,\% = \frac{p}{100}$$

Ist „p % von G gleich P“, so nennt man
p % den Prozentsatz; G den Grundwert; P den Prozentwert.

$75\,\% = 0{,}75 = \frac{75}{100} = \frac{3}{4}$

20 % von 120 kg ist 24 kg.
Prozentsatz: 20 %
Grundwert: 120 kg
Prozentwert: 24 kg

Grundaufgaben

Bei den Grundaufgaben gibt es jeweils zwei Möglichkeiten:
1. Mit der Formel: 2. Mit dem Dreisatzschema:

Berechnung des Prozentwertes P

Formel:
$P = G \cdot \frac{p}{100}$

$$\begin{array}{rcl} 100\,\% & \mapsto & G \\ 1\,\% & \mapsto & \frac{G}{100} \\ p\,\% & \mapsto & \frac{G}{100} \cdot p = P \end{array}$$

Berechnung des Grundwertes G

Formel:
$G = P : \frac{p}{100}$

$$\begin{array}{rcl} p\,\% & \mapsto & P \\ 1\,\% & \mapsto & \frac{P}{p} \\ 100\,\% & \mapsto & \frac{P}{p} \cdot 100 = G \end{array}$$

Berechnung des Prozentsatzes p %

Formel:
$p\,\% = \frac{p}{100} = \frac{P}{G}$

$$\begin{array}{rcl} G & \mapsto & 100\,\% \\ 1 & \mapsto & \frac{100}{G}\,\% \\ P & \mapsto & \frac{100}{G} \cdot P\,\% = p\,\% \end{array}$$

Mit der Formel
17,5 % von 200 m:

$$\begin{aligned} P &= 200\,m \cdot \frac{17{,}5}{100} \\ &= 200\,m \cdot 0{,}175 \\ &= 35\,m \end{aligned}$$

20 % von G ist 72 t:

$$\begin{aligned} G &= 72\,t : \frac{20}{100} \\ &= 72\,t : 0{,}20 \\ &= 360\,t \end{aligned}$$

14 kg von 400 kg:

$$\begin{aligned} p\,\% &= \frac{14}{400} = 14 : 400 \\ &= 0{,}035 \\ p\,\% &= 3{,}5\,\% \end{aligned}$$

Zinsrechnung

Die Zinsrechnung ist eine Anwendung der Prozentrechnung.
Es entsprechen:

Kapital – Grundwert;
Zinssatz – Prozentsatz;
Jahreszinsen – Prozentwert.

Bei einem Kapital von 5000 € und einem Zinssatz von 8 % betragen die Zinsen
8 % von 5000 €, also 400 €.

Tageszinsen

Sind Zinsen nur für eine Laufzeit von t Tagen zu berechnen, so ist der $\frac{t}{360}$ste Teil der Jahreszinsen zu bestimmen:

1. Mit der Formel:
$Z_t = K \cdot \frac{p}{100} \cdot \frac{t}{360}$

2. Mit dem Dreisatzschema:
Berechne erst die Jahreszinsen, davon die Zinsen für t Tage.

Kapital: 2000 €; Zinssatz: 6 %
Laufzeit: 90 Tage
Zinsen:

$$\begin{aligned} Z_{90} &= 2000\,€ \cdot \frac{6}{100} \cdot \frac{90}{360} \\ &= 2000 \cdot 0{,}06 \cdot \frac{1}{4}\,€ \\ &= 30\,€ \end{aligned}$$

Zinsfaktor

Wird ein Kapital jährlich mit p % verzinst, so wächst das Kapital in einem Jahr um den Zinsfaktor $q = 1 + \frac{p}{100}$.

Zinssatz: 7,5 %
Zinsfaktor: 1,075

Aufgaben zum Üben und Wiederholen

1 Berechne die fehlenden Angaben.

	a)	b)	c)	d)	e)	f)
Grundwert	470€	600 kg		630 m²		270 cm
Prozentwert		150 kg	399 t	84 m²	2,5 g	
Prozentsatz	52 %		84 %		1,25 %	$33\frac{1}{3}$ %

2 Berechne die fehlenden Angaben.

	a)	b)	c)	d)	e)	f)
Kapital	580€	2000€	4800€		6000€	
Zinssatz	4,5 %		9 %	5 %		7 %
Laufzeit	2 Monate	4 Monate	48 Tage	5 Monate	7 Monate	60 Tage
Zinsen		50€		50€	315€	14€

3 Bei einer Verkehrskontrolle wurden bei 27 von 180 Pkws falsch eingestellte Scheinwerfer festgestellt. Bei wie viel Prozent der Fahrzeuge war dies der Fall?

4 Eine Wohnungsgesellschaft erhöht ihre Mieten um 5,3 %. Berechne die neuen Mieten, wenn vorher 630€ (956€) bezahlt wurden.

5€ Ein Computer kostete ursprünglich 1795€. Sein Preis wurde um 15 % gesenkt. Als ein neues Modell herauskam, wurde er noch einmal 20 % billiger.
a) Wie viel Euro kostete der Computer zuletzt?
b) Um wie viel Prozent wurde der Preis insgesamt gesenkt?

6 Nordrhein-Westfalen ist 34 000 km² groß. Das Kreisdiagramm zeigt die einzelnen Nutzungsarten seiner Fläche. Wie viel km² werden genutzt
a) als Siedlungs- und Verkehrsfläche,
b) als landwirtschaftliche Fläche,
c) als Waldfläche?

Flächennutzungsarten

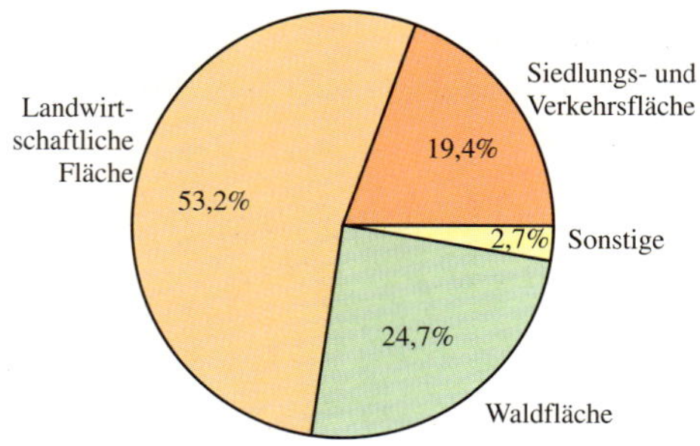

7 In Westdeutschland fallen jährlich 2,5 Mio. t Kunststoffmüll an. Davon konnten (Stand 1992) nur 0,5 Mio. t recycelt werden, 0,7 Mio. t wurden verbrannt, der Rest kam auf Deponien. Berechne die Anteile und zeichne dazu ein Kreisdiagramm.

Die Lösungen zu den Aufgaben dieser Seite findest du auf Seite 230.

8 Frau Jahnke hat ihr Konto 12 Tage lang um 450€ überzogen. Berechne die Zinsen bei einem Zinssatz von 11,5 %.

9 Ein Kapital von 6000€ wird jährlich mit 7,25 % verzinst.
a) Bestimme den Zinsfaktor.
b) Auf welchen Betrag wächst das Kapital mit Zinsen und Zinseszinsen in 5 Jahren?
c) In wie vielen Jahren hat sich das Kapital auf diese Weise verdoppelt?

1 Wahrscheinlichkeit und relative Häufigkeit

Experiment 1

Statt mit einem normalen Spielwürfel kann man auch mit einem Lego-Stein „würfeln“. Nimm einen „Achter“ und beschrifte ihn wie hier gezeigt. Wie bei einem richtigen Spielwürfel haben gegenüberliegende Seiten zusammen die Augenzahl 7. Beim Würfeln muss ein Würfelbecher benutzt werden, der auf den Tisch gestülpt wird. Als Ergebnis notiert man die Augenzahl.

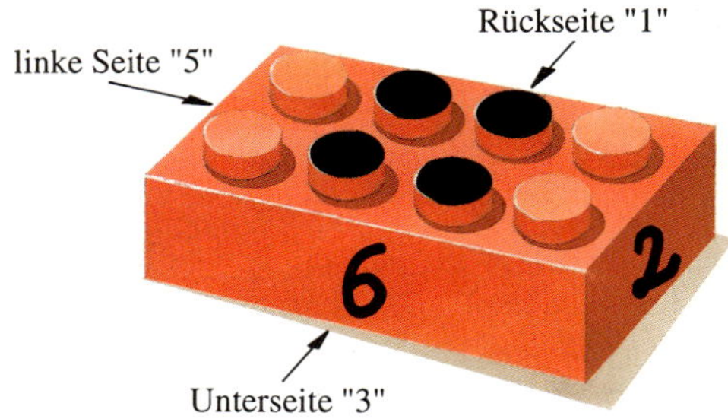

Schätzungen

1 Anne, Gisa und Simon haben vor ihrem Würfeln mit dem Lego-Stein die Chancen für die Augenzahlen 1 bis 6 geschätzt.

Augenzahl	1	2	3	4	5	6
Schätzung Anne	10 %	2 %	31 %	45 %	2 %	10 %
Schätzung Gisa	5 %	0 %	40 %	50 %	0 %	5 %
Schätzung Simon	$\frac{1}{6}$	$\frac{1}{6}$	$\frac{1}{6}$	$\frac{1}{6}$	$\frac{1}{6}$	$\frac{1}{6}$

a) Welcher Schätzung würdest du am ehesten zustimmen? Begründe deine Meinung.
b) Gib selbst (vor eigenen Würfelversuchen) eine Schätzung an.

2 Wolfgang behauptet, die Chance für das Würfeln einer Augenzahl hängt vom Flächeninhalt der zugehörigen Seite ab. Berechne die Flächeninhalte, wobei du die Flächen mit 3 und 4 Augen als eben annehmen kannst. Gib die Anteile der einzelnen Flächeninhalte an der gesamten Oberfläche an. Vergleiche mit den Angaben aus Aufgabe 1.

Durchführung des Experiments

3 a) Führe Experiment 1 jetzt 100-mal durch. Notiere die Ergebnisse in „Fünferpäckchen“, z. B. 33314 43463 13541 34343.
b) Stelle deine Ergebnisse im Heft in einer Tabelle dar.
Beispiel für 20 Versuche.

Augenzahl	1	2	3	4	5	6
absolute Häufigkeit	3	0	9	6	1	1
relative Häufigkeit	$\frac{3}{20} = 15\,\%$	$\frac{0}{20} = 0\,\%$	$\frac{9}{20} = 45\,\%$	$\frac{6}{20} = 30\,\%$	$\frac{1}{20} = 5\,\%$	$\frac{1}{20} = 5\,\%$

c) Fertige eine große Tabelle an, in die jeder aus deiner Klasse die Ergebnisse seines 100er-Versuchs diktiert.
Berechne dann aus je 400 Versuchen für jede Augenzahl die absolute und die relative Häufigkeit.
d) Vergleiche das Ergebnis von c) mit den Schätzungen aus Aufgabe 1. Gib nach diesem Versuch eine (möglicherweise verbesserte) Schätzung ab.

Experiment 2

Zahl *Kopf*

Es werden vier Münzen gleichzeitig geworfen (oder eine Münze viermal hintereinander). Jede Münze zeigt dabei „Zahl“ oder „Kopf“. Es soll notiert werden, wie oft Kopf auftritt.

Schätzungen

4 Marcel, Dorit und Jenny schätzen die Chancen der möglichen Ergebnisse:

Ergebnis	0-mal Kopf	1-mal Kopf	2-mal Kopf	3-mal Kopf	4-mal Kopf
Schätzung Marcel	20 %	20 %	20 %	20 %	20 %
Schätzung Dorit	10 %	25 %	30 %	25 %	10 %
Schätzung Jenny	5 %	20 %	50 %	20 %	5 %

a) Welcher Schätzung würdest du am ehesten zustimmen?
b) Schätze selbst die Chancen der 5 Ergebnisse.

Durchführung des Experiments

5 a) Führe Experiment 2 nun 50-mal durch. Notiere jedes Mal, wie oft „Kopf“ gefallen ist. Beispiel: 1-mal Kopf, 3-mal Kopf, 1-mal Kopf, 0-mal Kopf, 4-mal Kopf, 2-mal Kopf; kurz: 1 3 1 0 4 2.
b) Stelle deine Ergebnisse in einer Tabelle (wie in Aufgabe 3) zusammen. Bestimme die absoluten und die relativen Häufigkeiten für die Ergebnisse 0-mal Kopf . . . 4-mal Kopf.
c) Fasse die absoluten Häufigkeiten aller 50er-Versuche in deiner Klasse ebenfalls in einer Tabelle zusammen. Berechne die zugehörigen relativen Häufigkeiten.
d) Verbessere die Schätzungen aus Aufgabe 4.

Ein Experiment, bei dem man das Ergebnis nicht sicher vorhersagen kann, heißt **Zufallsexperiment**. Die einzelnen Ergebnisse können unterschiedliche „Chancen“ besitzen. Statt von Chancen sprechen wir in der Mathematik von **Wahrscheinlichkeiten**. „Chance“ ist ein Begriff der Umgangssprache. Wahrscheinlichkeit ist ein Begriff der Fachsprache. Häufig hat man ein Gefühl für die Größe von Wahrscheinlichkeiten.
Man kann Wahrscheinlichkeiten überprüfen, indem man das Zufallsexperiment mehrfach durchführt und die Wahrscheinlichkeiten mit den beobachteten relativen Häufigkeiten vergleicht.

Den einzelnen Ergebnissen eines Zufallsversuchs kann man Wahrscheinlichkeiten zuordnen, die zusammen 1 (= 100 %) ergeben müssen.
Die Wahrscheinlichkeiten sind gut gewählt, wenn die relativen Häufigkeiten in der Nähe der Wahrscheinlichkeiten liegen.

Bei mehrfacher Versuchsdurchführung sollten die beobachteten relativen Häufigkeiten der einzelnen Ergebnisse um die gewählten Wahrscheinlichkeiten „pendeln“, d. h. teils größer, evtl. gleich, teils kleiner sein als die Wahrscheinlichkeiten.

Da die relativen Häufigkeiten in der Nähe der Wahrscheinlichkeiten liegen werden, kann man die Wahrscheinlichkeiten zur (näherungsweisen) **Vorhersage relativer Häufigkeiten** heranziehen. Wenn man merkt, dass man Wahrscheinlichkeiten schlecht gewählt hat, dann muss man sie „verwerfen“ und durch bessere ersetzen. Durch Wahrscheinlichkeiten geben wir ein Bild (Modell) von der Wirklichkeit an.

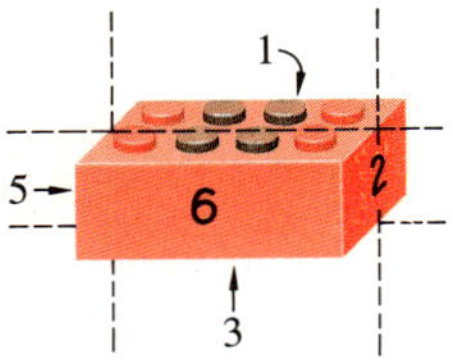

Beim Werfen eines Lego-Steins ist es naheliegend anzunehmen, dass 1 und 6 gleich große Wahrscheinlichkeiten haben, da sie auf gleich großen gegenüberliegenden Flächen stehen. Beim Aufstellen von Wahrscheinlichkeiten wird man solche Symmetrien beachten.

Beispiel 1
Schätze die Wahrscheinlichkeiten dafür, dass die Zahlen 1 bis 5 oben liegen, ohne Experiment.
Den Zahlen 1; 5 und 2; 4 ordnet man gleiche Wahrscheinlichkeiten zu. Da der Baustein recht „flach" ist, gehört zu 1 bzw. 5 vermutlich die größte, zu 2 bzw. 4 vermutlich die kleinste Wahrscheinlichkeit.

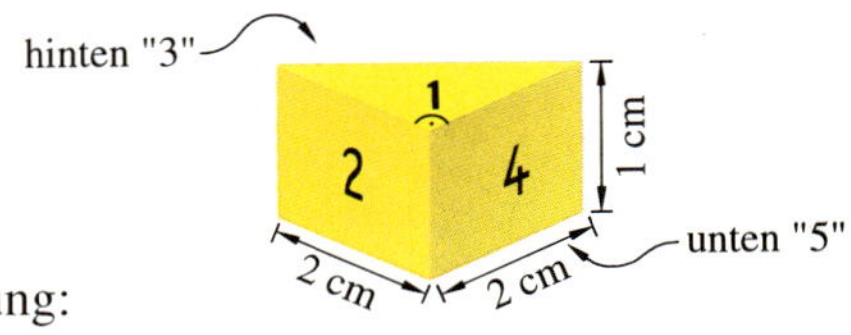

Lösung:

Augenzahl	1	2	3	4	5
1. Schätzung	30 %	10 %	20 %	10 %	30 %
2. Schätzung	40 %	5 %	10 %	5 %	40 %

Beispiel 2 (Aufstellen von Wahrscheinlichkeiten)
In Experiment 1 (Lego-Achter) ergab sich nach 1300 Würfen folgende Tabelle:

Augenzahl	1	2	3	4	5	6
absolute Häufigkeit	151	17	585	403	15	129
relative Häufigkeit	$\frac{151}{1300} \approx 11{,}6\,\%$	$\frac{17}{1300} \approx 1{,}3\,\%$	$\frac{585}{1300} = 45{,}0\,\%$	$\frac{403}{1300} = 31{,}0\,\%$	$\frac{15}{1300} \approx 1{,}2\,\%$	$\frac{129}{1300} \approx 9{,}9\,\%$

Gib geeignete Wahrscheinlichkeiten an.
Die Wahrscheinlichkeiten müssen so gewählt werden, dass die relativen Häufigkeiten in ihrer Nähe liegen. Man berücksichtigt die Symmetrie der Lego-Steine, indem man für 1 und 6 bzw. 2 und 5 gleiche Wahrscheinlichkeiten ansetzt. Welche Lösung die bessere Schätzung darstellt, kann nur mit sehr vielen weiteren Experimenten überprüft werden.

Lösung 1:

Augenzahl	1	2	3	4	5	6
Wahrscheinl.	11 %	1,5 %	45 %	30 %	1,5 %	11 %

Lösung 2:

Augenzahl	1	2	3	4	5	6
Wahrscheinl.	10 %	1 %	46 %	32 %	1 %	10 %

Beispiel 3
Nach 600 Vierfach-Münzwürfen (Experiment 2) ergaben sich die relativen Häufigkeiten der Tabelle. Gib geeignete Wahrscheinlichkeiten an.
Da Kopf und Zahl gleich wahrscheinlich sind, ist z. B. dreimal Kopf (3 K) genauso wahrscheinlich wie dreimal Zahl bzw. einmal Kopf (1 K). D. h.:
Auch hier werden die Wahrscheinlichkeiten „symmetrisch" sein.

Ergebnis	0 K	1 K	2 K	3 K	4 K
rel. Häufigkeit	6,0 %	24,3 %	36,4 %	26,0 %	7,3 %

Lösung 1:

Ergebnis	0 K	1 K	2 K	3 K	4 K
Wahrscheinl.	6,5 %	25 %	37 %	25 %	6,5 %

Lösung 2:

Ergebnis	0 K	1 K	2 K	3 K	4 K
Wahrscheinl.	7 %	25 %	36 %	25 %	7 %

Beispiel 4 (Wahrscheinlichkeit und Vorhersage absoluter Häufigkeiten)
Der Lego-Stein von Experiment 1 wird 700-mal (485-mal) geworfen. Wie oft kann man die Augenzahl 4 erwarten, wenn man für ihre Wahrscheinlichkeit 30 % annimmt?
Da Wahrscheinlichkeiten Schätzwerte für relative Häufigkeiten darstellen, ist der durch die Wahrscheinlichkeit gegebene Anteil von 700 (485) zu berechnen.
Lösung: 30 % von 700 ist $0{,}3 \cdot 700 = 210$ (30 % von 485 ist $0{,}3 \cdot 485 = 145{,}5$).
Man erwartet, dass die Anzahl der Vierer in der Nähe von 210 (145,5) liegen wird.

Aufgaben

__Zur Erinnerung:__
32 Treffer in 56 Versuchen, Berechnung der relativen Häufigkeit:

Rechenweg 1:
$\frac{32}{56} = \frac{4}{7} \approx 0{,}571 = 57{,}1\,\%$

Rechenweg 2:
$56 \mapsto 100\,\%$
$1 \mapsto \frac{100}{56}\,\%$
$32 \mapsto \frac{100}{56} \cdot 32\,\% \approx 57{,}1\,\%$

Zur Wiederholung: Häufigkeiten, relative Häufigkeiten, Runden

6 Bei einem Schulfest hatte jeder 10 Schüsse auf eine Fußball-Torwand. Die 8a erzielte bei insgesamt 280 Schüssen 28 Treffer, die 7b bei 240 Schüssen 36 Treffer, die Mitglieder der Fußball-Schulmannschaft erzielten bei 110 Schüssen 35 Treffer. Berechne die relativen Trefferhäufigkeiten der einzelnen Teams. Gib sie als gekürzten Bruch, als Dezimalbruch mit zwei Nachkommastellen und in Prozent an.

7 Petra würfelt mit einem normalen Spielwürfel 400-mal. Berechne die relativen Häufigkeiten der einzelnen Augenzahlen in Prozent.

Augenzahl	1	2	3	4	5	6
abs. Häufigkeit	71	59	66	59	75	70
rel. Häufigkeit						

8 Von 24 Schülern fühlen sich 20 gerecht beurteilt. Wie viel Prozent sind das? Runde dein Ergebnis auf ganze Prozent.

9 Von 56 Schülern kommen 80 % mit dem Fahrrad. Frank rechnet aus: 44 Schüler kommen mit dem Rad, Jennet meint: 45. Prüfe nach.

10 Bei einer Blutspendenaktion wurden an einem Tag gespendet: 32-mal Blutgruppe A, 8-mal Blutgruppe B, 4-mal Blutgruppe AB, 31-mal Blutgruppe 0. Berechne die relative Häufigkeit der einzelnen Blutgruppen. Runde die Ergebnisse auf ganze Prozent.

11 Ein Buchstabe auf den letzten deutschen Münzen verrät den Prägeort: A: Berlin, D: München. F, G und J stehen für Stuttgart, Karlsruhe und Hannover. Frank hat 100 Pfennigstücke untersucht, Elke 400.

	A	D	F	G	J
Frank	15	12	22	21	30
Elke	41	49	42	119	149

a) Berechne für Frank und für Elke, mit welchen relativen Häufigkeiten die einzelnen Prägeorte auftreten. Gib sie in Prozent an.
b) Fasse Elkes und Franks Ergebnisse zusammen und berechne die relativen Häufigkeiten der Prägeorte insgesamt.
c) Warum liegen die in b) berechneten relativen Häufigkeiten nicht genau in der Mitte zwischen den in a) berechneten relativen Häufigkeiten für Frank und Elke?

12 In der Tempo-30-Zone vor einer Kölner Schule wurden eines Tages die Geschwindigkeiten aller Autos gemessen.
a) Wie viel Prozent der Autos hielten sich an die Geschwindigkeitsbegrenzung?
b) Wie viel Prozent fuhren über 50 km/h?

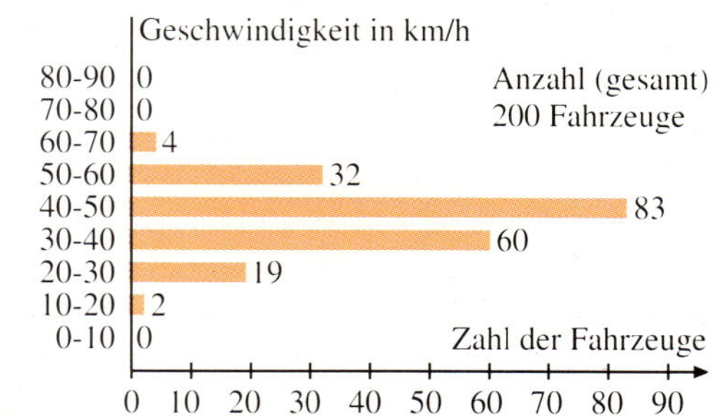

***13** Um beim Fernsehen die Einschaltquote zu ermitteln, befragt die Gesellschaft für Kommunikationsforschung (GfK) 6800 Personen. Sie gibt für einen Freitagskrimi 17,8 % an.
a) Wie viele der 6800 Befragten hatten die Sendung gesehen?
b) Die GfK rundet ihre Angaben auf eine Stelle nach dem Komma. Zur Angabe 17,8 % gehören also alle relativen Häufigkeiten zwischen 17,75 % und 17,84 %. Wie viele der befragten 6800 Personen hatten die Sendung mindestens (höchstens) gesehen?

Wahrscheinlichkeitsbegriff, Experimente für den Unterricht

14 Beim Vokabeltest hatte Fritz die Fehlerquote 7,5 %. Wird „Fehlerquote" hier im Sinne von absoluter, relativer Häufigkeit oder Wahrscheinlichkeit gebraucht?

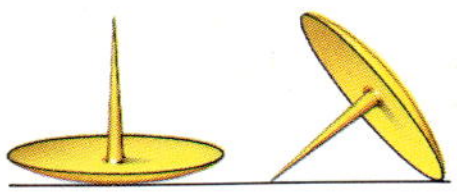

15 Ein Reißnagel kann auf den Kopf oder auf die Seite fallen. Benjamin erhielt in 250 Würfen 177-mal Kopf, Bülent erhielt in 500 Würfen 332-mal Kopf, Patrik in 750 Würfen 466-mal Kopf. Berechne die relativen Häufigkeiten in Prozent und stelle zwei mögliche Wahrscheinlichkeitsverteilungen für Kopf/Seite auf.

16 Moni wirft drei Münzen, Dominik drei Reißnägel. Sie notieren nach jedem Wurf, wie oft Kopf aufgetreten ist. Die Wahrscheinlichkeiten der 4 möglichen Ergebnisse schätzen sie so ein:

Kopf:	0-mal	1-mal	2-mal	3-mal
(1)	8 %	42 %	42 %	8 %
(2)	6 %	34 %	45 %	21 %

Moni:

Dominik:

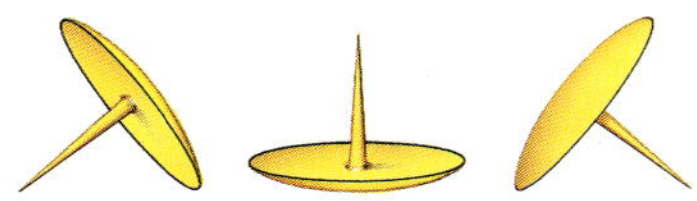

a) Welche der Zeilen (1), (2) gehört zu den Münzen, welche zu den Reißnägeln?
b) Das Experiment soll 150 (230, 420)-mal durchgeführt werden. Welche absoluten Häufigkeiten für 0-mal, ... 3-mal Kopf erwarten Moni bei ihren Münzen und Dominik bei seinen Reißnägeln?

Experiment zu Aufgabe 16

Alle müssen die gleiche Reißnagelsorte verwenden.

17 Führe den Dreifachwurf mit Münzen und Reißnägeln je 100-mal durch. Ermittle die relativen Häufigkeiten für 0-mal Kopf, 1-mal Kopf, 2-mal Kopf, 3-mal Kopf. Vergleiche mit den Schätzungen von Moni und Dominik und gib eigene Wahrscheinlichkeiten an.

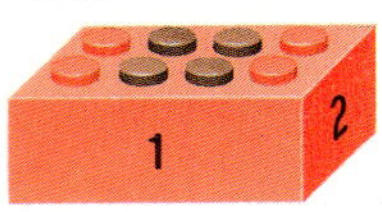

18

Augenzahl	1	2	3	4	5	6
Schätzung 1	10%	10%	40%	20%	10%	10%
Schätzung 2	10%	0,5%	47%	32%	0,5%	10%
Schätzung 3	11%	1,5%	45%	30%	1,5%	11%

a) Elham hat die Wahrscheinlichkeiten für Lego-Achter, -Sechser und -Vierer geschätzt. Welche Schätzung gehört zu welchem Stein?
b) Die Steine sollen 50 (200, 270, 375, 695)-mal geworfen werden. Welche absoluten Häufigkeiten erwartet Elham für die 6 Augenzahlen bei den drei Steinen?

Klassenexperiment zu Aufgabe 18

19 Würfle mit dem Lego-Vierer und dem Lego-Sechser 50-mal (Becher auf den Tisch stülpen). Ermittle die absoluten und relativen Häufigkeiten der Augenzahlen 1 ... 6.
b) Fasse die Ergebnisse deiner Klasse in zwei großen Tabellen zusammen und verbessere Elhams Wahrscheinlichkeitsverteilungen.

Klassenexperiment

20 a) Wähle im Telefonbuch deines Wohnortes 50 Namen zufällig aus, notiere jeweils die Endziffern und die Anfangsziffern der zugehörigen Telefonnummern. Zähle mit zwei Strichlisten aus, wie oft 0, 1, ... 9 vorkommen.
b) Fasst die Ergebnisse aller Schüler eurer Klasse zusammen und entscheidet gemeinsam, ob die Annahme gerechtfertigt ist, dass alle Ziffern mit gleicher Wahrscheinlichkeit vorkommen.

2 Laplace-Wahrscheinlichkeiten

Experiment

1 Beschrifte die sechs Seiten eines Bleistiftes mit den Zahlen 1 bis 6. Der Bleistift wird gerollt, die Augenzahl, die am Ende oben liegt, wird notiert. Tim vermutet, dass die Wahrscheinlichkeit jeder Augenzahl $\frac{1}{6}$ beträgt. Prüfe durch ein Experiment, ob sich die Vermutung für deinen Bleistift aufrecht erhalten lässt.

Die Rückseiten von Münzen zeigen Wappen, Köpfe, Bäume usw. Man spricht kurz von „Kopf“.

Häufig ist man bei Wahrscheinlichkeitsangaben sehr sicher: Eine Münze landet auf den Seiten Kopf und Zahl jeweils mit der Wahrscheinlichkeit $\frac{1}{2} = 50\,\%$.

Kopf	Zahl
$\frac{1}{2}$	$\frac{1}{2}$

Bei normalen Spielwürfeln beträgt die Wahrscheinlichkeit jeder Augenzahl $\frac{1}{6} \approx 16{,}7\,\%$.

Augenzahl	1	2	3	4	5	6
Wahrscheinlichkeit	$\frac{1}{6}$	$\frac{1}{6}$	$\frac{1}{6}$	$\frac{1}{6}$	$\frac{1}{6}$	$\frac{1}{6}$

Auch bei Glücksrädern mit gleich großen Feldern, bei Urnen mit verschiedenen Kugeln besteht selten Anlass, daran zu zweifeln, dass alle Ergebnisse gleich wahrscheinlich sind.

Zahl	1	2	3	4	5
Wahrscheinlichkeit	$\frac{1}{5}$	$\frac{1}{5}$	$\frac{1}{5}$	$\frac{1}{5}$	$\frac{1}{5}$

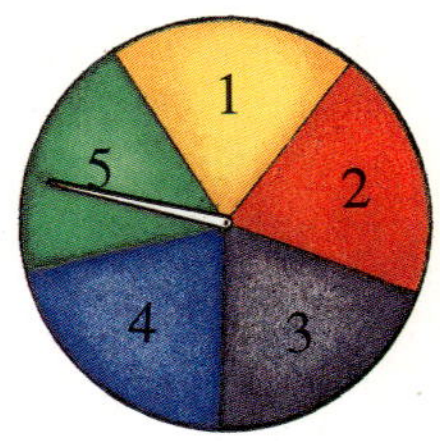

Pierre Simon Laplace 1749–1827

Es gibt Experimente, bei denen man annehmen kann, dass alle Ergebnisse eines Zufallsversuchs gleich wahrscheinlich sind. Bei n Ergebnissen beträgt die Wahrscheinlichkeit jedes Ergebnisses $\frac{1}{n}$. Man spricht in solchen Fällen von einer **Laplace-Annahme** und von **Laplace-Wahrscheinlichkeiten.**

Beispiel 1

a) Wie groß ist die Wahrscheinlichkeit, dass beim Roulette die Null auftritt?
b) Wie häufig wird die Null etwa auftreten, wenn man 500-mal dreht?
Man nimmt an, dass alle Zahlen von 0 bis 36 mit gleicher Wahrscheinlichkeit auftreten.
Lösung:
a) Wahrscheinlichkeit für „Null“: $\frac{1}{37} \approx 2{,}7\,\%$
b) Die absolute Häufigkeit des Ergebnisses „Null“ wird bei $\frac{500}{37} \approx 13{,}5$ liegen.

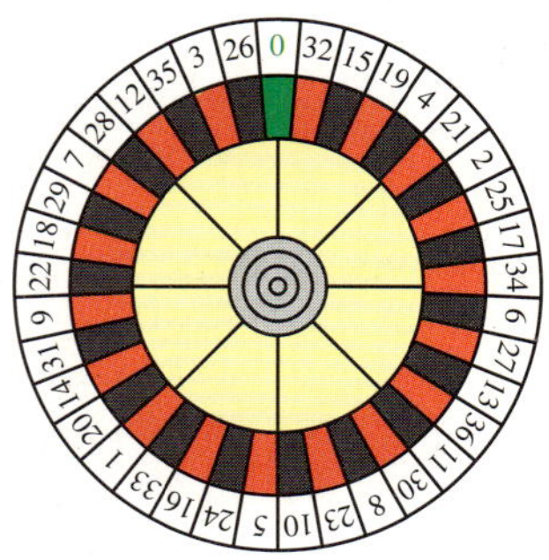

In der Wahrscheinlichkeitsrechnung nennt man Gefäße, aus denen man z. B. Kugeln zieht, Urnen. Als Urnen kann man Kisten, Tüten, Beutel, Socken, Schüsseln und vieles andere benutzen.

Beispiel 2
In einer Urne liegen vier Kugeln mit den Buchstaben A, L, K, O. Zwei Kugeln werden gezogen, die Buchstaben werden in der gezogenen Reihenfolge zu einem „Wort“ zusammengelegt. Wie groß ist die Wahrscheinlichkeit für „KO“?

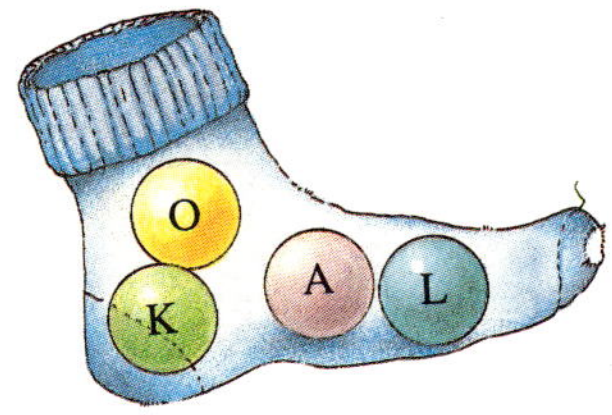

Wie man an dem Baum oder der Tabelle erkennt, können 12 Wörter entstehen.
Lösung:

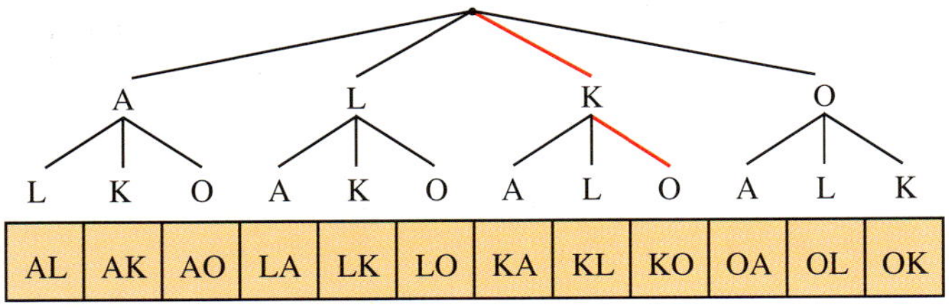

		2. Zug			
		A	L	K	O
1. Zug	A	--	AL	AK	AO
	L	LA	--	LK	LO
	K	KA	KL	--	KO
	O	OA	OL	OK	--

Fig. 1

„KO“ hat die Wahrscheinlichkeit $\frac{1}{12} \approx 8{,}3\,\%$.

Aufgaben

2 a) Welche Wahrscheinlichkeit hat die Zahl „6“ bei den Glücksrädern in Fig. 2?
b) Jan dreht jedes der Räder 180-mal. Wie häufig erwartest du etwa die „6“?
c) Was vermutest du, wenn die „6“ in vielen Versuchsserien viel seltener auftritt, als du erwartet hast?

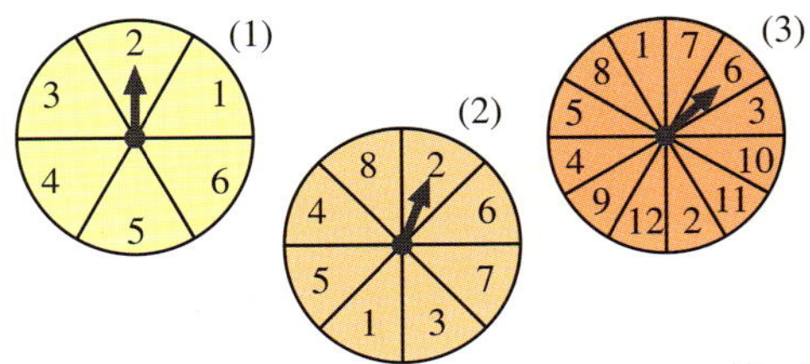

Fig. 2

3 a) Welche Wahrscheinlichkeit hat die Zahl „3“ bei den Urnen in Fig. 3?
b) Lina zieht 75-mal aus Urne 1, dabei wird jede gezogene Kugel vor dem nächsten Zug zurückgelegt. Wie oft wird sie etwa in den 75 Versuchen die „3“ erwischen?

Fig. 3

4 Das Glücksrad in Fig. 4 wird gedreht.
a) Man achtet auf die Zahlen. Welche Wahrscheinlichkeit hat die „3“?
b) Man achtet auf die Farben. Welche Wahrscheinlichkeit hat „Rot“?
Welche Wahrscheinlichkeit hat „Gelb“?

Fig. 4

5 Aus der Urne in Fig. 5 wird eine Kugel gezogen.
a) Man achtet auf die Buchstaben. Welche Wahrscheinlichkeit hat „A“?
b) Man achtet auf die Farbe. Welche Wahrscheinlichkeit hat „Blau“?

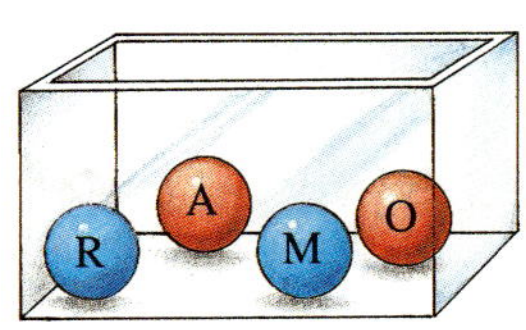

Fig. 5

6 Du ziehst eine Karte aus einem Skatspiel (ein Skatspiel hat 32 Karten). Mit welcher Wahrscheinlichkeit erwischst du
a) den Kreuzbuben, b) eine rote Karte, c) eine Pik-Karte?

7 a) In einer Urne liegen eine rote und vier weiße Kugeln. Wie groß ist die Wahrscheinlichkeit, dass man beim Hineingreifen die rote Kugel erwischt?
b) Frank hat beim ersten Zug eine weiße Kugel gezogen. Wie groß ist die Wahrscheinlichkeit, dass er nun beim zweiten Versuch die rote Kugel erwischt?
Die erste Kugel wurde nicht wieder zurückgelegt.

8 In einer Urne liegen vier Kugeln mit Buchstaben. Zwei Kugeln werden gezogen und die Buchstaben werden in der gezogenen Reihenfolge hintereinander gelegt.
a) Schreibe alle Wörter auf, die dabei entstehen können.
b) Wie groß ist die Wahrscheinlichkeit für „EI"?
c) Ein Lehrer reicht die Urne durch eine Klasse mit 30 Schülern. Jeder, der in zwei Zügen „EI" erhält, bekommt einen Kaugummi. Wie viele Kaugummis sollte der Lehrer etwa bereithalten?

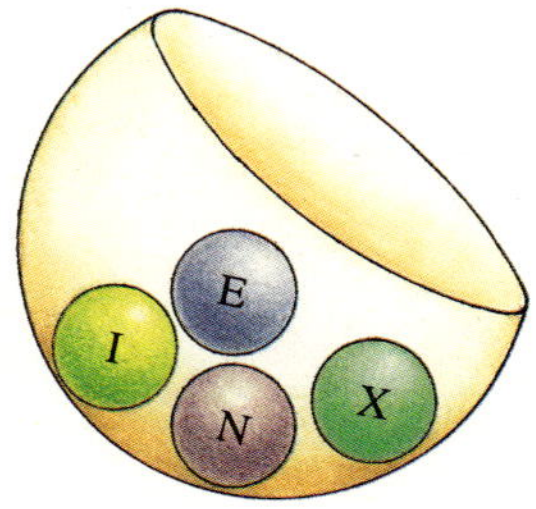

9 In einer Urne liegen drei Kugeln mit Buchstaben, sie werden nacheinander gezogen und hintereinander gelegt.
a) Schreibe alle „Wörter" auf, die dabei entstehen können. Beginne mit AMO.
b) Mit welcher Wahrscheinlichkeit entsteht das Wort OMA?

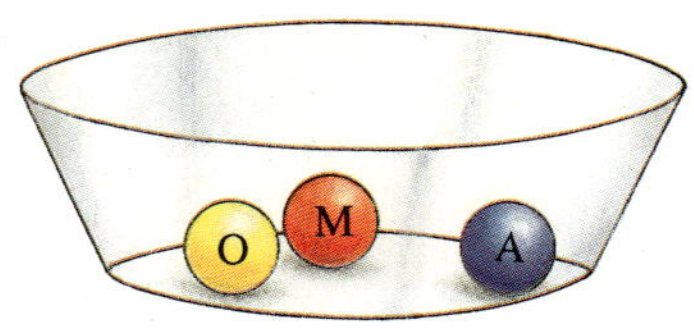

10 Bestimme mit einer Laplace-Annahme die Wahrscheinlichkeit, dass jemand, der nicht in einem Schaltjahr geboren ist,
a) am 12. Januar, b) am 24. Dezember, c) am 29. Februar Geburtstag hat.

11 Welche der folgenden Laplace-Annahmen sind gerechtfertigt, welche sind nur annähernd gerechtfertigt, welche sind eindeutig falsch?
a) Es gibt 12 Monate, also ist die Wahrscheinlichkeit, dass jemand im Januar Geburtstag hat, $\frac{1}{12} \approx 8{,}3\,\%$.
b) Es gibt 7 Wochentage, also ist die Wahrscheinlichkeit, dass eine zufällig herausgegriffene Person in diesem Jahr an einem Sonntag Geburtstag hat, $\frac{1}{7} \approx 14{,}3\,\%$.
c) Es gibt 7 Wochentage, also ist die Wahrscheinlichkeit, dass der erste Advent dieses Jahres auf einen Montag fällt, $\frac{1}{7} \approx 14{,}3\,\%$.
d) Jeder Knopf hat zwei Seiten. Also ist die Wahrscheinlichkeit, dass er auf die Oberseite fällt, 50 %.

12 Obwohl John, Frank, Isabell und Adi alle gleich oft und sehr gewissenhaft gewürfelt haben, erhielten sie die 6 mit unterschiedlichen Häufigkeiten: 22-, 18-, 20-, 18-mal. Wie oft haben sie gewürfelt? Du kannst die Antwort finden, wenn du weißt, dass die gesuchte Zahl ein Vielfaches von 30 war.

3 Summenregel

1 Julia steht mit ihrem Stein zwei Positionen hinter Helge. Wie groß ist die Wahrscheinlichkeit, dass sie Helge beim nächsten Würfeln überholt?
Wo müsste Julias Stein stehen, damit die Wahrscheinlichkeit genau 50 % beträgt?

Wenn Julia eine Position hinter Helge steht, überholt sie bei den Augenzahlen 2, ..., 6. Dies sind fünf der sechs gleich wahrscheinlichen Ergebnisse. Die Überholwahrscheinlichkeit ist $\frac{5}{6} \approx 83\,\%$.

Nimmt man statt des Würfels einen Lego-Achter, so ist die Überholwahrscheinlichkeit 1,5 % + 45 % + 30 % + 1,5 % + 11 % = 89 %.

Lego-Achter:

1	2	3	4	5	6
11 %	1,5 %	45 %	30 %	1,5 %	11 %

Häufig muss man Ergebnisse eines Zufallsversuchs zusammenfassen. Eine solche Zusammenfassung (Menge) nennt man ein Ereignis.

Summenregel: Die Wahrscheinlichkeit eines Ereignisses erhält man, in dem man die einzelnen Wahrscheinlichkeiten der zugehörigen Ergebnisse addiert.
Spezialfall für **Laplace-Wahrscheinlichkeiten**: Die Wahrscheinlichkeit eines Ereignisses erhält man, indem man die Anzahl der zugehörigen Ergebnisse („günstige Ergebnisse“) durch die Gesamtzahl aller möglichen Ergebnisse dividiert.

$$\text{Wahrscheinlichkeit} = \frac{\text{Anzahl der günstigen Ergebnisse}}{\text{Anzahl der möglichen Ergebnisse}}$$

Beispiel 1
In einer Tüte sind 50 hellblaue, 80 dunkelblaue, 30 gelbe und 60 rote Schokolinsen. Wie groß ist die Wahrscheinlichkeit, dass man
a) eine hellblaue, b) eine blaue, c) keine gelbe Linse zieht?
Insgesamt sind 220 Linsen in der Tüte. Wir machen die Laplace-Annahme, dass jede Linse mit der Wahrscheinlichkeit $\frac{1}{220}$ gezogen wird.
Lösung:
a) Wahrscheinlichkeit für hellbau: $\frac{50}{220} \approx 22{,}7\,\%$
b) Wahrscheinlichkeit für dunkelblau: $\frac{80}{220} \approx 36{,}4\,\%$; für blau $\frac{50}{220} + \frac{80}{220} \approx 59{,}1\,\%$
c) Wahrscheinlichkeit für nicht gelb: $\frac{50}{220} + \frac{80}{220} + \frac{60}{220} \approx 86{,}4\,\%$
Bei c) liefert die Rechnung $1 - \frac{30}{220}$ das gleiche Ergebnis.

Beispiel 2
Es werden vier Münzen gleichzeitig oder hintereinander geworfen.
Wie groß ist die Wahrscheinlichkeit, dass genau 3 Münzen Kopf zeigen?
Wenn wir die Münzen voneinander unterscheiden, gibt es 16 gleich wahrscheinliche Ergebnisse, 4 sind „günstig“.
Lösung:
Die Wahrscheinlichkeit ist $\frac{4}{16} = 0{,}25$.

KKKK	KKKZ	KKZK	KKZZ
KZKK	KZKZ	KZZK	KZZZ
ZKKK	ZKKZ	ZKZK	ZKZZ
ZZKK	ZZKZ	ZZZK	ZZZZ

Aufgaben

2 Wie groß ist die Wahrscheinlichkeit, dass der gelbe Stein beim nächsten Wurf
a) einen andersfarbigen Stein schlägt,
b) in sein Haus gelangt?

3 Wie groß ist die Wahrscheinlichkeit, aus einer Lostrommel mit
a) 6 Treffern und 94 Nieten,
b) 3 Treffern und 47 Nieten
einen Treffer (eine Niete) zu ziehen?

4 Wie groß ist die Gewinnwahrscheinlichkeit bei einer Lostrommel mit
a) 2 Treffern und 48 Nieten,
b) 9 Treffern und 66 Nieten,
c) 15 Treffern und 75 Nieten,
d) 21 Treffern und 49 Nieten,
e) 21 Treffern und 42 Nieten,
f) 20 Treffern und 0 Nieten?
Gib die Gewinnwahrscheinlichkeiten als Bruch an und runde auf ganze Prozent.

5 In einer Lostrommel befinden sich Treffer und Nieten. Wie ändert sich die Gewinnwahrscheinlichkeit,
a) wenn man 1 Niete hinzufügt,
b) wenn man 1 Treffer hinzufügt,
c) wenn man 1 Treffer herausnimmt,
d) wenn man 1 Niete herausnimmt?

6 Eine Urne enthält 2 hellblaue, 3 dunkelblaue, 4 hellrote, 7 dunkelrote Kugeln. Berechne die Wahrscheinlichkeit, dass man beim Hineingreifen eine
a) hellblaue, b) blaue, c) dunkelrote, d) rote, e) helle, f) dunkle Kugel zieht.

7 Eine Lostrommel enthält doppelt (dreimal, viermal) so viele Nieten wie Treffer. Wie groß ist die Gewinnwahrscheinlichkeit?

8 Einer Lostrommel mit 4 Treffern und 36 Nieten wurden entnommen:
a) 1 Treffer und 2 Nieten,
b) 2 Treffer und 5 Nieten,
c) 2 Treffer und 10 Nieten,
d) 1 Treffer und 9 Nieten,
e) 2 Treffer und 25 Nieten,
f) 36 Nieten.
In welchen Fällen hat sich dadurch die Gewinnwahrscheinlichkeit vergrößert (verkleinert)?

9 Bestimme bei den Glücksrädern die Wahrscheinlichkeiten für rot, gelb und grün.

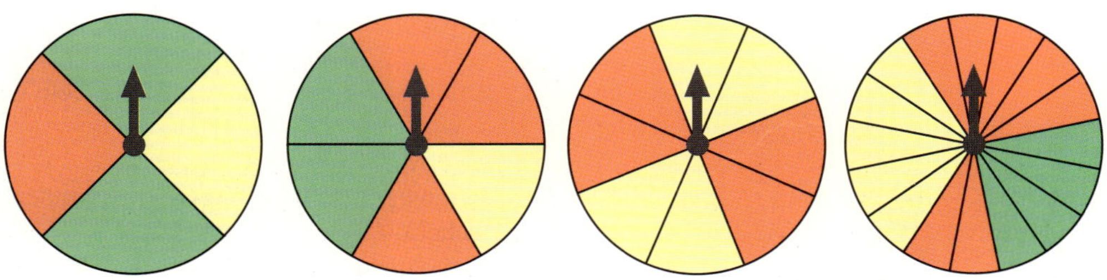

10 Zeichne ein Glücksrad mit den Wahrscheinlichkeiten:

rot	gelb	grün
$\frac{1}{8}$	$\frac{2}{8}$	$\frac{5}{8}$

11 In einer Lostrommel liegen 100 Lose, die von 1 bis 100 nummeriert sind. Bestimme die Wahrscheinlichkeiten für: Die Losnummer
a) ist gerade,
b) liegt unter 3,
c) teilt 6,
d) liegt über 3,
e) ist kleiner als 6,
f) teilt 50,
g) endet auf 4,
h) ist größer als 80,
i) ist kleiner als 9,
k) ist durch 3 teilbar,
l) ist einstellig,
m) ist zweistellig.

12 Ein Glücksrad hat 50 gleich große Felder mit den Zahlen von 1 bis 50. Es wird einmal gedreht. Bestimme die Wahrscheinlichkeiten für
a) die Zahl ist einstellig,
b) die Zahl hat die Endziffer 6,
c) die Zahl liegt über 30,
d) die Zahl liegt über 9,
e) die Zahl ist durch 5 teilbar,
f) die Zahl liegt zwischen 20 und 40.

13 Ein Würfel mit der nebenstehenden Abwicklung wird geworfen.
a) Bestimme die Wahrscheinlichkeiten der möglichen Augenzahlen.
b) Der Würfel wird 600-mal geworfen. Wie oft werden die einzelnen Augenzahlen etwa auftreten?

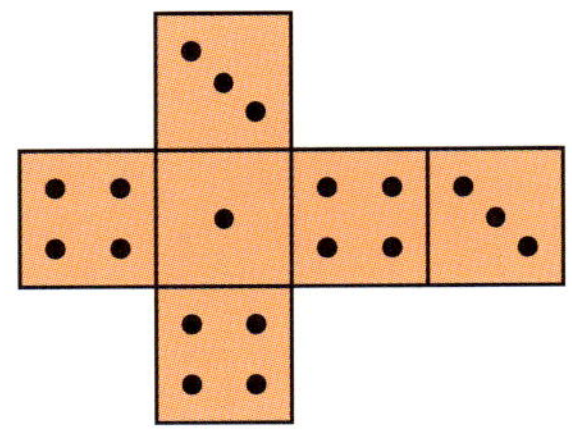

14 Berechne mit Hilfe einer Laplace-Annahme die Wahrscheinlichkeit, dass man
a) beim Wurf von 4 Münzen 0-mal (1-mal, 2-mal, 3-mal, 4-mal) Kopf erhält,
b) beim Wurf von drei Münzen 0-mal (1-mal, 2-mal, 3-mal) Kopf erhält.
Beachte Beispiel 2. Kontrolliere jeweils, dass sich zusammen 1 ergibt.

Knobelecke

***15** Es werden zwei Würfel geworfen. Wie groß ist die Wahrscheinlichkeit für einen Pasch (d. h. zwei gleiche Zahlen)? Patrik überlegt: Es gibt 21 mögliche Ergebnisse:
$\underline{11}$ 12 13 14 15 16 $\underline{22}$ 23 24 25 26 $\underline{33}$ 34 35 36 $\underline{44}$ 45 46 $\underline{55}$ 56 $\underline{66}$.
Sechs davon gehören zum Ereignis „Pasch". Folglich ist die Wahrscheinlichkeit $\frac{6}{21} \approx 28{,}6\,\%$.
Viviane kommt auf 36 mögliche Ergebnisse und erhält als Antwort $\frac{6}{36} \approx 16{,}7\,\%$.
Wer hat recht?

***16** Um die Anzahl x der Fische in einem See abzuschätzen, hat man 2000 Fische gefangen, durch einen Farbpunkt markiert und wieder freigelassen. Die Wahrscheinlichkeit, dass ein geangelter Fisch markiert ist, ist dann $\frac{2000}{x}$. Einige Tage später fängt man 227 Fische.
a) Wie viele davon werden etwa markiert sein, wenn im See 4000 (8500, 27 000) Fische leben?
b) Tatsächlich sind 21 der gefangenen Fische markiert. Wie viele Fische leben schätzungsweise im Teich?

***17** Elke trifft auf dem Heimweg Fred erfahrungsgemäß mit der Wahrscheinlichkeit 50 %, Thomas mit der Wahrscheinlichkeit 70 %.
Sie denkt sich: Nach der Summenregel treffe ich wenigstens einen meiner Freunde mit der Wahrscheinlichkeit 120 %. Aber Wahrscheinlichkeiten können doch höchstens 100 % annehmen. Außerdem hat Elke heute weder Fred noch Thomas getroffen.
Wo steckt Elkes Denkfehler?

4 Baumdiagramm und Pfadregel

1 a) Beim Würfeln erhält man die Sechs mit der Wahrscheinlichkeit $\frac{1}{6}$. Also erhält man in 6 Würfen die 6 mit der Wahrscheinlichkeit $\frac{6}{6} = 100\,\%$. Was meinst du?
b) Frank und Raymond bringen ihre Geo-Dreiecke mit 80%iger Wahrscheinlichkeit mit. Haben sie zusammen mit 160%iger Wahrscheinlichkeit ein Geo-Dreieck dabei?

Beim Mensch-ärgere-Dich-nicht darf man bei einer Sechs starten. Man hat bis zu drei Versuche. Wie groß ist die Wahrscheinlichkeit, dass der Start gelingt?
In ca. $\frac{1}{6}$ aller Startversuche erreichen wir die gewünschte Sechs gleich im ersten Wurf. In ca. $\frac{5}{6}$ aller Fälle sind wir noch nicht fertig. In ca. $\frac{1}{6}$ hiervon, also in $\frac{1}{6}$ von $\frac{5}{6}$, d. h. in $\frac{5}{6} \cdot \frac{1}{6} = \frac{5}{36}$ aller Fälle beenden wir den Startversuch mit dem zweiten Versuch erfolgreich.
In ca. $\frac{5}{6} \cdot \frac{5}{6} \cdot \frac{1}{6} = \frac{25}{216}$ aller Fälle gelingt der Start beim dritten Versuch.
Die Wahrscheinlichkeit, dass man überhaupt, d. h. beim ersten, zweiten oder dritten Wurf starten kann, ist wegen der Summenregel: $\frac{1}{6} + \frac{5}{36} + \frac{25}{216} = \frac{91}{216} \approx 42{,}1\,\%$. Das gleiche Ergebnis erhält man, wenn man die Wahrscheinlichkeit für drei Fehltreffer $\left(\frac{5}{6} \cdot \frac{5}{6} \cdot \frac{5}{6} = \frac{125}{216}\right)$ von 1 subtrahiert. Die Summe aller Wahrscheinlichkeiten ist nämlich 1.
Man beschreibt die Situation durch ein dreistufiges Baumdiagramm, beschriftet die Pfade mit den zugehörigen Wahrscheinlichkeiten und erhält:

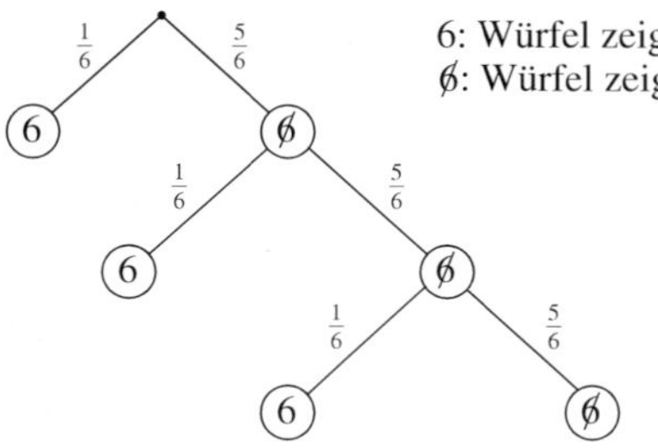

6: Würfel zeigt eine 6
6̸: Würfel zeigt keine 6

Pfad	Wahrscheinlichkeit		
6	$\frac{1}{6}$		$\approx 16{,}6\,\%$
6̸ 6	$\frac{5}{6} \cdot \frac{1}{6}$	$= \frac{5}{36}$	$\approx 13{,}9\,\%$
6̸ 6̸ 6	$\frac{5}{6} \cdot \frac{5}{6} \cdot \frac{1}{6}$	$= \frac{25}{216}$	$\approx 11{,}6\,\%$
6̸ 6̸ 6̸	$\frac{5}{6} \cdot \frac{5}{6} \cdot \frac{5}{6}$	$= \frac{125}{216}$	$\approx 57{,}9\,\%$
zusammen		$= \frac{216}{216}$	$= 100\,\%$

Pfadregel: Die Wahrscheinlichkeit eines Pfades erhält man, indem man die Wahrscheinlichkeiten längs des Pfades multipliziert.

Beispiel 1
Beim Basketball trifft Mag mit Wahrscheinlichkeit 40 %, Wim mit 70 %.
Sie werfen nacheinander.
Wie groß ist die Wahrscheinlichkeit, dass sie zusammen 0, 1 oder 2 Treffer erhalten?

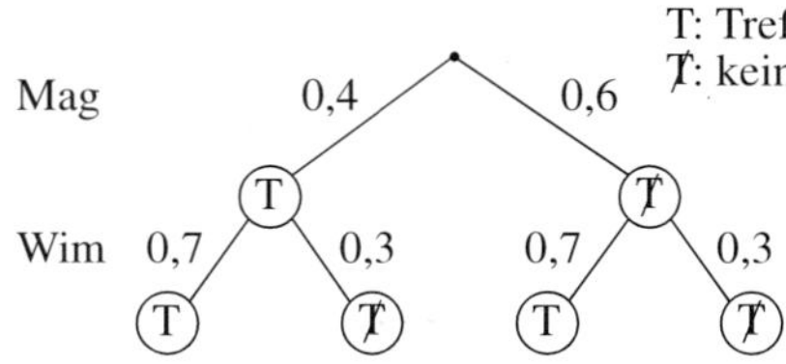

T: Treffer
T̸: kein Treffer

Im zweistufigen Baumdiagramm gehören zur Trefferzahl 1 zwei Pfade. Wegen der Summenregel müssen die zugehörigen Wahrscheinlichkeiten addiert werden.
Lösung:
Wahrscheinlichkeit für keinen Treffer: $0{,}6 \cdot 0{,}3 = 0{,}18$
Wahrscheinlichkeit für einen Treffer: $0{,}6 \cdot 0{,}7 + 0{,}4 \cdot 0{,}3 = 0{,}54$
Wahrscheinlichkeit für zwei Treffer: $0{,}4 \cdot 0{,}7 = 0{,}28$

Beispiel 2

Doro hat in einen Korb mit 6 gekochten Eiern 4 rohe dazugelegt. Ihre Schwester nimmt für das Frühstück 3 Eier heraus. Wie groß ist die Wahrscheinlichkeit, dass mindestens ein rohes Ei dabei ist?

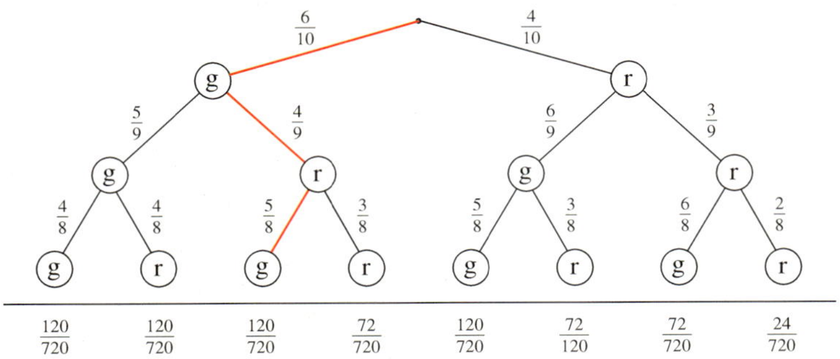

In dem dreistufigen Baum bedeuten „g" und „r" „gekocht" bzw. „roh". Der Pfad „grg" hat die Wahrscheinlichkeit $\frac{6}{10} \cdot \frac{4}{9} \cdot \frac{5}{8} = \frac{120}{720}$*: Zuerst sind 6 der Eier gekocht, beim zweiten Zug 4 der 9 verbleibenden roh, beim letzten Zug sind von den 8 restlichen Eiern 5 gekocht. Die Wahrscheinlichkeiten der übrigen Pfade sind im Baum angegeben.*

Lösung:
Die Wahrscheinlichkeit für mindestens ein rohes Ei:

$\frac{120}{720} + \frac{120}{720} + \frac{72}{720} + \frac{120}{720} + \frac{72}{720} + \frac{72}{720} + \frac{24}{720} = \frac{600}{720} \approx 83{,}3\,\%$

Man kann auch die Wahrscheinlichkeit des einzigen Pfades „ggg", bei dem man kein rohes Ei erwischt, von 1 subtrahieren: $1 - \frac{120}{720} = \frac{600}{720}$.

Bemerkung: Mitunter braucht man nur einzelne Pfade oder Teile von Bäumen zu zeichnen, um gesuchte Wahrscheinlichkeiten zu ermitteln.

Beispiel 3

In einem Beutel sind Kugeln mit Buchstaben gemischt. Man zieht nacheinander drei Kugeln und legt sie in der gezogenen Reihenfolge hintereinander. Wie groß ist die Wahrscheinlichkeit, dass dabei das Wort PAP entsteht?

Während des „Ziehens ohne Zurücklegen" ändern sich die Anteile der einzelnen Buchstaben und damit die Wahrscheinlichkeiten längs des Pfades.

Lösung:
Wahrscheinlichkeit für PAP: $\frac{4}{14} \cdot \frac{6}{13} \cdot \frac{3}{12} \approx 3{,}3\,\%$

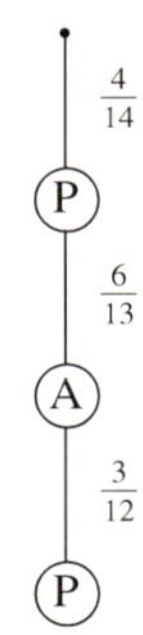

Beispiel 4

Wie groß ist die Wahrscheinlichkeit des Wortes PAP, wenn man die drei gezogenen Buchstaben noch umordnen darf?

Nun sind drei Pfade brauchbar: PAP, PPA, APP. Alle diese Pfade haben die gleiche Wahrscheinlichkeit $\frac{3}{91}$.

Die gesuchte Wahrscheinlichkeit ergibt sich nach der Summenregel.

Lösung:
Wahrscheinlichkeit: $\frac{3}{91} + \frac{3}{91} + \frac{3}{91} = \frac{9}{91} \approx 9{,}9\,\%$

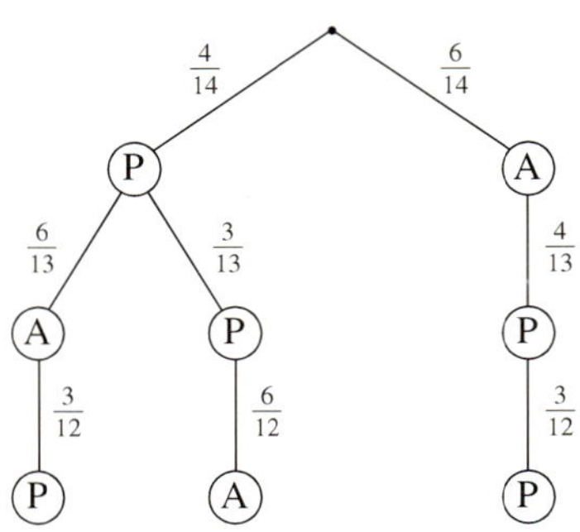

Aufgaben

2 Eine normale Münze wird dreimal geworfen. Berechne mit der Pfadregel die Wahrscheinlichkeit, dass dabei stets (nie) „Zahl" auftritt.

3 Ein normaler Würfel wird 6-mal geworfen. Wie groß ist die Wahrscheinlichkeit,
a) dass dabei keine einzige Sechs auftritt, b) dass nur gerade Zahlen auftreten,
c) dass nur Zahlen größer 2 auftreten?
Zeichne je einen beschrifteten Pfad.

4 Wie groß ist die Wahrscheinlichkeit,
a) dass der quadratische Kreisel (Fig. 1) auf gelb kippt?
b) dass er jedes Mal auf gelb kippt, wenn man ihn zweimal (dreimal) dreht?
c) Wie groß ist die Wahrscheinlichkeit, dass er nie auf gelb kippt, wenn man ihn zweimal (dreimal) dreht?

Fig. 1

5 Frank zieht aus der Urne (Fig. 2) drei Kugeln. Berechne die Wahrscheinlichkeiten für die Farbreihenfolgen wrw, wwr, rww,
a) wenn Frank die gezogene Kugel jeweils vor dem nächsten Zug wieder zurücklegt,
b) wenn Frank die gezogenen Kugeln nicht wieder zurücklegt.

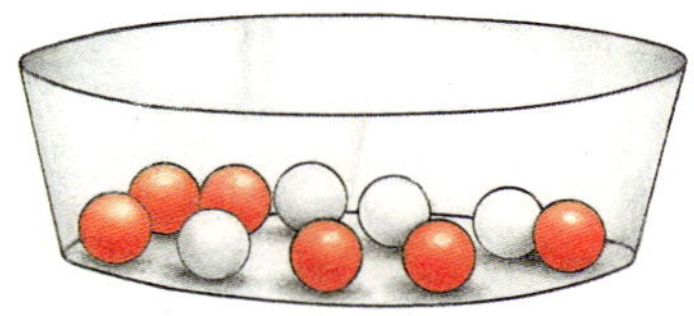
Fig. 2

c) Frank bekommt ein Eis, wenn er in drei Zügen nur weiße Kugeln erwischt. Vor dem Experiment muss er sich aber festlegen, ob er einmal gezogene Kugeln vor dem nächsten Zug wieder in der Urne zurücklegen wird oder nicht. Wie soll er sich entscheiden? Berechne die Wahrscheinlichkeiten für „www" mit und ohne Zurücklegen.

6 Man zieht nacheinander Kugeln mit Buchstaben aus der Socke und legt sie in der gezogenen Reihenfolge hintereinander. Berechne die Wahrscheinlichkeiten der Wörter
a) OMA, b) AMO, c) MAO, d) MOL.

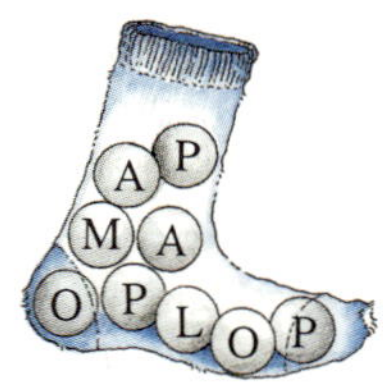

7 Wir ziehen Kugeln aus einer Tasche, ohne sie zurückzulegen.
a) Gib ein Wort an, das die Wahrscheinlichkeit $\frac{4}{14}\cdot\frac{6}{13}\cdot\frac{3}{12}\cdot\frac{5}{11}$ hat.
b) Welches Wort mit drei Buchstaben hat eine besonders hohe Wahrscheinlichkeit?

8 Es sollen in drei Zügen nacheinander die Buchstaben N-I-X gezogen werden. Gezogene Buchstaben werden nicht zurückgelegt.
a) Berechne die Wahrscheinlichkeit für jede der drei Urnen. Welche Urne ist am günstigsten?
b) Wie groß ist die Wahrscheinlichkeit, wenn man alle Urnen zusammenschüttet?

9 Berechne die Wahrscheinlichkeit, dass beim Ziehen aus der Urne die Worte
a) HU, b) UHU, c) ULLA
entstehen, wenn man die gezogenen Buchstaben vor dem Zusammenlegen noch umsortieren darf (siehe Beispiel 4).

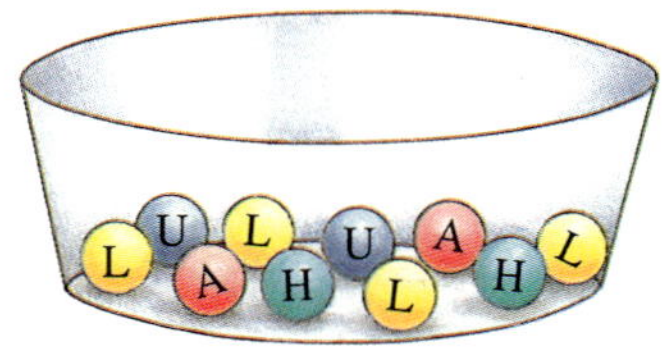

Fig. 1

10 Wenn zwei Würfel die gleiche Augenzahl zeigen, bezeichnet man das als Pasch. Berechne die Wahrscheinlichkeit für Pasch
a) mit zwei normalen Würfeln,
b) mit zwei Lego-Achtern.

Lego-Achter:

1	2	3	4	5	6
11 %	1,5 %	45 %	30 %	1,5 %	11 %

11 Ein Lehrer wirft zwei Würfel (Lego-Achter) und gibt als Note die kleinere der Augenzahlen. Wie groß ist die Wahrscheinlichkeit der Note Eins?

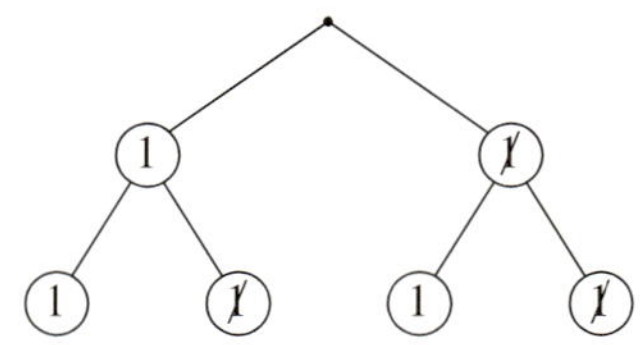

Fig. 2

12 Das Glücksrad (Fig. 3) wird zweimal gedreht. Wie groß ist die Wahrscheinlichkeit, dass beide Male dieselbe Zahl erscheint?

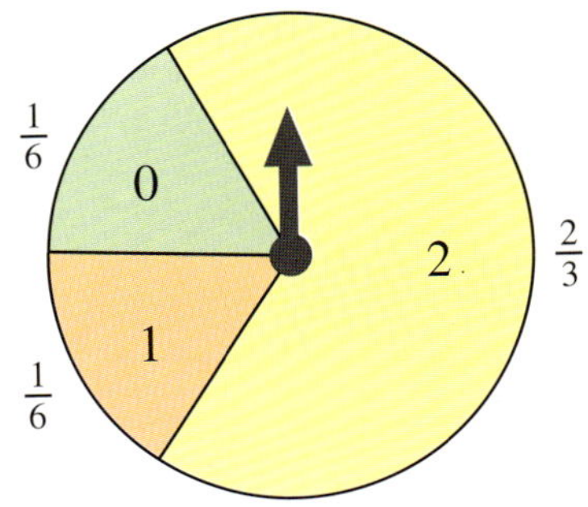

Fig. 3

13 Berechne die Wahrscheinlichkeit, dass zwei (drei) willkürlich herausgegriffene Personen im gleichen Monat Geburtstag haben. Nimm an, dass die Wahrscheinlichkeit für jeden Monat $\frac{1}{12}$ beträgt.

14 Wie groß ist die Wahrscheinlichkeit, dass man lauter verschiedene Augenzahlen erhält, wenn man 2-mal
a) mit einem Laplace-Würfel würfelt,
b) mit einem Lego-Achter würfelt?

15 Bei einem Spielautomaten (Fig. 4) bleiben drei Räder zufällig stehen. Im schwarzen Feld erscheint eine dreistellige Zahl. Bei „111“ gewinnt man, bei zwei Einsen erhält man ein Freispiel. Berechne die Wahrscheinlichkeiten für
a) Gewinn, b) Freispiel.

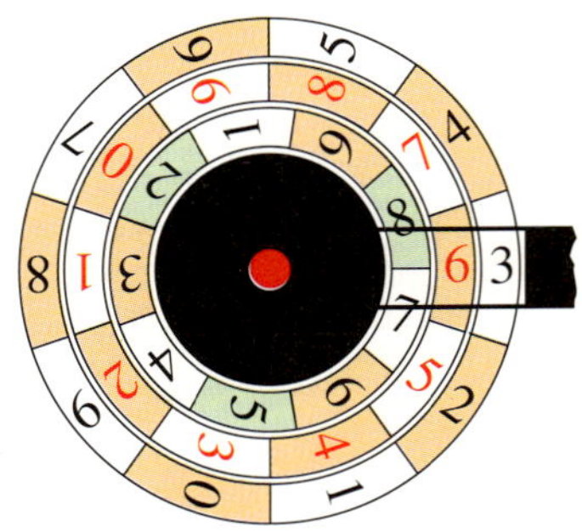

Fig. 4

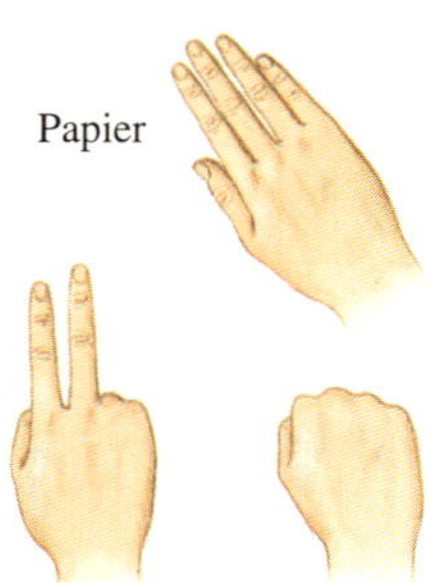

***16** Jean knobelt gegen Ben. Es gilt: Schere schlägt Papier, Stein schlägt Schere, Papier schlägt Stein. Gleiche Ergebnisse zählen nicht. Wer zuerst seinen Gegner dreimal schlägt, hat gewonnen. Nach dem ersten Schritt liegt Jean in Führung. Wie groß ist die Wahrscheinlichkeit, dass sie nun auch gewinnt? Ergänze den Baum.

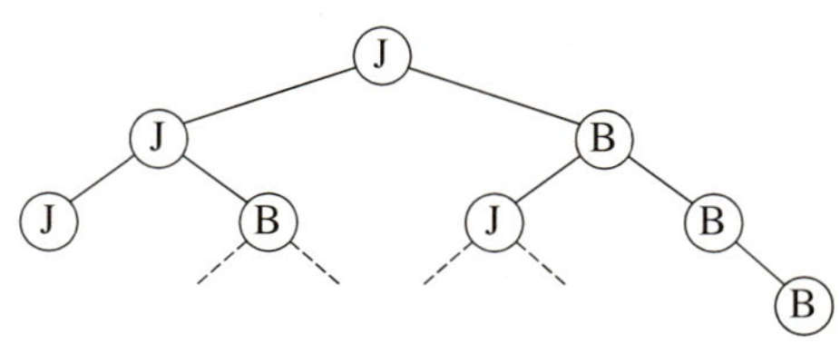

J: Jean schlägt Ben
B: Ben schlägt Jean

Fig. 5

Gisas Lottozettel

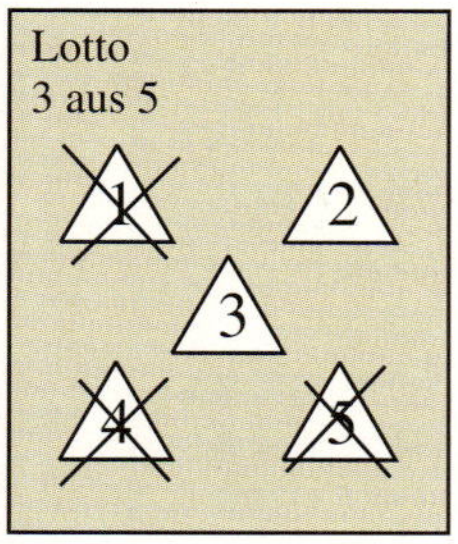

17 Lotto „3 aus 5“

Gisa kreuzt drei der Zahlen von 1 bis 5 auf ihrem 5er-Lottozettel an. Jan zieht anschließend aus einer 5er-Lostrommel ebenfalls 3 Zahlen.

a) Berechne die Wahrscheinlichkeit, dass Jan genau die drei Zahlen zieht, die Gisa zuvor angekreuzt hat.

b) Zeige mit einem entsprechenden Pfad: Die Wahrscheinlichkeit, dass man im Lotto alle 6 der 49 Zahlen richtig ankreuzt, ist ca. 0,0000072 %.
Benutze den Taschenrechner.

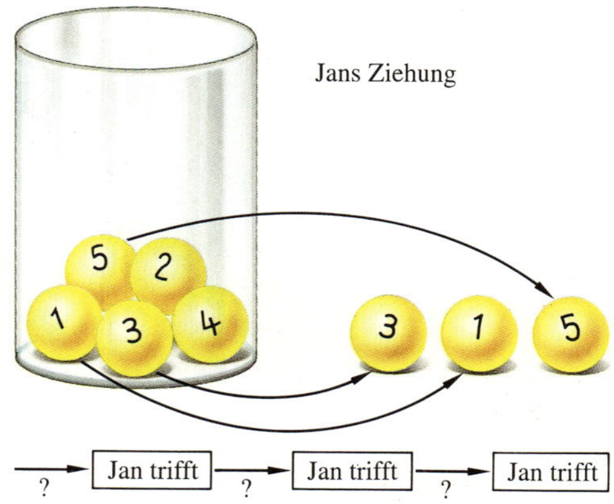

Klassenexperiment

18 Experiment zu Aufgabe 17a).

Treffer	0	1	2	3
relative Häufigkeit				

a) Spiele mit deinem Banknachbarn das Lotto „3 aus 5“ der Aufgabe 17a) 40-mal. Statt eine Lostrommel zu benutzen, kannst du auch einen Würfel so lange würfeln, bis drei verschiedene Zahlen zwischen 1 und 5 gefallen sind. Fällt 6 oder eine Zahl zum zweiten Mal, würfelst du einfach weiter. Ermittle jeweils, wie viele der angekreuzten Zahlen in der Lottoziehung „gezogen“ wurden.

b) Fasse die Ergebnisse deiner Klasse in einer großen Tabelle zusammen und überprüfe die in Aufgabe 17a) berechnete Wahrscheinlichkeit für drei Treffer.

*c) Berechne mit Pfad- und Summenregel die Wahrscheinlichkeiten für 0, 1, 2 Treffer. Vergleiche mit den relativen Häufigkeiten des Klassenexperimentes.

19 Beim Torwandschießen hat Markus die Trefferwahrscheinlichkeit 10 %, der Profi Manni 90 %. Sie bilden ein Zweierteam. Jeder von ihnen muss einmal schießen. Sie können zusammen zwischen 0 und 2 Treffer erzielen. Fritz und Frank bilden ebenfalls ein Team. Sie haben aber beide die Trefferwahrscheinlichkeit 50 %.

a) Berechne die Wahrscheinlichkeit für 0, 1, 2 Treffer bei Team 1.

b) Berechne die Wahrscheinlichkeit für 0, 1, 2 Treffer bei Team 2.

c) Bei 20 Schüssen erzielten die Teams die Ergebnisse in der Tabelle. Welche Trefferhäufigkeit gehört vermutlich zum Team Markus/Manni, welche zum Team Fritz/Frank?

0 Treffer	1 Treffer	2 Treffer
2-mal	15-mal	3-mal
5-mal	9-mal	6-mal

d) Wie sähen die Wahrscheinlichkeiten des ersten Teams aus, wenn Markus die Trefferwahrscheinlichkeit 0 %, Manni 100 % hätte?

20 Ali, Claudia und Jennet werfen nacheinander je einen Stein in eine Kiste. Sie treffen mit den Wahrscheinlichkeiten 20 %, 30 % und 50 %.
Lisa behauptet: Nach der Summenregel liegt am Ende mit Wahrscheinlichkeit 100 % mindestens ein Stein in der Kiste.

a) Warum kann Lisa nicht Recht haben?

b) Zeichne einen dreistufigen Baum, berechne die Wahrscheinlichkeiten aller Trefferzahlen von 0 bis 3. Kontrolliere, dass sich zusammen 1 ergibt.

c) Untersuche, ob sich die Wahrscheinlichkeiten ändern, wenn Jennet zuerst wirft, danach Claudia und zuletzt Ali.

THEMA:

Geschmackstest, Binomialverteilung

Experiment:
ausführliche Versuchsbeschreibung

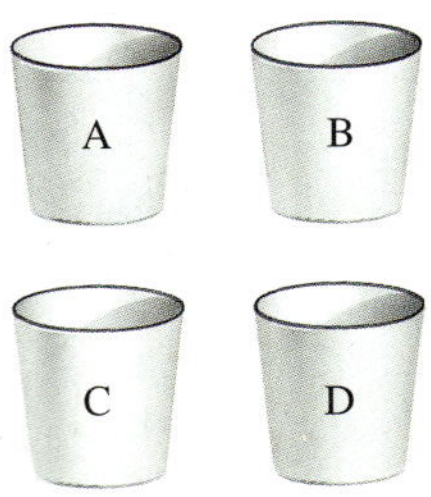

Kann man den Unterschied zwischen Magermilch und Vollmilch schmecken?

Schritt 1: Bestimmt einen Versuchsleiter (Schüler oder Lehrer).
Schritt 2: Der Versuchsleiter füllt – von der Klasse unbeobachtet – der Reihe nach vier beschriftete Becher A, B, C, D je nach Ausfall eines Münzwurfs mit Vollmilch oder Magermilch. Vorschrift: Zahl ≙ Vollmilch, Kopf ≙ Magermilch. Achtung, es ist möglich, wenn auch nicht sehr wahrscheinlich, dass zufällig in alle Becher die gleiche Milchsorte gefüllt wird.
Schritt 3: Die Becher machen die Runde durch die Klasse. Jeder kostet die vier Getränke mit einem Trinkhalm und entscheidet, welche Milchsorten sich in den einzelnen Bechern befinden.
Schritt 4: Der Versuchsleiter gibt die tatsächliche Füllung bekannt. Jeder ermittelt seine Trefferzahl (Fig. 1).
Schritt 5: Die erreichten Trefferzahlen der Klasse werden in einer Tabelle zusammengefasst (Fig. 2).
Schritt 6: Wahrscheinlichkeitsrechnung: Wenn man annimmt, dass der Unterschied zwischen den Milchsorten überhaupt nicht zu schmecken ist, dann erhält man bei jedem der Becher A bis D einen Treffer nur mit 50%iger Wahrscheinlichkeit. Man kann sich dann vorstellen, dass die Anzahl der Treffer völlig ohne Kostproben für jeden Versuchsteilnehmer durch viermaliges Drehen des Glücksrades (Fig. 3) ermittelt wurde. Rechne nach, dass dann die in Fig. 4 angegebenen Wahrscheinlichkeiten stimmen.

Becher	A	B	C	D
Franks Bewertung	Voll	Mag	Mag	Voll
Annes Bewertung	Voll	Voll	Voll	Voll
tatsächliche Füllung	Mag	Mag	Mag	Voll

Frank hat 3, Anne hat 1 Treffer

Fig. 1

Trefferzahl	0	1	2	3	4
abs. Häufigkeit	3	5	8	9	2
rel. Häufigkeit	11 %	19 %	30 %	33 %	7 %

Ergebnisse einer Testgruppe

Fig. 2

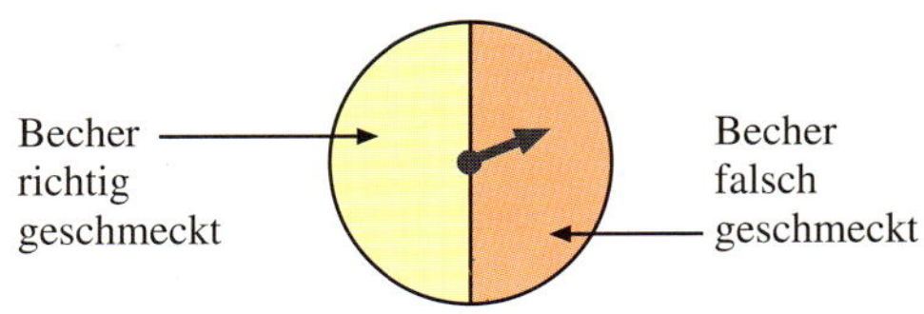

Modell eines Nicht-Schmeckers

Fig. 3

Trefferzahl	0	1	2	3	4
Wahrscheinlichkeit	$\frac{1}{16}$ 6,25 %	$\frac{4}{16}$ 25 %	$\frac{6}{16}$ 37,5 %	$\frac{4}{16}$ 25 %	$\frac{1}{16}$ 6,25 %

Fig. 4

Schritt 7: Bewertung der Testergebnisse:
a) Wenn die in Schritt 5 beobachteten relativen Häufigkeiten stark von den in Schritt 6 berechneten Wahrscheinlichkeiten abweichen, wenn hohe Trefferzahlen (3 oder 4) sehr viel öfter auftreten, als nach den Wahrscheinlichkeiten zu erwarten wäre, kann zumindest ein größerer Teil der Testteilnehmer und -teilnehmerinnen die Milchsorten geschmacklich voneinander unterscheiden.
b) Eine Anzahl von Vierfach-Kostproben (27 in Fig. 2) kann man auch als viermal so viele (108) Einzelkostproben deuten. Die dabei erzielte relative Trefferhäufigkeit wird mit der Trefferwahrscheinlichkeit 0,5 verglichen.

Beispiel
Fig. 2 zeigt, dass hohe Trefferzahlen nicht sonderlich gehäuft auftreten. Bei insgesamt 108 Einzelkostproben wurden $0 \cdot 3 + 1 \cdot 5 + 2 \cdot 8 + 3 \cdot 9 + 4 \cdot 2 = 56$ Treffer erreicht. Die relative Trefferhäufigkeit $56 : 108 \approx 52\,\%$ liegt sehr nahe bei 0,5. Die Versuchsgruppe schmeckt wohl keinen Unterschied zwischen den Milchsorten.

1 Variation der Produkte: Prüfe nach obiger Versuchsanordnung „vier Kostproben, zwei Alternativen“, ob man in deiner Klasse unterscheiden kann:
a) teure/billige Kartoffelchips (Erdnüsse, Erdnuss-Flips, Salzstangen),
b) verschiedene Sorten Cola,
c) Orangen-Nektar/Orangen-Fruchtsaftgetränk,
d) frischen/aus Konzentrat rückverdünnten Orangensaft (beides in gekauften Flaschen),
e) Leitungswasser/Mineralwasser ohne Kohlensäure,
f) verschiedene Sorten Vollmilch-Schokolade (vorher reiben).

2 Variation der Kostprobenzahl: Statt vier kann man auch zwei, drei oder fünf Becher zufällig mit zwei verschiedenen Produkten füllen. Begründe: Wenn die Unterschiede zwischen den beiden Produkten nicht zu schmecken sind, dann erreicht man die möglichen Trefferzahlen mit folgenden Wahrscheinlichkeiten:

	0 Treffer	1 Treffer	2 Treffer	3 Treffer	4 Treffer	5 Treffer
2 Becher	$1\cdot\frac{1}{4}$	$2\cdot\frac{1}{4}$	$1\cdot\frac{1}{4}$			
3 Becher	$1\cdot\frac{1}{8}$	$3\cdot\frac{1}{8}$	$3\cdot\frac{1}{8}$	$1\cdot\frac{1}{8}$		
4 Becher	$1\cdot\frac{1}{16}$	$4\cdot\frac{1}{16}$	$6\cdot\frac{1}{16}$	$4\cdot\frac{1}{16}$	$1\cdot\frac{1}{16}$	
5 Becher	$1\cdot\frac{1}{32}$	$5\cdot\frac{1}{32}$	$10\cdot\frac{1}{32}$	$10\cdot\frac{1}{32}$	$5\cdot\frac{1}{32}$	$1\cdot\frac{1}{32}$

Führt zusammen einen der in Aufgabe 1 genannten Tests mit drei (fünf) Bechern durch und vergleicht die beobachteten relativen Häufigkeiten mit den angegebenen Wahrscheinlichkeiten. Bewertet die Ergebnisse gemeinsam.

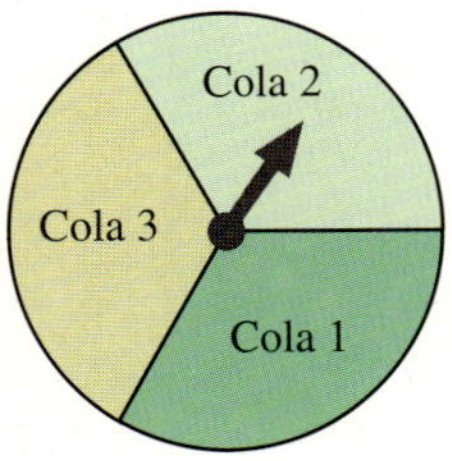

3 Variation der Produktanzahl: Wir bleiben bei vier Bechern, erhöhen aber die Anzahl der Produkte (etwa 3 oder vier Cola-Sorten). Der Versuchsleiter dreht viermal ein Glücksrad und füllt die Becher mit der entsprechenden Cola-Sorte. Wenn die Unterschiede zwischen den Produkten nicht zu schmecken sind, dann ist die Trefferwahrscheinlichkeit bei jedem Becher $\frac{1}{3}$ bzw. $\frac{1}{4}$. Begründe mit Pfad- und Summenregel, dass man dann die möglichen Trefferzahlen 0 bis 4 mit folgenden Wahrscheinlichkeiten erreicht:

	0 Treffer	1 Treffer	2 Treffer	3 Treffer	4 Treffer
Trefferwahrscheinlichkeit $\frac{1}{2}$	$1\cdot\left(\frac{1}{2}\right)^4$	$4\cdot\left(\frac{1}{2}\right)^4$	$6\cdot\left(\frac{1}{2}\right)^4$	$4\cdot\left(\frac{1}{2}\right)^4$	$1\cdot\left(\frac{1}{2}\right)^4$
Trefferwahrscheinlichkeit $\frac{1}{3}$	$1\cdot\left(\frac{2}{3}\right)^4$	$4\cdot\left(\frac{2}{3}\right)^3\cdot\left(\frac{1}{3}\right)^1$	$6\cdot\left(\frac{2}{3}\right)^2\cdot\left(\frac{1}{3}\right)^2$	$4\cdot\left(\frac{2}{3}\right)^1\cdot\left(\frac{1}{3}\right)^3$	$1\cdot\left(\frac{1}{3}\right)^4$
Trefferwahrscheinlichkeit $\frac{1}{4}$	$1\cdot\left(\frac{3}{4}\right)^4$	$4\cdot\left(\frac{3}{4}\right)^3\cdot\left(\frac{1}{4}\right)^1$	$6\cdot\left(\frac{3}{4}\right)^2\cdot\left(\frac{1}{4}\right)^2$	$4\cdot\left(\frac{3}{4}\right)^1\cdot\left(\frac{1}{4}\right)^3$	$1\cdot\left(\frac{1}{4}\right)^4$

Führt zusammen einen der in Aufgabe 1 genannten Tests mit drei (vier) verschiedenen Produkten und vier Bechern durch. Vergleicht die beobachteten relativen Häufigkeiten mit den angegebenen Wahrscheinlichkeiten. Bewertet die Testergebnisse gemeinsam.

Anmerkung: Die Verteilungen der Wahrscheinlichkeiten in den Aufgaben 2 und 3 bezeichnet man als **Binomialverteilungen**.

THEMA:

Problemorientierte Anwendungen der Pfadregel

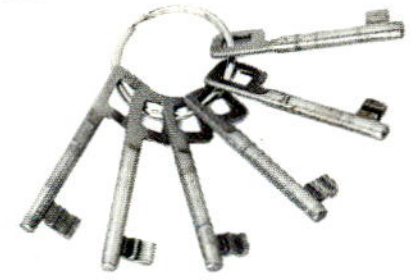

Ziehen mit Zurücklegen

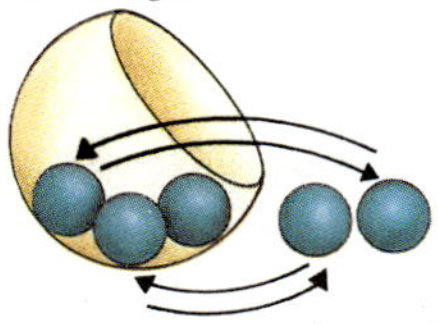

Ziehen ohne Zurücklegen

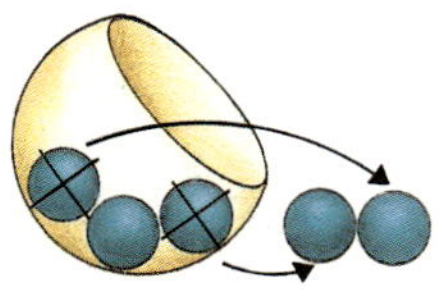

Warten auf Erfolg/Misserfolg

Experiment

1 Ede Langfinger versucht, mit einem Bund 6 gleich aussehender Schlüssel im Dunkeln eine Tür zu öffnen. Ein Schlüssel muss passen. Er probiert einen nach dem anderen. Die schon probierten Schlüssel hält er fest.
a) Karin meint, man könne die Situation mit sechsmaligem Würfeln vergleichen, Anne möchte lieber einen Beutel mit Kugeln füllen und daraus ziehen.
Warum hat Anne Recht? Wie müsste sie ihren Beutel füllen? Muss sie mit oder ohne Zurücklegen der Kugeln arbeiten?
b) Es kann vorkommen, dass man den richtigen Schlüssel gleich beim ersten Mal erwischt, manchmal erst beim zweiten, dritten, vierten, fünften oder sechsten Versuch. Heiko glaubt, dass alle diese „Wartezeiten" von 1 bis 6 gleich wahrscheinlich sind.
Franka behauptet dagegen, die Wahrscheinlichkeit, dass man den passenden Schlüssel genau beim dritten Mal erwischt, sei am größten.
Entscheide zwischen Heiko und Franka durch ein eigenes Zufallsexperiment.
c) Entscheide mit Hilfe einer Rechnung.

2 Nele wirft ihren Lego-Achter (Laplace-Würfel) so lange, bis sie „3" erhält. Sie zählt die Anzahl der benötigten Würfe.

Lego-Achter:

1	2	3	4	5	6
10 %	1 %	46 %	32 %	1 %	10 %

a) Berechne die Wahrscheinlichkeit, dass sie einen, zwei, drei, vier, fünf, sechs, mehr als sechs Würfe benötigt.

Experiment

b) Führe das Experiment „Warten auf die erste 3" mit einem Lego-Achter 50-mal durch. Vergleiche die erhaltenen relativen Häufigkeiten mit den Wahrscheinlichkeiten.

abgebrochen:
3 4 3
4 2
6 2 3 3 5
durchgekommen:
2 1 4 3 4 3
3 4 4 3 2 3

3 Ein Lego-Achter (Laplace-Würfel) wird mehrmals geworfen. Wenn man beim ersten Wurf die 1 erhält, muss man abbrechen. Andernfalls darf man weitermachen. Erscheint nun die 2, hat man wieder verloren. Andernfalls wird erneut geworfen. Erscheint nun die 3, muss man abbrechen usw. Man ist „durchgekommen", wenn man auch beim 6. Wurf keine 6 erwischt.
a) Berechne die Wahrscheinlichkeit für ein Durchkommen bei einem Lego-Achter (Laplace-Würfel).

Experiment

b) Führe das Experiment mit dem Lego-Achter (Laplace-Würfel) je 50-mal durch. Wie oft bist du durchgekommen? Vergleiche mit der Wahrscheinlichkeit.

Urnenmodell, Ziehen mit und ohne Zurücklegen

4 In einer Urne sind 75 % der Kugeln rot, der Rest ist weiß. Berechne die Wahrscheinlichkeit, dass man 2 rote Kugeln erwischt, wenn man dreimal in die Urne hineingreift und die gezogene Kugel vor dem nächsten Zug wieder (nicht wieder) zurücklegt,
a) wenn die Urne 1 weiße und 3 rote Kugeln enthält,
b) wenn die Urne 20 weiße und 60 rote Kugeln enthält,
c) wenn die Urne 200 weiße und 600 rote Kugeln enthält.
Warum spielt es bei sehr vielen Kugeln kaum noch eine Rolle, ob man die gezogene Kugel vor dem nächsten Zug wieder in die Urne zurücklegt oder nicht?

Experiment

Schritt 1
Conny mischt

Schritt 2
Lari wählt

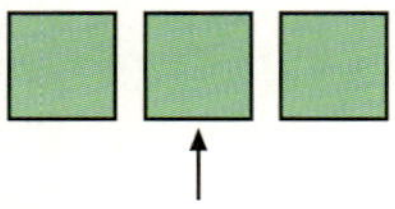

Schritt 3
Conny zeigt eine Ziegenkarte

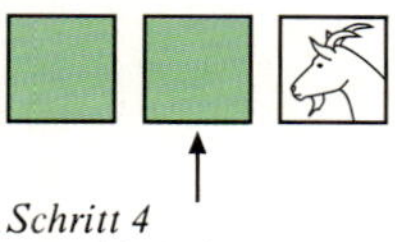

Schritt 4
Lari bleibt bei ihrer Wahl

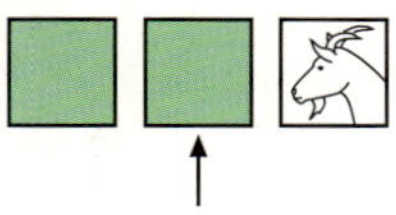

oder
Lari wechselt

5 Das Ziegenproblem

Conny hat drei Karten. Sie sehen von vorne gleich aus, die Rückseite zeigt bei zwei Karten je eine Ziege, bei der dritten Karte ein Auto.

Schritt 1: Conny mischt die drei Karten. Sie hält die Karten anschließend so, dass ihre Schwester Lari nur die Vorderseiten, sie selbst aber die Rückseiten sieht.

Schritt 2: Lari wählt eine der Karten aus, wobei sie hofft, das Auto zu „gewinnen". Sie darf die gewählte Karte aber nicht umdrehen.

Schritt 3: Statt dessen dreht Conny selbst eine andere Karte um, die eine Ziege zeigt. Das ist immer möglich, denn unter den beiden von Lari nicht gewählten Karten ist mindestens eine Ziegenkarte. Nun liegen zwei unbekannte Karten vor Lari, von denen sie in Schritt 2 eine ausgewählt hat. Soll sie bei ihrer ursprünglichen Wahl bleiben oder würde ein Wechsel zu der anderen nicht aufgedeckten Karte ihre Chancen für das Auto erhöhen? Oder ist es egal, ob Lari wechselt oder nicht?

a) Beschrifte drei Karteikarten wie oben beschrieben. Du kannst auch normale Spielkarten verwenden, wobei ♥ als Ziege, ♠ als Auto gilt. Suche dir einen Spielpartner und lege fest, wer die Rolle von Conny bzw. Lari übernimmt.

b) Strategie 1 „Bleiben": Spiele mit deinem Partner das Spiel 20-mal, wobei Lari stets bei der zuerst gewählten Karte bleibt. Zähle, wie oft Lari das „Auto" gewinnt.

c) Strategie 2 „Wechseln": Spiele mit deinem Partner das Spiel erneut 20-mal, wobei Lari jetzt stets zu der nicht gewählten Karte wechselt. Zähle, wie oft Lari das Auto „gewinnt".

d) Entscheide anhand des Experiments, ob beide Strategien die gleichen Gewinnchancen besitzen.

e) Ergänze in den Bäumen die fehlenden Wahrscheinlichkeiten. Berechne für beide Strategien die Wahrscheinlichkeit, das Auto zu „gewinnen".

Strategie 1
Lari bleibt bei ihrer ursprünglichen Wahl

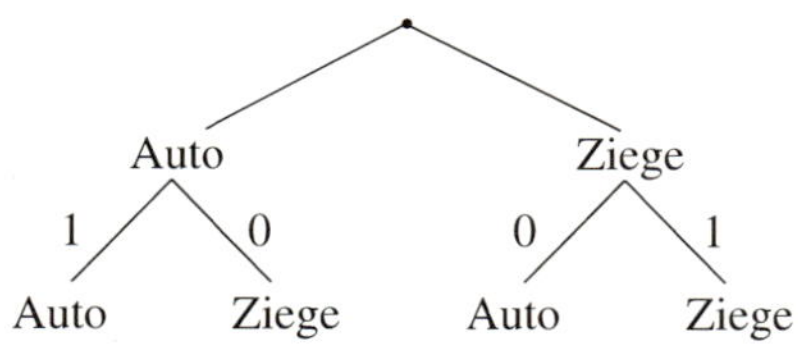

Strategie 2
Lari wechselt zu der anderen Karte

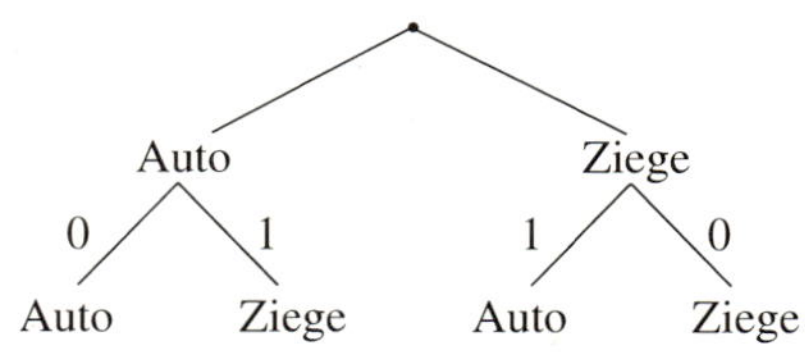

f) Das Ziegenproblem hat im Sommer 1991 in Zeitungen für einigen Wirbel gesorgt. Lies den Zeitungsausschnitt (Die Zeit, 19.07.91). Hat Marilyn Savant deiner Meinung nach Recht?

Die amerikanische Journalistin Marilyn Savant gilt als der Mensch mit dem höchsten Intelligenzquotienten der Welt, was immer das bedeuten mag. Ende letzten Jahres hat sie mit der Lösung einer Denksportaufgabe in ihrer Kolumne „Fragen Sie Marilyn" einen Sturm hämischer bis empörter Leserbriefe ausgelöst, der noch immer anhält. Was die Journalistin in der Zeitschrift *Parade* geschrieben hatte, widersprach nämlich der Intuition ihrer Leserschaft, darunter vieler Mathematiker.

Ein Leser hatte ihr folgende Frage gestellt: Sie nehmen an einer Spielshow im Fernsehen teil, bei der Sie eine von drei verschlossenen Türen auswählen sollen. Hinter einer Tür wartet der Preis, ein Auto, hinter den beiden anderen stehen Ziegen. Sie zeigen auf eine Tür, sagen wir Nummer eins. Sie bleibt vorerst geschlossen. Der Moderator weiß, hinter welcher Tür sich das Auto befindet; mit den Worten „Ich zeige Ihnen mal was" öffnet er eine andere Tür, zum Beispiel Nummer drei, und eine meckernde Ziege schaut ins Publikum. Er fragt: „Bleiben Sie bei Nummer eins, oder wählen Sie Nummer zwei?" – ja, was tun Sie jetzt?

Zwei Türen, hinter einer steckt der Gewinn, also ist es gleich, ob eins oder zwei gewählt wird, redet uns die Intuition ein, und so dachten wohl auch alle Leser. Falsch, sagt die IQ-Weltmeisterin, Nummer zwei habe bessere Chancen, und sie argumentiert so: Tür Nummer eins hat eine Ein-Drittel-Chance. Zeigt der Quizmaster nun, daß Tür drei als richtige Antwort ausfällt, verbleibt eine Zwei-Drittel-Chance bei Nummer zwei. Anders ausgedrückt: der kombinierte Fall, daß Tür zwei oder Tür drei das Auto verbergen, hat eine Wahrscheinlichkeit von zwei zu drei. Diesen Wert kann aber nur Tür zwei bekommen, weil Tür drei die Ziege zeigt. Der Witz ist, daß die Kandidatin bei ihrer zweiten Wahl über mehr Informationen verfügt als bei der ersten; denn der Spielleiter öffnet ja nicht die Tür, hinter der sich der Preis befindet.

Rückblick

Wahrscheinlichkeit, relative Häufigkeit
Den Ergebnissen eines Zufallsversuchs kann man Wahrscheinlichkeiten zuordnen, die zusammen 1 (= 100 %) ergeben. Die Wahrscheinlichkeiten sind gut gewählt, wenn die beobachteten relativen Häufigkeiten in der Nähe der Wahrscheinlichkeiten liegen.

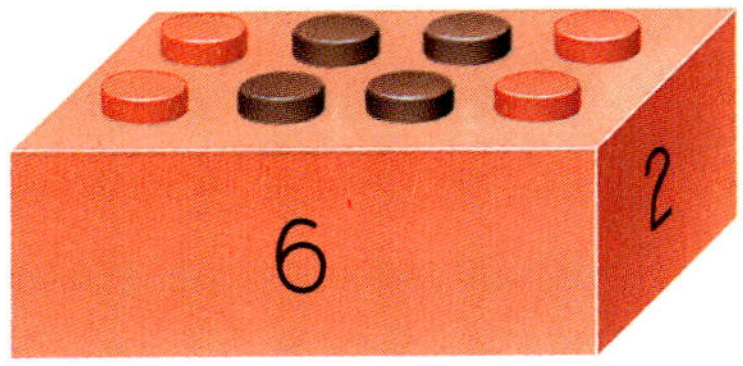

Symmetrien
Bei symmetrischen Zufallsgeräten wie Quadern oder Legosteinen haben die zu symmetrisch liegenden Seiten gehörenden Ergebnisse gleiche Wahrscheinlichkeiten.

Wahrsch.	*11 %*	*1,5 %*	*45 %*	*30 %*	*1,5 %*	*11 %*
1. rel. H.	*8 %*	*0 %*	*47 %*	*31 %*	*3 %*	*11 %*
2. rel. H.	*13 %*	*1 %*	*39 %*	*32 %*	*2 %*	*13 %*

Laplace-Wahrscheinlichkeiten
Mitunter ist die Annahme gerechtfertigt, dass alle „möglichen“ Ergebnisse eines Zufallsversuchs die gleiche Wahrscheinlichkeit besitzen. Die Wahrscheinlichkeit eines Ergebnisses ist dann

$$\frac{1}{\text{Anzahl der möglichen Ergebnisse}}$$

Die Wahrscheinlichkeit eines Ereignisses, das sich aus mehreren „günstigen“ Ergebnissen zusammensetzt, ist dann:

$$\frac{\text{Anzahl der günstigen Ergebnisse}}{\text{Anzahl der möglichen Ergebnisse}}$$

Wahrscheinlichkeit für jede einzelne Kugel:
$\frac{1}{12} \approx 8{,}3\,\%$

Wahrscheinlichkeit für „Rot“
$\frac{3}{12} = 25\,\%$

Vorhersagen
Wenn man die Wahrscheinlichkeiten mit der geplanten Versuchszahl multipliziert, dann erhält man einen Schätzwert für die zu erwartende absolute Häufigkeit. Im Gegensatz zu den beobachteten absoluten Häufigkeiten sind die Schätzwerte oft nicht ganzzahlig.

Ein Würfel soll 40-mal geworfen werden. Schätzwert für die erwartete Anzahl der „Sechser“:
$40 \cdot \frac{1}{6} \approx 6{,}6$

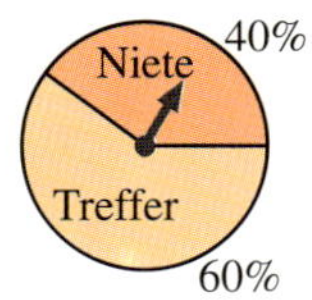

Pfadregel, Summenregel
Mehrstufige Zufallsversuche lassen sich durch Baumdiagramme beschreiben. Die Wahrscheinlichkeit eines Pfades ist das Produkt der Wahrscheinlichkeiten längs des Pfades.
Wenn zu einem Ereignis mehrere Pfade gehören, dann ist die Wahrscheinlichkeit die Summe der Wahrscheinlichkeiten der einzelnen Pfade.

Wahrscheinlichkeit für 2 Treffer bei 3 Versuchen:

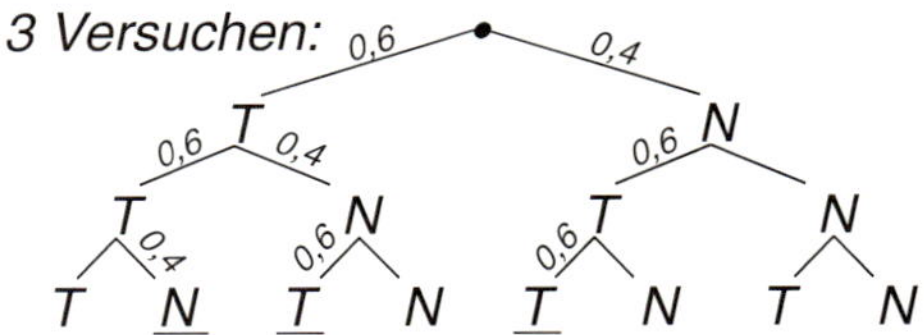

Jeder der Pfade TTN, TNT, NTT hat die Wahrscheinlichkeit
$0{,}6 \cdot 0{,}6 \cdot 0{,}4 = 0{,}144 = 14{,}4\,\%$.
Wahrscheinlichkeit für 2 Treffer in 3 Versuchen:
$0{,}144 + 0{,}144 + 0{,}144 = 0{,}432 = 43{,}2\,\%$

Aufgaben zum Üben und Wiederholen

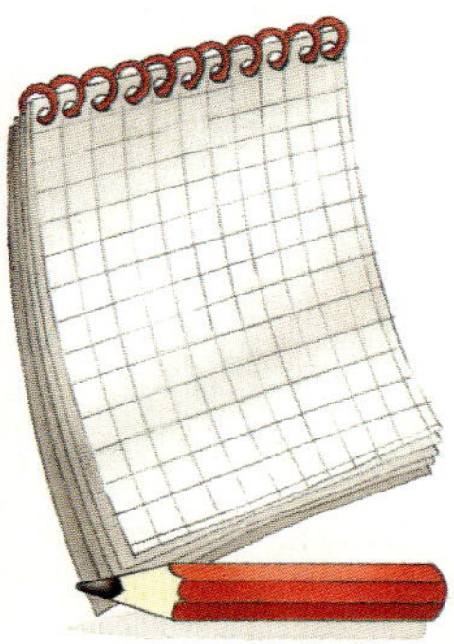

Die Lösungen zu den Aufgaben dieser Seite findest du auf Seite 231.

1 a) In einer Schulklasse mit 27 Schülern sind zwei krank. Wie viel Prozent sind das? Runde auf ganze Prozent.
b) In einer Klasse mit 23 Schülern tragen 82 % Turnschuhe. Wie viele Schüler sind das? Beachte, dass die Angabe 82 % auf ganze Prozent gerundet ist.

2 Elke „würfelt“ mit einer Sechskantmutter Zahlen zwischen 1 und 8.
Gib, ohne zu experimentieren, zwei Schätzungen für die Wahrscheinlichkeiten der acht möglichen Zahlen an. Worauf achtest du beim Schätzen?

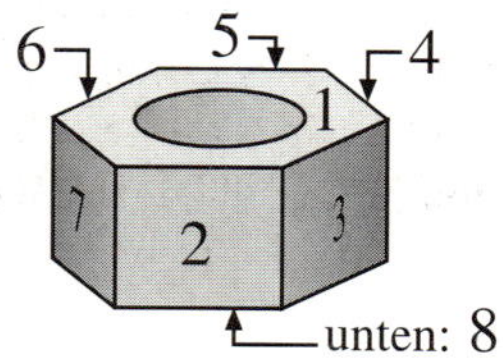

3 Elke und Bruni würfeln je mit einem Rundholz.
a) Wie groß ist die Wahrscheinlichkeit, dass Elkes (Brunis) Rundholz auf einer „platten“ Seite landet?
b) Elke (Bruni) „würfelt“ zweimal. Wie groß ist die Wahrscheinlichkeit, dass das Rundholz zweimal auf dem Rand landet?
c) „Pasch“ bedeutet: Bei zwei Würfen tritt ein Buchstabe zweimal auf. Berechne die Wahrscheinlichkeit für einen „Pasch“ für Elkes (Brunis) Rundholz.

Elkes Rundholz:

Brunis Rundholz:

Wahrscheinlichkeiten:

A	B	R
30 %	30 %	40 %

A	B	R
15 %	15 %	70 %

4 Renate zieht aus der Urne zufällig die vier Kugeln und legt sie in der gezogenen Reihenfolge hintereinander.
a) Berechne die Wahrscheinlichkeit, dass das Wort „OTTO“ entsteht.
b) Berechne die Wahrscheinlichkeit für „OTTO“, wenn man den Buchstaben der gezogenen Kugeln nur aufschreibt, die Kugel selbst aber vor dem nächsten Zug wieder zurücklegt.

5 Rosi zieht aus der Urne drei Kugeln und legt sie in der gezogenen Reihenfolge hintereinander.
a) Notiere vier Wörter, die von vorne und von hinten gelesen gleich aussehen. Solche Wörter heißen Palindrome.
b) Berechne die Wahrscheinlichkeit, dass Rosi irgendein Palindrom zieht.

6 Auf dem Tisch stehen vier Gläser. Sie wurden zufällig entweder mit dem teuren KITSCHIQUA oder dem preiswerten OLE Bananenshake gefüllt. Hanne kostet aus allen vier Gläsern.
Wie groß ist die Wahrscheinlichkeit, dass Hanne jedes Mal die Sorte richtig erkennt, wenn sie bei jedem Glas die Trefferwahrscheinlichkeit 50 % (80 %, 95 %) hat?

IV Figuren und Winkel

1 Ornamente

1 Im letzten Schuljahr hast du einige geometrische Abbildungen kennen gelernt. Jeder der Fische kann mit einer dieser Abbildungen auf einen Nachbarfisch, d. h. einen Fisch mit der nächstkleineren oder nächstgrößeren Nummer abgebildet werden.
a) Gib für jeden Fisch an, mit welcher Abbildung er auf einen jeweiligen Nachbarfisch abgebildet werden kann.
b) Wähle zwei Fische aus und vergleiche die entsprechenden Streckenlängen und Winkel.
c) Gibt es auch eine Abbildung, die den Fisch 3 auf den Fisch 5 abbildet?

Diese Ordnamente sind durch wiederholte Anwendungen von Verschiebungen, Achsenspiegelungen, Halbdrehungen bzw. Drehungen aus einer Grundfigur entstanden:

Verschiebung

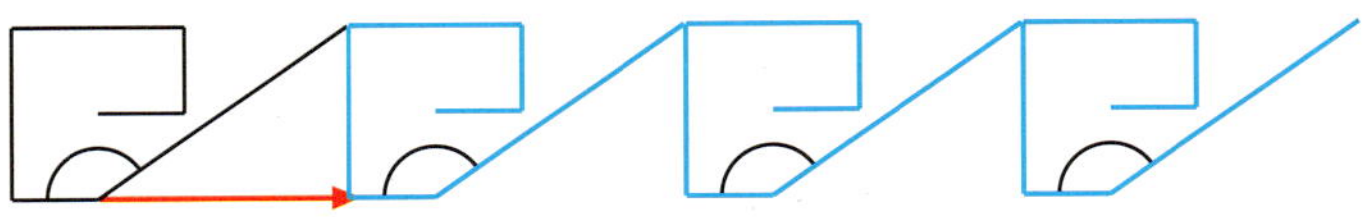

Achsenspiegelung

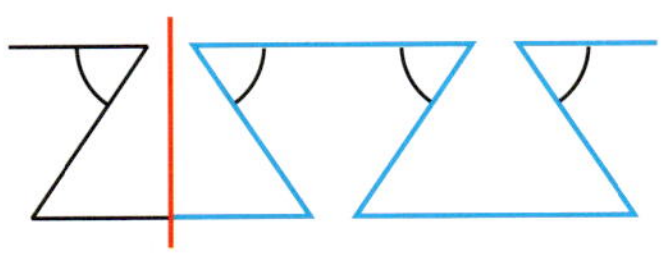

Punktspiegelung

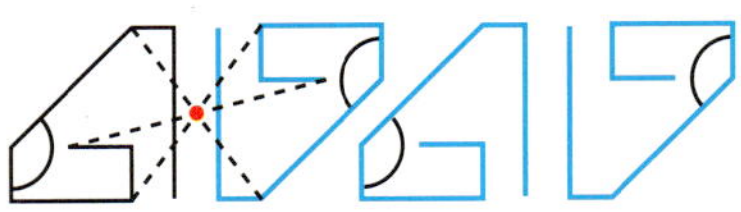

Drehung

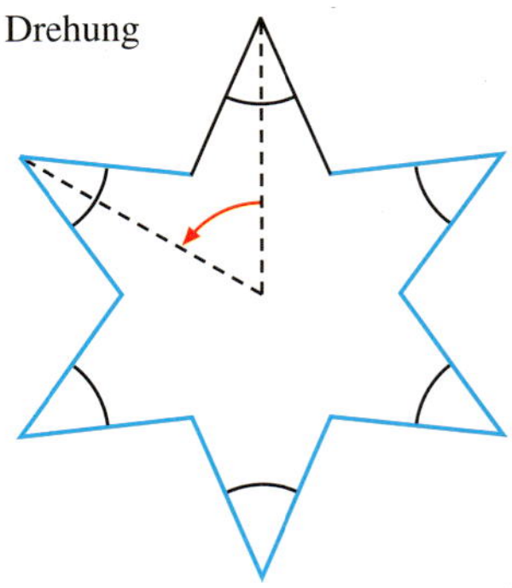

Vergleicht man eine Figur mit ihrem Bild, so stellt man fest:

> Verschiebungen, Achsenspiegelungen, Halbdrehungen (Punktspiegelungen) und Drehungen bilden Strecken auf gleich lange Strecken und Winkel auf gleich große Winkel ab. Verschiebungen und Halbdrehungen bilden eine Gerade auf eine zu ihr parallele Gerade ab.

Bemerkung: Verschiebungen, Achsenspiegelungen, Halbdrehungen und Drehungen bilden Kreise auf Kreise mit gleich großem Radius ab.

Beispiel

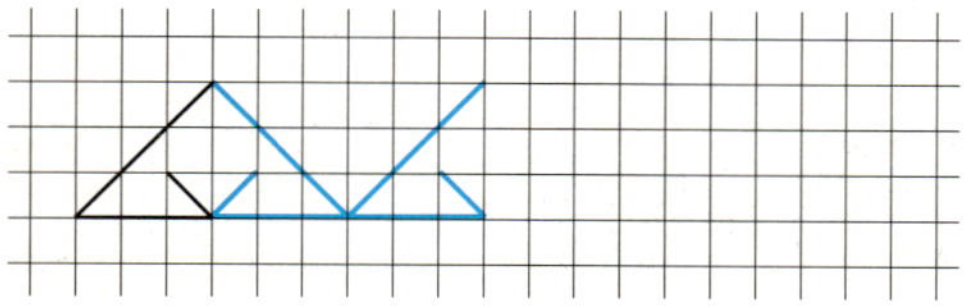

a) Welche Art von Abbildung wurde angewendet?
b) Setze das Ornament fort, indem du Winkel und Strecken passend zeichnest.

Lösung:
a) Achsenspiegelung
b) *Bei der Fortsetzung haben die Strecken und Winkel die gleichen Größen wie die entsprechenden Strecken und Winkel der Grundfigur.*

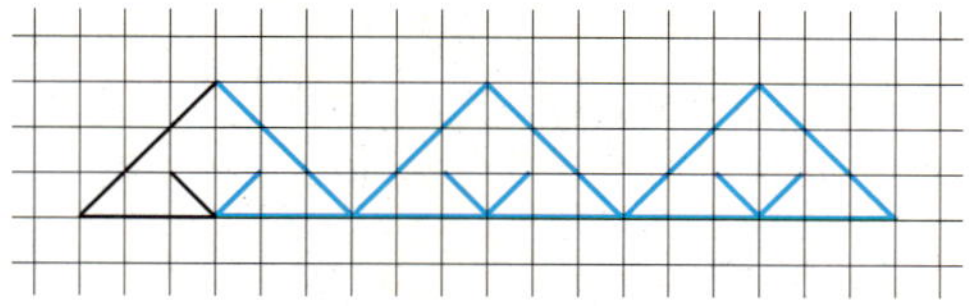

Aufgaben

2 Übertrage die jeweilige Grundfigur in dein Heft und setze sie zweimal fort, indem du Strecken und Winkel passend zeichnest. Welcher Art von Abbildung entspricht dies jeweils? Gibt es mehrere mögliche Abbildungen?

a)
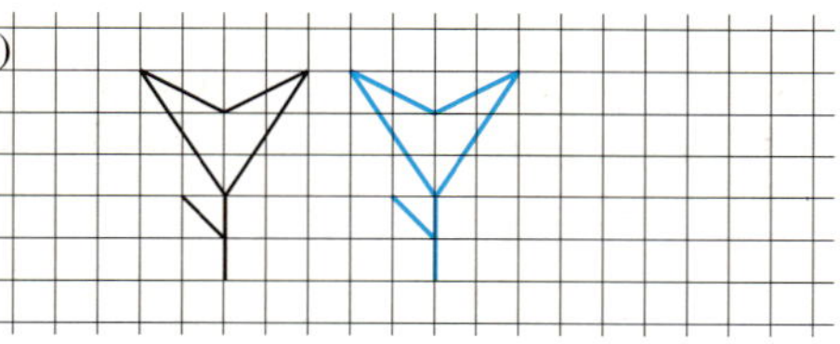

b)
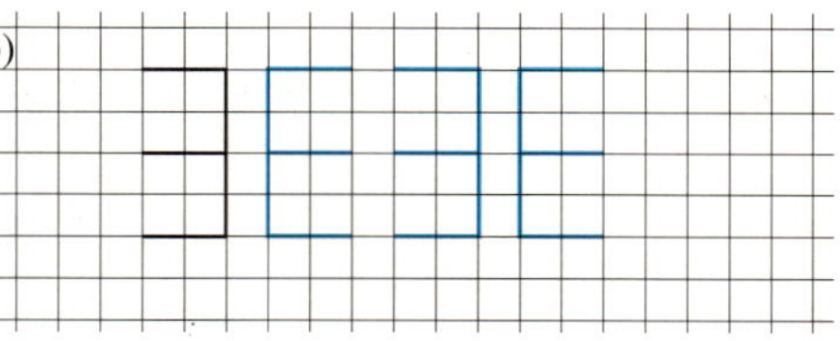

c)
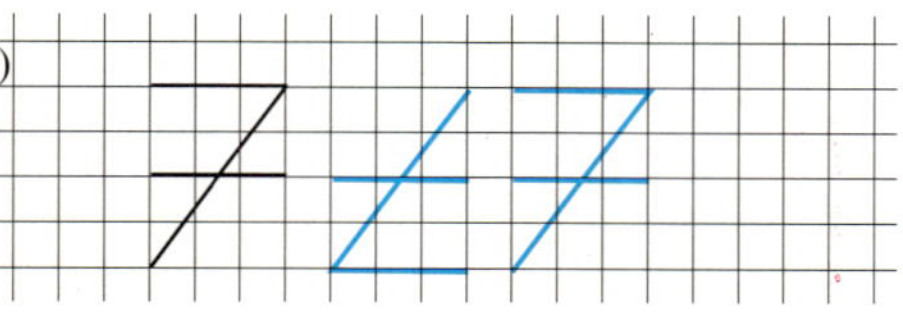

d)
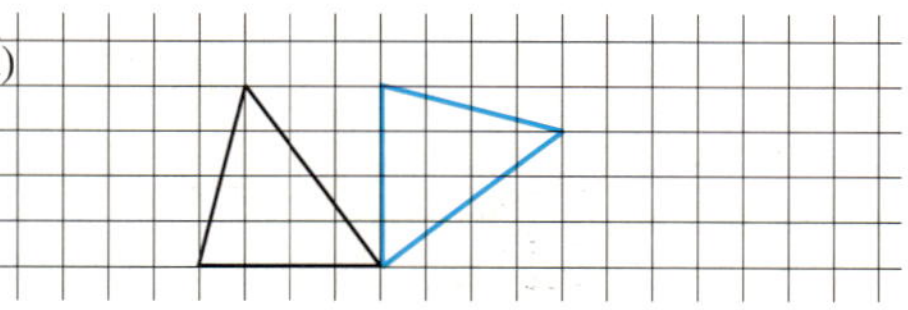

3 Wende die Abbildung auf die beiden Figuren an.
a) Verschiebung (entsprechend dem Pfeil)
b) Achsenspiegelung an g
c) Halbdrehung um P
d) Drehung um 45° um Q

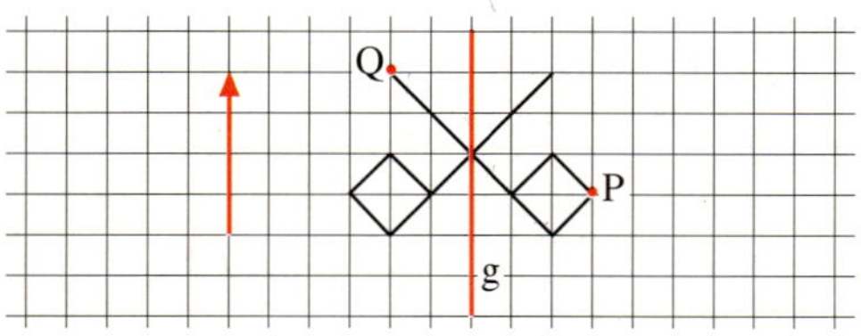

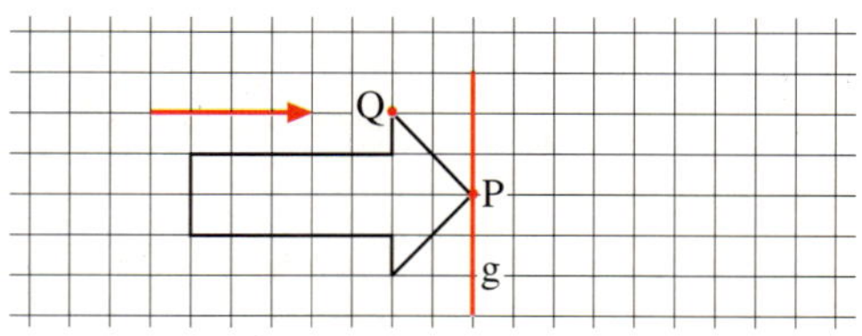

4 Kann die rechte Figur durch eine Verschiebung, Achsenspiegelung, Punktspiegelung oder Drehung aus der linken Figur entstanden sein? Begründe deine Antwort.

a)
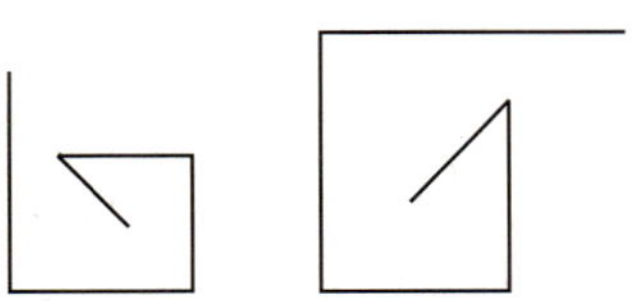

b)

2 Mittelsenkrechte und Winkelhalbierende

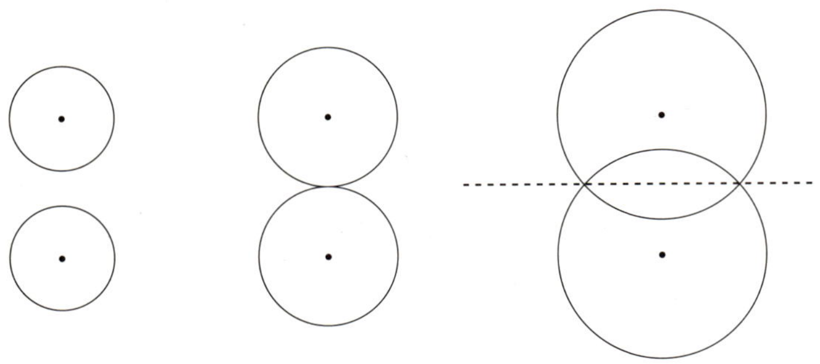

Fig. 1

1 Wirft man zwei Steine gleichzeitig ins Wasser, so erhält man Wellenkreise wie in der Zeichnung.
a) Vergleiche jeweils die Radien zweier zusammengehörender Kreise.
b) Vergleiche jeweils die Abstände der Kreisschnittpunkte zu den Kreismittelpunkten.
c) Vergleiche die Abstände der Mittelpunkte der beiden größeren Kreise von der gestrichelten Geraden.
d) Wie groß ist der Winkel zwischen der gestrichelten Geraden und der Verbindungsstrecke der beiden Kreismittelpunkte?

Die Gerade m in Fig. 2 ist die **Mittelsenkrechte** der Strecke $\overline{AB}$, denn sie geht durch den Mittelpunkt der Strecke $\overline{AB}$ und ist senkrecht zu $\overline{AB}$.
Spiegelt man den Punkt A (den Kreis mit dem Mittelpunkt A) an m, so erhält man den Punkt B (den Kreis mit dem Mittelpunkt B). Für jeden Punkt P auf m gilt: Spiegelt man die Strecke $\overline{AP}$ an m, so erhält man die Strecke $\overline{BP}$. Die Strecken $\overline{AP}$ und $\overline{BP}$ sind deshalb gleich lang.

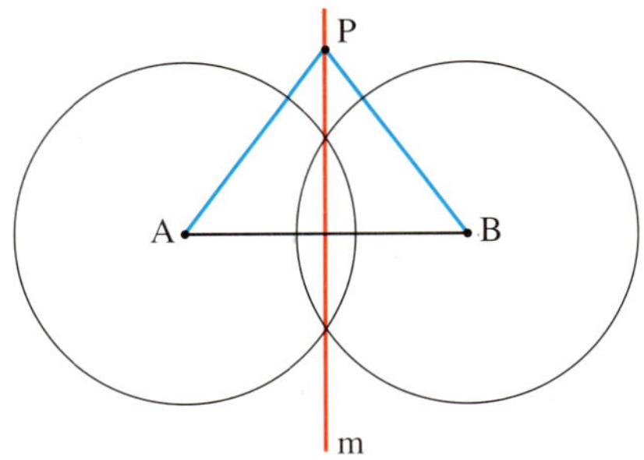

Fig. 2

Zu 3. vergleiche Seite 107.

1. Die Mittelsenkrechte einer Strecke $\overline{AB}$ ist Symmetrieachse dieser Strecke.
2. Alle Punkte der Mittelsenkrechten einer Strecke $\overline{AB}$ haben von A und B den gleichen Abstand.
3. Alle Punkte, die von zwei Punkten A und B den gleichen Abstand besitzen, liegen auf der Mittelsenkrechten der Strecke $\overline{AB}$.

Die Gerade w in Fig. 3 ist die **Winkelhalbierende** des Winkels α.
Zu jedem Punkt P $(P \neq S)$ auf w gibt es einen Punkt M auf s_1 mit $PM \perp s_1$.
Spiegelt man M (den Kreis mit dem Mittelpunkt M) an w, so erhält man N (den Kreis mit dem Mittelpunkt N). N liegt auf s_2.
Spiegelt man s_1 an w, so erhält man s_2.
Spiegelt man $\overline{PM}$ an w, so erhält man $\overline{PN}$ mit $\overline{PN} \perp s_2$.
$\overline{PM}$ und $\overline{PN}$ sind gleich lang.

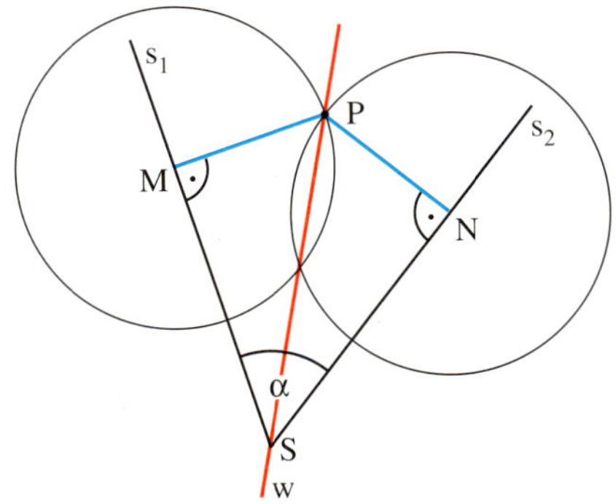

Fig. 3

1. Die Winkelhalbierende eines Winkels ist Symmetrieachse dieses Winkels.
2. Jeder Punkt der Winkelhalbierenden eines Winkels hat von den beiden Schenkeln des Winkels den gleichen Abstand.
3. Alle Punkte, die von den beiden Schenkeln eines Winkels den gleichen Abstand besitzen, liegen auf der Winkelhalbierenden dieses Winkels.

Zu 3. vergleiche Seite 211.

Erinnerung:
So konstruiert man eine Mittelsenkrechte:

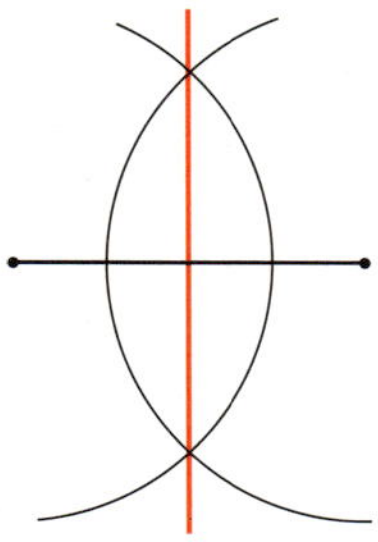

So konstruiert man eine Winkelhalbierende:

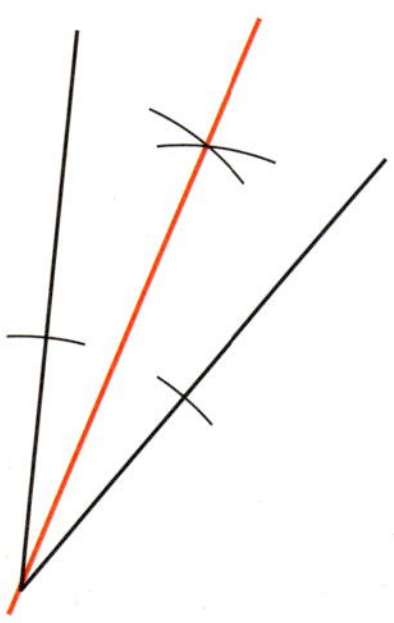

Beispiel 1
Zeichne zwei Kreise, die durch die Punkte P und Q gehen.
Lösung:
Jeder Punkt der Mittelsenkrechten von $\overline{PQ}$ ist gleich weit von P und Q entfernt. Also kann jeder Punkt der Mittelsenkrechten als Mittelpunkt eines Kreises durch P und Q gewählt werden.

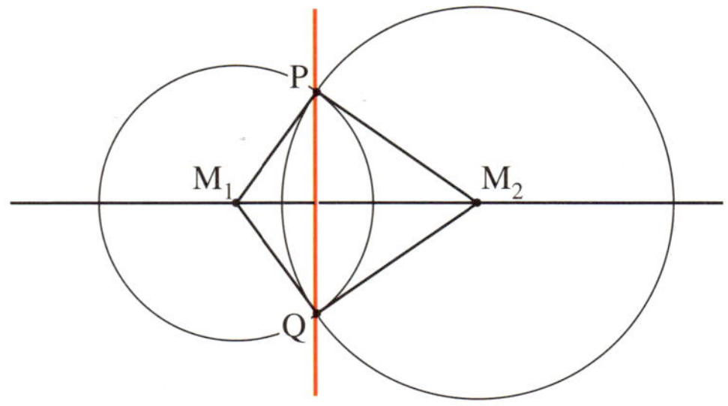

Fig. 1

Beispiel 2
Konstruiere nur mit Zirkel und Lineal den Mittelpunkt M des Kreises.
Lösung:
Zeichne zwei nicht zueinander parallele Sehnen. Die Mittelsenkrechten der beiden Sehnen sind Symmetrieachsen des Kreises. Sie schneiden sich deshalb im Kreismittelpunkt (Fig. 2).

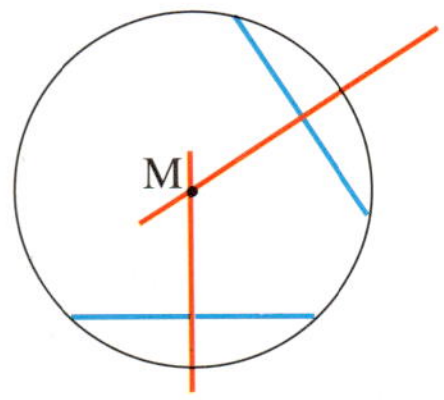

Fig. 2

Beispiel 3
Bestimme einen Punkt P, der von den Halbgeraden g und h den Abstand 1 cm hat.
Lösung:
Zeichne die Winkelhalbierende von $\alpha = \sphericalangle(g, h)$. Zeichne die Parallelen zu g, die von g den Abstand 1 cm besitzen (Fig. 3).

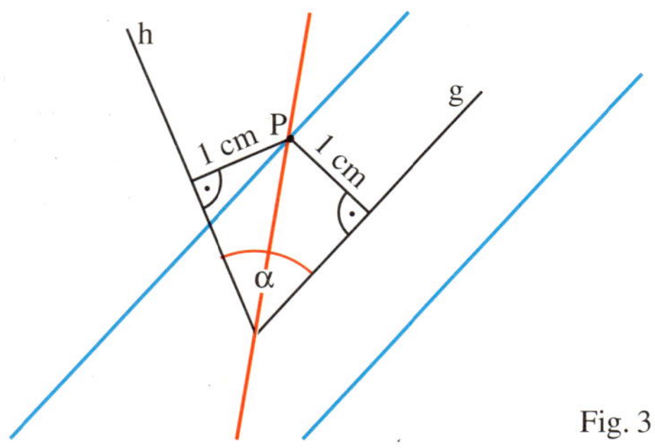

Fig. 3

Aufgaben

2 a) Zeichne in ein Achsenkreuz die Punkte A(1|4) und B(7|1).
Zeichne mit Hilfe des Geodreiecks die Mittelsenkrechte der Strecke $\overline{AB}$.
b) Zeichne die Strecke $\overline{CD}$ mit C(3|3) und D(8|6).
Konstruiere mit Zirkel und Lineal die Mittelsenkrechte der Strecke $\overline{CD}$.

3 a) Zeichne eine Strecke $\overline{AB}$. Halbiere $\overline{AB}$ mit Zirkel und Lineal.
b) Teile mit Zirkel und Lineal eine 9,7 cm lange Strecke in 2 gleich große Teile.
c) Teile mit Zirkel und Lineal eine 9,7 cm lange Strecke in 4 gleich große Teile.
d) Teile mit Zirkel und Lineal eine 17,5 cm lange Strecke in 8 gleich große Teile.
e) Teile mit Zirkel und Lineal eine 17,5 cm lange Strecke in 5 Teile; vier gleich große Teile und ein Teil, das 4-mal so groß ist ist wie einer der vier kleinen Teile.

4 Zeichne einen Winkel von 75°. Teile ihn mit Zirkel und Lineal in 4 gleich große Winkel.

5 Zeichne das Dreieck ABC mit A(2|4), B(10|1), C(6|6) in ein Achsenkreuz. Konstruiere mit Zirkel und Lineal:
a) die Mittelsenkrechte von $\overline{AC}$,
b) die Symmetrieachse der Strecke $\overline{AB}$,
c) die Symmetrieachse des Winkels ∢ ABC.

6 Übertrage Fig. 1 in dein Heft.
a) Konstruiere mit Zirkel und Lineal alle Symmetrieachsen der Figur.
b) Gibt es einen Punkt, der von A, B, C und D gleich weit entfernt ist? Falls die Antwort „ja" ist, gib seine Koordinaten an. Begründe deine Antwort.

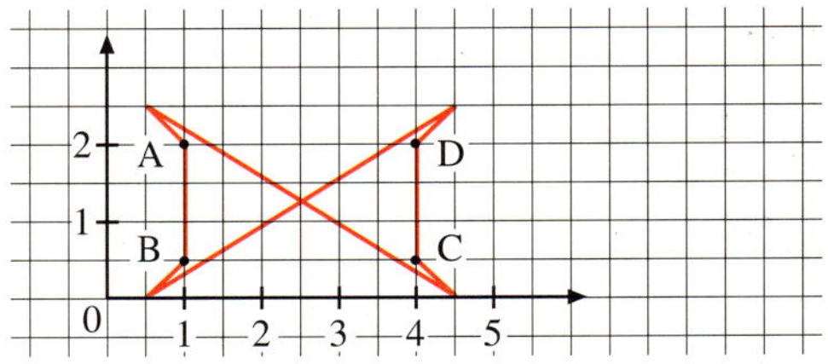

Fig. 1

7 a) Zeichne in ein Achsenkreuz die Punkte A(0|0), B(9|3), C(5|9) und D(7|12). Konstruiere mit Zirkel und Lineal denjenigen Punkt der Geraden CD, der von A und B gleich weit entfernt ist. Gib seine Koordinaten an.
b) Zeichne einen spitzen Winkel mit dem Scheitel S; markiere einen Punkt P im Innern des Winkels. Konstruiere mit Zirkel und Lineal die Punkte auf den Schenkeln des Winkels, die gleich weit von P und S entfernt sind.

8 Zeichne zwei sich schneidende (zueinander parallele) Geraden g und h. Konstruiere mit Zirkel und Lineal eine Gerade k so, dass durch eine Achsenspiegelung an k die Gerade g auf h abgebildet wird.

9 Zeichne einen spitzen Winkel mit den Schenkeln s und t.
a) Konstruiere mit Zirkel und Lineal den Punkt Q, der auf s liegt und von der Winkelhalbierenden den Abstand 1,8 cm besitzt.
b) Konstruiere mit Zirkel und Lineal den Punkt P, der auf der Winkelhalbierenden liegt und von s den Abstand 1,8 cm besitzt.

10 Zeichne in dein Heft zwei Geraden g und h, die sich außerhalb des Heftes schneiden (siehe Fig. 2).
a) Zeichne mit Hilfe des Geodreiecks einen Punkt P, der von g und h den Abstand 1 cm hat, und einen Punkt Q, der von g und h den Abstand 1,5 cm besitzt.
b) Zeichne ohne Winkelmesser die Winkelhalbierende des spitzen Winkels ein, der von g und h gebildet wird.

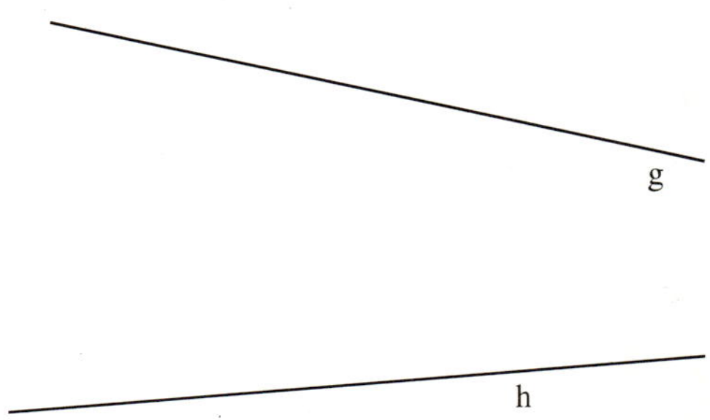

Fig. 2

***11** Betrachte Fig. 3:
Die Gerade m_1 ist die Mittelsenkrechte der Strecke $\overline{BC}$. Die Gerade m_2 ist die Mittelsenkrechte der Strecke $\overline{AC}$.
Wähle einen Punkt P im grünen (gelben) Gebiet.
Vergleiche die Streckenlängen von $\overline{PA}$ mit $\overline{PC}$ und von $\overline{PB}$ mit $\overline{PC}$.

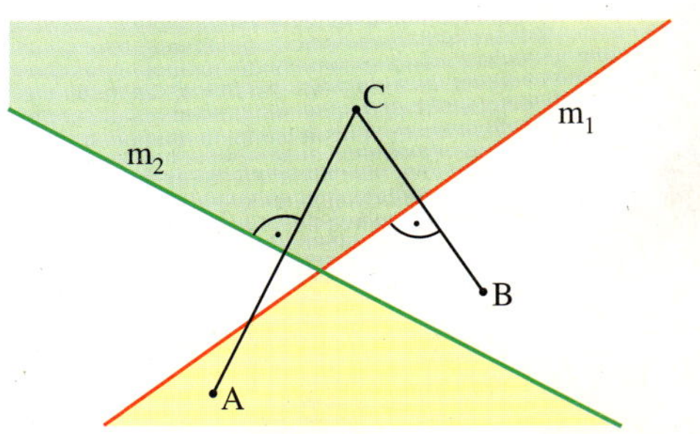

Fig. 3

12 Zeichne einen Kreis, indem du ein 2-Euro-Stück, die Dose eines Bleistiftspitzers oder einen anderen kreisförmigen Gegenstand mit dem Bleistift umfährst. Konstruiere den Mittelpunkt M dieses Kreises.

13 Zeichne eine 5 cm lange Strecke $\overline{AB}$ und vier Kreise, die alle durch A und B gehen.

14 Zeichne zwei Punkte A und B, die 4 cm voneinander entfernt sind. Konstruiere mit Zirkel und Lineal alle Kreise mit dem Radius 3 cm, die durch A und B gehen.

15 Zeichne eine Gerade g und zwei Punkte P und Q, die nicht auf g liegen. Konstruiere einen Kreis, der durch P und Q geht und dessen Mittelpunkt auf der Geraden g liegt.

16 Zeichne die Punkte $A(1|1)$, $B(5|1)$ und $C(3|5)$ in ein Achsenkreuz. Konstruiere einen Kreis, der durch A, B und C geht.

17 Zeichne ein Rechteck ABCD und konstruiere einen Kreis, der durch A, B, C und D geht.

18 a) Zeichne ein Viereck ABCD, zu dem es keinen Kreis gibt, der durch A, B, C und D geht.
b) Gibt es ein Dreieck ABC, zu dem es keinen Kreis gibt, der durch A, B und C geht?

19 Auf dieser Karte haben Piraten Markierungen eingetragen, mit deren Hilfe ein vergrabener Schatz wieder gefunden werden kann. Nur der Kapitän und zwei seiner engsten Vertrauten wissen, dass der Schatz von den Kreuzen am Felsen und am Baum gleich weit entfernt ist und außerdem genau 25 m weit weg von der Quelle liegt.
Zeichne die Karte ab und gib an, an welchen Stellen man nach dem Piratenschatz suchen muss.
(1 cm auf der Karte entspricht 10 m in Wirklichkeit.)

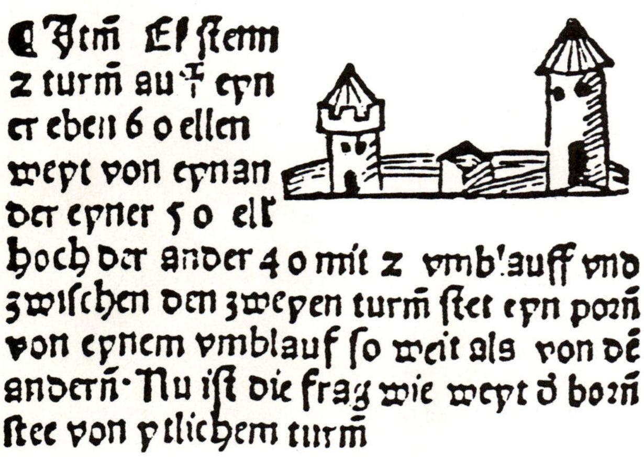

***20** Aus dem Jahr 1489 ist die folgende Aufgabe überliefert:
Zwei Türme stehen 60 Ellen weit voneinander entfernt.
Der eine der beiden Türme ist 50 Ellen hoch.
Der andere Turm besitzt eine Höhe von 40 Ellen.
Zwischen den Türmen befindet sich ein Brunnen.
Der Brunnen ist von beiden Turmspitzen gleich weit entfernt.
Wo befindet sich der Brunnen?
Fertige eine Zeichnung an.

3 Achsensymmetrische Dreiecke

1 Servietten sind meist quadratisch. Wenn man sie an einer Diagonalen faltet, erhält man ein Dreieck. Faltet man dieses Dreieck geschickt, dann kann man die Serviette aufstellen. Welche besonderen Eigenschaften hat dieses Dreieck?

Ein achsensymmetrisches Dreieck besitzt mindestens zwei gleich lange Seiten. Dreiecke mit mindestens zwei gleich langen Seiten nennt man **gleichschenklig**; die beiden gleich langen Seiten heißen **Schenkel**. Achsensymmetrische Dreiecke sind gleichschenklige Dreiecke.
Bei einem achsensymmetrischen Dreieck ist die Symmetrieachse gleichzeitig die Mittelsenkrechte der Basis und die Winkelhalbierende des Winkels an der Spitze.

Bezeichnungen an einem gleichschenkligen Dreieck

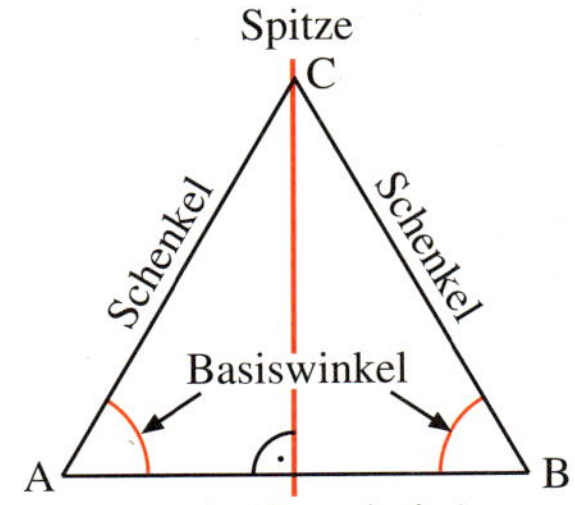

$\overline{AC} = \overline{BC}$

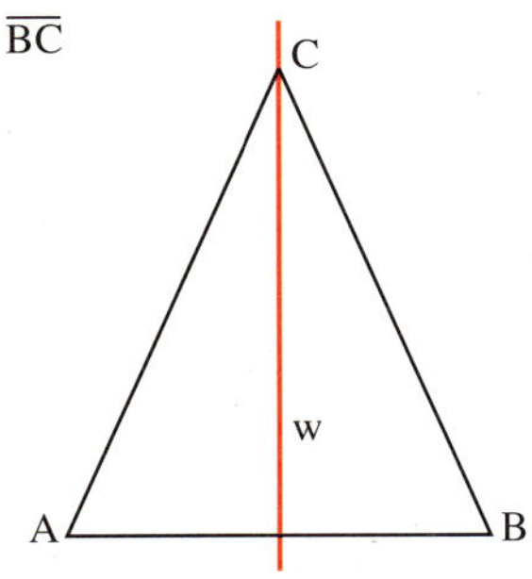

Jedes gleichschenklige Dreieck ist auch achsensymmetrisch, denn:
Die Winkelhalbierende w durch die Dreiecksspitze ist Symmetrieachse der beiden Schenkel. Spiegelt man an ihr den einen Schenkel, so erhält man den anderen; damit wird die eine Ecke des Dreiecks auf die andere abgebildet. Die Winkelhalbierende ist also auch Symmetrieachse des Dreiecks.

Da ein gleichschenkliges Dreieck achsensymmetrisch ist, sind die beiden Basiswinkel gleich groß.

Ein Dreieck mit drei gleich langen Seiten heißt **gleichseitig**.
Gleichseitige Dreiecke besitzen drei Symmetrieachsen.
Deshalb sind in einem gleichseitigen Dreieck alle Winkel gleich groß.

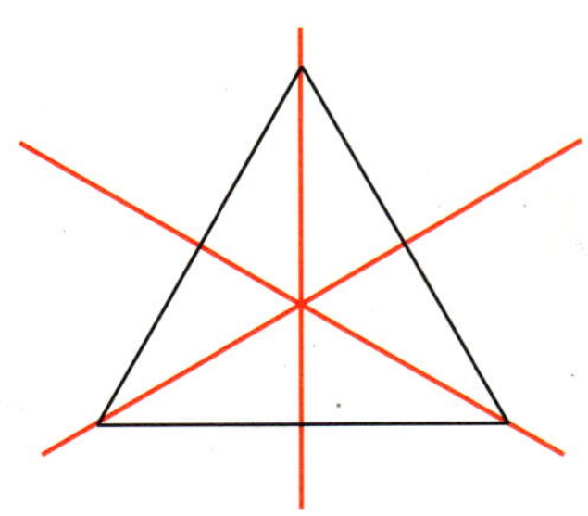

Achsensymmetrische Dreiecke sind gleichschenklig.
Gleichschenklige Dreiecke sind achsensymmetrisch, ihre Basiswinkel sind gleich groß.

Jeder Punkt P, der von zwei Punkten A und B den gleichen Abstand besitzt, liegt auf der Mittelsenkrechten der Strecke $\overline{AB}$, denn:

1. Das Dreieck ABP ist gleichschenklig und seine Spitze ist P.
2. Die Winkelhalbierende w durch P ist Symmetrieachse des Dreiecks.
3. Spiegelt man A an w, so erhält man B, d. h.: w ist Mittelsenkrechte von $\overline{AB}$.

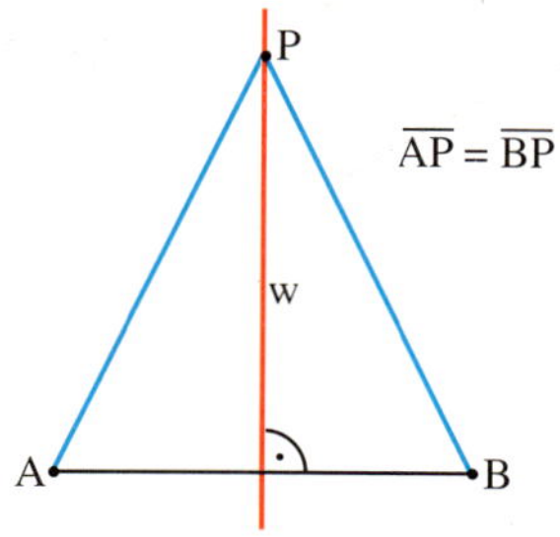

Fig. 1

Beispiel
Zeichne ein gleichschenkliges Dreieck ABC mit folgenden Eigenschaften:
Die Basis $\overline{AB}$ ist 2,5 cm lang.
Die Basiswinkel sind 45° groß.

Lösung:

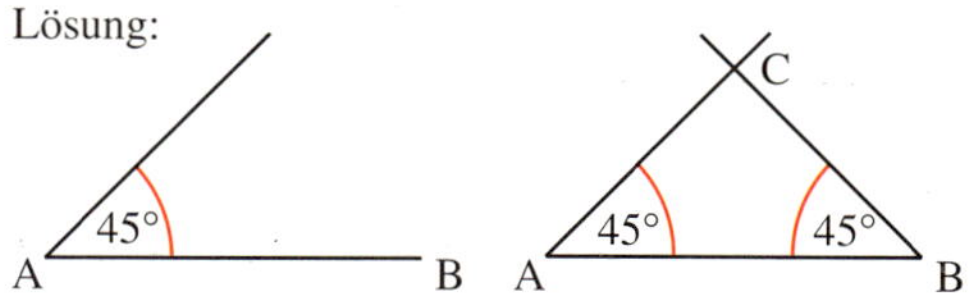

Fig. 2

Aufgaben

2 Zeichne ein gleichschenkliges Dreieck ABC mit der Basis $\overline{AB}$, den Basiswinkeln α und β und dem Winkel γ an der Spitze C:
a) $\overline{AB} = 5\,\text{cm}$ und $\alpha = 50°$ b) $\overline{AC} = 4\,\text{cm}$ und $\gamma = 130°$ c) $\overline{BC} = 6\,\text{cm}$ und $\gamma = 60°$.

3 Zeichne 3 verschiedene gleichschenklige Dreiecke, deren Basis 7 cm groß ist.

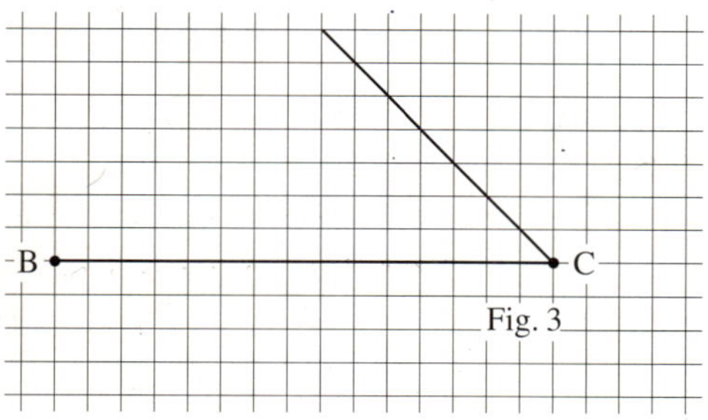

Fig. 3

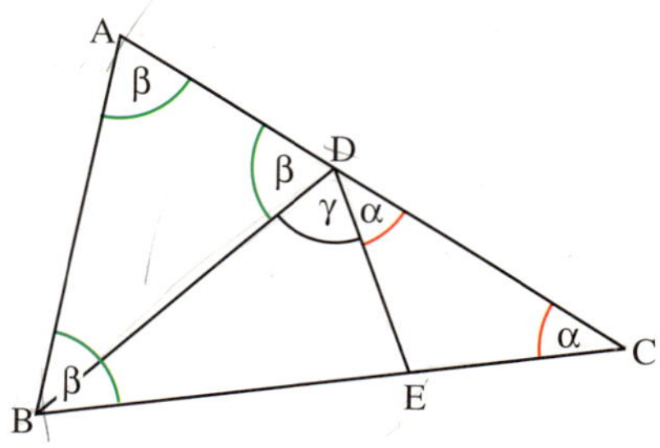

Fig. 4

4 Übertrage Fig. 3 in dein Heft. Vervollständige die Zeichnung so, dass du ein gleichschenkliges Dreieck ABC mit der Basis $\overline{BC}$ erhältst.

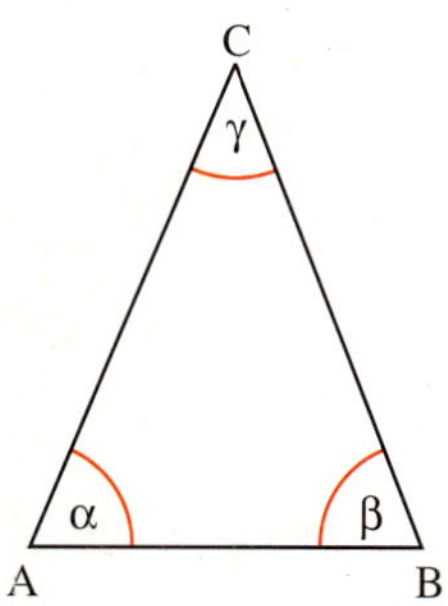

5 Gib ohne zu messen an, welche Strecken in Fig. 4 gleich lang sind.

6 In einem Dreieck ABC ist $\alpha = \beta$ ($\gamma = \beta$; $\alpha = \gamma$). Welche Seiten sind gleich lang?

7 Jörg sagt: „Ich habe ein gleichseitiges Dreieck mit drei verschieden großen Winkeln gezeichnet.“ Was meinst du dazu?

***8** Marion sagt: „Jedes Dreieck mit zwei Symmetrieachsen ist ein gleichseitiges Dreieck.“ Hat sie Recht? Begründe deine Antwort.

***9** Ein gleichschenkliges Dreieck hat den Umfang 18 cm. Berechne die Seitenlängen eines solchen Dreiecks, wenn
a) jeder Schenkel doppelt so lang ist wie die Basis,
b) die Basis um 4 cm länger ist als jeder Schenkel.

4 Zueinander parallele Geraden

Fig. 1

1 Die Aschenbahn soll durch eine weitere Linie in zwei gleich breite Bahnen geteilt werden.
a) Wie muss die neue Linie bezüglich der beiden vorhandenen Linien verlaufen?
b) Wie muss die neue Linie bezüglich Start- und Ziellinie verlaufen?

In Fig. 2 erkennt man: Die Geraden g und h sind senkrecht zur Geraden k, also sind g und h zueinander parallel.
Alle Punkte von g haben den gleichen Abstand von h. Ebenso haben alle Punkte von h den gleichen Abstand von g.
Dieser Abstand heißt **Abstand der Parallelen g und h**.

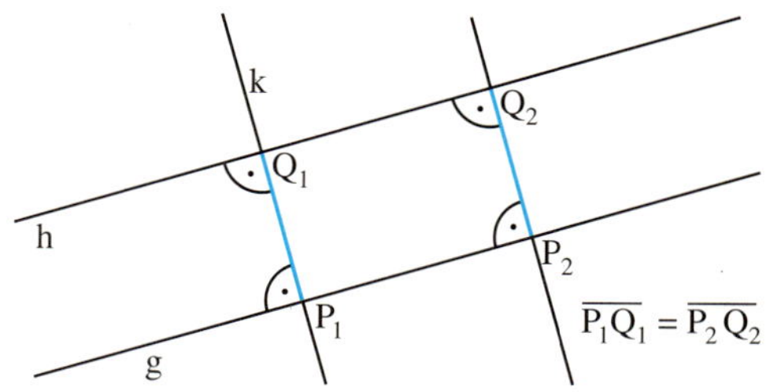

Fig. 2

In Fig. 3 ist zu den Parallelen g und h ($g \perp k$ und $h \perp k$) die Mittelsenkrechte m der Strecke $\overline{PQ}$ eingezeichnet.
Diese Gerade hat folgende Eigenschaften:
1. m ist parallel zu g und h.
2. m ist Symmetrieachse zu g und h.
3. m ist Mittelsenkrechte von jeder zu g und h senkrechten Verbindungsstrecke.
4. Jeder Punkt von m hat zu g und h den gleichen Abstand.

Eine solche Gerade, deren Punkte zu zwei Parallelen alle den gleichen Abstand haben, heißt **Mittelparallele**.
m ist die Mittelparallele zu g und h.

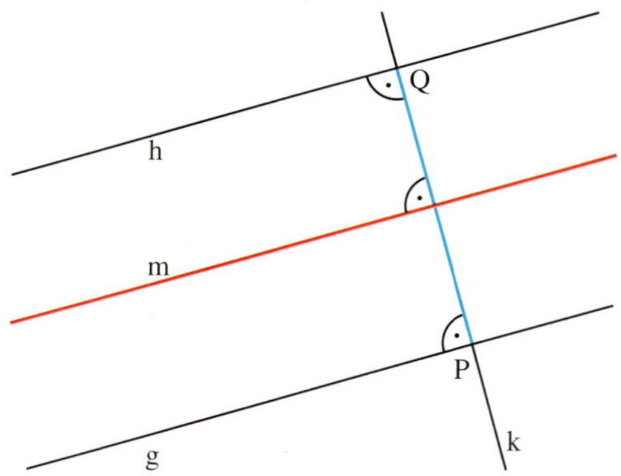

Fig. 3

In Fig. 4 ist $g \parallel h$. m ist die Mittelparallele zu g und h. m halbiert alle Verbindungsstrecken von g und h.
Dies wird am Beispiel $\overline{AB}$ verdeutlicht:
Die Halbdrehung an Z bildet h auf g ab und damit A auf B.
Hieraus folgt, dass $\overline{AZ} = \overline{ZB}$.

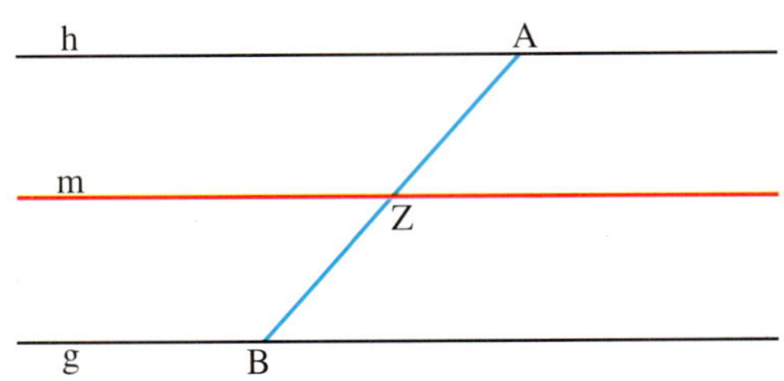

Fig. 4

Die Mittelparallele von zwei zueinander parallelen Geraden g und h halbiert jede Verbindungsstrecke von g und h.

Erinnerung:

Ein Viereck, bei dem die gegenüberliegenden Seiten parallel sind, heißt Parallelogramm.

In einem Parallelogramm sind gegenüberliegende Seiten gleich lang.

In dem Parallelogramm ABCD (Fig. 1) sind S und T die Mitten der Seiten $\overline{AD}$ bzw. $\overline{BC}$. Für die Verbindungsstrecke $\overline{ST}$ gilt:
$\overline{ST} \parallel \overline{AB}$ und $\overline{ST} \parallel \overline{DC}$, denn:
Die Verschiebung, die A auf S abbildet, bildet $\overline{AB}$ auf $\overline{ST}$ und $\overline{ST}$ auf $\overline{DC}$ ab; damit sind $\overline{AB}$ und $\overline{ST}$ sowie $\overline{ST}$ und $\overline{DC}$ zueinander parallel.

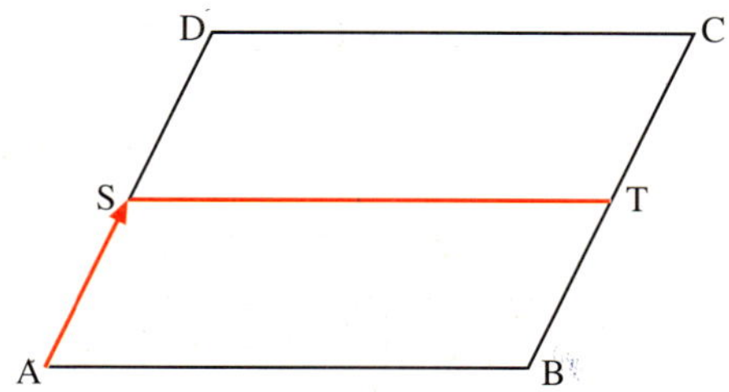

Fig. 1

In dem Dreieck ABC (Fig. 2) sind S und T die Mitten der Seiten $\overline{AC}$ bzw. $\overline{BC}$.
Für die Verbindungsstrecke $\overline{ST}$ gilt:
$\overline{ST} \parallel \overline{AB}$ und $\overline{ST} = \frac{1}{2}\overline{AB}$,
denn durch die Halbdrehung um T wird das Dreieck ABC auf DCB abgebildet.
ABDC bildet ein Parallelogramm mit $\overline{AB} \parallel \overline{SU}$ und damit $\overline{AB} \parallel \overline{ST}$. Da $\overline{ST}$ auf $\overline{TU}$ abgebildet wird, ist $\overline{ST} = \frac{1}{2}\overline{SU} = \frac{1}{2}\overline{AB}$.

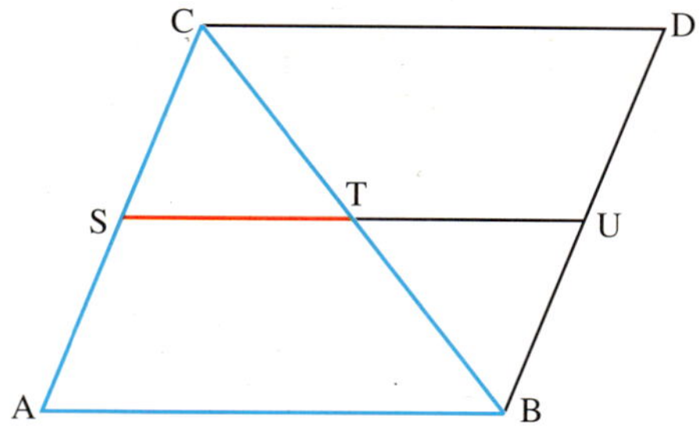

Fig. 2

In einem Parallelogramm ist die Verbindungsstrecke zweier Seitenmitten parallel zu den beiden anderen Seiten und ebenso lang wie diese.
In einem Dreieck ist die Verbindungsstrecke zweier Seitenmitten parallel zur dritten Seite und halb so lang wie diese.

Beispiel 1
Zeichne zwei Parallelen g und h, die den Abstand 2,5 cm besitzen.
Lösung:
Es genügt, den Abstand 2,5 cm an einer Stelle zu messen (Fig. 3).

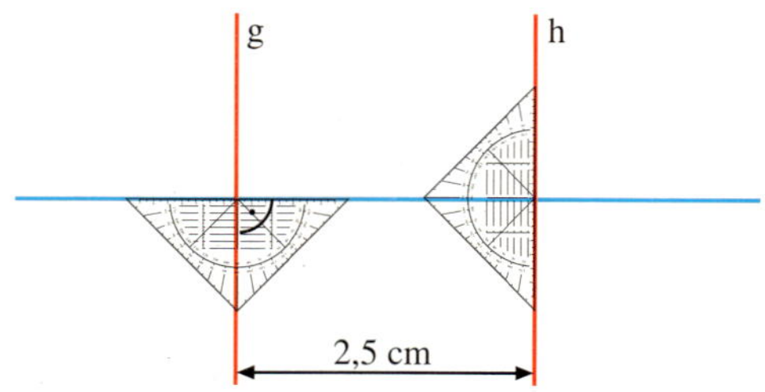

Fig. 3

Beispiel 2
Zeichne zu zwei Parallelen g und h die Mittelparallele m.
Lösung:
Zeichne eine zu g und h senkrechte Verbindungsstrecke.
Die Mittelsenkrechte dieser Verbindungsstrecke ist die gesuchte Mittelparallele.

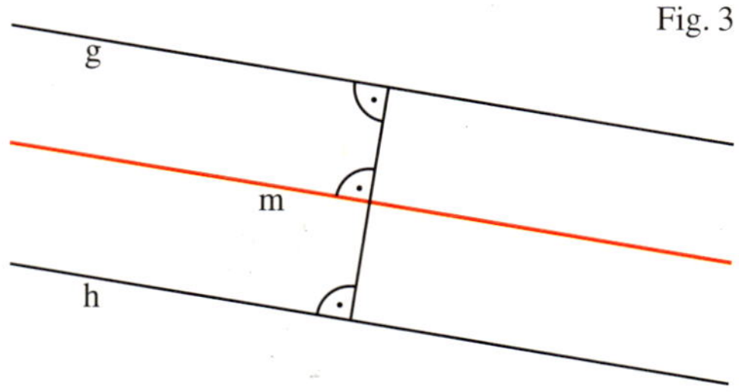

Fig. 4

Beispiel 3
Wie lang ist $\overline{DF}$, wenn
$\overline{AB} = 20\,m$; $\overline{AG} = \frac{1}{2}\overline{AE}$; $\overline{GF} = \frac{1}{2}\overline{GE}$;
$\overline{BC} = \frac{1}{2}\overline{BE}$; $\overline{CD} = \frac{1}{2}\overline{CE}$?
Lösung:
Aus Dreieck ABE: $\overline{CG} = \frac{1}{2}\overline{AB}$;
$\overline{CG} = 10\,cm$
Aus Dreieck GCE: $\overline{DF} = \frac{1}{2}\overline{CG}$; $\overline{DF} = 5\,cm$

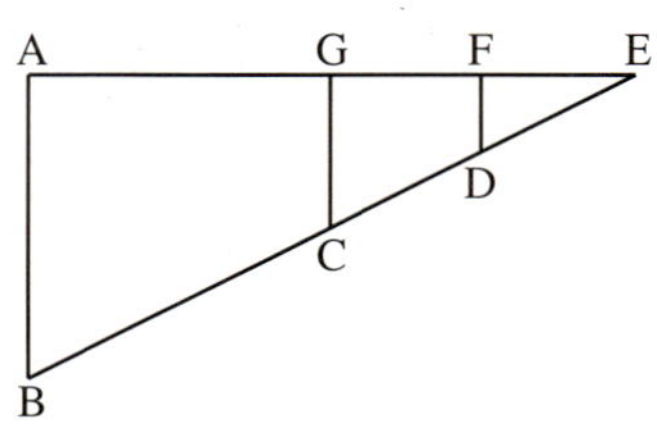

Fig. 5

Aufgaben

2 Zeichne eine Gerade g und eine zu g parallele Gerade h so, dass g und h den Abstand 4,5 cm haben.

3 Zeichne zwei Parallelen mit dem Abstand 3,7 cm.

4 Zeichne zwei zueinander parallele Geraden mit dem Abstand 4 cm (5,7 cm). Zeichne die Mittelparallele zu diesen Geraden
a) mit Hilfe des Geodreiecks, b) mit Hilfe von Zirkel und Lineal.

5 Zeichne eine Gerade g. Zeichne zwei Parallelen h und k mit dem Abstand 5 cm so, dass g die Mittelparallele zu h und k ist.

6 Zeichne eine Gerade g. Wo liegen alle Punkte, die von g den Abstand 3,5 cm besitzen?

7 Zeichne zwei sich schneidende Geraden g und h. Wo liegen alle Punkte, deren Abstand von g größer als 2 cm und deren Abstand von h kleiner als 2,5 cm ist?

8 Das Dreieck DEC (Fig. 1) ist gleichseitig. Ferner sind die Gerade AB und die Gerade durch C zueinander parallel, DE ist ihre Mittelparallele.
Begründe: Das Dreieck ABC ist ebenfalls gleichseitig.

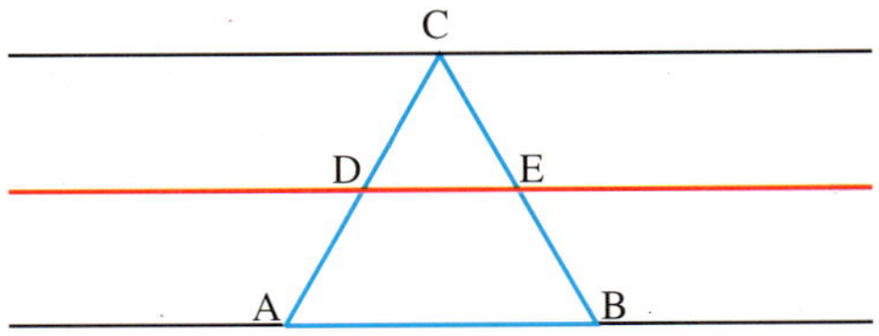

Fig. 1

9 In Fig. 2 sind Strecken gleicher Farbe gleich lang. Die Geraden g und h sind zueinander parallel. Die Gerade m ist ihre Mittelparallele. Die Parallelogrammseite $\overline{AB}$ ist 4 cm lang. Wie lang sind die roten Strecken, die blauen Strecken, die grüne und die gelbe Strecke? Begründe deine Antworten.

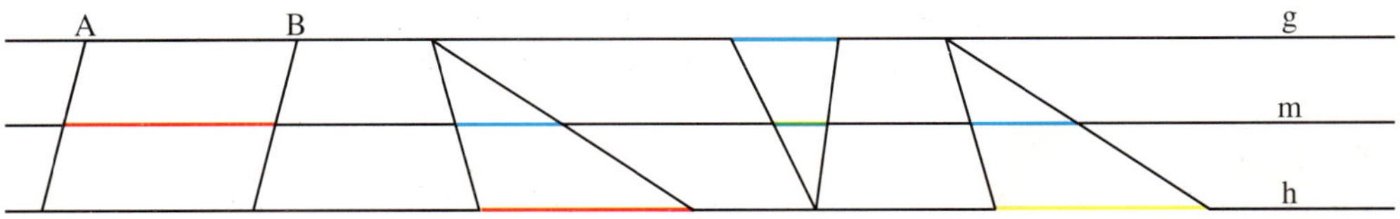

Fig. 2

10 In Fig. 3 sind E und F die Mitten der Strecken $\overline{AC}$ und $\overline{AB}$.
G und H sind die Mitten der Strecken $\overline{DE}$ und $\overline{AE}$.
Das Viereck ADEF ist ein Parallellogramm.
Wie lang ist $\overline{GH}$, wenn $\overline{BC} = 40$ cm?

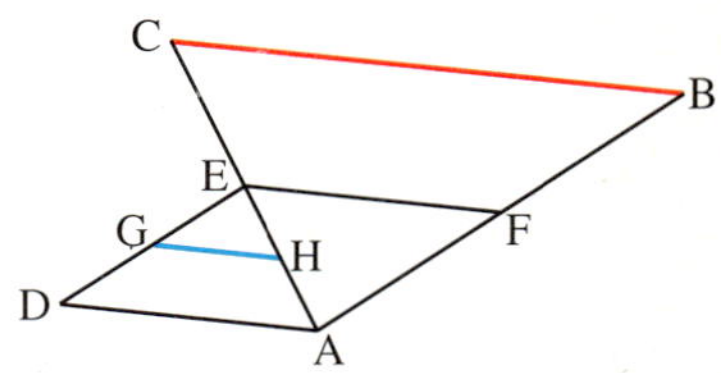

Fig. 3

***11** Im Parallelogramm EFGH (Fig. 4) sind A und D die Mitten der Seiten $\overline{EH}$ und $\overline{FG}$.
Mit welcher Zahl muss man die Länge der Strecke $\overline{CD}$ multiplizieren, um die Länge der Strecke $\overline{HG}$ zu erhalten, wenn gilt:
Die Strecke $\overline{AB}$ ist dreimal so lang wie die Strecke $\overline{CD}$?

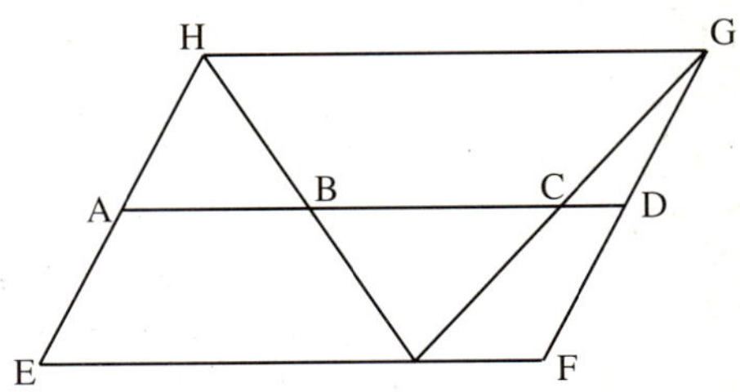

Fig. 4

5 Scheitelwinkel und Nebenwinkel

Fig. 1

1 Lege zwei Bleistifte wie in dem Bild übereinander. Drehe nun den einen Bleistift um den Kreuzungspunkt und beobachte die Winkel α, β, γ und δ.
a) Vergleiche die Winkel α und γ.
b) Vergleiche die Winkel β und δ.
c) Warum verändern sich die Summen α + β und γ + δ während des Drehens nicht?

Winkel an sich schneidenden Geraden:
Je zwei gegenüberliegende Winkel nennt man **Scheitelwinkel**.
Je zwei nebeneinander liegende Winkel nennt man **Nebenwinkel**.
In Fig. 2 sind α und γ Scheitelwinkel, ebenso β und δ.
α und β sind Nebenwinkel, ebenso γ und δ, β und γ sowie δ und α.

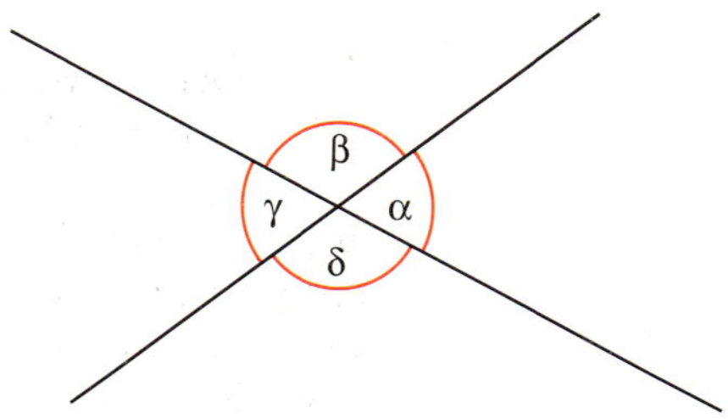

Fig. 2

Fig. 3 zeigt:
Scheitelwinkel sind gleich groß,
denn:
Die Halbdrehung um Z bildet den Winkel α auf den Winkel β ab.
Da eine Halbdrehung einen Winkel auf einen gleich großen Winkel abbildet, gilt:
Der Winkel α ist so groß wie der Winkel β.

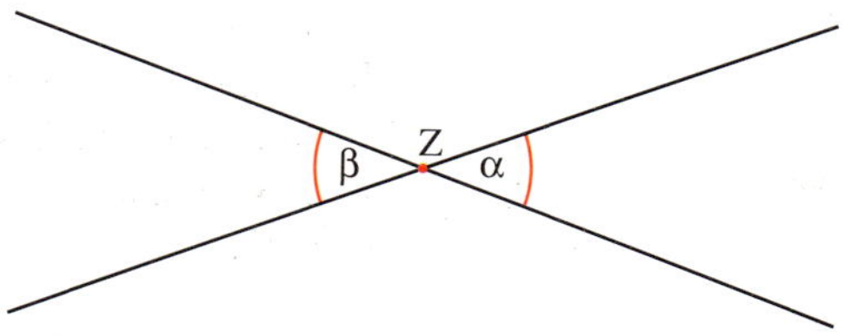

Fig. 3

Erinnerung:

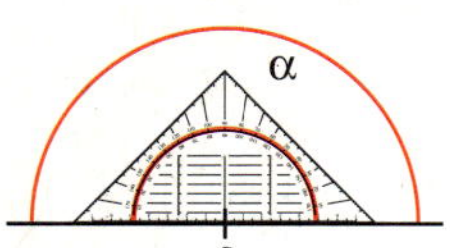

Gestreckter Winkel:
α = 180°

Fig. 4 zeigt:
Nebenwinkel sind zusammen 180° groß,
denn:
Der Schenkel a des Winkels α und der Schenkel c des Winkels β bilden zusammen eine Gerade, also bilden α und β zusammen einen gestreckten Winkel.

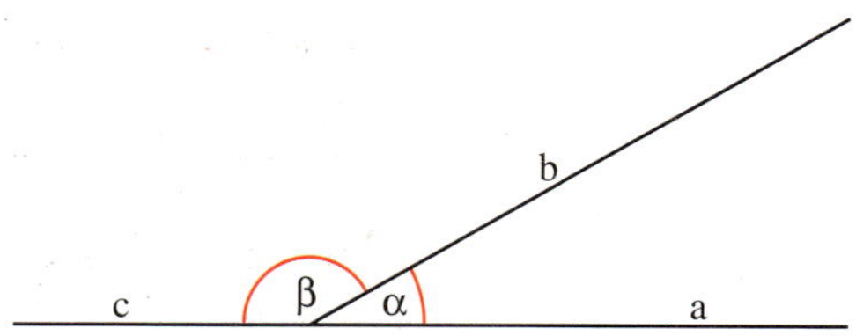

Fig. 4

Fig. 5 zeigt:
Die Winkelhalbierenden w_1 und w_2 der Winkel α und β sind zueinander senkrecht,
denn:
$\gamma = \frac{1}{2}\alpha + \frac{1}{2}\beta = \frac{1}{2}(\alpha + \beta) = 90°$

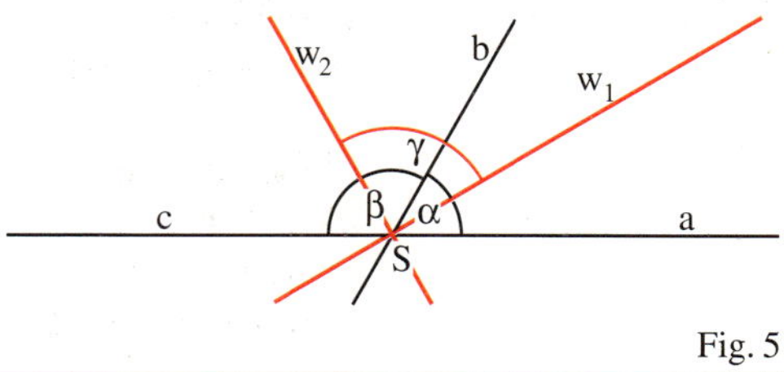

Fig. 5

Scheitelwinkel sind gleich groß.
Nebenwinkel sind zusammen 180° groß.

Beispiel 1
Gib alle Paare von Scheitelwinkeln und alle Paare von Nebenwinkeln in Fig. 1 an.
Lösung:
Scheitelwinkel: α und δ
Nebenwinkel: α und ε; δ und ε
Beachte: α und β sind keine Nebenwinkel; ebenso sind γ und ε keine Scheitelwinkel.

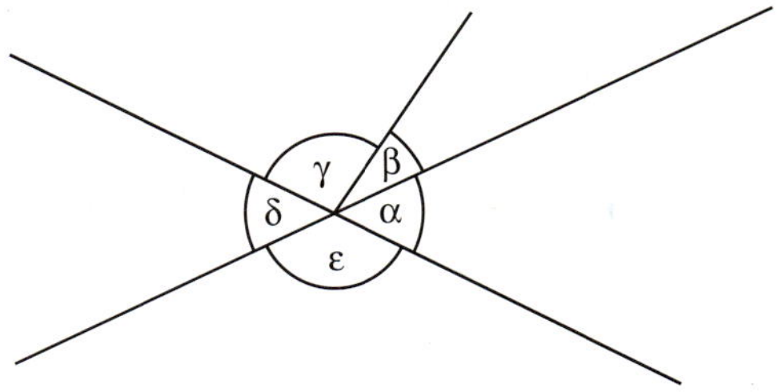

Fig. 1

Beispiel 2
Ein Winkel α ist um 20° größer als sein Nebenwinkel β.
Wie groß sind die beiden Winkel?
Lösung: (vergleiche Fig. 2)
$\alpha + \beta = 180°$ und $\alpha = \beta + 20°$
$2\beta = 180° - 20°$; $2\beta = 160°$;
also: $\beta = 80°$ und $\alpha = 100°$

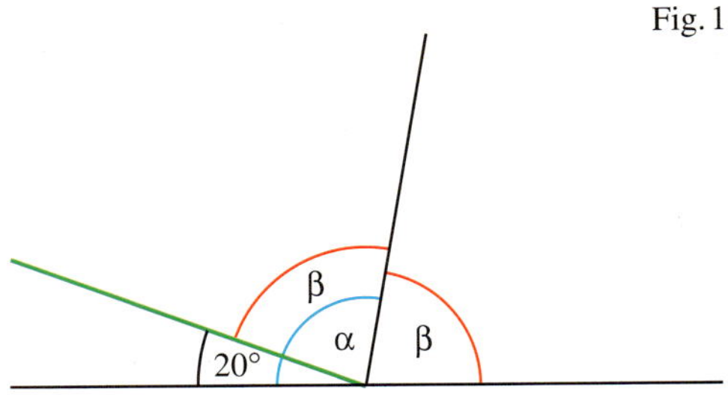

Fig. 2

Aufgaben

2 Zeichne drei sich in einem Punkt schneidende Geraden und gib den Winkeln Namen. Schreibe alle Paare von Scheitelwinkeln (Nebenwinkeln) auf.

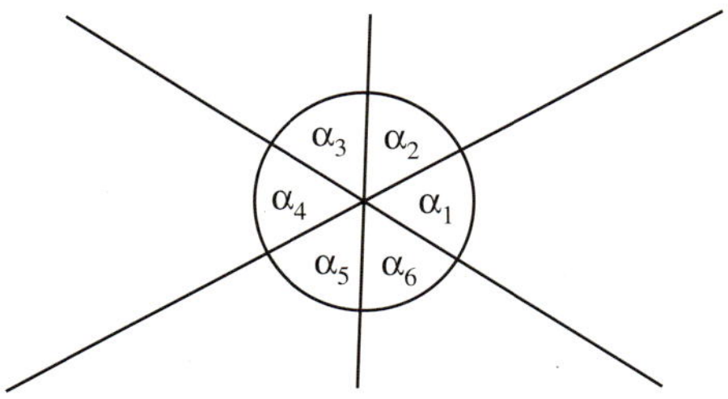

Fig. 3

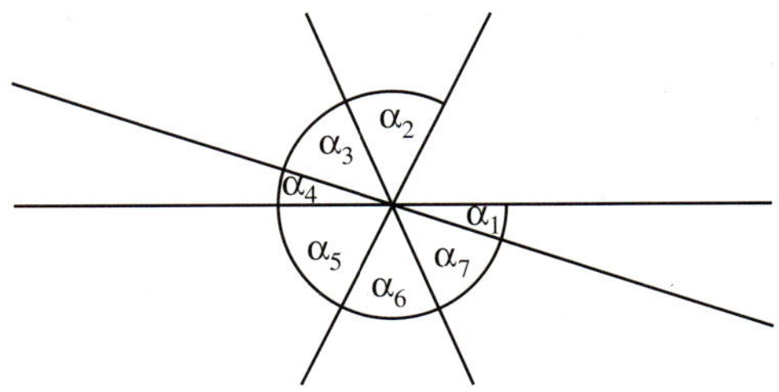

Fig. 4

3 Berechne alle Winkel in Fig. 3, wenn
a) $\alpha_1 = 27°$ und $\alpha_5 = 96°$, b) $\alpha_3 = 52°$ und $\alpha_5 = 93°$.

4 Berechne alle Winkel in Fig. 4, wenn $\alpha_1 = 18°$, $\alpha_3 = 48°$ und $\alpha_6 = 51°$.

5 a) Ein Winkel ist um 15° (63°, 110°) größer als sein Nebenwinkel. Wie groß sind die beiden Winkel?
b) Ein Winkel ist doppelt (dreimal, viermal) so groß wie sein Nebenwinkel. Wie groß sind die Winkel?

6 In Fig. 5 sind die Winkelhalbierenden der Winkel α und β eingezeichnet.
Der Winkel γ ist 108° groß.
Berechne α und β.

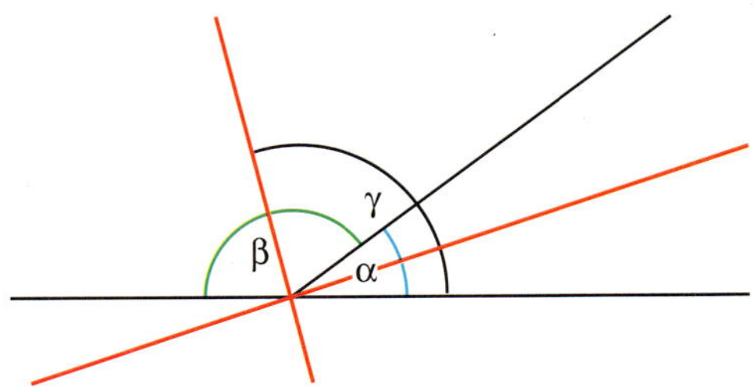

Fig. 5

7 Die Größe eines Winkels liegt zwischen 48° und 49°.
a) Was lässt sich über die Größe des Nebenwinkels sagen?
b) Was lässt sich über die Summe der Größen von Winkel und Nebenwinkel sagen?

6 Winkel an Parallelen

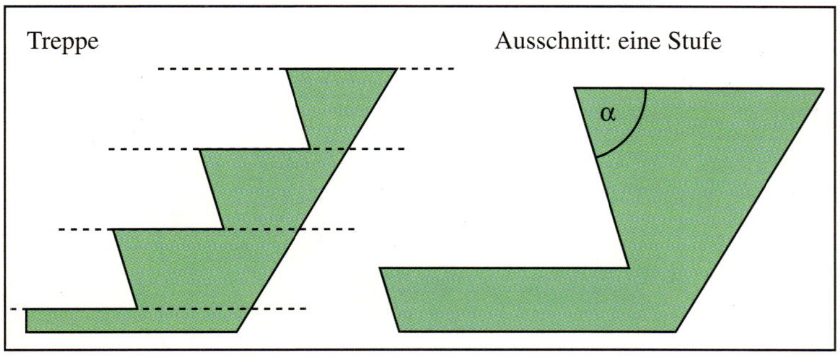

Fig. 1

1 Fig. 1 zeigt einen Teil eines Bauplans für ein Wohnhaus.
a) In die Zeichnung der Treppe sind Hilfslinien eingezeichnet.
Wie verlaufen diese Hilfslinien?
b) Wo treten in der Zeichnung der Treppe gleich große Winkel auf?
c) Wo treten im rechten Teil der Zeichnung noch weitere Winkel auf, die so groß wie der Winkel α sind?

Stufenwinkel erinnern an (manchmal auch „schiefe") Stufen.

Wechselwinkel „wechseln" die Seite der Schnittgeraden und die Seiten der geschnittenen Geraden.

Werden (wie in Fig. 2) zwei Geraden g und h von einer dritten Geraden s geschnitten, so bezeichnet man Winkel, die wie α_1 und α_2 (β_1 und β_2 usw.) zueinander liegen, als **Stufenwinkel** und
Winkel, die wie α_1 und γ_2 (β_1 und δ_2 usw.) zueinander liegen, als **Wechselwinkel**.

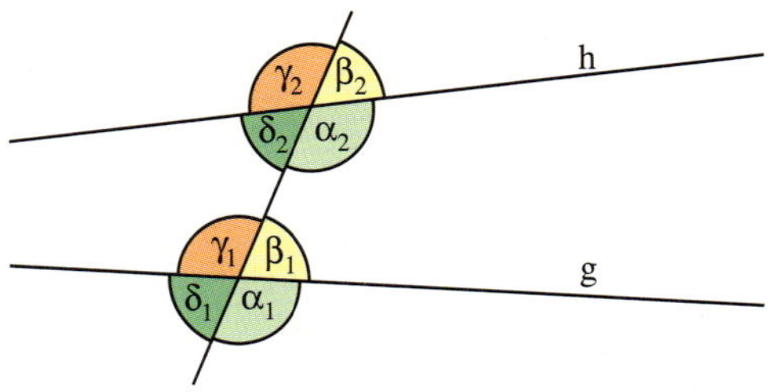

Fig. 2

Fig. 3 zeigt:
An Parallelen sind entsprechende Stufenwinkel gleich groß, denn:
Die Verschiebung, die A auf B abbildet, bildet s auf s und g auf h ab, da $g \parallel h$.
Deshalb wird α auf β abgebildet, und es gilt: $\alpha = \beta$.

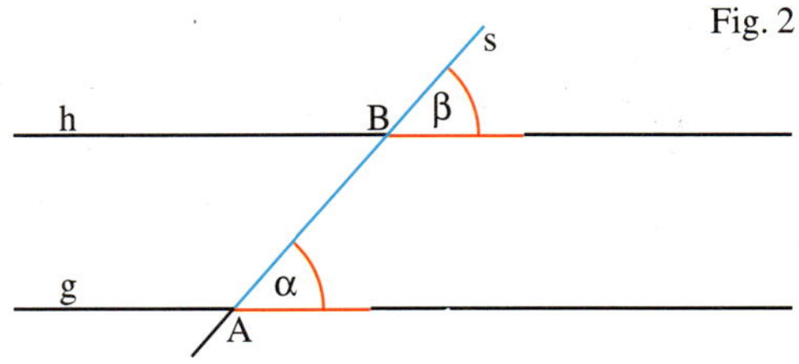

Fig. 3

Fig. 3 zeigt auch:
Sind zwei Stufenwinkel an zwei Geraden gleich groß, dann sind die Geraden zueinander parallel, denn:
Die Verschiebung, die A auf B abbildet, bildet α auf β ab, da $\alpha = \beta$, und damit g auf h.
Also ist $g \parallel h$.

Erinnerung:
Verschiebungen und Halbdrehungen bilden Geraden auf zu ihnen parallele Geraden und Winkel auf gleich große Winkel ab.

Fig. 4 zeigt:
An Parallelen sind Wechselwinkel gleich groß, denn:
Die Halbdrehung um die Mitte M der Strecke $\overline{AA'}$ bildet g auf h ab, da $g \parallel h$.
Deshalb wird α auf β abgebildet und es gilt: $\alpha = \beta$.

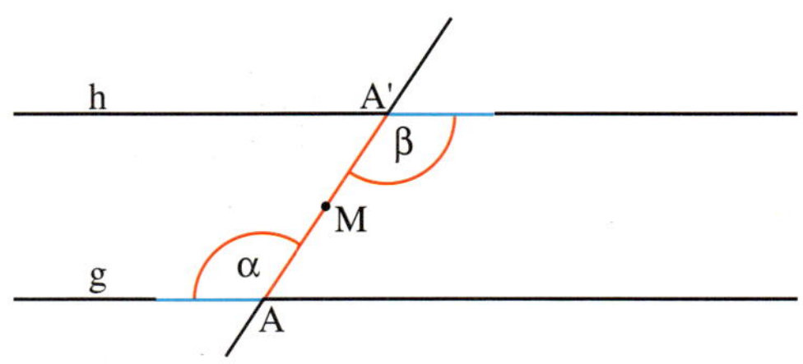

Fig. 4

Fig. 4 zeigt auch:
Sind zwei Wechselwinkel an zwei Geraden gleich groß, dann sind die Geraden zueinander parallel, denn:
Die Halbdrehung M bildet α auf β ab, da $\overline{AM}$ auf $\overline{MA'}$ abgebildet wird und $\alpha = \beta$.
Deshalb wird g auf h abgebildet. Also gilt $g \parallel h$.

An zueinander parallelen Geraden gilt:
Stufenwinkel sind gleich groß, Wechselwinkel sind gleich groß.

Umgekehrt gilt:
Sind an zwei Geraden Stufenwinkel (Wechselwinkel) gleich groß, dann sind die Geraden zueinander parallel.

Einige kleine Buchstaben des griechischen Alphabets:

- α *alpha*
- β *beta*
- γ *gamma*
- δ *delta*
- ε *epsilon*
- η *eta*
- λ *lambda*
- μ *my*
- ν *ny*
- π *pi*
- ω *omega*

Beispiel 1
Gib alle Paare von Stufenwinkeln und alle Paare von Wechselwinkeln an.
Lösung:
Stufenwinkel: α und ε; β und η; γ und λ; δ und ν
Wechselwinkel: α und λ; β und ν; γ und ε; δ und η

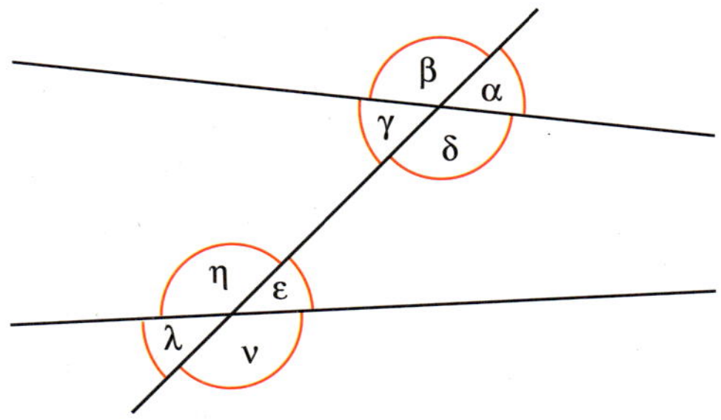

Fig. 1

Beispiel 2
Die Geraden g und h sind zueinander parallel und es ist $\alpha = 45°$.
Berechne die Größen der anderen Winkel.
Lösung:
α und ε sind Stufenwinkel: $\varepsilon = \alpha = 45°$
α und λ sind Wechselwinkel: $\lambda = \alpha = 45°$
λ und γ sind Stufenwinkel: $\gamma = \lambda = 45°$
β ist Nebenwinkel zu α:
$\beta = 180° - \alpha$; $\beta = 180° - 45° = 135°$
β und η sind Stufenwinkel: $\eta = \beta = 135°$
β und ν sind Wechselwinkel: $\nu = \beta = 135°$
ν und δ sind Stufenwinkel: $\delta = \nu = 135°$

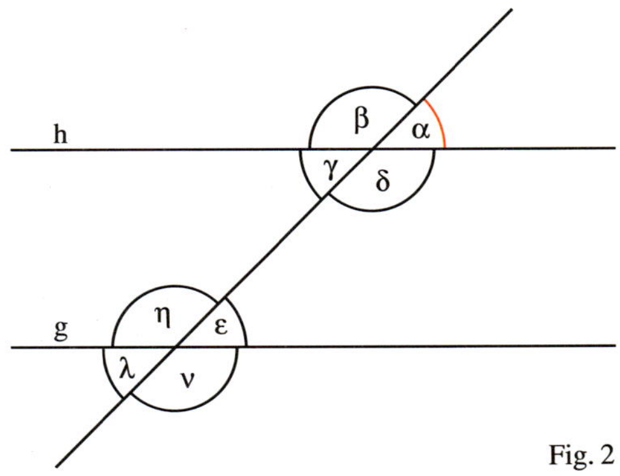

Fig. 2

Aufgaben

2 Zeichne zwei Geraden g und h, die von einer dritten Geraden s geschnitten werden. Bezeichne alle Winkel mit griechischen Buchstaben und gib alle Paare von Stufenwinkeln und alle Paare von Wechselwinkeln an.

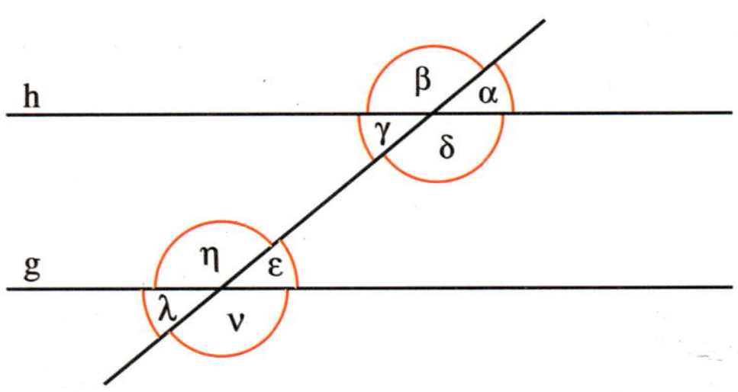

Fig. 3

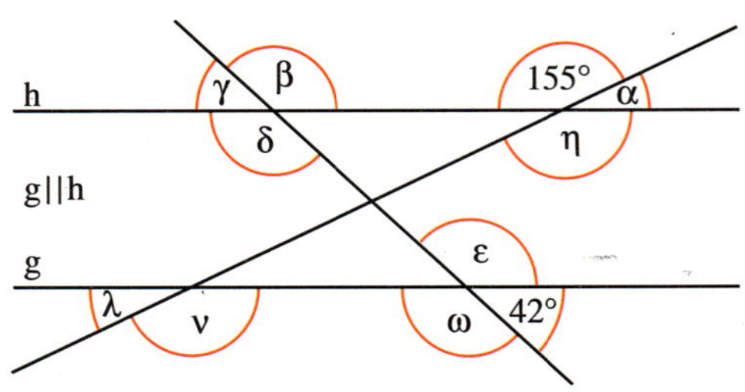

Fig. 4

3 In Fig. 3 sind die Geraden g und h zueinander parallel. Berechne alle Winkel, wenn
a) $\beta = 73°$, b) $\delta = 110°$, c) $\lambda = 167°$.

4 Gib für die benannten Winkel in Fig. 4 alle Paare von Stufenwinkeln (Wechselwinkeln) an und berechne die Größe der benannten Winkel.

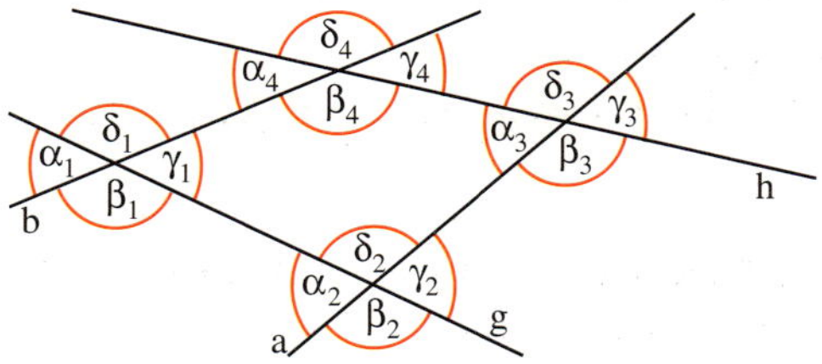

Fig. 1

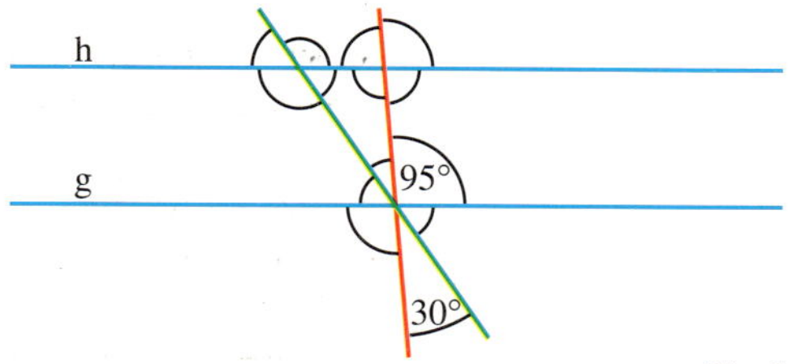

Fig. 2

5 Gib für Fig. 1 alle Paare von Stufenwinkeln (Wechselwinkeln) an den Geraden a und b sowie den Geraden g und h an.

6 In Fig. 2 ist $g \parallel h$ und der Abstand von g und h beträgt 1 cm.
Übertrage die Zeichnung in dein Heft und berechne die fehlenden Winkelgrößen.

7 Übertrage den Buchstaben Z in dein Heft, benenne alle Winkel und berechne ihre Größen, wenn
a) $\alpha = 32°$, b) $\beta = 117°$.

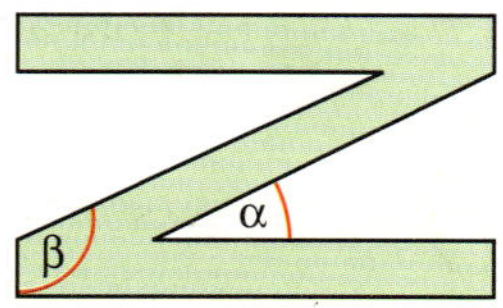

Fig. 3

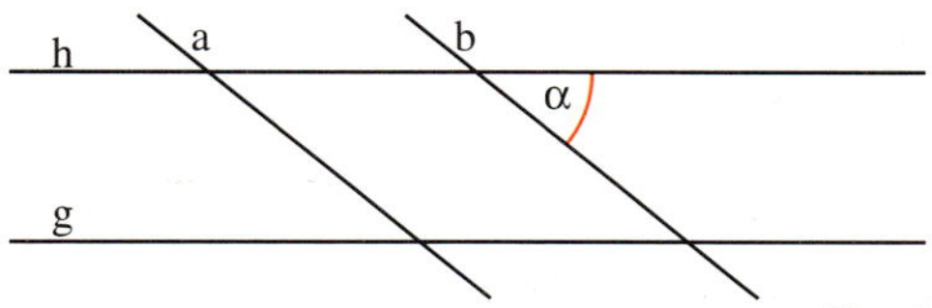

Fig. 4

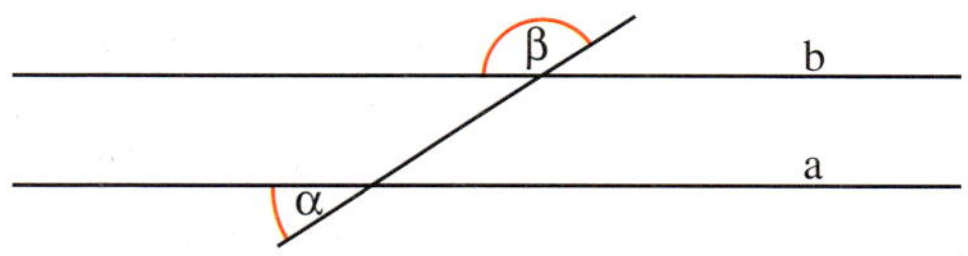

Fig. 5

8 Übertrage eine Skizze von Fig. 4 in dein Heft. Zeichne hierbei $a \parallel b$ und $g \parallel h$. Benenne alle Winkel und drücke alle auftretenden Winkelgrößen mit der Größe des Winkels α aus.

9 Wie groß muss in Fig. 5 der Winkel β sein, damit die Geraden a und b zueinander parallel sind, wenn a) $\alpha = 30°$, b) $\alpha = 105°$, c) $\alpha = 179°$?

10 Sind die Geraden a und b von Fig. 6 zueinander parallel? Begründe.
a) $\alpha = 141°$ und $\beta = 39°$
b) $\alpha = 100°$ und $\beta = 81°$
c) $\gamma = 99°$ und $\beta = 81°$
d) $\delta = 1°$ und $\alpha = 99°$
e) $\alpha = \gamma = 120°$ und $\beta = \delta = 60°$
f) $\alpha = \beta = 30°$ und $\delta = \gamma$

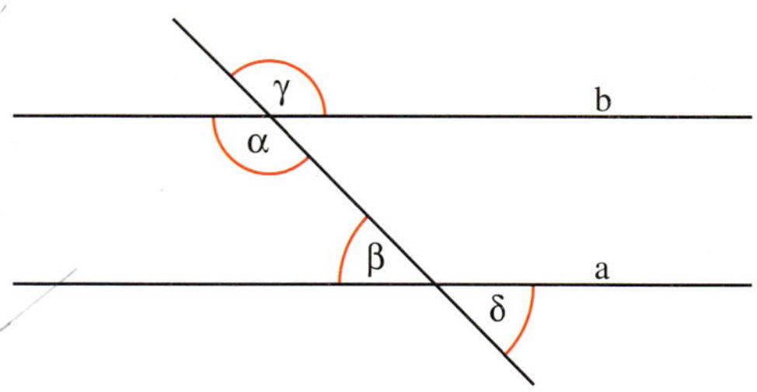

Fig. 6

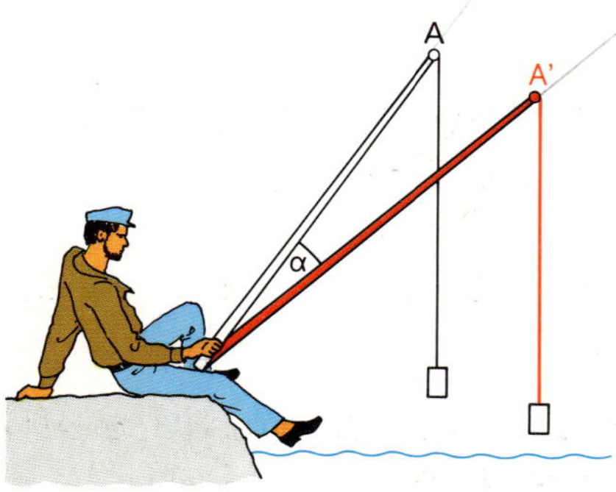

Fig. 7

11 Zeichne ein Dreieck ABC. Bilde das Dreieck ABC mit einer Drehung um B auf ein Dreieck A′B′C′ so ab, dass $\overline{A'B'} \parallel \overline{AC}$ ist. Welcher Winkel des Dreiecks ABC ist so groß wie der Drehwinkel? Begründe deine Antwort.

***12** Wie ändert sich der Winkel bei A, wenn der Angler seine Angelrute um den Winkel α senkt (Fig. 7)?

7 Winkelsumme im Dreieck

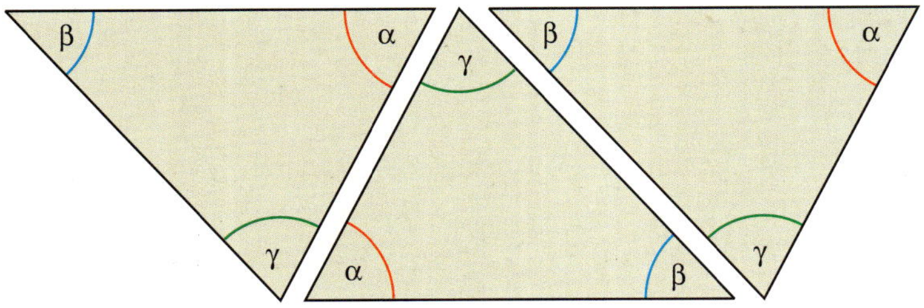

Fig. 1

1 Schneide drei gleiche Dreiecke aus, indem du drei Blatt Papier übereinander legst. Beschrifte die Winkel der Dreiecke; gleich große Winkel erhalten den gleichen Buchstaben. Lege die Dreiecke so wie in der Zeichnung zusammen.
Wie groß ist die Summe aller Winkel eines Dreiecks?

Fig. 2 zeigt:
In einem Dreieck beträgt die Summe der Größen der Winkel 180°, denn:
Zeichnet man durch den Punkt C die Parallele zur Geraden AB, so gilt:
α und α' sowie β und β' sind Wechselwinkel, also ist $\alpha = \alpha'$ und $\beta = \beta'$ (1)
α', β und β' bilden zusammen einen gestreckten Winkel, somit gilt:
$\alpha' + \gamma + \beta' = 180°$ (2)
Aus (1) und (2) folgt: $\alpha + \gamma + \beta = 180°$.

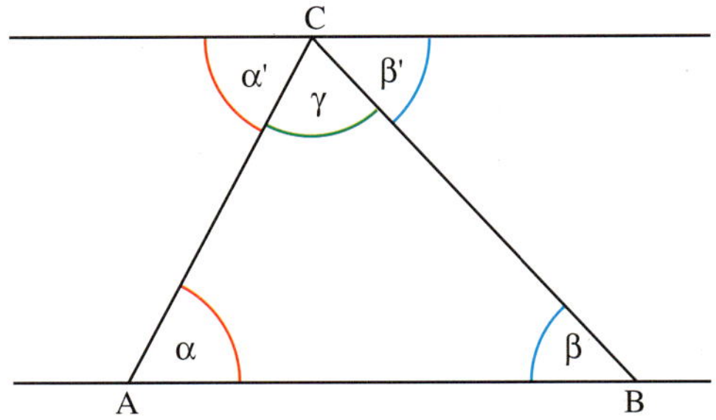

Fig. 2

Statt „Summe der Größen der Winkel in einem Dreieck" sagt man kürzer **Winkelsumme** eines Dreiecks.

Erinnerung:

$0 < \alpha < 90°$
α ist ein spitzer Winkel

$\alpha = 90°$
α ist ein rechter Winkel

$90° < \alpha < 180°$
α ist ein stumpfer Winkel

Winkelsummensatz:
In einem Dreieck beträgt die Winkelsumme 180°.

Ist in einem Dreieck
- ein Winkel stumpf, dann heißt das Dreieck **stumpfwinkliges Dreieck**.
- ein Winkel ein rechter Winkel, dann heißt das Dreieck **rechtwinkliges Dreieck**.
- jeder Winkel spitz, dann heißt das Dreieck **spitzwinkliges Dreieck**.

Beispiel 1
Begründe: In einem Dreieck kann höchstens ein Winkel größer als 90° sein.
Lösung:
Wenn in einem Dreieck zwei Winkel größer als 90° wären, dann wäre die Summe dieser beiden Winkel größer als 180°. Dies kann nach dem Winkelsummensatz aber nicht sein.

Beispiel 2
In einem gleichschenkligen Dreieck ist der Winkel γ an der Spitze 50° groß.
Wie groß sind die Basiswinkel α und β?
Lösung:
$\alpha + \beta + \gamma = 180°$; $\alpha + \beta + 50° = 180°$; $\alpha + \beta = 130°$
Da das Dreieck gleichschenklig ist, gilt $\alpha = \beta$.
Also ist $\alpha = 65°$ und $\beta = 65°$.

Aufgaben

2 Der Punkt C wandert auf der Geraden g. Die Punkte A und B bleiben fest.
a) Welche Winkel des Dreiecks ABC ändern sich?
b) Welcher Winkel wird größer, welcher Winkel wird kleiner, wenn C sich von B wegbewegt?

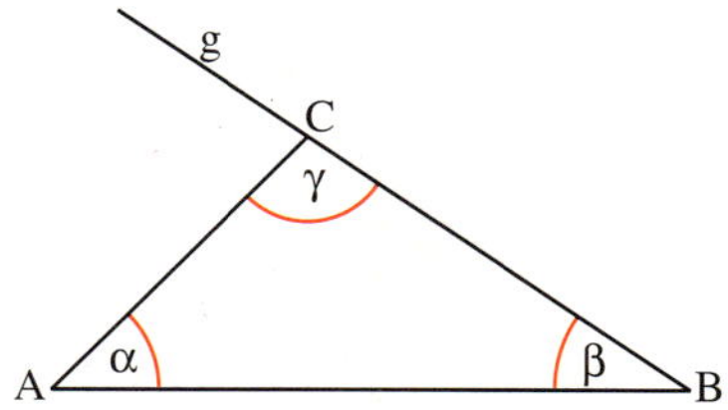

Fig. 1

3 In einem Dreieck sind die Winkel mit α, β, γ bezeichnet. Berechne jeweils den dritten Winkel des Dreiecks, wenn
a) $\alpha = 37°$; $\beta = 52°$, b) $\beta = 66°$; $\gamma = 102°$, c) $\alpha = 105°$; $\gamma = 47°$.

4 Berechne den fehlenden Winkel eines rechtwinkligen Dreiecks, wenn ein Winkel 50° (33°; 67°; 83°) groß ist.

5 Wie groß ist der Winkel an der Spitze eines gleichschenkligen Dreiecks, wenn ein Basiswinkel 22° (47°; 59°; 88°) groß ist?

6 Wie groß sind die Basiswinkel eines gleichschenkligen Dreiecks, wenn der Winkel an der Spitze 10° (28°; 64°; 170°) groß ist?

7 a) Der Winkel an der Spitze eines gleichschenkligen Dreiecks ist 120° groß. Wie ändert er sich, wenn man die Größe der Basiswinkel verdoppelt?
b) Prüfe mit Hilfe selbst gewählter Beispiele, ob die folgende Aussage wahr sein kann.
„Für jedes gleichschenklige Dreieck (Basiswinkel kleiner als 45°) gilt: Verdoppelt man die Größe der Basiswinkel, dann halbiert sich die Größe des Winkels an der Spitze."

8 In einem Dreieck mit den Winkeln α, β, γ ist $\gamma = 90°$. Berechne α und β, wenn
a) γ doppelt so groß wie α ist,
b) α doppelt so groß wie β ist.

9 Wie groß sind die Winkel in einem Dreieck, das gleichschenklig und rechtwinklig ist?

10 a) Wie groß sind die Winkel in einem gleichseitigen Dreieck?
b) Warum kann es kein Dreieck geben, das gleichseitig und rechtwinklig ist?

11 Begründe:
a) In einem Dreieck ist höchstens ein Winkel 90° groß.
b) Jedes Dreieck besitzt mindestens zwei spitze Winkel.

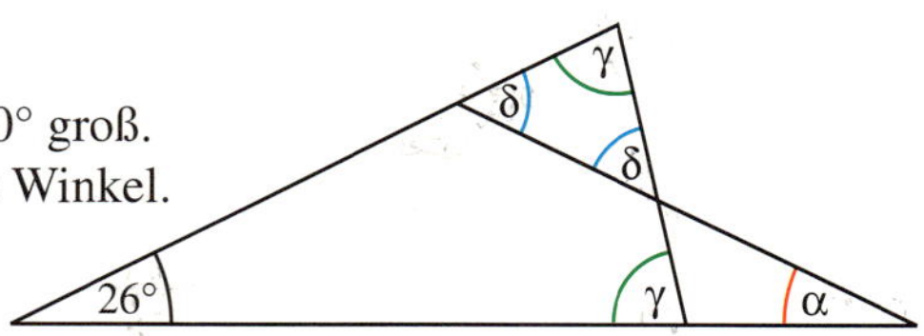

Fig. 4

12 a) Berechne β, γ_1 und γ_2 in Fig. 2.
b) In Fig. 3 ist w Winkelhalbierende. Berechne α.
c) Berechne α, γ, δ in Fig. 4.

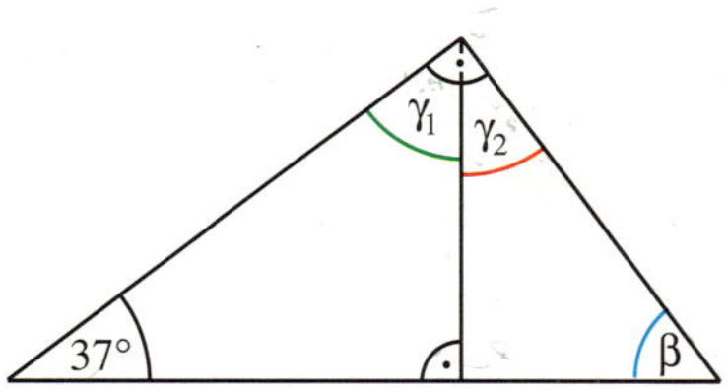

Fig. 2

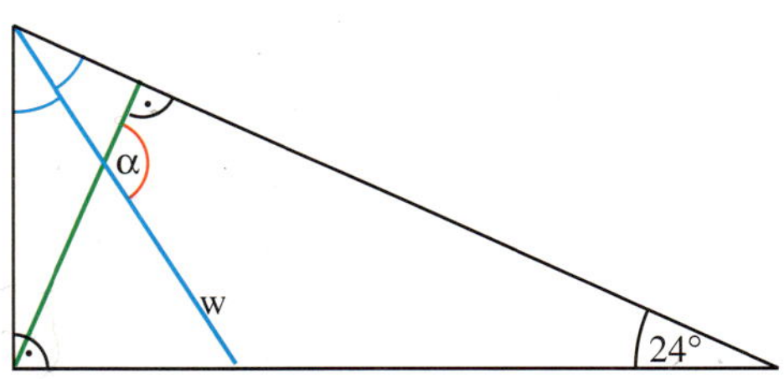

Fig. 3

8 Außenwinkel am Dreieck

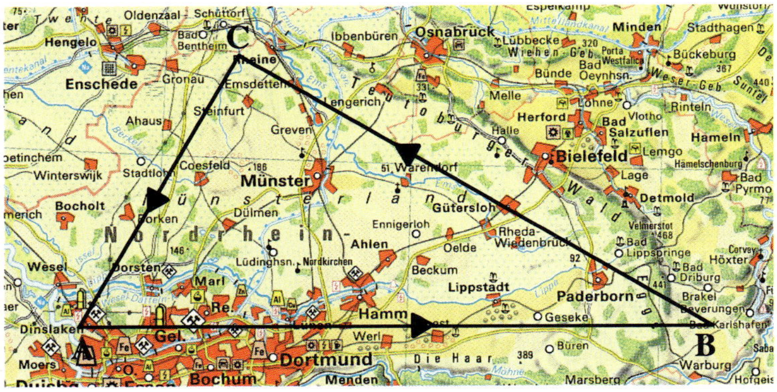

Fig. 1

1 Bei Segelflugmeisterschaften werden u. a. so genannte Dreiecksflüge durchgeführt.
Die Teilnehmer müssen drei markante Stellen anfliegen und vom Flugzeug aus fotografieren.
a) Zeichne ein Dreieck in dein Heft, das die gleichen Winkel besitzt wie das Flugdreieck auf der Karte.
b) Trage die Richtungsänderungen ein.
c) Vergleiche die Winkel der Richtungsänderungen mit den Winkeln im Dreieck.

Fig. 2 zeigt einen Zusammenhang zwischen den Winkeln in einem Dreieck und Winkeln, die hinzukommen, wenn man die Dreiecksseiten zu Geraden verlängert:
$\alpha + \beta + \gamma = 180°$ (Winkelsumme im Dreieck)
$\alpha + \alpha_1 = 180°$ (Nebenwinkel)
hieraus folgt:
$\alpha_1 = \beta + \gamma$
ebenso erhält man:
$\alpha_2 = \beta + \gamma$
$\beta_1 = \alpha + \gamma$ und $\beta_2 = \alpha + \gamma$
$\gamma_1 = \alpha + \beta$ und $\gamma_2 = \alpha + \beta$

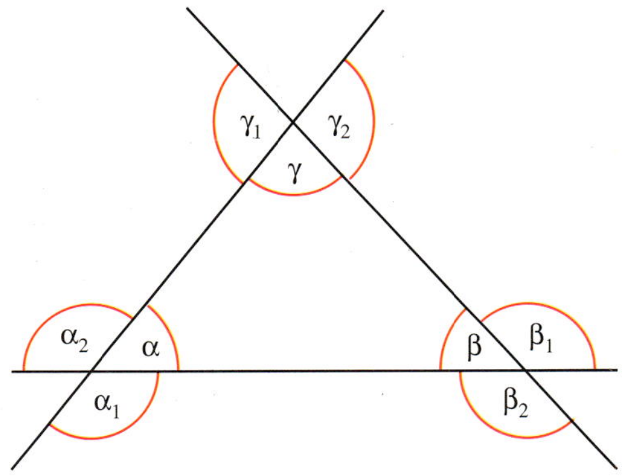

Fig. 2

Die Winkel **in** einem Dreieck heißen **Innenwinkel** des Dreiecks.
Verlängert man die Seiten eines Dreiecks zu Geraden, so erhält man Nebenwinkel zu den Innenwinkeln. Diese Nebenwinkel heißen **Außenwinkel** des Dreiecks.
In Fig. 2 sind α, β, γ Innenwinkel und $\alpha_1, \beta_1, \gamma_1$ sowie $\alpha_2, \beta_2, \gamma_2$ Außenwinkel.

> In einem Dreieck gilt:
> Jeder Außenwinkel ist so groß wie die Summe der nicht anliegenden Innenwinkel.

Beispiel
Zeige, dass gilt: $\alpha_1 + \beta_1 + \gamma_1 = 360°$.
Lösung:
$\alpha_1 = \beta + \gamma$
$\beta_1 = \alpha + \gamma$
$\gamma_1 = \alpha + \beta$

$$\begin{aligned} \alpha_1 + \beta_1 + \gamma_1 &= (\beta + \gamma) + (\alpha + \gamma) + (\alpha + \beta) \\ &= (\alpha + \beta + \gamma) + (\alpha + \beta + \gamma) \\ &= 180° + 180° \\ &= 360° \end{aligned}$$

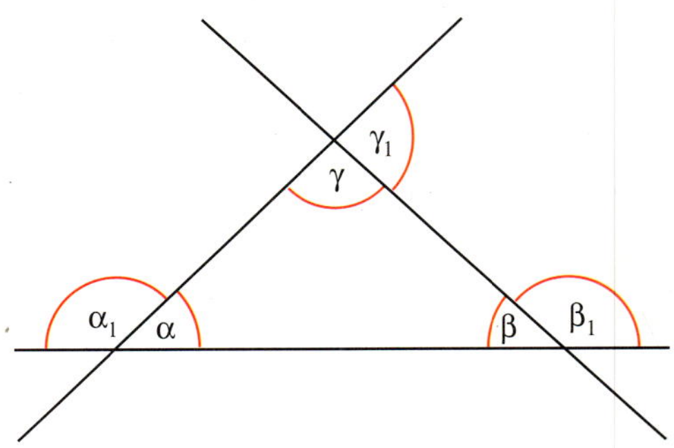

Fig. 3

Aufgaben

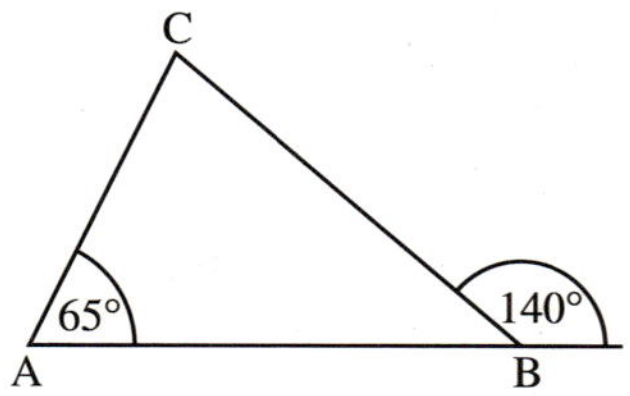

Fig. 1

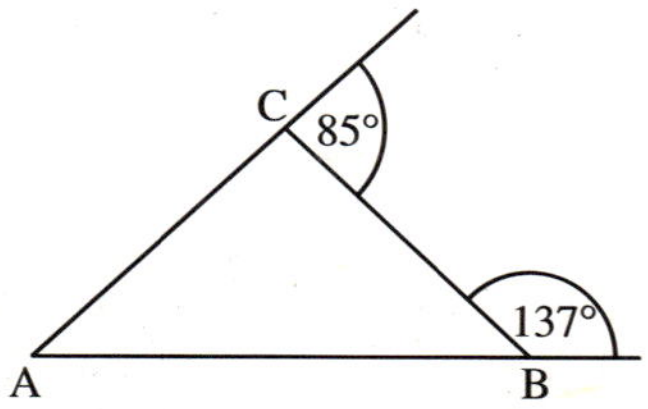

Fig. 2

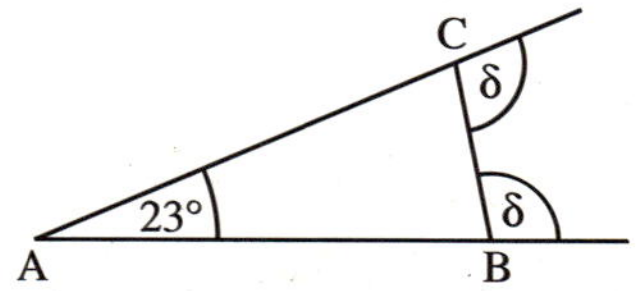

Fig. 3

2 Berechne die Größe der fehlenden Innenwinkel der Dreiecke in Fig. 1 bis Fig. 3.

3 Die Tabelle gibt jeweils für ein Dreieck ABC Innenwinkel und Außenwinkel an. α, β, γ sind die Innenwinkel des jeweiligen Dreiecks. α_1, β_1, γ_1 sind die jeweiligen Außenwinkel.
Übertrage die Tabelle ins Heft und fülle aus.

	α	β	γ	α_1	β_1	γ_1
a)	123°	36°				
b)		79°		111°		
c)			97°		120°	
d)	75°					125°

4 a) Berechne für Fig. 4 die Größen der Winkel α, β, γ und δ.
b) Berechne die Summe $\alpha + \beta + \gamma + \delta$.
c) Was ändert sich, was bleibt gleich, wenn man ein anderes Viereck wählt, dessen Ecken auf dem Kreis liegen?

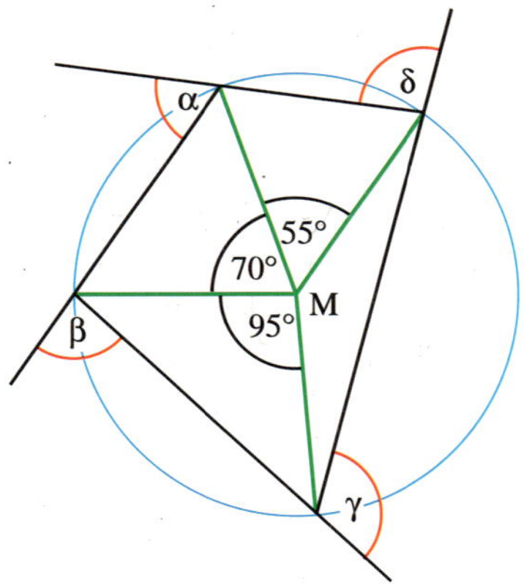

Fig. 4

5 Berechne die Größe der Außenwinkel für
a) ein gleichseitiges Dreieck ABC.
b) ein gleichschenkliges, rechtwinkliges Dreieck ABC, dessen Spitze B ist.
c) ein gleichschenkliges Dreieck ABC, dessen Basiswinkel α und β sind.

6 In einem gleichschenkligen Dreieck mit der Spitze C sind α, β, γ die Innenwinkel. α_1, β_1, γ_1 sind die dazugehörenden Außenwinkel. Wie groß sind alle Innenwinkel und alle Außenwinkel, wenn a) γ_1 dreimal so groß ist wie γ, b) γ_1 um 18° größer ist als β?

7 In Fig. 5 sind w_1 und w_2 die Winkelhalbierenden von α bzw. β.
a) Vergleiche die Größen der Winkel δ_1 und δ_2 für $\alpha = 46°$ und $\beta = 68°$.
b) Begründe: Allgemein gilt $\delta_2 = 2\delta_1$.
c) Berechne ε_1 und ε_2, wenn gilt: $\alpha = 46°$ und $\beta = 68°$.
d) Begründe: Allgemein gilt $\varepsilon_1 > \varepsilon_2$.
e) Untersuche, ob es Dreiecke gibt, bei denen ε_1 doppelt so groß ist wie ε_2.

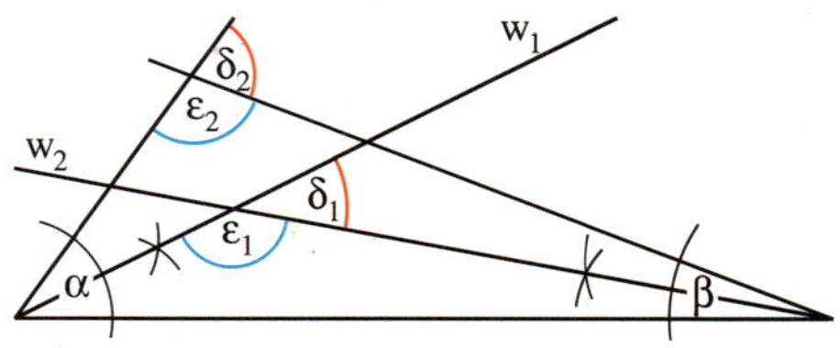

Fig. 5

8 In Fig. 6 ist $g \parallel h$; w_1, w_2 und w_3 sind Winkelhalbierende.
Überprüfe durch Berechnen von Winkeln, ob $w_1 \parallel w_3$.

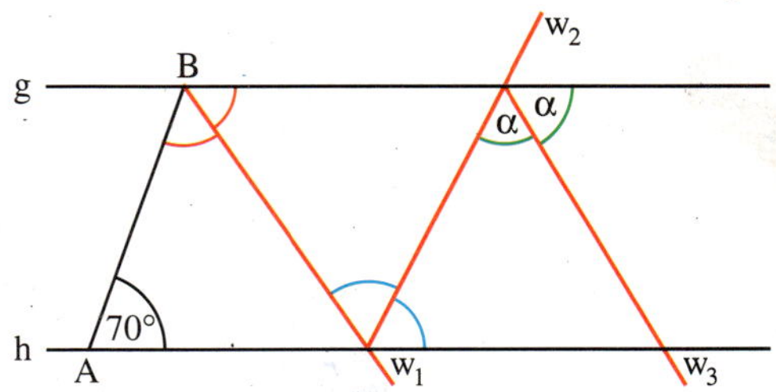

Fig. 6

9 Winkelsumme in Vielecken

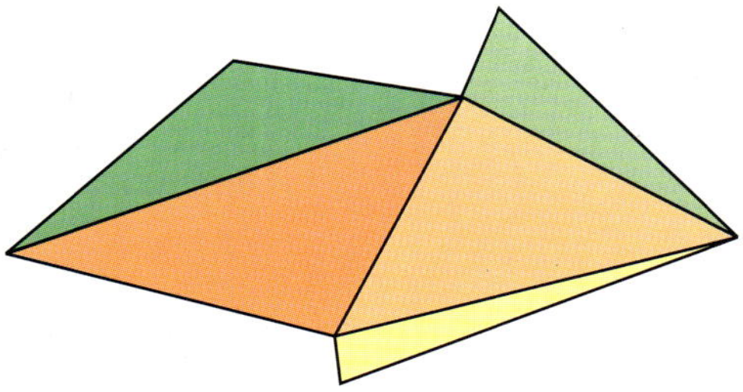

Fig. 1

1 Hier wurde aus 5 Dreiecken ein Siebeneck zusammengesetzt.
a) Du weißt, dass in einem Dreieck die Winkelsumme 180° beträgt. Berechne die Winkelsumme in diesem Siebeneck.
b) Zeichne ein 8-Eck (9-Eck) und zerlege es so in Dreiecke, dass jede Ecke eines Dreiecks auch Ecke des 8-Ecks (9-Ecks) ist.
c) Berechne die Innenwinkelsumme des 8-Ecks (9-Ecks).

Ein Vieleck kann man so in Dreiecke zerlegen, dass aus den Innenwinkeln der Dreiecke die Innenwinkel des Vielecks entstehen (Fig. 2 bis Fig. 4 zeigen Beispiele).

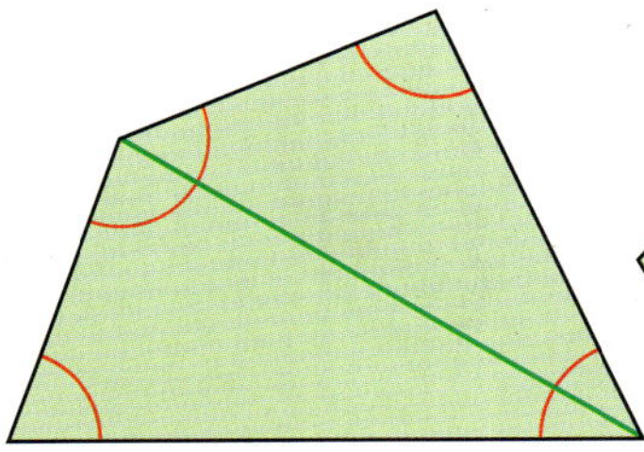

Fig. 2

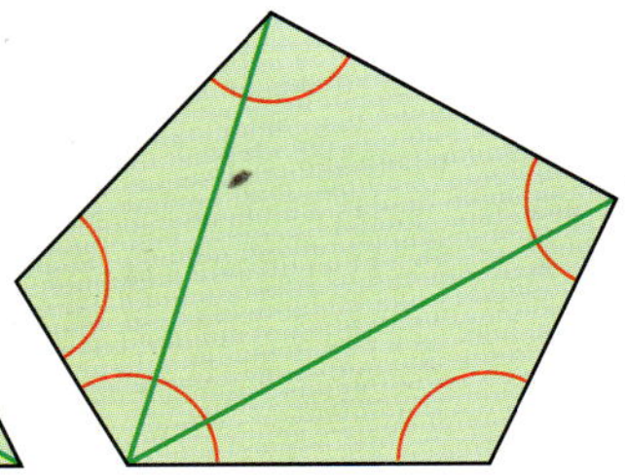

Fig. 3

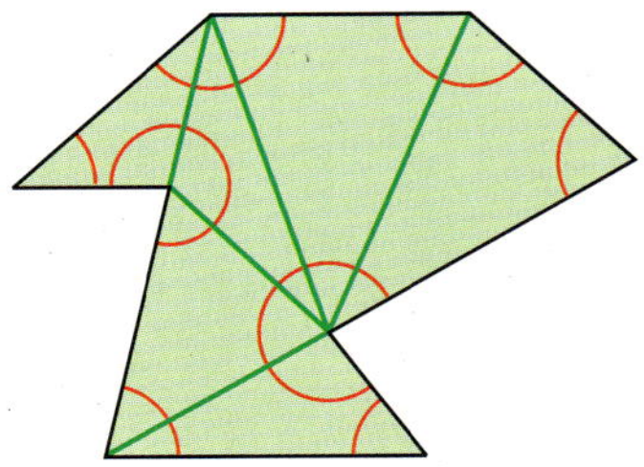

Fig. 4

Die Winkelsumme in einem Dreieck beträgt 180°.

Ein Vieleck mit der Eckenanzahl:	4	5	6	7	…	n,
kann in so viele Dreiecke zerlegt werden:	2	3	4	5	…	n – 2,
und hat deshalb die Innenwinkelsumme:	$2 \cdot 180°$	$3 \cdot 180°$	$4 \cdot 180°$	$5 \cdot 180°$	…	$(n-2) \cdot 180°$.

> Die Winkelsumme in einem n-Eck beträgt: $(n-2) \cdot 180°$.
> Insbesondere beträgt die Winkelsumme in einem Viereck 360°.

Ein **regelmäßiges Vieleck** ist ein Vieleck, dessen Seiten alle gleich lang sind und dessen Ecken alle auf einem Kreis liegen.
Dieser Kreis heißt **Umkreis des Vielecks**.
Winkel wie den Winkel α in Fig. 5 nennt man **Mittelpunktswinkel**.

Ein regelmäßiges n-Eck ist drehsymmetrisch (vgl. Fig. 5), deshalb sind alle Mittelpunktswinkel gleich groß:
$\alpha = \frac{360}{n}$
und alle Innenwinkel gleich groß:
$\beta = \frac{(n-2) \cdot 180}{n}$

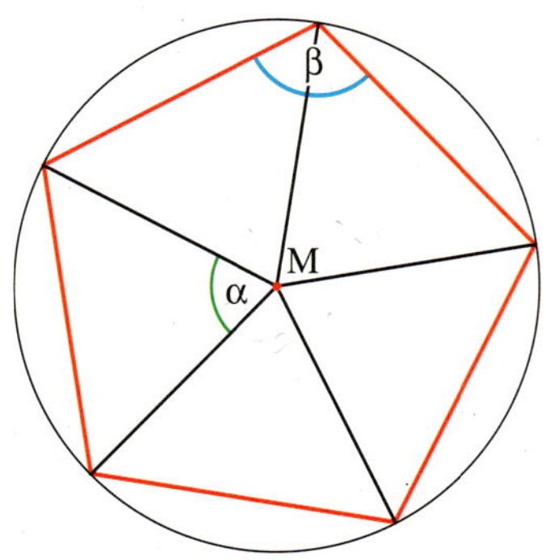

Fig. 5

Beispiel
Zeichne ein regelmäßiges 5-Eck.
Lösung:
Zeichne einen Kreis.
Mittelpunktswinkel: $\alpha = 360° : 5 = 72°$
Zeichne ein gleichschenkliges Dreieck mit dem Mittelpunktswinkel 72° in den Kreis.
Trage die Basis noch 4-mal mit dem Zirkel auf dem Kreis ab.

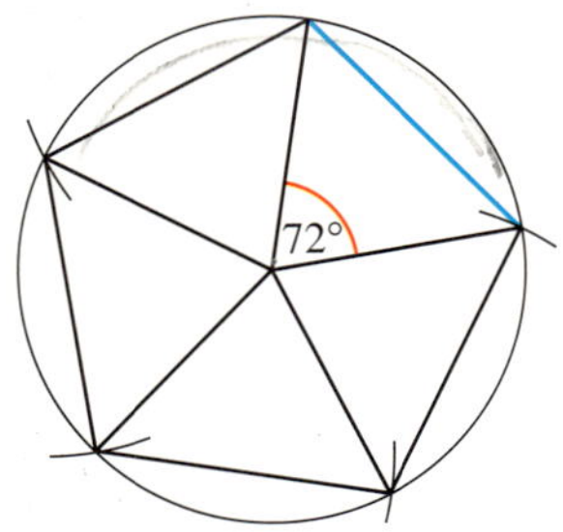

Fig. 1

Aufgaben

2 Berechne die Winkelsumme in einem a) 5-Eck, b) 11-Eck, c) 37-Eck.

3 Berechne die Größe der Innenwinkel und Mittelpunktswinkel in einem regelmäßigen
a) 12-Eck, b) 18-Eck, c) 72-Eck.

4 Berechne den fehlenden Innenwinkel bei einem
a) Viereck mit den Innenwinkeln 34°, 43°, 152° (88°, 97°, 102°),
b) Fünfeck mit den Innenwinkeln 55°, 65°, 205°, 5° (77°, 89°, 100°, 210°).

5 Wie groß sind die Winkel α, β, γ und δ in einem Viereck, wenn $\alpha = 2\beta$; $\gamma = \beta$; $\delta = 3\beta$?

6 Berechne die Anzahl der Ecken eines Vielecks mit der Innenwinkelsumme
a) 900°, b) 1800°, c) 3600°, d) 5400°.

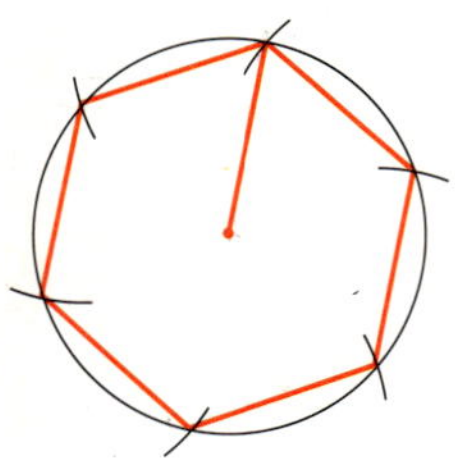

7 a) Zeichne ein regelmäßiges 8-Eck.
b) Zeichne ein regelmäßiges Vieleck mit der Winkelsumme 2340°.

8 a) Trägt man auf einem Kreis 6-mal den Radius ab, so erhält man ein regelmäßiges 6-Eck. Warum?
b) Zeichne ein regelmäßiges 6-Eck.

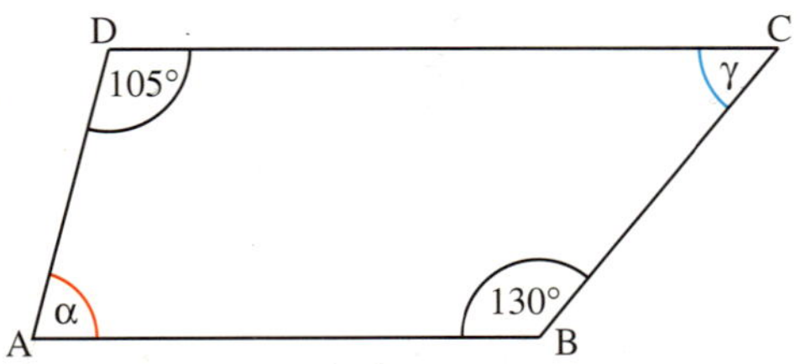

Fig. 2

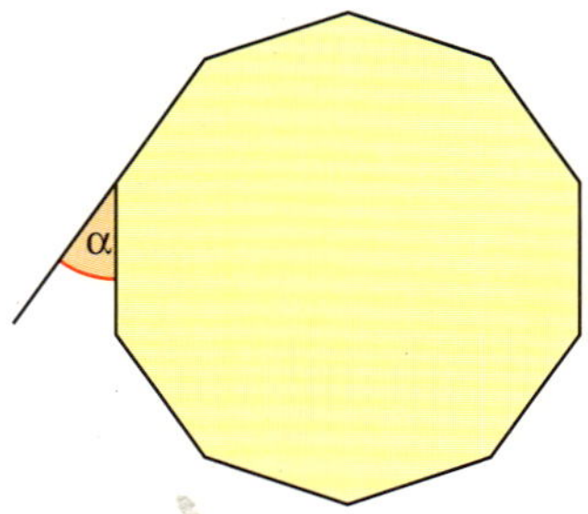

Fig. 3

9 Die Seiten $\overline{AB}$ und $\overline{CD}$ des Vierecks in Fig. 2 sind zueinander parallel.
Berechne die Größen der Winkel α und γ.

10 Berechne die Größe des Winkels α für das regelmäßige Vieleck in Fig. 3.

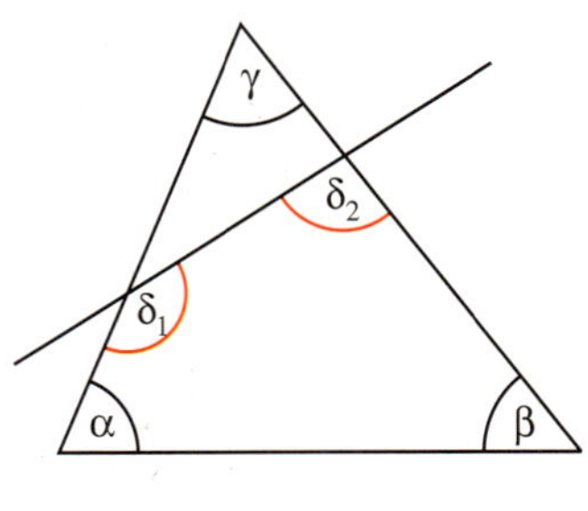

Fig. 4

11 In Fig. 4 ist $\delta_1 = 1{,}5\,\delta_2$.
a) Drücke δ_1 und δ_2 mit Hilfe von α und γ aus.
b) Es sei nun $\alpha = 75°$ und $\gamma = 20°$. Berechne die übrigen Winkel.

10 Vermischte Aufgaben

1 a) Zeichne in ein Achsenkreuz die Punkte A(5|4) und B(1|2) ein. Zeichne mit Hilfe des Geodreiecks die Mittelsenkrechte der Strecke $\overline{AB}$.
b) Zeichne die Strecke $\overline{CD}$ mit C(1|5) und D(7|2). Konstruiere mit Zirkel und Lineal die Mittelsenkrechte der Strecke $\overline{CD}$.

2 Zeichne eine 17,3 cm lange Strecke und teile sie in 2 (4; 8) gleich große Teile.

3 Zeichne ein gleichschenkliges Dreieck ABC mit der Basis $\overline{AB} = 5{,}3$ cm.
Konstruiere mit Zirkel und Lineal jeweils in einer neuen Zeichnung
a) die Mittelsenkrechte von $\overline{AC}$,
b) die Symmetrieachse der Strecke $\overline{AB}$,
c) die Symmetrieachse zu den Schenkeln des Winkels $\sphericalangle$ABC.

4 Zeichne zwei Punkte A und B, die 5 cm voneinander entfernt sind. Konstruiere mit Zirkel und Lineal alle Kreise mit dem Radius 3,5 cm, die durch A und B gehen.

5 Zeichne ein gleichschenkliges Dreieck ABC mit der Basis $\overline{AB}$, den Basiswinkeln α und β und dem Winkel γ an der Spitze C.
a) $\overline{AB} = 4{,}5$ cm und $\alpha = 65°$
b) $\overline{AC} = 5$ cm und $\gamma = 124°$
c) $\overline{BC} = 6$ cm und $\beta = 30°$

6 Gegeben sind die Punkte P(3|7) und Q(7|3). Trage diese Punkte in ein Achsenkreuz (Einheit 1 cm) ein und zeichne das gleichschenklige Dreieck PQR mit der Basis $\overline{PQ}$ und der Schenkellänge 6,5 cm.

7 Zeichne zwei zueinander parallele Geraden mit dem Abstand 4,5 cm (6,9 cm).
Zeichne die Mittelparallele zu diesen Geraden
a) mit Hilfe des Geodreiecks,
b) mit Hilfe von Zirkel und Lineal.

8 Zeichne zwei sich schneidende Geraden g und h. Wo liegen Punkte, deren Abstand von g kleiner als 3 cm und deren Abstand von h kleiner als 3,5 cm ist?

9 a) Berechne α, β, δ, η (Fig. 1), wenn $\varepsilon = 33°$ und $\gamma = 88°$.
b) Berechne α, δ, γ, ε (Fig. 1), wenn $\eta = 52°$ und $\beta = 93°$.

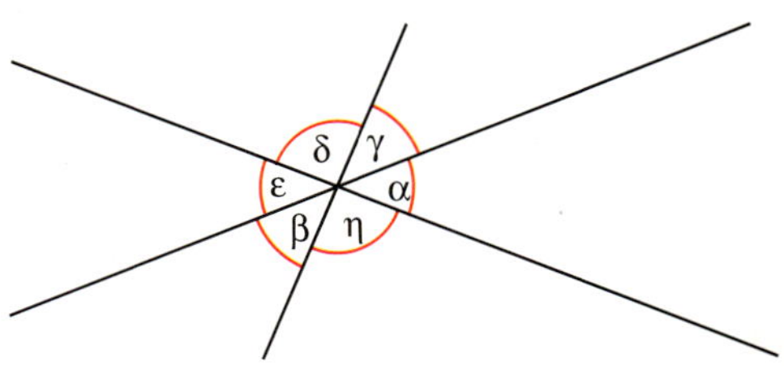

Fig. 1

10 a) Ein Winkel ist um 27° (84°, 155°) größer als sein Nebenwinkel. Wie groß sind die beiden Winkel?
b) Ein Winkel ist fünfmal (achtmal) so groß wie sein Nebenwinkel. Wie groß sind die beiden Winkel?

11 Berechne alle Winkel, wenn in Fig. 2
a) $\alpha = 35°$,
b) $\beta = 125°$,
c) $\varepsilon = 147°$,
d) $\pi = 112°$.

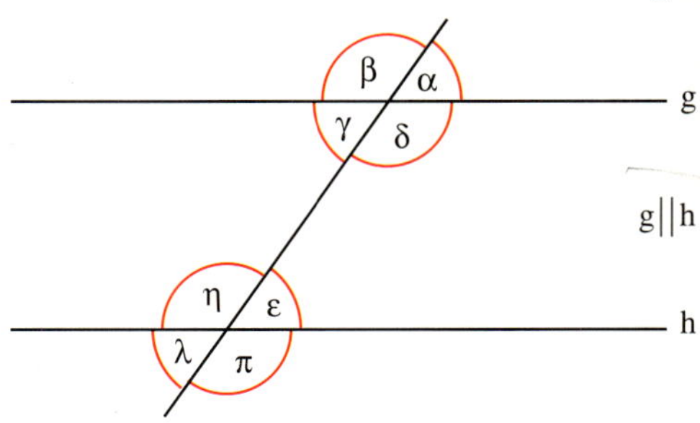

Fig. 2

12 In Fig. 1 ist $\alpha = 28°$.
a) Welche Winkel in Fig. 1 sind Wechselwinkel zu den Winkeln α und β?
b) Welche Winkel in Fig. 2 sind Stufenwinkel zu den Winkeln α und β?
c) Gib die fehlenden Größen der eingetragenen Winkel an, wenn $g \parallel h$.

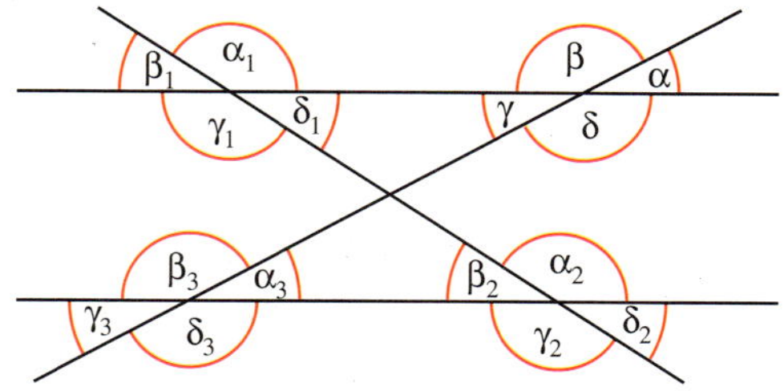

Fig. 1

13 Sind die Geraden a und b zueinander parallel (Fig. 2), wenn
a) $\alpha = 101°$; $\beta = 99°$,
b) $\alpha = 104°$; $\beta = 76°$,
c) $\alpha = \gamma = 110°$; $\beta = \delta = 75°$,
d) $\alpha = \beta = 90°$; $\delta = \gamma$?
Begründe deine Antwort.

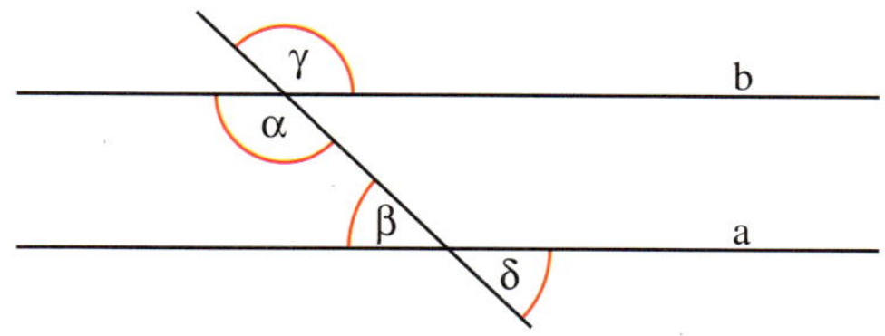

Fig. 2

14 In einem Dreieck sind die Winkel mit α, β, γ bezeichnet. Berechne die Winkel des Dreiecks, wenn a) $\alpha = 78°$; $\beta = \gamma$, b) $\beta = 56°$; $\gamma = 2\beta$, c) $\alpha = 3\beta$; $\beta = 2\gamma$.

15 a) Wie groß sind die Winkel eines Dreiecks ABC, bei dem α um 15° größer ist als β und β halb so groß wie γ?
b) In einem Dreieck ABC ist γ ebenso groß wie α und β zusammen. Um was für ein Dreieck handelt es sich?
c) In einem Dreieck ABC ist γ halb so groß wie α und β ist ein Drittel so groß wie γ. Berechne die Größen der drei Winkel.

16 a) Zeichne ohne Winkelmesser ein regelmäßiges 4-Eck (3-Eck; 12-Eck).
b) Welches regelmäßige n-Eck hat die Innenwinkelsumme 2160°?

17 In einem Viereck ABCD ist $\sphericalangle BAD = \sphericalangle DCB$ und $\sphericalangle CBA = \sphericalangle ADC$. Berechne die Größen der Innenwinkel, wenn a) $\sphericalangle BAD = 54°$, b) $\sphericalangle BAD = 2 \cdot \sphericalangle CBA$.

***18** In Fig. 3 wurde ein regelmäßiges 6-Eck so in 6 Teile zerschnitten, dass man aus diesen Teilen (ohne sie zu wenden) ein regelmäßiges Dreieck zusammensetzen kann (Fig. 4).
a) Beschreibe aufgrund von Fig. 3, wie man die Schnittlinien konstruieren kann. Zeichne auf steifes Papier ein regelmäßiges 6-Eck und zerschneide es wie angegeben; ordne danach die Teile so an wie in Fig. 4.
b) Begründe durch Winkelberechnung, dass in Fig. 4 keine Lücken entstehen, wenn man die Teile wie angegeben zusammenfügt.

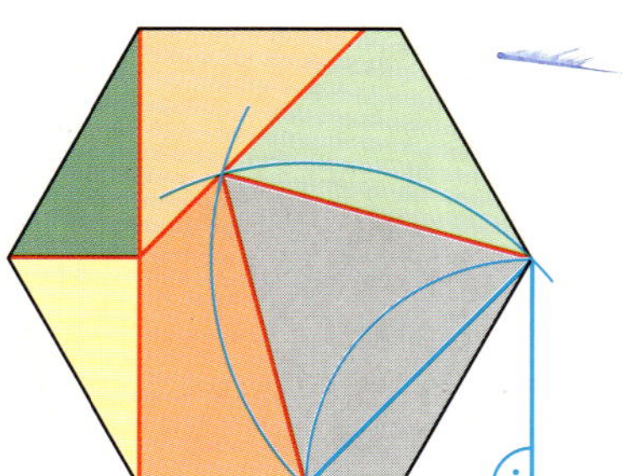
Fig. 3

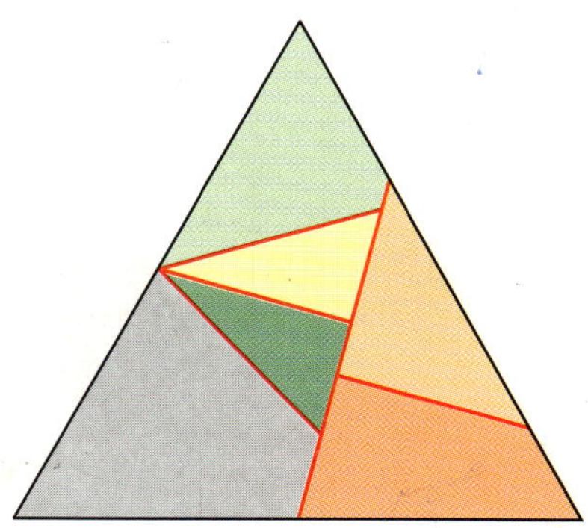
Fig. 4

THEMA:

Die platonischen Körper

Es gibt fünf besondere regelmäßige geometrische Körper, so genannte regelmäßige Vielflache (Polyeder). Jedes dieser Vielflache ist ausschließlich von gleichen regelmäßigen Vielecken begrenzt. An jeder Ecke eines solchen Vielflachs stoßen gleich viele Kanten zusammen. Die fünf Vielflache heißen auch platonische Körper, benannt nach dem griechischen Gelehrten Platon, der von 427 v. Chr. bis 347 v. Chr. lebte.
Die platonischen Körper heißen:

Im Griechischen bedeutet:
tettares: vier
hex: sechs
okto: acht
dodeka: zwölf
eikosi: zwanzig

Der Wortteil „eder“ stammt vom griechischen Wort hedra – Sitz ab. (Auf jeder seiner Flächen kann ein Polyeder „sitzen“.)

Tetraeder

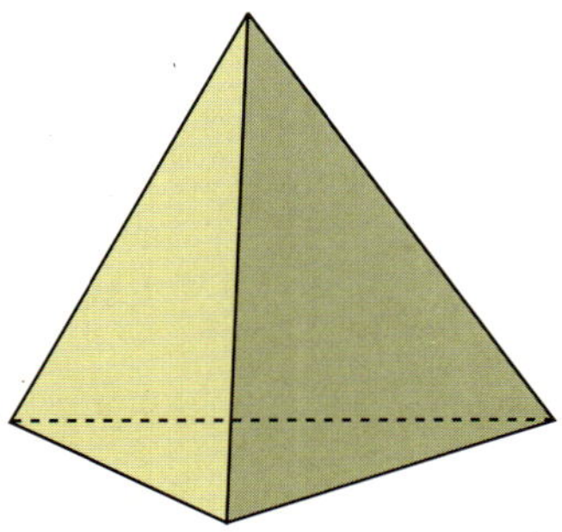

Hexaeder (Würfel)

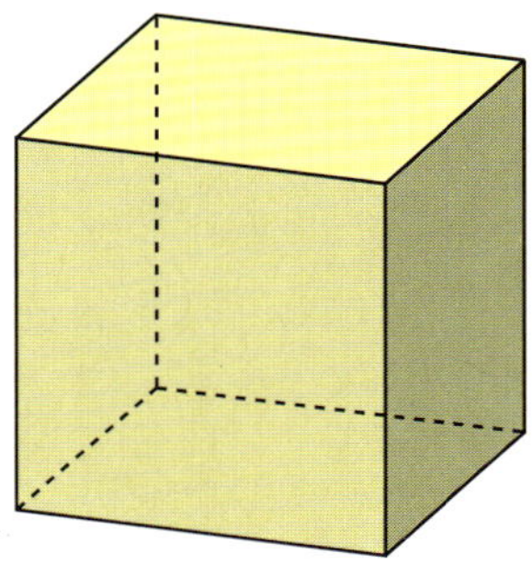

Oktaeder

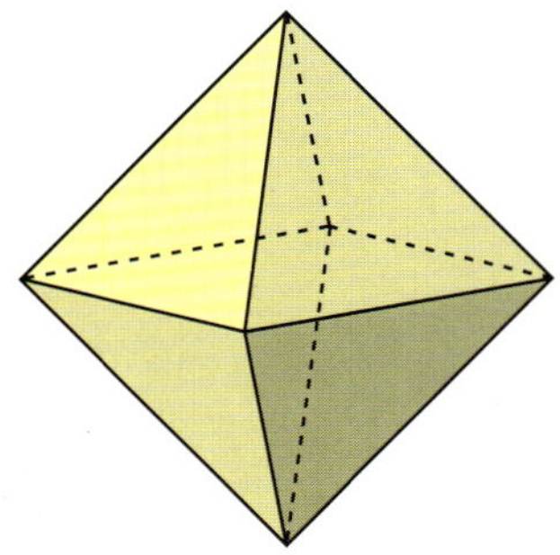

Dodekaeder

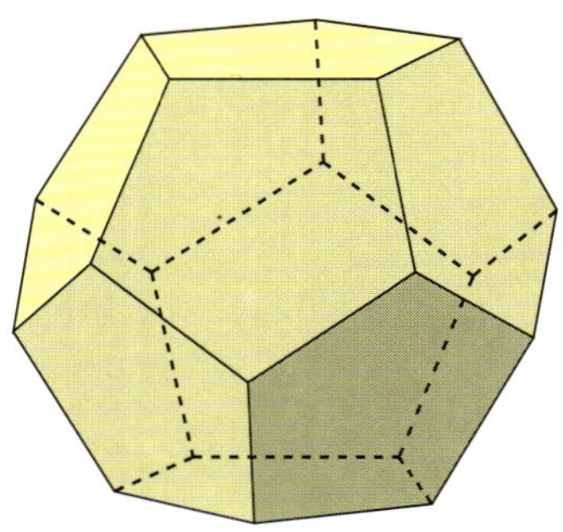

Ikosaeder

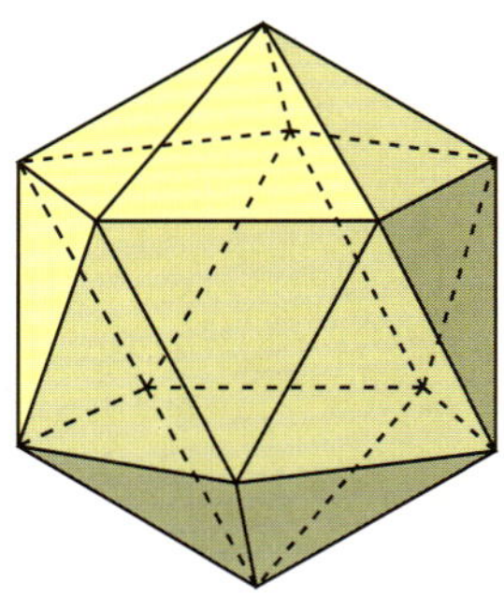

1 a) Wie viele Seitenflächen besitzt jeder der platonischen Körper?
b) Welche besondere Form hat die jeweilige Seitenfläche?
c) Wie viele Flächen stoßen jeweils an einer Ecke zusammen?

2 Auf der nächsten Seite sind Abwicklungen von platonischen Körpern abgebildet.
a) Lege jeweils ein Blatt Papier auf eine Abwicklung und zeichne die Abwicklung ab, schneide sie aus, falte sie an den Kanten und forme den jeweiligen Körper.
b) Zeichne selbst eine größere oder kleinere Abwicklung eines platonischen Körpers und bastle aus ihr den Körper.

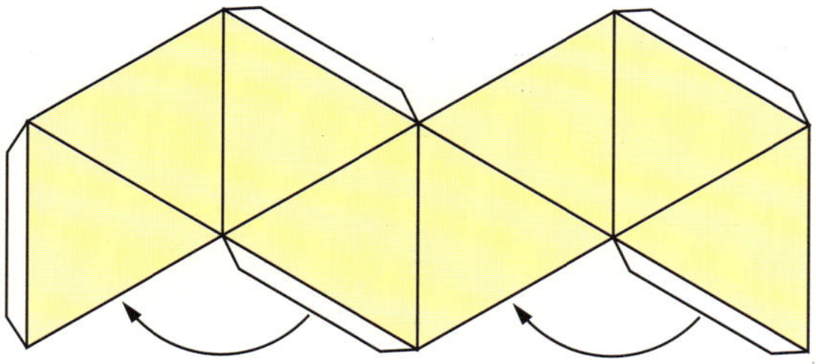

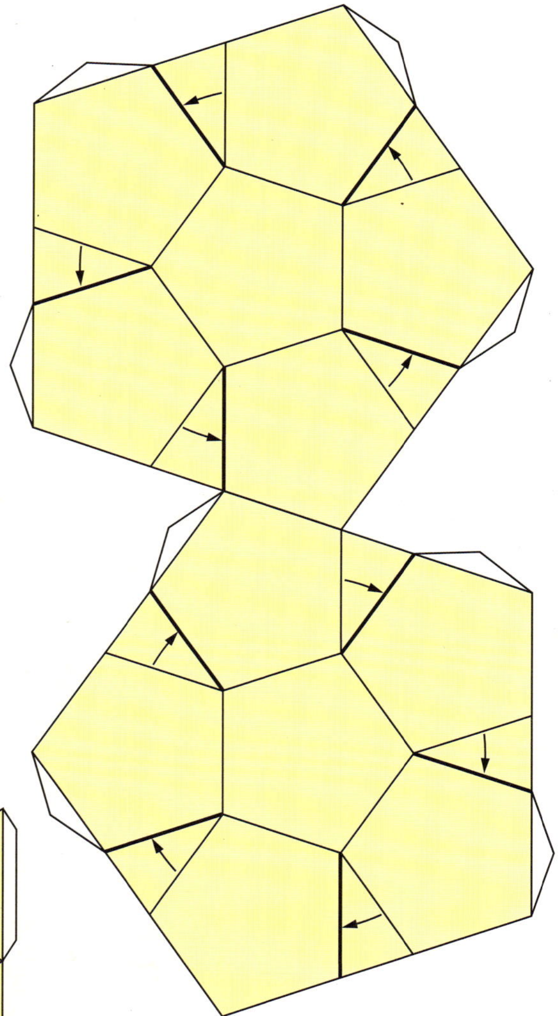

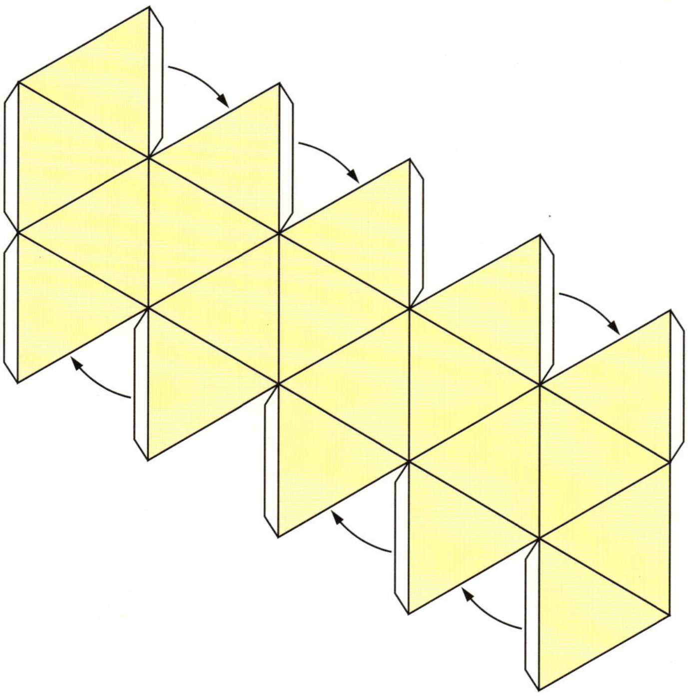

Mit Hilfe der Lösungen zu den Aufgaben 3 und 4 kann man erläutern, warum es nur fünf platonische Körper gibt.

3 a) Schneide aus einem Sechseck ein Dreieck aus und falte wie in Fig. 1.
b) Schneide aus einem Sechseck zwei Dreiecke (drei Dreiecke) aus und versuche zu falten.

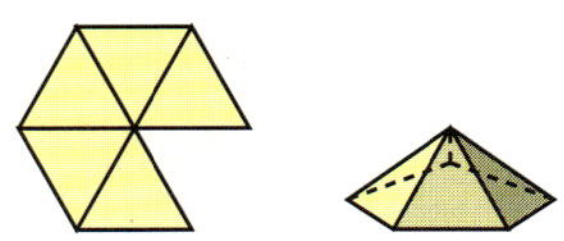

Fig. 1

4 Kann man mit Quadraten, Fünfecken, Sechsecken wie in Fig. 2 auch Körper oder zumindest eine Körperecke falten? Probiere aus!

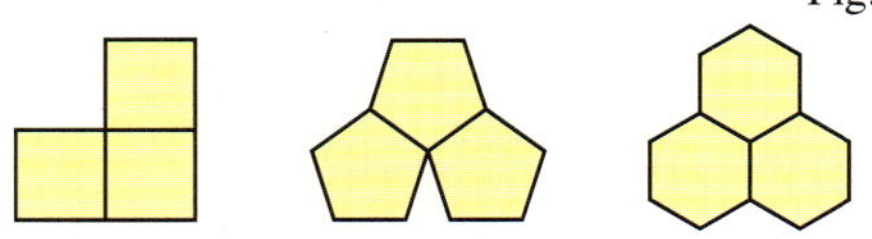

Fig. 2

Rückblick

Abbildungen
Achsenspiegelungen, Verschiebungen, Punktspiegelungen und Drehungen bilden Strecken auf gleich lange Strecken und Winkel auf gleich große Winkel ab.

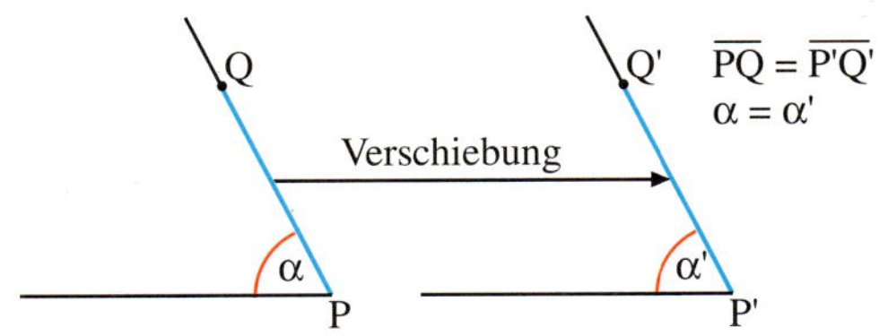

Mittelsenkrechte und Winkelhalbierende
Die Mittelsenkrechte einer Strecke ist Symmetrieachse dieser Strecke.
Die Winkelhalbierende eines Winkels ist Symmetrieachse des Winkels.

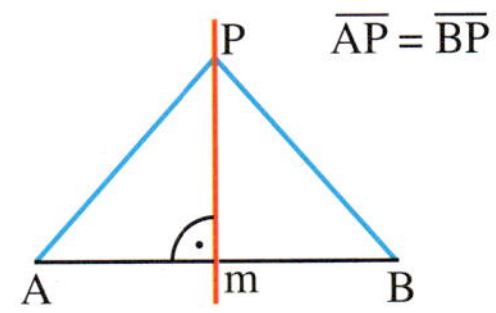

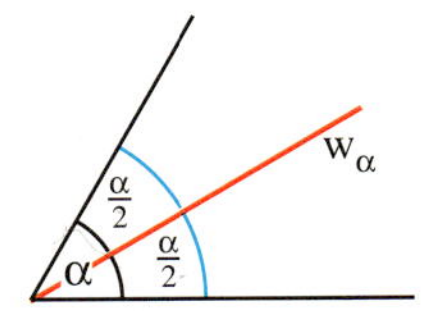

Achsensymmetrische Dreiecke
Jedes achsensymmetrische Dreieck ist gleichschenklig.
Jedes gleichschenklige Dreieck ist achsensymmetrisch.
Basiswinkel sind gleich groß.

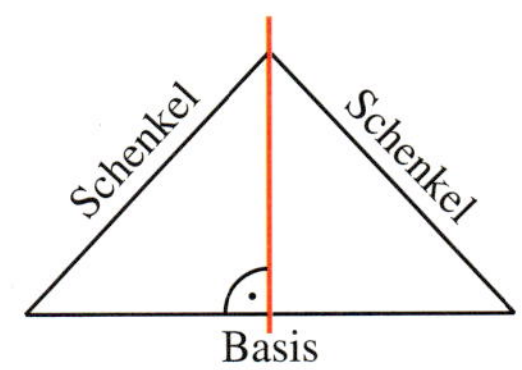

Zueinander parallele Geraden
Die Mittelparallele zweier zueinander paralleler Geraden halbiert jede Verbindungsstrecke dieser Geraden.
In jedem Dreieck ist die Verbindungsstrecke zweier Seitenmitten parallel zur dritten Seite und halb so lang wie diese.

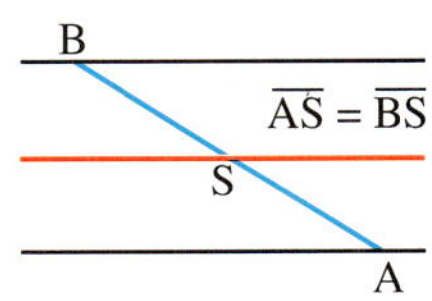

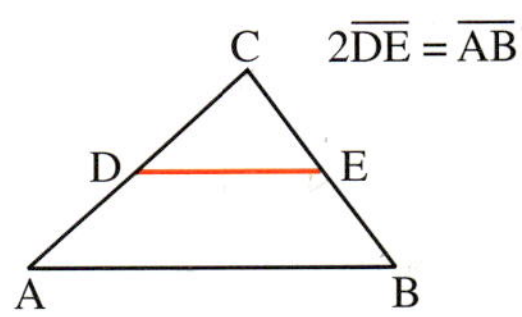

Scheitelwinkel und Nebenwinkel
Scheitelwinkel sind gleich groß.
Nebenwinkel sind zusammen 180° groß.

Stufenwinkel und Wechselwinkel
Stufenwinkel an zueinander parallelen Geraden sind gleich groß.
Wechselwinkel an zueinander parallelen Geraden sind gleich groß.
Sind an zwei Geraden Stufenwinkel oder Wechselwinkel gleich groß, dann sind diese Geraden zueinander parallel.

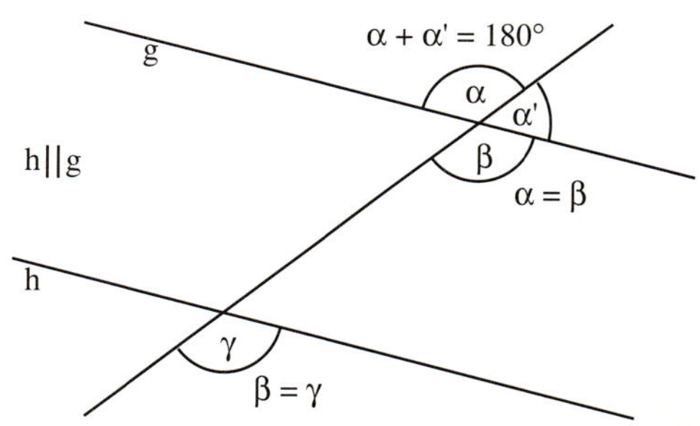

Innenwinkel im Dreieck
Die Summe der Innenwinkel eines Dreiecks beträgt 180°.

Außenwinkel am Dreieck
Jeder Außenwinkel ist so groß wie die Summe der nicht anliegenden Innenwinkel.

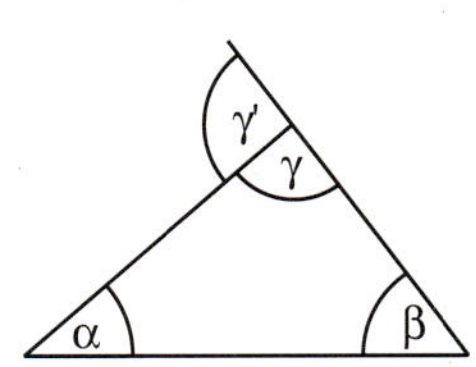

Winkelsumme in Vielecken
Die Summe der Innenwinkel in einem n-Eck beträgt: $(n-2) \cdot 180°$.

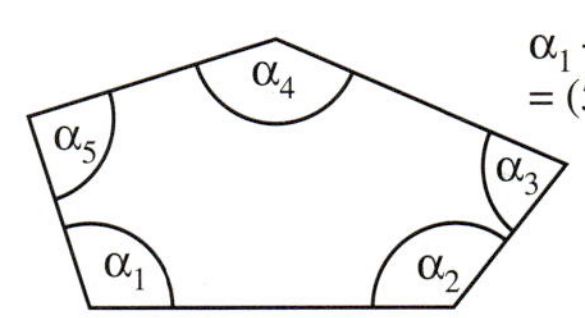

Aufgaben zum Üben und Wiederholen

1 a) Zeichne eine 4 cm lange Strecke $\overline{PQ}$ und drei Kreise, die alle durch P und Q gehen.
b) Zeichne vier verschiedene gleichschenklige Dreiecke mit der Schenkellänge 4 cm.
c) Zeichne eine Gerade g. Wo liegen alle Punkte, deren Abstand von g kleiner als 3 cm ist?

2 In Fig. 1 sind die Winkelhalbierenden von α und β eingezeichnet.
Berechne die Größen der Winkel α und β, wenn $\gamma = 150°$.

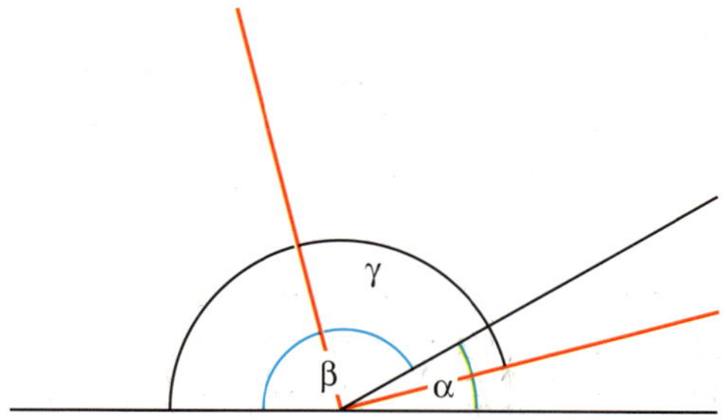

Fig. 1

3 Zeichne zwei Parallelen g und h.
Wo liegen alle Punkte, die
a) von g weiter entfernt sind als von h,
b) von g und h gleich weit entfernt sind,
c) von g mindestens so weit entfernt sind wie von h?
Fertige jeweils eine Zeichnung an.

4 Zeichne zwei zueinander parallele Geraden g und h. Zeichne eine Gerade k, die g und h schneidet und mit ihnen jeweils einen Winkel von 40° bildet.
Benenne die Winkel wie in Fig. 2.
a) Gib alle Paare von Wechselwinkeln an.
b) Gib alle Paare von Scheitelwinkeln an.
c) Wie groß sind jeweils die Winkel?

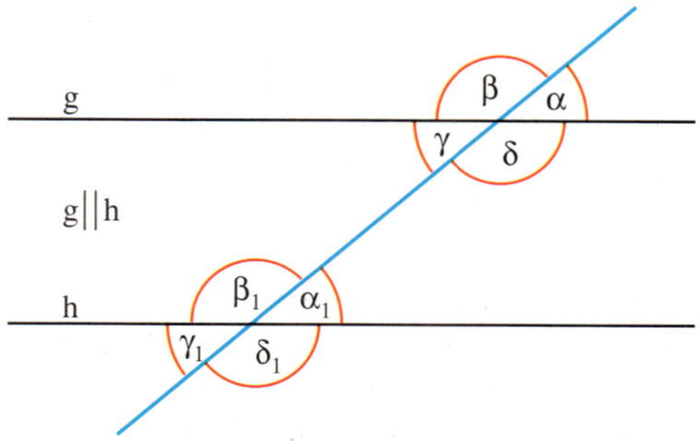

Fig. 2

5 Wie groß sind die Winkel eines gleichschenkligen Dreiecks, wenn der Winkel an der Spitze 66° groß ist?

6 Wie groß sind die Winkel α und β in dem Dreieck von Fig. 3, wenn
a) $\alpha = 2\beta$,
b) $\beta = 5\alpha$?

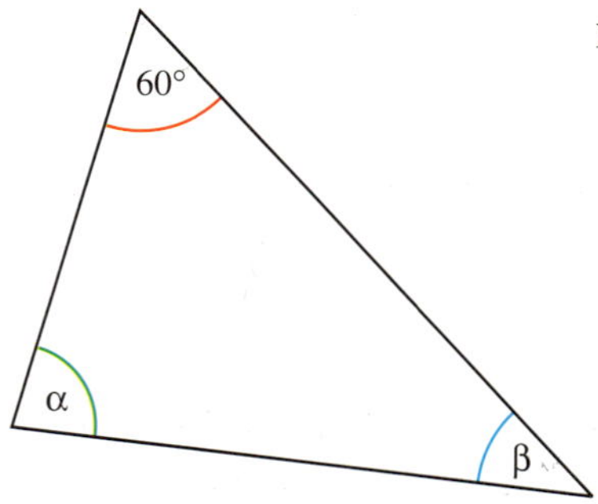

Fig. 3

7 α, β, γ sind die Innenwinkel eines Dreiecks; α_1, β_1, γ_1 sind die dazugehörenden Außenwinkel.
Übertrage die Tabelle ins Heft und fülle aus.

	α	β	γ	α_1	β_1	γ_1
a)	99°		31°			
b)		70°				110°

8 a) Zeichne mit Zirkel und Lineal ein regelmäßiges Vieleck, dessen Innenwinkel 135° groß sind.
b) Gibt es ein regelmäßiges Vieleck mit dem Mittelpunktswinkel $\alpha = 15°$?

9 a) Wie groß ist ein Mittelpunktswinkel in einem regelmäßigen 3-Eck?
b) Wie groß ist ein Innenwinkel in einem regelmäßigen 4-Eck?
c) Wie groß ist die Winkelsumme in einem 9-Eck?

10 Zeichne ohne Winkelmesser ein regelmäßiges 6-Eck.

Die Lösungen zu den Aufgaben dieser Seite findest du auf Seite 231.

1 Unter null / über null

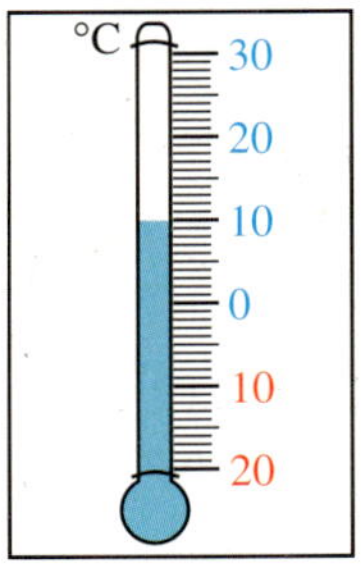

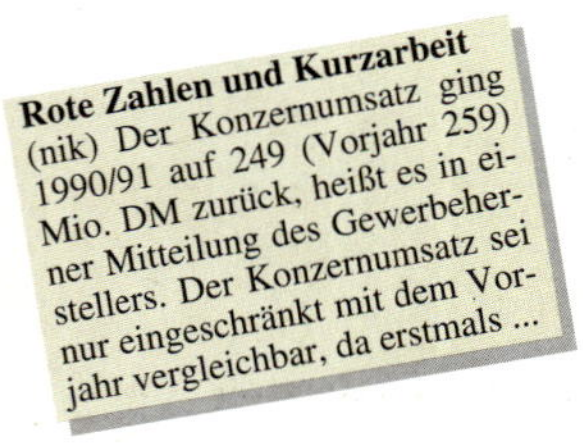
Rote Zahlen und Kurzarbeit
(nik) Der Konzernumsatz ging 1990/91 auf 249 (Vorjahr 259) Mio. DM zurück, heißt es in einer Mitteilung des Gewerbeherstellers. Der Konzernumsatz sei nur eingeschränkt mit dem Vorjahr vergleichbar, da erstmals ...

Fig. 1

1 a) Was bedeuten die roten Zahlen auf dem Thermometer? Wo steht die Thermometeranzeige bei „12 Grad unter null"?
b) Fig. 1 zeigt den Pegel vom Hamburger Hafen bei Niedrigwasser. Lies den Wasserstand ab. In welchem Bereich steht das Wasser bei einem Pegelstand „über null"?

2 Was ist in dem Zeitungsausschnitt mit den „roten Zahlen" gemeint?

Die Höhe von Bergen oder auch die Höhenlage von Orten oder Seen werden in Metern über dem Meeresspiegel, dem „Normal-Null", kurz in m über NN, angegeben. Das Höhenprofil in Fig. 2 zeigt, dass es aber auch Punkte gibt, z. B. den Wasserspiegel des Toten Meeres in Israel, die unter NN liegen.

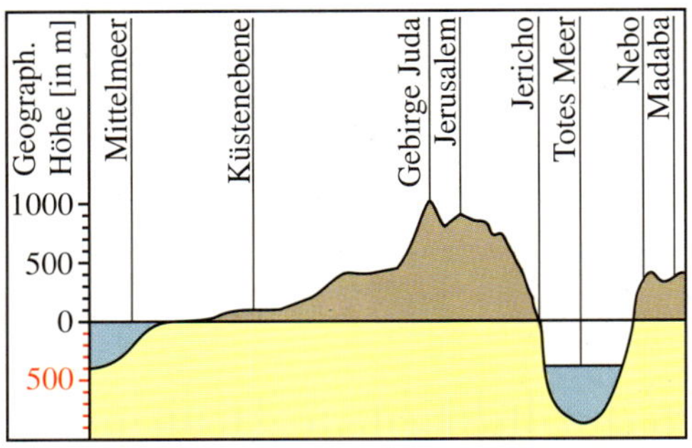

Fig. 2

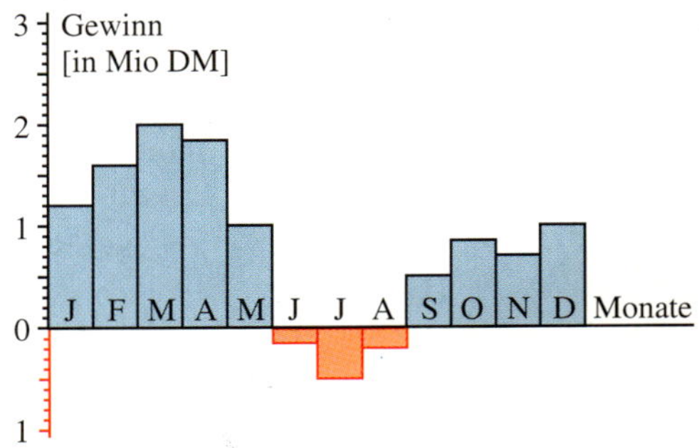

Fig. 3

Früher war es in der Buchhaltung oder bei Kontoauszügen üblich, Guthaben mit schwarzen Zahlen und Schulden mit roten Zahlen zu schreiben. Daher spricht man heute noch bei Schulden oder Verlusten von roten Zahlen. Das Diagramm in Fig. 3 zeigt die Gewinne eines Konzerns im Laufe eines Jahres. In den Monaten Juni bis August wurden „rote Zahlen geschrieben", d. h., statt Gewinne wurden Verluste gemacht.

Bei z. B. Temperaturen, Pegelständen, geographischen Höhen können Zustände „unter null" auftreten. Um sie zeichnerisch darzustellen, erweitert man den Zahlenstrahl zu einer symmetrischen Skala:

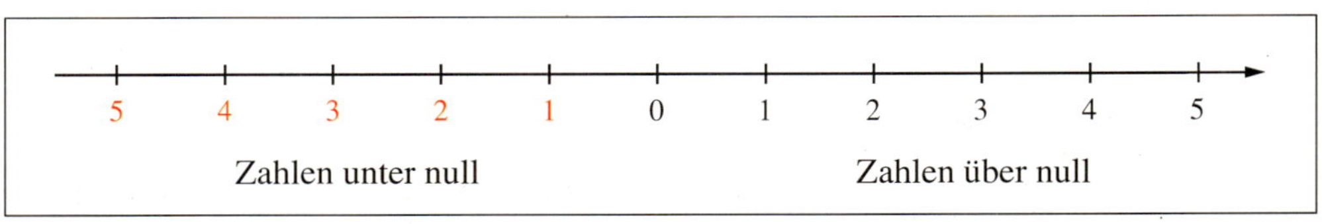

Die „schwarzen Zahlen" 1, 2, 3, . . und die „roten Zahlen" liegen spiegelbildlich bezüglich 0.

Aufgaben

Fig. 1

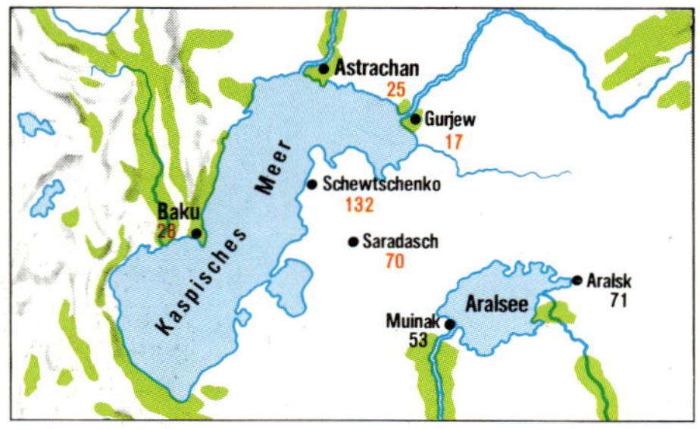

Fig. 2

3 Die folgenden Wasserstände wurden jeweils um 7 Uhr an einem Stauwehr gemessen. Zeichne die Skala eines Pegels und trage die Wasserstände ein:

Mo:	7 cm unter null,	Di:	5 cm unter null,	Mi:	19 cm über null,
Do:	8 cm über null,	Fr:	7 cm über null,	Sa:	12 cm unter null,
So:	5 cm unter null.				

4 In Ostfriesland liegen einige Seen unter dem Meeresspiegel. Lies ihre Höhen ab:

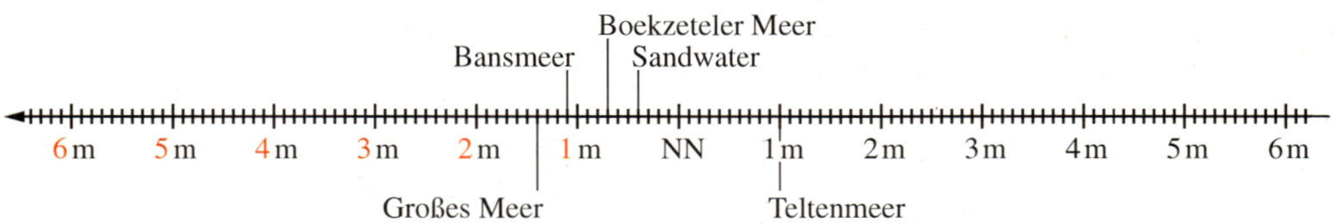

5 Entnimm der Landkarte von Fig. 2 die Höhen der eingezeichneten Orte. Trage sie mit den Ortsnamen auf einer geeigneten Skala ein.

6 Fig. 4 zeigt eine Darstellung über Gewinne und Verluste einzelner Parteien bei einer Wahl. Lies die einzelnen Gewinne und Verluste ab.

7 Stelle folgende Gewinne und Verluste einer Firma in einem Diagramm dar:

1. Quartal:	80 000 € Gewinn,
2. Quartal:	150 000 € Verlust,
3. Quartal:	40 000 € Gewinn,
4. Quartal:	40 000 € Verlust.

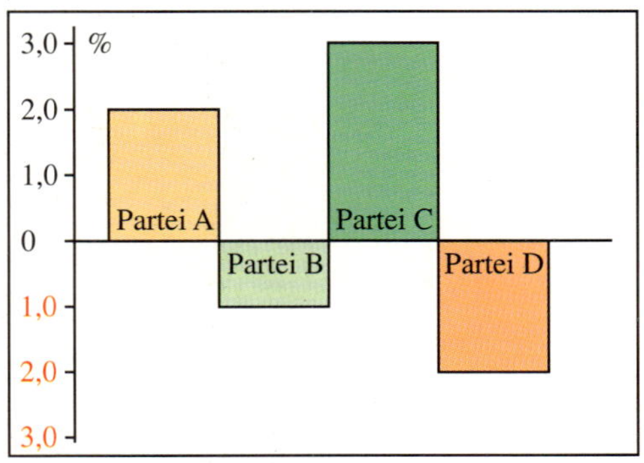

Fig. 4

8 Eine Fleischfabrik stellt Dosenkonserven her, die ein Füllgewicht von 450 g haben sollen. Kontrollmessungen von acht zufällig ausgewählten Dosen ergaben die Gewichte 448 g; 451 g; 442,5 g; 447 g; 454 g; 455,5 g; 449 g; 452 g.

a) Gib bei jeder der acht Dosen die Abweichungen vom Sollwert an.

b) Stelle die Abweichungen an einer Skala dar.

9 Die fünf Kinder einer Familie hatten bei ihrer Geburt folgende Gewichte: 3345 g; 3185 g; 3320 g; 3265 g; 3280 g.
Berechne die Abweichungen der Geburtsgewichte vom mittleren Geburtsgewicht der fünf Kinder. Stelle die Abweichungen an einer Skala dar.

2 Negative Zahlen

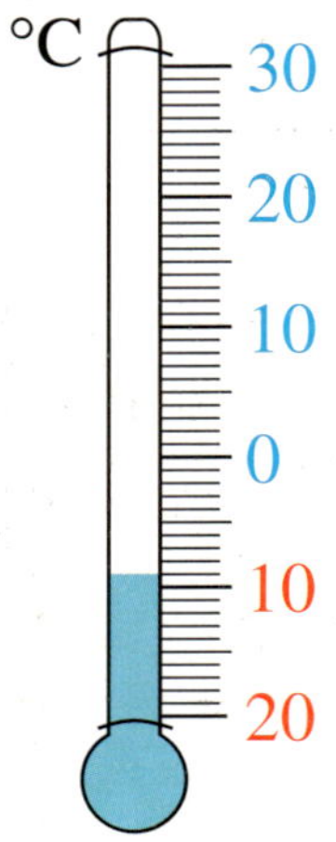

1 a) Im Januar hieß es im Wetterbericht: „Tageshöchsttemperatur +2°“, im Juli dagegen „Tageshöchsttemperatur 24°“. Warum wurde im Januar eine andere Temperaturbezeichnung als im Juli benutzt?
b) Wie heißt im Wetterbericht eine Temperatur von 5° unter null?

2 a) Am Mittag wurde eine Temperatur von +7 °C (von 0 °C; von –2 °C) gemessen. Bis zum Abend fällt die Temperatur um 4°. Wie viel °C ist es am Abend?
b) Ein Fahrstuhl befindet sich im 2. Obergeschoss. Er fährt 3 Etagen nach unten. In welchem Geschoss befindet er sich jetzt?
c) Ein Pegel zeigt 30 cm über Normal. Der Wasserstand sinkt um 50 cm. Beschreibe den neuen Wasserstand.

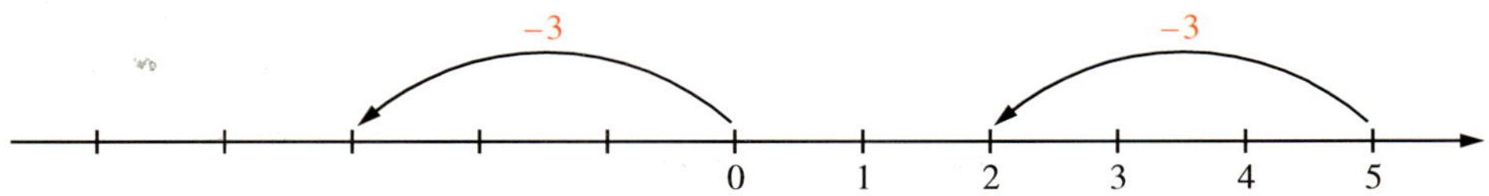

Um Subtraktionen immer ausführen zu können, erweitert man den Zahlen**strahl** zur Zahlen**geraden**. Die neu hinzu kommenden Zahlen nennt man **negative** Zahlen, die bisherigen (außer 0) **positive** Zahlen.
Wie bei den Temperaturen schreibt man in der Mathematik die Zahlen unter null, also die negativen Zahlen, mit einem – (minus). So ist 0 – 3 = –3 (lies: minus 3).
Zur deutlicheren Unterscheidung von 3 und –3 kann man statt 3 auch +3 schreiben.
+ und – nennt man **Vorzeichen** von +3 bzw. –3.
Die Zahl Null ist weder positiv noch negativ, sie wird daher in der Mathematik stets ohne Vorzeichen geschrieben.

Wenn es im Wetterbericht heißt „+0°“, so ist damit eine Temperatur zwischen 0° und 0,5° gemeint, bei „–0°“ eine Temperatur zwischen –0,5° und 0°.

Die **Zahlengerade**:

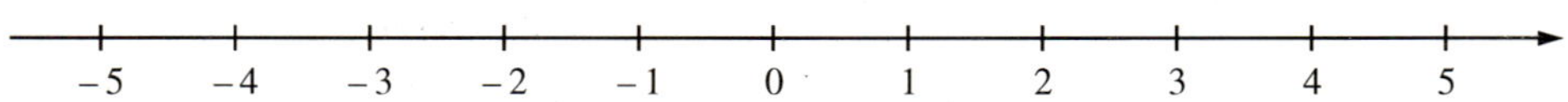

negative Zahlen   positive Zahlen

Auf der Zahlengeraden liegen z. B. 5 und –5 oder 2,1 und –2,1 symmetrisch bezüglich 0, also gleich weit von 0 entfernt. Man nennt daher –5 die **Gegenzahl** von 5 und 5 die Gegenzahl von –5. Entsprechend sind auch –2,1 und 2,1 Gegenzahlen voneinander.

Fügt man zu den natürlichen Zahlen 0; 1; 2; 3; . . . ihre Gegenzahlen hinzu, so erhält man die Menge der **ganzen Zahlen**, also die Zahlen . . . ; –3; –2; –1; 0; 1; 2; 3; . . .
Fügt man entsprechend zu den Bruchzahlen ihre Gegenzahlen hinzu, so erhält man die Menge der **rationalen Zahlen**.

ratio *(lat.): Berechnung. Die rationalen Zahlen lassen sich aus den natürlichen Zahlen durch Differenzen- und Quotientenbildung „berechnen“.*

Beispiel 1
Bestimme die Gegenzahlen von 6; 3; –2; –5; $\frac{3}{4}$; $-\frac{1}{5}$; 10,5; –2,75; 0.
Lösung:
–6; –3; 2; 5; $-\frac{3}{4}$; $\frac{1}{5}$; –10,5; 2,75; 0.

Beispiel 2

Zeichne eine Zahlengerade und trage ein: $2\frac{1}{2}$; $-2\frac{1}{2}$; 4,2; −4,2; −0,3; $-\frac{3}{4}$.

−4,2 ist die Gegenzahl von 4,2, also sind −4,2 und 4,2 gleich weit von 0 entfernt.

Lösung:

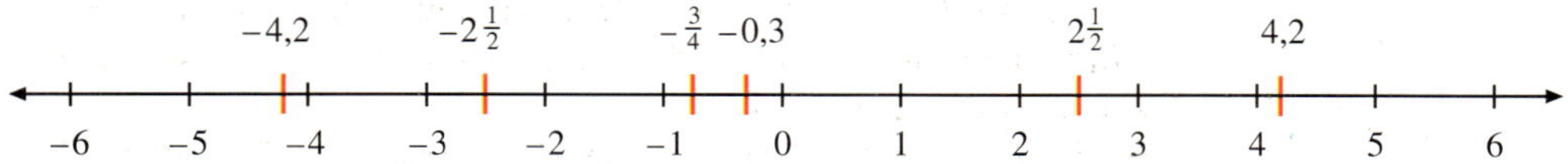

Fig. 1

Erweiterung des Achsenkreuzes

Entsprechend der Erweiterung des Zahlenstrahls zur Zahlengeraden kann man auch das Achsenkreuz erweitern.
Jedem Punkt entspricht jetzt ein Paar rationaler Zahlen:

A(−3|2)
↑ ↑
1. Koordinate 2. Koordinate

Entsprechend ist in Fig. 2:
B(2,5|2,5); C(−1|−2); D(2|−1,8)

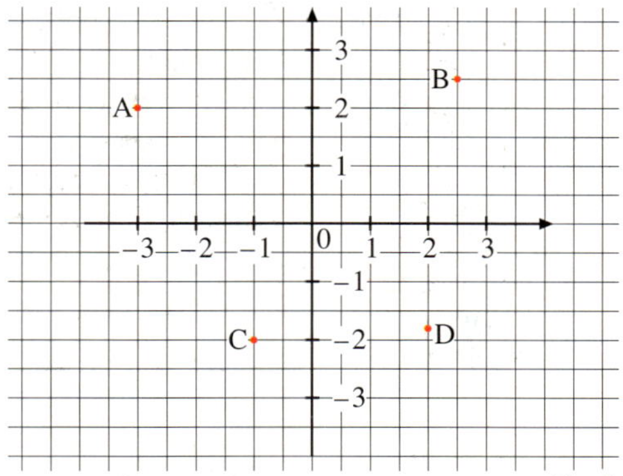

Fig. 2

Aufgaben

3 Erläutere jeweils, was gemeint ist.
a) Ritas Bankkonto hat einen Stand von −85 €.
b) Das Kaspische Meer hat die geographische Höhe −28 m.
c) Das Füllgewicht einer Schachtel Pralinen weicht um −15 g vom Sollgewicht ab.

4 Welche Zahlen werden auf den Zahlengeraden in Fig. 3 durch Pfeile markiert?

5 a) Zeichne eine Zahlengerade, wähle als Einheit 1 cm.
Trage ein: −3; 5; −2,3; $-1\frac{1}{2}$; 2,5; 0,8; $-\frac{5}{2}$; −0,7; $\frac{7}{4}$; $-4\frac{2}{5}$
b) Zeichne eine Zahlengerade, wähle als Einheit 6 cm.
Trage ein: $\frac{1}{3}$; $-\frac{5}{6}$; $-\frac{7}{12}$; $\frac{5}{12}$; −0,5; −1,2; −0,7; $-\frac{3}{4}$; −0,6; −0,3

6 a) Schreibe zu Fig. 4 die Punkte A, B, C, D, E, F, G, H, I mit ihren Koordinaten auf.
b) Trage die folgenden Punkte A bis G in ein Achsenkreuz ein.
A(−4|3); B(3|−4); C(−2|−5,5); D(−3|0); E$\left(-3\frac{1}{2}\middle|4\right)$; F(0|−4,2); G$\left(-1\frac{1}{2}\middle|-1\frac{1}{2}\right)$

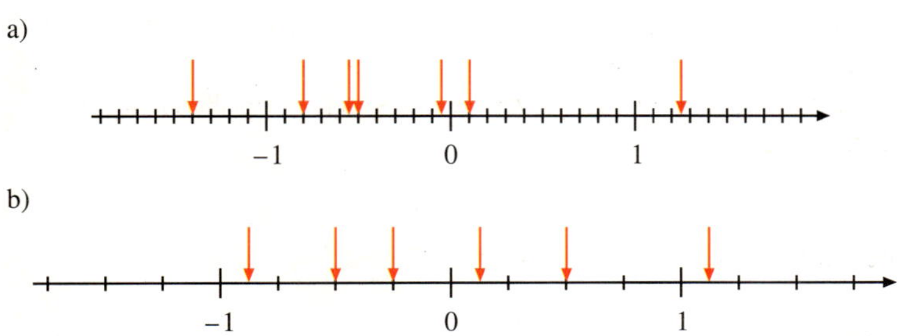

Fig. 3

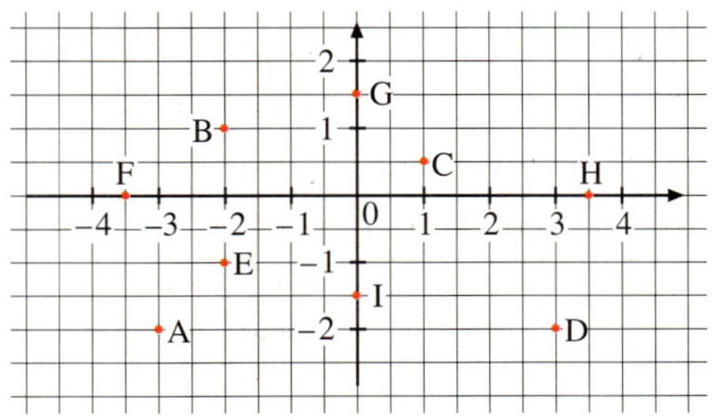

Fig. 4

3 Anordnung der rationalen Zahlen

1 a) Zeichne eine Zahlengerade und trage die in der Wetterkarte aufgeführten Temperaturen zusammen mit den Ortsnamen ein.
b) In welcher der Städte war es am wärmsten, in welcher Stadt am kältesten?
c) Vergleiche die Temperaturen von Berlin und Frankfurt, Madrid und Paris, Wien und London.

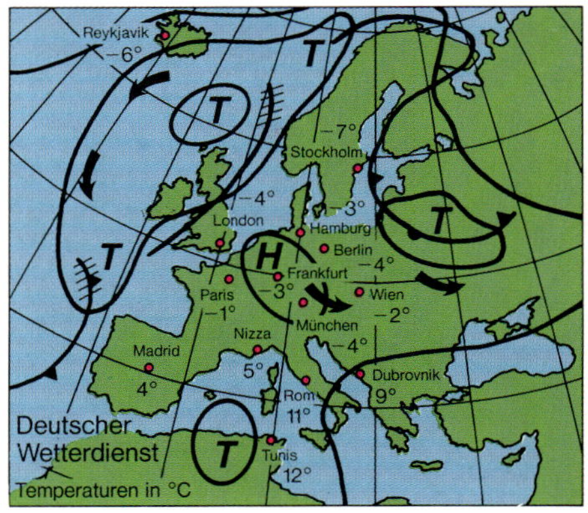

2 Auch in Ägypten gibt es Stellen, die unter dem Meeresspiegel liegen. Ordne nach der Höhe: Oase Siwa 18 m u. NN, Oase Farafra 70 m ü. NN, Kattarasenke 133 m u. NN.

Beim Zahlenstrahl gilt: Die kleinere von zwei Zahlen steht weiter links.
Die Temperaturskala, aber auch andere Beispiele wie die geographischen Höhen zeigen, dass diese Anordnung auch für rationale Zahlen sinnvoll ist.

Liegt auf der Zahlengeraden a links von b, so ist $a < b$

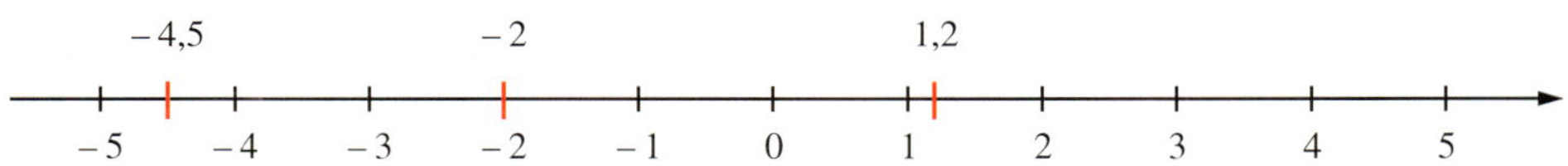

$-4{,}5 < -2$ $\quad$ $-2 < 1{,}2$

Beispiel 1
Vergleiche. Schreibe mit < oder >.
a) −7 und −4 $\quad$ b) −4 und −4,3 $\quad$ c) −3 und $\frac{1}{3}$ $\quad$ d) $-\frac{3}{7}$ und $-\frac{5}{11}$
Lösung:
a) $-7 < -4$, *denn −7 liegt links von −4.*
b) $-4 > -4{,}3$, *denn −4 liegt rechts von −4,3.*
c) $-3 < \frac{1}{3}$, *denn jede negative Zahl ist kleiner als jede positive Zahl.*
d) *Bringe die Brüche erst auf den Hauptnenner:*
$-\frac{3}{7} = -\frac{33}{77}$ und $-\frac{5}{11} = -\frac{35}{77}$, also $-\frac{3}{7} > -\frac{5}{11}$

Beispiel 2
Vergleiche −7361 und −7359.
7361 liegt auf der Zahlengeraden rechts von 7359; also gilt für die Gegenzahlen: −7361 liegt links von −7359.
Lösung: $-7361 < -7359$.

Zur Erinnerung:
Für $3 < x$ und $x < 7$ schreibt man kurz $3 < x < 7$.
Außerdem bedeutet $x \le 7$: $x < 7$ oder $x = 7$.

Beispiel 3
Bestimme alle ganzen Zahlen x mit $-4 \le x \le \frac{3}{2}$.
Lösung: −4; −3; −2; −1; 0; 1

Aufgaben

3 Vergleiche. Schreibe mit < oder >.

a) 6; –4 b) –9; 17 c) –19; –7 d) –89; –135
e) –27; –72 f) –18; 0 g) –35; –305 h) –121; –112
i) –314; –289 k) 0; –100 l) –20001; 10000 m) –6382; –6328

4 Ordne die folgenden Zahlen nach ihrer Größe; beginne mit der kleinsten Zahl.

a) $-23;\ 5;\ -8\frac{1}{2};\ -32;\ 0;\ \frac{15}{2}$ b) $2;\ -48;\ 8{,}4;\ -0{,}4;\ \frac{3}{4};\ -\frac{3}{4};\ -5$
c) $-\frac{1}{2};\ -\frac{3}{7};\ -\frac{7}{3};\ -1$ d) $-\frac{4}{9};\ -\frac{5}{11};\ -\frac{1}{2}$

5 In welcher zeitlichen Reihenfolge sind die genannten Mathematikerinnen und Mathematiker geboren?

Hypatia gilt als die älteste bekannte Mathematikerin. Sie lebte in Alexandria, wo sie 415 von christlichen Fanatikern ermordet wurde.

Maria Agnesi, 1718 n. Chr.
Richard Dedekind, 1831 n. Chr.
Diophant von Alexandria, um 250 v. Chr.
Eratosthenes von Kyrene, 284 v. Chr.
Euklid, um 300 v. Chr.
Carl Friedrich Gauß, 1777 n. Chr.
Sophie Germain, 1776 n. Chr.
Al-Hwarizmi, um 800 n. Chr.
Hypatia, um 370 n. Chr.
Ruth Moufang, 1905 n. Chr.
Pythagoras von Samos, 580 v. Chr.
Thales von Milet, 625 v. Chr.

6 Notiere für die angegebene Zahl erst die nächstkleinere ganze Zahl, dann die nächstgrößere ganze Zahl.

a) $12\frac{1}{3}$ b) $-12\frac{1}{3}$ c) –12,9 d) $-13\frac{3}{4}$
e) –8,4 f) $-\frac{23}{4}$ g) –100,2 h) –1009,5

7 Es ist $-4 < -2 < 0$. Notiere ebenso jeweils die folgenden Zahlen und die Zahl 0.

a) –6; –4 b) 6; 4 c) –13; 2 d) 28; –3
e) 0,54; –0,3 f) –0,8; –0,5 g) –1,46; 0,002 h) 0,42; 0,24

8 Gib mit dem Kleinerzeichen an, welche Zahl kleiner ist.

a) $\frac{3}{4};\ -\frac{7}{8}$ b) $\frac{5}{9};\ \frac{7}{11}$ c) $-\frac{9}{13};\ \frac{11}{17}$ d) 28; –3
e) $-\frac{5}{18};\ -\frac{7}{24}$ f) $-1\frac{4}{5};\ -1\frac{11}{15}$ g) $-3\frac{7}{8};\ -3{,}8$ h) $1{,}04;\ 1\frac{1}{16}$

9 Welche Zahl liegt auf der Zahlengeraden in der Mitte zwischen

a) 5 und 4,5; b) –3 und –2,5; c) $-1\frac{3}{4}$ und –2; d) $-\frac{1}{2}$ und $\frac{1}{4}$?

10 Gib eine Zahl an, die auf der Zahlengeraden zwischen den genannten Zahlen liegt.

a) –1,5; 1 b) –1,8; –1,9 c) $-2{,}4;\ -\frac{11}{5}$ d) $-\frac{4}{5};\ -\frac{13}{15}$
e) –0,01; –0,02 f) –0,004; –0,005 g) –0,06; –0,061 h) –1,031; –1,0309

11 Bestimme alle ganzen Zahlen z, für die gilt:

a) $-4 \le z \le 0$ b) $-10 < z \le -5$ c) $-8{,}4 \le z < -3{,}2$ d) $-6\frac{3}{4} \le z \le 4{,}2$

12 a) In welchen Fällen ist eine rationale Zahl größer als ihre Gegenzahl, in welchen Fällen ist sie kleiner als ihre Gegenzahl?
b) Gibt es eine Zahl, die gleich ihrer Gegenzahl ist?

13 Für drei rationale Zahlen a, b, c gilt $a < b < c$. Welche der Gegenzahlen von a, b, c ist die größte, welche die kleinste?

4 Betrag rationaler Zahlen

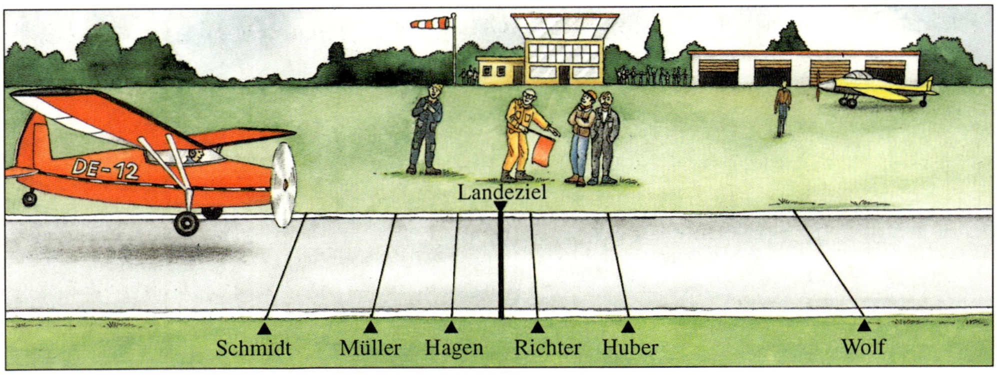

1 Bei einem Flugwettbewerb sollen die Piloten ihre Maschinen auf einer markierten Stelle der Landebahn aufsetzen. Die Zeichnung zeigt die Aufsetzpunkte verschiedener Piloten. Wer hat das beste Ergebnis? Versuche eine Reihenfolge aufzustellen. Worauf kommt es dabei an? Wie entscheidest du dich bei Müller und Huber?

Die Zahlen -3 und $+3$; $-3{,}85$ und $+3{,}85$; $-\frac{2}{5}$ und $+\frac{2}{5}$ sowie jede andere rationale Zahl und ihre Gegenzahl haben auf der Zahlengeraden jeweils von null denselben Abstand.

> Der Abstand einer rationalen Zahl a von der Zahl 0 heißt der **Betrag** von a. Für den Betrag von a schreibt man $|a|$ (lies: Betrag von a).
> $|+3| = |3| = 3$; $|-3| = 3$; $|0| = 0$; $|-5{,}6| = 5{,}6$

Beachte: $|a|$ ist stets eine nicht negative Zahl.

Beispiel 1
Welche rationalen Zahlen haben den Betrag 9?
Lösung: 9 und -9

Beispiel 2
Zeichne jeweils eine Zahlengerade. Markiere den Bereich aller rationalen Zahlen z, für die gilt: a) $|z| < 3{,}5$ b) $1 < |z| < 4{,}5$
Lösung:

a)

b)
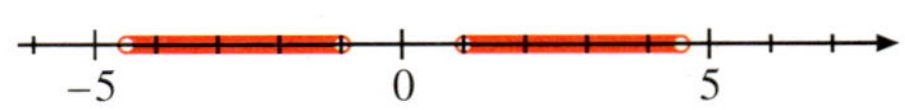

Beispiel 3
Berechne a) $5 + |-4|$ b) $|-24| - |-13|$ c) $||-3| + |-12||$
Lösung:
a) $5 + |-4| = 5 + 4 = 9$
b) $|-24| - |-13| = 24 - 13 = 11$
c) $||-3| + |-12|| = |3 + 12| = 15$

Aufgaben

Wenn $a < b < 0$

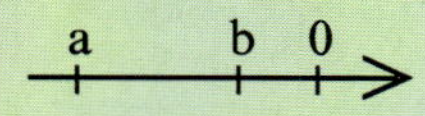

dann $|a| > |b|$.

2 Bestimme die Beträge.

a) $|-7{,}5|$ b) $\left|+\frac{4}{5}\right|$ c) $\left|-2\frac{1}{4}\right|$ d) $|-0{,}34|$ e) $|8|$

f) $|17{,}4|$ g) $|-3480|$ h) $|2019|$ i) $|+12\,560|$ k) $|-9578|$

3 Gib alle rationalen Zahlen an, deren Betrag

a) 37; b) 4,9; c) $\frac{2}{7}$; d) $2\frac{1}{4}$; e) 0 ist.

4 a) Für welche rationalen Zahlen x gilt: $|x| = x$?

b) Für welche rationalen Zahlen x ist: $|x| \neq x$?

c) Begründe die hier auf dem Rand stehende Behauptung.

5 Drücke mit Hilfe des Betragszeichens aus, dass auf der Zahlengeraden

a) die Zahlen –6 und +6 gleich weit von der null entfernt sind,

b) –3 näher bei null liegt als +5,

c) –8 weiter von null entfernt ist als –7,9.

6 a) Ordne die Zahlen $\frac{4}{5}$; -1; $-\frac{4}{3}$; $0{,}9$; -2 nach der Größe.

b) Sortiere die Zahlen aus a) nach der Größe ihrer Beträge.

7 Berechne.

a) $|-7| + |-4|$ b) $17{,}4 - |-9{,}3|$ c) $|-3418| - |-2950|$ d) $|-9{,}7| - \left|3\frac{2}{5}\right|$

e) $|-12| \cdot |-7|$ f) $\left|-\frac{2}{3}\right| \cdot \left|-\frac{9}{4}\right|$ g) $|-24| : |-48|$ h) $\left|-\frac{4}{5}\right| : \left|+\frac{3}{10}\right|$

8 Berechne.

a) $\left|\frac{1}{3} - \frac{1}{4}\right|$ b) $|5 - 2| \cdot 3$ c) $|7 - 2| \cdot |7 - 5|$ d) $||-6| - 6|$

e) $||5 - 1{,}1| + 18|$ f) $\left|\frac{3}{4}\right| + \left|-\frac{5}{9}\right|$ g) $|0{,}8 - 0{,}6| + \frac{3}{5}$ h) $||9| - |-5{,}4| + 6{,}7|$

9 a) Wie viele natürliche Zahlen gibt es, deren Betrag kleiner als 10 ist?

b) Wie viele ganze Zahlen gibt es, deren Betrag kleiner als 10 ist?

c) Wie viele ganze Zahlen gibt es, deren Betrag größer als 5 und kleiner als 10 ist?

10 Bestimme alle ganzen Zahlen z, für die gilt:

a) $|z| < 3$ b) $|z| < +5{,}2$ c) $|z| < 4$ d) $|z| < 0{,}8$

e) $|z| \leq 0$ f) $+2 < |z| < +8$ g) $4{,}5 < |z| < 6{,}1$ h) $0 < |z| < 6$

11 Zeichne jeweils eine Zahlengerade; markiere auf ihr den Bereich der rationalen Zahlen, für die gilt:

a) $|z| < 3$

b) $3 < |z| < 6$

c) $|z| < 4$ und $z < 0$

d) $-3 < z < 1$ und $|z| < 2$

e) $|z| > 1$ und $z < 0$

12 Übertrage Fig. 1 in dein Heft.
Markiere jeweils im Innern des Kreises alle Gitterpunkte $P(x|y)$ mit

a) $|x| < 2$, b) $|y| > 3$,

c) $1 < |x| < 3$, d) $2 < |y| < 6$.

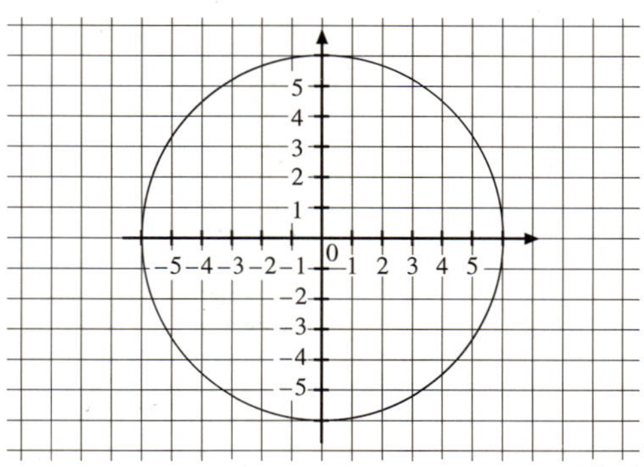

Fig. 1

5 Addieren rationaler Zahlen

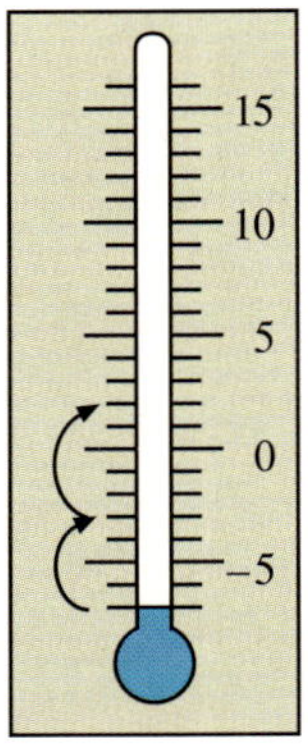

1 a) Das Thermometer zeigt am Morgen –7 °C. Am Mittag beträgt die Temperatur –3 °C. Um wie viel Grad ist die Temperatur angestiegen?
b) Bis zum Nachmittag steigt die Temperatur um 5°. Wie hoch ist sie jetzt?
c) Bis zum nächsten Morgen fällt die Temperatur um 8°. Bestimme die neue Temperatur.

2 Auf Kontoauszügen werden Guthaben kurz als „Haben" bezeichnet, Schulden als „Soll", meist abgekürzt mit S.
a) Erläutere den unvollständigen Kontoauszug von Frau Jung. Bestimme den neuen Kontostand.
b) Herr Frank hat bei der Bank 3500 € Schulden, bei der Sparkasse 900 € Schulden. Wie viel Euro Schulden sind das zusammen?

Kontoauszug		Sparkasse Burg
Datum	Erläuterung	Betrag
31. 1.	GEHALT	3000, 00
FRAU DAGMAR JUNG HAUPTSTRASSE 7 51602 NEUDORF		Alter Kontostand: 1700, 00 S
		Neuer Kontostand:

Addieren einer positiven Zahl bedeutet am Zahlenstrahl nach rechts gehen, Subtrahieren nach links gehen. Dies soll auch für die Zahlengerade gelten.
Das Beispiel der Schulden legt nahe: Addieren einer negativen Zahl bedeutet Subtrahieren ihres Betrages, also um ihren Betrag nach links gehen.

Addieren einer positiven Zahl

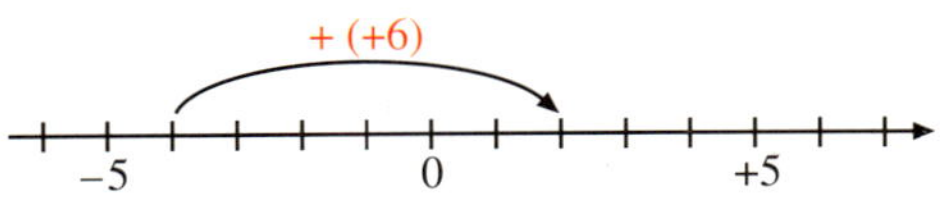

$(-4)+(+6) = +2$

Addieren einer negativen Zahl

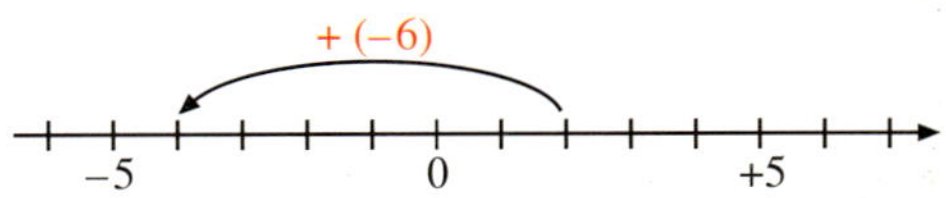

$(+2)+(-6) = -4$

Neben den Vorzeichen + und – treten jetzt auch noch + und – als Rechenzeichen auf. Um diese nicht durcheinander zu bringen, setzen wir vorerst in Summen und Differenzen die rationalen Zahlen in Klammen:

Rechenzeichen
↓
(–8) + (+5) = –3
↑ ↑ ↑
Vorzeichen

Addieren einer **positiven** Zahl an der Zahlengeraden: Gehe um ihren Betrag nach **rechts**.	Addieren einer **negativen** Zahl an der Zahlengeraden: Gehe um ihren Betrag nach **links**.

Beispiel 1
a) (+4) + (+13) = +17 b) (–4) + (+13) = +9 *(jeweils 13 Schritte nach rechts)*
c) (+4) + (–13) = –9 d) (–4) + (–13) = –17 *(jeweils 13 Schritte nach links)*

Beim Berechnen von (–74) + (–87) geht man von –74 um 87 Schritte nach links. Das Ergebnis liegt so 74 + 87 = |–74| + |–87| links von 0.

Beim Berechnen von (+74) + (–87) geht man erst 74 Schritte nach links bis zur 0, dann noch 87 – 74 Schritte in den negativen Bereich hinein. Das Ergebnis liegt so 87 – 74 = |–87| – |+74| links von 0.

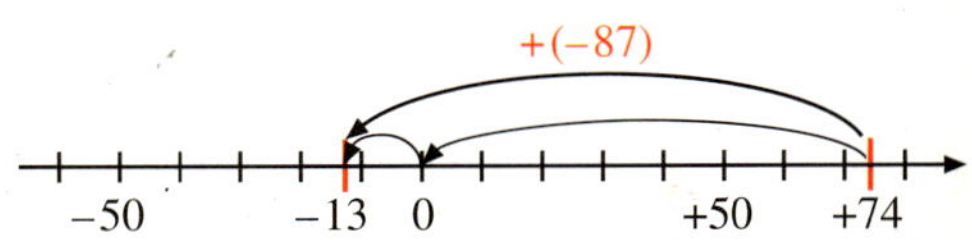

Addieren zweier rationaler Zahlen:

Gleiche Vorzeichen:	**Verschiedene Vorzeichen:**
1. Addiere die Beträge. 2. Gib der Summe das gemeinsame Vorzeichen der Summanden.	1. Subtrahiere den kleineren Betrag vom größeren Betrag. 2. Gib der Differenz das Vorzeichen des Summanden mit dem größeren Betrag.

Beispiel 2

Berechne a) (–17) + (–29) b) (+6,7) + (–5,6)

Lösung:

a) *Gleiche Vorzeichen*
1. Schritt: *17 + 29 = 46*
2. Schritt: *Gemeinsames Vorzeichen –*
Ergebnis: (–17) + (–29) = –46

b) *Verschiedene Vorzeichen*
6,7 – 5,6 = 1,1
+6,7 hat den größeren Betrag, also +.
(+6,7) + (–5,6) = +1,1

Aufgaben

3 Berechne im Kopf.

a) (–14) + (+20) b) (–23) + (+16) c) (+18) + (–21) d) (–31) + (+41)
e) (+29) + (–11) f) (–19) + (+37) g) (–26) + 0 h) (–35) + (+41)
i) (–51) + (+19) k) (–60) + (–45) l) 0 + (–17) m) (–16) + (–26)

4 Berechne im Kopf.

a) (+75) + (–85) b) (–63) + (+55) c) (–38) + (–27) d) (+72) + (–75)
e) (–123) + (+135) f) (–164) + (+148) g) (+218) + (–320) h) (–135) + (–75)
i) (–84) + (–216) k) (–417) + (–450) l) (–623) + (–620) m) (–518) + (+620)

5 Überlege zuerst, ob die Summe positiv oder negativ ist.

a) (–117) + (–17) b) (–218) + (–91) c) (+356) + (–365) d) (–198) + (+202)
e) (–476) + (–384) f) (–429) + (+429) g) (+1000) + (–713) h) (–1000) + (–713)
i) (–1000) + (+713) k) (+912) + (–512) l) (+631) + (–69) m) (–485) + (+355)

6

a) (–365) + (+287) b) (+459) + (–261) c) (–3279) + (–4397)
d) (+453) + (+8202) e) (+109) + (–901) f) (–7099) + (+190)
g) (–8033) + (–917) h) (–954) + (+1074) i) (–5821) + (+783)
k) (+8395) + (–9428) l) (–60039) + (+42985) m) (–7346) + (–8027)

7

a) (–19,3) + (–7,1) b) (–17,7) + (–43,6) c) (–19,9) + (+25,8)
d) (–9,26) + (–59,4) e) (+78,23) + (–116,3) f) (+25,15) + (–15,25)
g) (+118,4) + (–18,6) h) (+47,11) + (–68,89) i) (–123,4) + (–43,2)
k) (+159,1) + (+93,9) l) (+84,3) + (–127,52) m) (–92,7) + (+132,35)

8

a) (+23,4) + (–25,8) b) (–25,8) + (+23,4) c) (–47,8) + (+26,5)
d) (–137,5) + (–164,2) e) (–463,9) + (+47,4) f) (+486,3) + (–81,4)
g) (+947,4) + (–73,8) h) (–35,27) + (+41,68) i) (–364,7) + (+49,2)
k) (–291,4) + (–18,8) l) (+479,3) + (–837,5) m) (–27,53) + (+61,48)

9 Berechne.

a) $\left(-\frac{5}{8}\right)+\left(-\frac{1}{3}\right)$ b) $\left(+\frac{3}{4}\right)+\left(-\frac{4}{5}\right)$ c) $\left(-\frac{2}{3}\right)+\left(+\frac{1}{2}\right)$ d) $\left(+\frac{3}{5}\right)+\left(+\frac{2}{3}\right)$

e) $\left(-2\frac{3}{5}\right)+\left(+1\frac{2}{5}\right)$ f) $\left(+2\frac{4}{7}\right)+\left(-2\frac{1}{14}\right)$ g) $\left(-3\frac{1}{8}\right)+\left(-1\frac{3}{4}\right)$ h) $\left(-6\frac{2}{9}\right)+\left(+7\frac{2}{9}\right)$

10

a) $\left(+\frac{4}{5}\right)+\left(-\frac{1}{3}\right)$ b) $\left(-\frac{2}{3}\right)+\left(+\frac{1}{2}\right)$ c) $\left(+\frac{5}{6}\right)+\left(-\frac{3}{4}\right)$ d) $\left(+\frac{3}{10}\right)+\left(-\frac{1}{6}\right)$

e) $\left(-\frac{3}{2}\right)+\left(+\frac{3}{5}\right)$ f) $\left(-\frac{2}{7}\right)+\left(-\frac{3}{2}\right)$ g) $\left(-\frac{4}{9}\right)+\left(+\frac{1}{3}\right)$ h) $\left(+\frac{5}{4}\right)+\left(-\frac{5}{3}\right)$

i) $\left(-1\frac{1}{2}\right)+\left(+\frac{2}{3}\right)$ k) $\left(+2\frac{2}{5}\right)+\left(-3\frac{1}{2}\right)$ l) $\left(-1\frac{4}{5}\right)+\left(-2\frac{1}{2}\right)$ m) $\left(-4\frac{1}{4}\right)+\left(+3\frac{4}{5}\right)$

11

a) $(+17{,}5)+\left(-13\frac{1}{2}\right)$ b) $(+26{,}8)+\left(-31\frac{2}{5}\right)$ c) $(-47{,}3)+\left(-19\frac{3}{5}\right)$ d) $\left(-38\frac{1}{8}\right)+(+24{,}375)$

e) $\left(-19\frac{9}{20}\right)+(+20{,}55)$ f) $\left(+16\frac{1}{8}\right)+(-24{,}375)$ g) $\left(-13\frac{3}{25}\right)+\left(-6\frac{1}{4}\right)$ h) $\left(-13\frac{5}{16}\right)+\left(+9\frac{2}{5}\right)$

i) $\left(+7\frac{1}{3}\right)+\left(-8\frac{1}{5}\right)$ k) $(-12{,}25)+\left(+8\frac{5}{6}\right)$ l) $(-42{,}8)+\left(+51\frac{2}{15}\right)$ m) $\left(+13\frac{2}{3}\right)+(-25{,}4)$

12

a) $\left(-7\frac{2}{3}\right)+\left(+4\frac{1}{5}\right)$ b) $\left(+3\frac{5}{8}\right)+(-3{,}125)$ c) $(+2{,}9)+\left(-2\frac{2}{3}\right)$ d) $(-26{,}5)+(+22)$

e) $\left(-18\frac{1}{10}\right)+(-9{,}4)$ f) $(+6{,}8)+\left(-6\frac{1}{3}\right)$ g) $\left(-14\frac{5}{6}\right)+(-5{,}3)$ h) $(+5{,}8)+\left(-5\frac{2}{3}\right)$

13 Übertrage die folgende Tabelle ins Heft; fülle die Tabelle aus.

a)

+	+4	−8	$+\frac{3}{8}$	$-5\frac{1}{6}$
−5				
$+\frac{1}{2}$				
−1,5				

b)

+	−17	−7,2	$+\frac{5}{18}$	$-1\frac{1}{2}$
−4,5				
$+\frac{2}{3}$				
−2,5				

14 Überlege an der Zahlengeraden, welche Zahl für x passend eingesetzt werden kann.

a) $(-3)+x=-6$ b) $374+x=-23$ c) $-45+x=87$ d) $1{,}2+x=-5{,}7$

e) $x+8{,}5=-13{,}2$ f) $x+(-3{,}2)=8$ g) $\left(-7\frac{1}{7}\right)+x=6\frac{6}{7}$ h) $-5\frac{2}{3}+x=-1$

15 Denke dir eine Zahl. Verdopple sie, addiere die Gegenzahl der gedachten Zahl. Welche Zahl erhältst du? Begründe.

16 Jörg behauptet: Eine Summe ist immer größer als ihre Summanden. Hat Jörg Recht?

17 Das Tal des Todes ist mit 85 m unter NN der tiefste Punkt Amerikas. Old Firehand reitet von dort 135 m bergauf. In welcher geographischen Höhe befindet er sich?

18 Im Pazifischen Ozean bei Neuseeland gibt es unter der Meeresoberfläche einen 8690 m hohen Berg. Der Meeresgrund in seiner Umgebung liegt 9050 m unter NN. Wie viel m liegt die Bergspitze unter der Wasseroberfläche?

6 Subtrahieren rationaler Zahlen

1 a) Herr Frank holt einen Auszug seines Bankkontos. Er sieht eine Gutschrift über 580 €, sein neuer Kontostand ist 420 €. Wie viel Euro betrug sein Kontostand vorher? Wie rechnest du?
b) Frau Frank findet auf ihrem Kontoauszug eine Lastschrift (Abbuchung) über 235 €, der alte Kontostand ist jedoch verdruckt. Wie viel Euro betrug er? Wie rechnest du? Versuche, die Rechnung auch als eine Subtraktion zu schreiben.

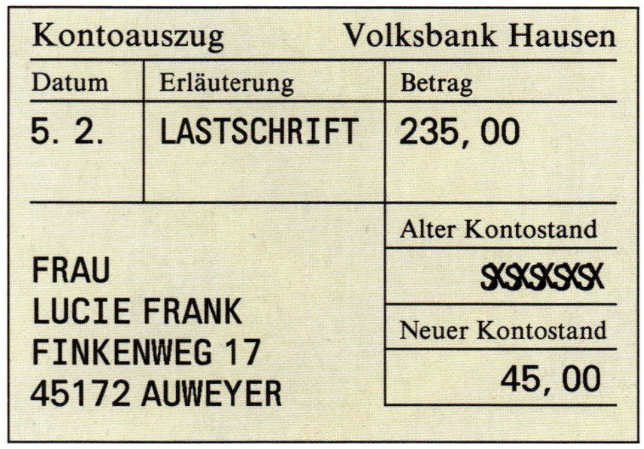

Fig. 1

Stellt man die Addition von rationalen Zahlen an der Zahlengeraden dar, so gilt:
Positive Zahl addieren: nach rechts gehen. Negative Zahl addieren: nach links gehen.

Subtrahieren bedeutet nun eine Umkehrung zum Addieren. Entsprechend ist an der Zahlengerade jeweils in die entgegengesetzte Richtung zu gehen.
Eine positive Zahl subtrahieren: nach links gehen. Eine negative Zahl subtrahieren: nach rechts gehen.

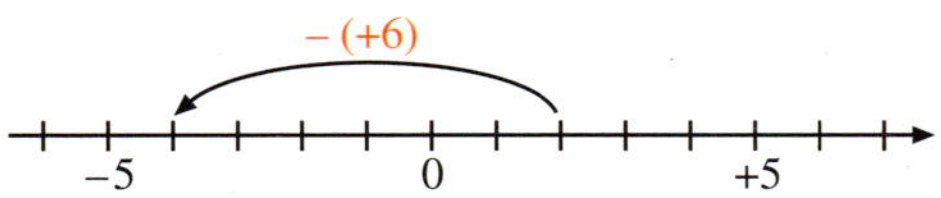

(+2) – (+6) = –4

Fig. 2

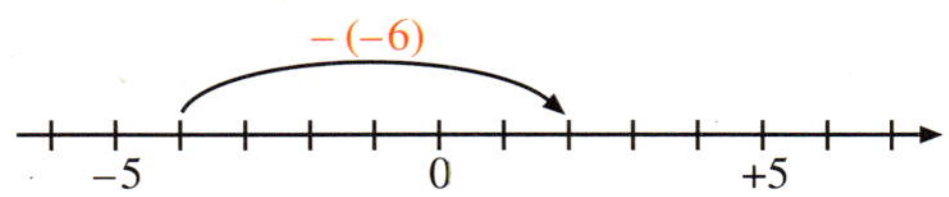

(–4) – (–6) = +2

Fig. 3

Subtrahieren einer **positiven** Zahl an der Zahlengeraden: Gehe um ihren Betrag nach **links**.	Subtrahieren einer **negativen** Zahl an der Zahlengeraden: Gehe um ihren Betrag nach **rechts**.

Beispiel 1
a) (+4) – (+13) = –9 b) (–4) – (+13) = –17 *(jeweils 13 Schritte nach links)*
c) (+4) – (–13) = +17 d) (–4) – (–13) = +9 *(jeweils 13 Schritte nach rechts)*

Ein Vergleich der Darstellungen der Subtraktion an der Zahlengeraden in Fig. 2 und 3 mit den beiden Darstellungen der Addition in Fig. 4 und 5 zeigt:

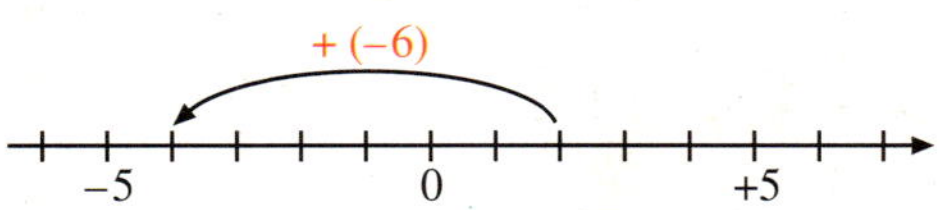

(+2) + (–6) = –4

Fig. 4

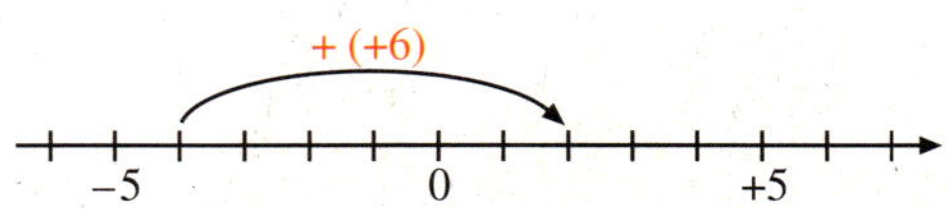

(–4) + (+6) = +2

Fig. 5

Subtrahieren einer Zahl bedeutet dasselbe wie **Addieren ihrer Gegenzahl**.

Beispiel 2
Schreibe zunächst als Summe, berechne dann.
a) (+37) – (+42) b) (–37) – (+42) c) (+37) – (–42) d) (–37) – (–42)
Lösung:
a) (+37) – (+42) = (+37) + (–42) = –5
b) (–37) – (+42) = (–37) + (–42) = –79
c) (+37) – (–42) = (+37) + (+42) = +79
d) (–37) – (–42) = (–37) + (+42) = +5

Aufgaben

2 Rechne im Kopf.
a) (+3) – (+7) b) (+10) – (+18) c) 0 – (–6) d) (–4) – (+12)
e) (+8) – (+20) f) (–26) – (–14) g) (–30) – (+12) h) (–56) – (+65)
i) (+5) – (–4) k) (+7) – (–10) l) (+18) – (–20) m) 0 – (–13)

3
a) (+9) – (+11) b) (+25) – (+31) c) (+95) – (+102) d) (+76) – (+83)
e) (–13) – (+6) f) (–25) – (+12) g) (–48) – (+55) h) (–87) – (+15)
i) (+26) – (–5) k) (+34) – (–15) l) (+64) – (–20) m) (+116) – (–34)

4
a) (–20) – (–30) b) (–35) – (–50) c) (–67) – (–83) d) (–128) – (–140)
e) (–74) – (+120) f) (+93) – (–75) g) (–123) – (–95) h) (–14) – (–356)
i) (+24) – (–18,5) k) $\left(-\frac{1}{2}\right)-\left(-\frac{1}{3}\right)$ l) $\left(+\frac{3}{4}\right)-\left(-\frac{1}{2}\right)$ m) $\left(+\frac{3}{2}\right)-(+1{,}8)$

5 Schreibe zunächst als Summe und berechne dann.
a) (+34) – (–25) b) (–48) – (–52) c) (–76) – (+31) d) (+128) – (–21)
e) (–109) – (+65) f) (+75) – (–39) g) (–43) – (–106) h) (+89) – (–69)
i) (–189) – (+311) k) (+256) – (+256) l) (–256) – (–256) m) (+512) – (+608)

6 Berechne.
a) (+204) – (+56) b) (+312) – (–208) c) (–471) – (+150)
d) (–213) – (–321) e) (–189) – (+311) f) (+256) – (–256)
g) (+512) – (–608) h) (+3478) – (+4652) i) (+9473) – (+6491)

7
a) (+372) – (+487) b) (–946) – (–1036) c) (–509) – (–1005)
d) (+803) – (+9721) e) (–7392) – (+7382) f) (–8285) – (–9835)
g) (+74 932) – (+8457) h) (–9037) – (–8521) i) (–9735) – (–7394)
k) (+89 527) – (+36 275) l) (–6368) – (–7482) m) (+9371) – (–7346)

8
a) (–17,3) – (+9,1) b) (–15,7) – (–29,9) c) (–59,4) – (–9,6)
d) (+19,7) – (–46,3) e) (+82,7) – (+161,5) f) (+15,25) – (–25,25)
g) (–16,6) – (–9) h) (+71,41) – (–74,11) i) (+85,2) – (+165,8)
k) (+38,3) – (+61,7) l) (+75) – (–115,4) m) (–67,4) – (–67,4)

9
a) (–19,3) – (–7,1) b) (–17,7) – (–43,6) c) (–19,9) – (+25,8)
d) (–9,26) – (–59,4) e) (+7823) – (–116,3) f) (+25,15) – (–15,25)
g) (–118,4) – (–18,6) h) (+47,11) – (–68,89) i) (–123,4) – (–43,2)
k) (+159,1) – (+93,9) l) (+84,3) – (–127,52) m) (–92,7) – (+132,5)

10 Berechne.

a) $\left(+\frac{1}{2}\right)-\left(-\frac{1}{3}\right)$ b) $\left(-2\frac{1}{2}\right)-\left(-1\frac{1}{4}\right)$ c) $\left(+\frac{5}{6}\right)-\left(+\frac{5}{3}\right)$ d) $\left(-\frac{3}{4}\right)-\left(-\frac{5}{6}\right)$
e) $\left(-\frac{3}{5}\right)-\left(-\frac{7}{15}\right)$ f) $\left(+\frac{7}{8}\right)-\left(-\frac{2}{3}\right)$ g) $\left(-\frac{2}{3}\right)-\left(+1\frac{3}{4}\right)$ h) $\left(+\frac{3}{8}\right)-\left(+\frac{5}{6}\right)$

11

a) $\left(-\frac{5}{6}\right)-\left(-\frac{1}{3}\right)$ b) $\left(+\frac{3}{4}\right)-\left(-\frac{4}{5}\right)$ c) $\left(-\frac{2}{3}\right)-\left(+\frac{1}{2}\right)$ d) $\left(+\frac{3}{5}\right)-\left(+\frac{2}{3}\right)$
e) $\left(-2\frac{3}{5}\right)-\left(+1\frac{2}{5}\right)$ f) $\left(+2\frac{4}{7}\right)-\left(-2\frac{1}{14}\right)$ g) $\left(-3\frac{1}{8}\right)-\left(-1\frac{3}{4}\right)$ h) $\left(-6\frac{2}{9}\right)-\left(+7\frac{2}{9}\right)$

12

a) $(+0{,}7)-\left(-4\frac{1}{2}\right)$ b) $\left(-2\frac{2}{3}\right)-(+1{,}4)$ c) $\left(+3\frac{3}{5}\right)-\left(+3\frac{5}{8}\right)$ d) $\left(+5\frac{5}{6}\right)-(+5{,}8)$
e) $\left(-3\frac{5}{7}\right)-\left(-2\frac{1}{2}\right)$ f) $\left(+17\frac{1}{8}\right)-(+20{,}4)$ g) $\left(-\frac{4}{9}\right)-\left(-2\frac{1}{2}\right)$ h) $(+3{,}6)-\left(+3\frac{5}{6}\right)$
i) $\left(+2\frac{1}{5}\right)-(+2{,}4)$ k) $\left(-3\frac{4}{5}\right)-(-3{,}9)$ l) $(-1{,}525)-\left(+1\frac{3}{8}\right)$ m) $\left(-5\frac{3}{4}\right)-\left(-4\frac{3}{8}\right)$

13 Übertrage die Subtraktionstabelle in dein Heft; fülle sie aus.

a)

−	−2	+1,4	$-\frac{5}{6}$	$-2\frac{1}{3}$
+1,8				
$-\frac{2}{3}$				
$+1\frac{1}{2}$				

b)

−	−8	+2,5	$-\frac{5}{3}$	$-2\frac{2}{5}$
$-\frac{3}{2}$				
+0,6				
$+1\frac{3}{4}$				

14 Welche Zahl kann für x passend eingesetzt werden?

a) $x-(-34)=-37$ b) $(-72)-x=-72$ c) $(-66)-x=41$
d) $x-(+63)=84$ e) $x-(+318)=0$ f) $(-4{,}8)-x=1{,}9$

15 Welchen Abstand haben auf der Zahlengeraden die Zahlen
a) −38 und −2,5; b) +5,9 und −30; c) −27,5 und −14,6?

16 Kerstin behauptet: Eine Differenz ist immer kleiner als die erste Zahl. Hat Kerstin Recht?

17 a) Herr Semper zahlt 750 € auf sein Bankkonto ein, sein Konto hat danach noch einen Stand von −374 €. Wie viel Euro betrug vorher der Kontostand?
b) Auf dem nächsten Kontoauszug findet Herr Semper ein Guthaben von 516 €. Wie viel Euro sind inzwischen auf seinem Konto eingegangen?

18 An einem Märztag beträgt die Mittagstemperatur
in Timbuktu (Afrika) 29,5 °C,
in Tobolsk (Sibirien) −18 °C.
Nachts sinkt die Temperatur
in Timbuktu auf 14 °C,
in Tobolsk auf −26,5 °C.
a) Berechne für beide Orte den Temperaturunterschied zwischen Tag und Nacht.
b) Wie groß ist der Unterschied der Mittagstemperaturen (Nachttemperaturen)?

7 Rechnen mit Gegenzahlen

1 Tim schreibt eine rationale Zahl auf, Sandra die Gegenzahl davon. Welches Vorzeichen hat die von Sandra aufgeschriebene Gegenzahl?

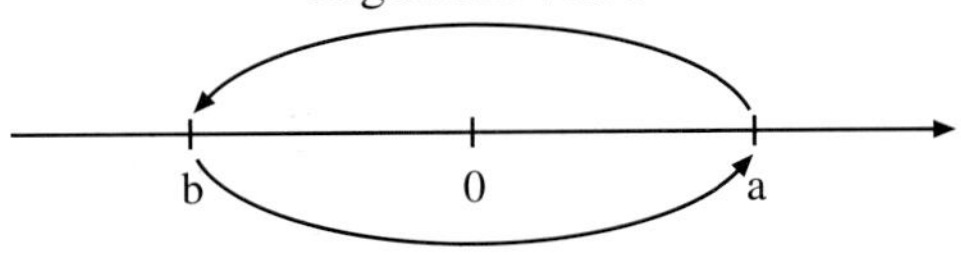

2 Schreibe als Summe oder Differenz natürlicher Zahlen.

a) $(+3) + (-8)$ b) $(+3) + (+8)$ c) $(+5) + (-5)$
d) $(+3) - (-8)$ e) $(+3) - (+8)$ f) $(+5) - (-5)$

Die Gegenzahl von +7 ist −7, umgekehrt ist die Gegenzahl von −7 die Zahl +7.
Steht nun x für eine rationale Zahl, so schreibt man −x für die **Gegenzahl** von x.
Z. B. $-(+7) = -7$; $-(-7) = +7$.
Ist $x > 0$, dann ist $-x < 0$; ist $x < 0$, dann ist $-x > 0$.

> Für das Rechnen mit Gegenzahlen gilt:
> $a + (-a) = 0$ $-(-a) = a$ $a + (-b) = a - b$ $a - (-b) = a + b$

Um die **Schreibweise** für Summen und Differenzen zu **vereinfachen**, kann man das Pluszeichen als Vorzeichen weglassen, also statt $(+5) + (+4)$ wieder $5 + 4$ schreiben; statt $(+5) - (+4)$ wieder $5 - 4$.
Das Minuszeichen als Vorzeichen darf man jedoch **nicht** weglassen, es sei denn, man ersetzt aufgrund der Regeln für das Rechnen mit Gegenzahlen
die Summe $5 + (-4)$ durch die Differenz $5 - 4$ bzw.
die Differenz $5 - (-4)$ durch die Summe $5 + 4$.

Beispiel 1
Bestimme −a für a) $a = 7{,}2$; b) $a = -5$; c) $a = -\frac{3}{8}$; d) $a = 0$.
Lösung: a) $-a = -7{,}2$ b) $-a = 5$ c) $-a = \frac{3}{8}$ d) $-a = 0$

Steht eine negative Zahl am Anfang einer Summe oder Differenz, so darf man die Klammern um die negative Zahl weglassen.

Beispiel 2
Schreibe zunächst ohne Klammern. Berechne dann.
a) $(+76) + (-52)$ b) $(+28) - (-46)$ c) $(-25) + (+34)$ d) $(-82) - (-22)$
Lösung:
a) $(+76) + (-52) = 76 - 52 = 24$ b) $(+28) - (-46) = 28 + 46 = 74$
c) $(-25) + (+34) = -25 + 34 = 9$ d) $(-82) - (-22) = -82 + 22 = -60$

Beispiel 3
Schreibe als Summe: a) $45 - 26$ b) $-\frac{1}{4} - \left(-\frac{3}{8}\right)$ c) $-3{,}8 - 10$
Lösung:
a) $45 - 26 = 45 + (-26)$ *(Hier darf man die Klammern um −26 nicht weglassen, da direkt vor dem „−" ein Rechenzeichen, hier das „+", kommt.)*
b) $-\frac{1}{4} - \left(-\frac{3}{8}\right) = -\frac{1}{4} + \frac{3}{8}$
c) $-3{,}8 - 10 = -3{,}8 + (-10)$

Aufgaben

3 Bestimme x, indem du die Gegenzahl suchst.

a) $27 + x = 0$ b) $-8 + x = 0$ c) $x + 15 = 0$ d) $3{,}7 + x = 0$
e) $-\frac{5}{11} + x = 0$ f) $4670 + x = 0$ g) $x + \left(-\frac{2}{3}\right) = 0$ h) $150{,}75 + x = 0$

4 Schreibe die folgenden Summen und Differenzen zunächst ohne Klammern. Berechne dann.

a) $(+48) + (-17)$ b) $(+79) - (+85)$ c) $(+47) - (-38)$ d) $(-29) + (-13)$
e) $(-37) - (+92)$ f) $(-123) - (+26)$ g) $(-38) - (-72)$ h) $(-46) - (+85)$
i) $(-95) + (-72)$ k) $(+75) + (-127)$ l) $(-320) + (-45)$ m) $(-82) - (-217)$

5

a) $(+12{,}5) - (+13{,}8)$ b) $(-34{,}7) - (+82{,}6)$ c) $(-63{,}2) - (-98{,}4)$ d) $(-24{,}9) - (-85{,}6)$
e) $(-75{,}1) - (+82{,}6)$ f) $(+174{,}2) - (-93{,}7)$ g) $(+6714{,}2) - (-102)$ h) $(-1{,}24) - (-8{,}52)$
i) $(-0{,}4) - (+1{,}8)$ k) $(+0{,}06) - (-0{,}17)$ l) $(-1{,}73) - (+0{,}81)$ m) $(+3{,}01) - (-14{,}09)$

6

a) $\left(-\frac{1}{3}\right) + \left(-\frac{4}{5}\right)$ b) $\left(-\frac{1}{6}\right) - \left(-\frac{1}{4}\right)$ c) $\left(+\frac{3}{8}\right) + \left(-\frac{1}{3}\right)$ d) $\left(-\frac{5}{4}\right) - \left(-\frac{2}{3}\right)$
e) $\left(-\frac{7}{10}\right) - \left(+\frac{4}{5}\right)$ f) $\left(-\frac{2}{15}\right) + \left(-\frac{2}{3}\right)$ g) $\left(-\frac{3}{5}\right) - \left(-\frac{17}{20}\right)$ h) $\left(+\frac{7}{8}\right) + \left(-\frac{5}{4}\right)$
i) $\left(+1\frac{1}{2}\right) - \left(+2\frac{3}{4}\right)$ k) $\left(-2\frac{3}{4}\right) + \left(-1\frac{1}{5}\right)$ l) $(-3) - \left(-2\frac{4}{5}\right)$ m) $\left(+4\frac{3}{8}\right) - \left(+2\frac{1}{5}\right)$

7 Schreibe als Summe und berechne.

a) $23 - 40$ b) $12{,}4 - 8{,}3$ c) $-24 - 45$ d) $-78 - 95$
e) $19 - (-5)$ f) $83 - (-42)$ g) $-16 - 82$ h) $-37 - (-25)$
i) $2{,}5 - \frac{8}{3}$ k) $3\frac{1}{8} - 4{,}6$ l) $-4{,}8 - \frac{3}{4}$ m) $6{,}4 - 7\frac{1}{5}$

8 Berechne.

a) $56{,}3 - 57{,}2$ b) $-76{,}4 + 72{,}8$ c) $-83{,}4 - 72{,}8$ d) $85{,}2 - 93{,}6$
e) $-45{,}48 + 46{,}25$ f) $2{,}05 - 5{,}64$ g) $-72{,}6 + 82{,}5$ h) $-62{,}4 - 56{,}3$
i) $\frac{3}{4} - \frac{4}{5}$ k) $-\frac{7}{8} + \frac{3}{2}$ l) $-\frac{5}{6} + \frac{2}{3}$ m) $-\frac{5}{4} - \frac{5}{2}$
n) $-\frac{1}{3} + \frac{7}{8}$ o) $-\frac{2}{3} - \frac{3}{4}$ p) $\frac{1}{6} - \frac{1}{4}$ q) $-1\frac{2}{3} + \frac{5}{6}$
r) $-3\frac{5}{6} + 3\frac{7}{8}$ s) $-2\frac{3}{4} - 3$ t) $-4 + 5\frac{2}{3}$ u) $6\frac{4}{7} - 7\frac{5}{7}$

9 Schreibe die gesuchte Zahl zuerst als Differenz.

a) Welche Zahl ist um 84 größer als –26?
b) Welche Zahl ist um 217 größer als –83?
c) Um wie viel ist –374 größer als –518?
d) Um wie viel ist –1087 kleiner als –192?
e) Zu welcher Zahl muss man –74 addieren, um +23 zu erhalten?
f) Von welcher Zahl muss man 124 subtrahieren, um –318 zu erhalten?

10 Welche der folgenden Behauptungen sind richtig, welche sind falsch?

a) Die Summe einer rationalen Zahl und ihrer Gegenzahl ist immer null.
b) Die Differenz einer rationalen Zahl und ihrer Gegenzahl ist immer positiv.
c) Die Summe zweier rationaler Zahlen kann man immer als Summe oder Differenz der Beträge dieser Zahlen schreiben.
d) Die Differenz zweier rationaler Zahlen kann man immer als Summe oder Differenz der Beträge dieser Zahlen schreiben.

8 Rechnen mit Summen und Differenzen

Denke daran: Was in Klammern steht, wird zuerst ausgerechnet.

1 a) Was soll mit den Gleichungen an der Tafel überprüft werden?
b) Wie ändern sich bei einer Summe rationaler Zahlen der Betrag und das Vorzeichen der Summe, wenn man die Summanden vertauscht? Probiere dies an Beispielen aus, auch mit unterschiedlichen Vorzeichen.
c) Berechne $-4 + (3 + 5)$ und $(-4 + 3) + 5$ sowie $0{,}5 + [-4 + (-9)]$ und $[0{,}5 + (-4)] + (-9)$. Vergleiche.

2 Versuche für ▽ und △ so + bzw. – zu setzen, dass $(2 \triangledown 1{,}7) \vartriangle 5 = 2 - (1{,}7 - 5)$.

Wie bei der Addition von Bruchzahlen darf man auch bei rationalen Zahlen Summanden vertauschen, allerdings nur, wenn man die Vorzeichen „mitnimmt“:

$$-15 + 23 = 23 + (-15), \quad \text{aber} \quad -15 + 23 \neq -23 + 15.$$

Auch darf man beim Addieren von rationalen Zahlen nach Belieben Klammern setzen oder weglassen, sofern man wiederum die Vorzeichen „mitnimmt“.

$$-15 + [-20 + 30] = [-15 + (-20)] + 30.$$

Kommutativgesetz der Addition:
Für alle rationalen Zahlen a, b gilt:
$a + b = b + a$

Assoziativgesetz der Addition:
Für alle rationalen Zahlen a, b, c gilt:
$a + (b + c) = (a + b) + c$

Aus beiden Gesetzen folgt: In mehrgliedrigen Summen rationaler Zahlen ist die Reihenfolge der Summanden beliebig.

Die Gegenzahl einer Summe ist gleich der Summe der Gegenzahlen:

$$-(b + c) = -b + (-c) = -b - c$$

Z. B.: b negativ, c positiv; b und c beide negativ.

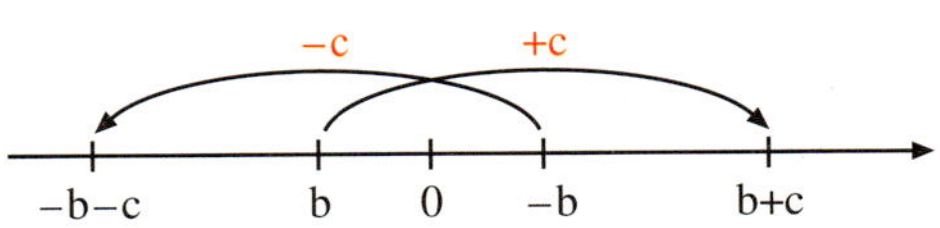

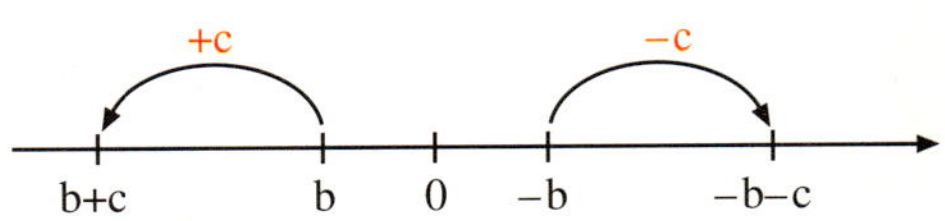

Damit ist z. B. $-(10 - 5) = -[10 + (-5)] = -10 + 5$,
und somit ist auch z. B. $8 - (10 - 5) = 8 - [10 + (-5)] = 8 - 10 + 5$.
Dagegen kann man bei einem + vor der Klammer wie in $25 + (12 - 7)$ diese weglassen, also $25 + (12 - 7) = 25 + 12 - 7$.

Klammerregeln:
$a + (b - c) = a + b - c$; $\quad a - (b + c) = a - b - c$; $\quad a - (b - c) = a - b + c$

Beispiel 1

Schreibe zunächst als Summe, fasse dann geschickt zusammen.

a) $37 - 56 - 47$ b) $14 - 29 - 34 + 19$

Lösung:

a) $37 - 56 - 47 = 37 + (-56) + (-47) = 37 + (-47) + (-56) = [37 + (-47)] + (-56) = -10 + (-56) = -66$

b) $14 - 29 - 34 + 19 = 14 + (-29) + (-34) + 19 = 14 + (-34) + (-29) + 19 = [14 + (-34)] + [(-29) + 19] = -20 + (-10) = -30$

Beispiel 2

Berechne auf zwei Arten: 1. Innere Klammern zuerst; 2. Benutze die Klammerregeln.

a) $25 + (6 - 15)$ b) $24 - (4 - 17)$ c) $-13 + (-9 + 13)$ d) $-19 - (-9 + 13)$

Lösung:

1. Innere Klammern zuerst:

a) $25 + (6 - 15) = 25 + (-9) = 16$
b) $24 - (4 - 17) = 24 - (-13) = 37$
c) $-13 + (-9 + 13) = -13 + 4 = -9$
d) $-19 - (-9 + 13) = -19 - 4 = -23$

2. Mit den Klammerregeln:

a) $25 + (6 - 15) = 25 + 6 - 15 = 16$
b) $24 - (4 - 17) = 24 - 4 + 17 = 37$
c) $-13 + (-9 + 13) = -13 - 9 + 13 = -9$
d) $-19 - (-9 + 13) = -19 + 9 - 13 = -23$

Aufgaben

3 Schreibe zunächst als Summe, fasse dann geschickt zusammen.

a) $37 - 18 + 53$ b) $76 + 87 - 37$ c) $-93 + 84 + 53$
d) $3214 + 1726 + 2026$ e) $-3{,}2 - 6{,}8 - 1{,}2$ f) $\frac{3}{4} - 2 + \frac{1}{4}$
g) $-1\frac{1}{2} + 2\frac{1}{5} - 1\frac{3}{5}$ h) $2\frac{1}{3} - \frac{3}{5} - 1\frac{2}{5}$ i) $-4{,}7 + \frac{2}{5} - 1{,}3$

4

a) $47 - 18 - 3 + 18$ b) $83 - 47 + 17 - 13$ c) $2\frac{1}{2} - 1\frac{1}{3} - 1\frac{1}{2} + \frac{1}{3}$
d) $-0{,}4 + 0{,}72 - 0{,}6 - 1{,}72$ e) $-0{,}8 - \frac{5}{6} + 1{,}2 + 3$ f) $3{,}25 - 1{,}6 - \frac{1}{4} + 30$
g) $21{,}4 - 65 + 5{,}2 + 6{,}4$ h) $-86 + 27{,}3 - 14{,}3 - 37$ i) $-436 - 284 + 650 - 86$

5

a) $234 + 451 - 334 - 172 + 38 - 51$ b) $-123 + 87 + 113 - 65 + 323 - 30$
c) $34{,}83 - 12{,}66 + 3{,}71 - 12{,}58 - 9{,}44$ d) $23{,}91 - 239{,}1 + 2391 - 23{,}07 - 199$
e) $\frac{8}{25} - \frac{1}{5} + \frac{4}{25} - \frac{3}{5} + \frac{13}{25}$ f) $\frac{5}{12} + \frac{1}{3} - \frac{3}{5} + \frac{2}{3} - \frac{7}{12}$

6 Löse die Klammern auf und berechne.

a) $22 + (18 - 25)$ b) $-34 - (45 + 66)$ c) $12 - (23 - 18)$
d) $35 - (-18 - 45)$ e) $-67 - (-37 + 35)$ f) $-17 + (37 - 18)$
g) $-(25 - 38) + 15$ h) $-(-57 + 16) - 7$ i) $(4 - 9) - (9 + 4)$
k) $-(18 + 7) + (7 + 28)$ l) $-(35 - 20) - (5 + 17)$ m) $3 - (17 + 13) + 27$

7

a) $68 - (21 - 54) + (17 - 72)$ b) $-53 + (42 - 17) - (25 + 73)$
c) $-(24 - 89 + 18) + (-91 + 24)$ d) $-(83 - 124) - (-94 + 218)$
e) $-(-417 - 78) - (-518 - 287)$ f) $-(317 - 513) + (-681 + 739) - 254$
g) $128 - (23 + 36 - 12) - (24 + 28)$ h) $-(-219 - 120) + (14 - 120) - 14$
i) $-(27 + 312) + (812 - 53)$ k) $1031 - (8 - 57) + (-27 - 431)$

8 Berechne.

a) $\frac{2}{3} - \left(\frac{1}{2} - \frac{1}{3}\right) - \left(\frac{3}{2} - \frac{1}{6}\right)$
b) $-\frac{4}{5} - \left(-\frac{3}{4} + \frac{1}{5}\right) - \left(-\frac{1}{4}\right)$
c) $-\left(1\frac{1}{2} - 2\frac{1}{5}\right) + \left(\frac{3}{4} - \frac{7}{10}\right)$
d) $-3\frac{1}{2} + \frac{1}{3} + \left(2\frac{1}{5} - \frac{5}{6} - 3\frac{1}{6}\right) + \left(-\frac{1}{2}\right)$
e) $-\frac{3}{5} - \frac{1}{4} - \left(1\frac{1}{2} - \frac{2}{5}\right) - \frac{3}{4}$
f) $-\left(1\frac{1}{2} - 2\frac{1}{8} + \frac{1}{5}\right) + \left(-\frac{1}{2} + \frac{1}{5}\right)$
g) $23\frac{1}{2} - \left(16\frac{1}{3} + 4\frac{1}{2}\right) - \left(\frac{1}{3} + 7\frac{1}{2}\right)$
h) $-18 + \left(\frac{1}{2} - 1\frac{1}{5}\right) - \left(3\frac{1}{2} + 2\frac{3}{5}\right)$

9

a) $-3{,}4 - (0{,}5 - 8{,}6 - 3{,}4) + (-6{,}3 + 7)$
b) $-2{,}58 - (0{,}65 + 0{,}87) - (1{,}42 - 2{,}08)$
c) $-3{,}04 + (1{,}8 - 2{,}05 - 0{,}95) - (+1{,}48)$
d) $-17{,}2 - 13{,}8 - (8 - 7{,}3 - 0{,}8 + 2{,}2)$
e) $13 - \left(2\frac{3}{8} - 4{,}4\right) - \left(7{,}4 - 1\frac{1}{8}\right)$
f) $-0{,}9 - \left(\frac{1}{3} - 2{,}1 - \frac{1}{2}\right)$
g) $-\left(2{,}3 - 1\frac{3}{5}\right) - \left(-3{,}7 + \frac{4}{5}\right)$
h) $(0{,}83 - 1{,}4) - \left(\frac{2}{5} - 3{,}4\right)$

10 Schreibe als Summe. Fasse alle positiven Summanden in einer Klammer zusammen und alle übrigen in einer zweiten Klammer. Berechne dann.

Beispiel: $-46 + 3 + 29 - 14 + 31 = -46 + 3 + 29 + (-14) + 31$
$= (3 + 29 + 31) - (46 + 14)$
$= 63 - 60 = 3$

a) $49 - 57 + 23 - 48 - 25 + 64$
b) $46 - 38 + 79 - 28 - 37 + 42$
c) $125 + 73 - 76 - 81 + 17 - 19$
d) $-55 + 180 - 75 - 18 + 20 - 22$
e) $-413 + 185 + 316 - 407 - 195$
f) $6{,}25 - 3{,}48 - 7{,}5 + 0{,}48 - 5{,}5$
g) $\frac{2}{3} + \frac{1}{4} - \frac{2}{5} - \frac{1}{3} - \frac{3}{8} + \frac{7}{10} + \frac{3}{5}$
h) $1\frac{1}{3} - 0{,}8 - 2\frac{1}{4} + 3\frac{1}{5} - 1{,}4 - \frac{1}{12}$

11 Löse zuerst die runden, dann die eckigen Klammern auf und berechne.

a) $-427 - [517 - (245 + 257)]$
b) $-[23 - (-15 - 88 + 52) - 71]$
c) $-144 + [231 - (154 - 571)]$
d) $-144 - [231 - (154 - 571)]$
e) $9889 - [991 + (1019 - 899)]$
f) $-9889 + [991 - (1019 + 899)]$
g) $-[54 - (28 - 86) - (-67 + 83)]$
h) $[(-95 - 98) - (25 + 71)] - (87 - 51)$
i) $-28 - [-(22 - 198) - (-23 + 124)]$
k) $(302 - 48) - [16 - (127 + 20) - 13]$
l) $-[(2{,}56 - 4{,}71) - 9{,}23] + 0{,}06$
m) $[1{,}25 - (-5{,}65 - 3{,}75)] + 1{,}15$
n) $-3\frac{1}{7} - \left[-5\frac{1}{3} + \left(2\frac{2}{3} - 5\frac{2}{7}\right)\right]$
o) $-\frac{25}{24} + \left[\frac{11}{12} - \left(\frac{7}{4} + \frac{5}{8}\right) - \left(\frac{37}{6} - \frac{53}{12}\right)\right]$

12 Subtrahiere den Term der zweiten Zeile von dem der ersten Zeile. Schreibe zunächst die zu berechnende Differenz auf.

a)	b)	c)	d)
$-27 + 38$	$83 - 112$	$2\frac{1}{2} - 4\frac{1}{3}$	$-4{,}5 - 3{,}7$
$78 - 64$	$-64 - 47$	$1\frac{1}{4} - 3\frac{2}{3}$	$-9 - 7{,}3$

13 a) Subtrahiere die Summe $83 + 74$ von der Differenz $83 - 74$.
b) Subtrahiere die Differenz $83 - 74$ von der Summe $83 + 74$.
c) Addiere die Summe von (-35) und 78 zur Gegenzahl von $(83 - 124)$.
d) Addiere die Gegenzahl von $(-87 + 234)$ und die Gegenzahl von $(-412 - 68)$.

14 Andreas glaubt, dass seine Armbanduhr nachgeht. Er stellt sie deshalb 12 Minuten vor. Danach scheint sie ihm vorzugehen, er dreht sie wieder 5 Minuten zurück. Später stellt er sie nochmals um eine Minute vor. Als er abends mit der Bahnhofsuhr vergleicht, stellt er fest, dass seine Uhr 2 Minuten nachgeht.
Wie viel Minuten ging seine Uhr am Anfang nach?

9 Multiplizieren rationaler Zahlen

1 Torsten hat beim Skatspiel verloren, er bekommt 33 „Miese", d. h. –33 Punkte. Da es sich aber um eine Bockrunde handelt, wird diese Punktzahl verdoppelt. Wie viel „Miese" muss er aufschreiben?

2 a) Bestimme für die erste Spalte die fehlenden Ergebnisse. Wie kann man die Reihe fortsetzen?
b) Versuche in der zweiten Spalte die fehlenden Ergebnisse zu ergänzen. Wie kann man hier die Reihe fortsetzen?

$3 \cdot 5 = 15$	$5 \cdot (-3) = ?$
$3 \cdot 3 = 9$	$3 \cdot (-3) = ?$
$3 \cdot 2 = 6$	$2 \cdot (-3) = ?$
$3 \cdot 1 = 3$	$1 \cdot (-3) = ?$
$3 \cdot 0 = 0$	$0 \cdot (-3) = ?$
$3 \cdot (-1) = ?$	$(-1) \cdot (-3) = ?$
$3 \cdot (-2) = ?$	$(-2) \cdot (-3) = ?$
$3 \cdot (-3) = ?$	$(-3) \cdot (-3) = ?$
$3 \cdot (-4) = ?$	$(-4) \cdot (-3) = ?$
$3 \cdot (-5) = ?$	$(-5) \cdot (-3) = ?$

Die Multiplikation rationaler Zahlen erklärt man so, dass die Gesetze für das Rechnen mit Bruchzahlen auch für das Rechnen mit rationalen Zahlen gelten.

Multiplizieren mit einer positiven und einer negativen Zahl
$3 \cdot (-4)$ bedeutet, die Zahl –4 dreimal zu addieren:

$$3 \cdot (-4) = (-4) + (-4) + (-4) = -12$$

Soll wie bisher das Kommutativgesetz gelten, so ist dann auch $(-4) \cdot 3 = 3 \cdot (-4) = -12$.
Das Produkt einer positiven und einer negativen Zahl ist also **negativ**.

Ferner soll für das Rechnen mit null wie bei den Bruchzahlen gelten:

$$(-3) \cdot 0 = 0 \quad \text{und} \quad 0 \cdot (-3) = 0$$

Multiplizieren zweier negativer Zahlen
Wegen $(-3) \cdot 0 = 0$ ist $(-3) \cdot [4 + (-4)] = 0$.
Soll wie bisher das Distributivgesetz gelten, so ergibt sich daraus:

$$(-3) \cdot 4 + (-3) \cdot (-4) = 0,$$

bzw.

$$(-12) + (-3) \cdot (-4) = 0.$$

Damit ist $(-3) \cdot (-4)$ die Gegenzahl von –12, d. h. $(-3) \cdot (-4) = +12$.
Das Produkt zweier negativer Zahlen ist also **positiv**.

Rechenregel für das Multiplizieren zweier rationaler Zahlen
1. Multipliziere die Beträge.
2. Bei **gleichen** Vorzeichen gib dem Produkt das Vorzeichen +,
   bei **verschiedenen** Vorzeichen gib dem Produkt das Vorzeichen –.

Ferner ist für alle rationalen Zahlen a: $a \cdot 0 = 0 \cdot a = 0$

Zwei Sonderfälle der Rechenregel:
Für jede rationale Zahl a ist $1 \cdot a = a \cdot 1 = a$
Multipliziert man eine rationale Zahl mit –1, so erhält man ihre Gegenzahl. Also gilt für jede rationale Zahl a: $(-1) \cdot a = a \cdot (-1) = -a$

Bei Produkten rationaler Zahlen darf man die Faktoren vertauschen oder bei mehreren Faktoren Klammern beliebig setzen. Denn es gilt:

Kommutativgesetz der Multiplikation	**Assoziativgesetz der Multiplikation**
Für alle rationalen Zahlen a, b gilt:	Für alle rationalen Zahlen a, b, c gilt:
$a \cdot b = b \cdot a$	$a \cdot (b \cdot c) = (a \cdot b) \cdot c$

Beispiel 1

Berechne	a) $\frac{2}{3} \cdot (-6)$	b) $(-1{,}5) \cdot \left(-\frac{1}{2}\right)$	c) $(-0{,}3)^2$
Lösung:			
1. Schritt:	a) $\frac{2}{3} \cdot 6 = 4$	b) $1{,}5 \cdot \frac{1}{2} = \frac{3}{4}$	c) $0{,}3 \cdot 0{,}3 = 0{,}09$
2. Schritt:	*Verschiedene Vorzeichen, das Produkt ist negativ.*	*Gleiche Vorzeichen, das Produkt ist positiv.*	*Gleiche Vorzeichen, das Produkt ist positiv.*
Ergebnis:	$\frac{2}{3} \cdot (-6) = -4$	$(-1{,}5) \cdot \left(-\frac{1}{2}\right) = +\frac{3}{4} = \frac{3}{4}$	$(-0{,}3)^2 = +0{,}09 = 0{,}09$

Beispiel 2

Berechne $\left(-\frac{1}{3}\right) \cdot \frac{1}{4} \cdot \left(-\frac{3}{2}\right)$

Hier ist es günstig, zuerst die negativen Zahlen zu multiplizieren.

Lösung: $\left(-\frac{1}{3}\right) \cdot \frac{1}{4} \cdot \left(-\frac{3}{2}\right) = \left(-\frac{1}{3}\right) \cdot \left(-\frac{3}{2}\right) \cdot \frac{1}{4} = \frac{1}{2} \cdot \frac{1}{4} = \frac{1}{8}$

Aufgaben

3 Rechne im Kopf.

a) $(-13) \cdot 4$ b) $(-16) \cdot (-3)$ c) $(-32) \cdot 9$ d) $(-20) \cdot (-0{,}5)$
e) $(-2{,}4) \cdot 0{,}5$ f) $3{,}2 \cdot (-0{,}5)$ g) $(-0{,}2) \cdot (-0{,}75)$ h) $(-1) \cdot 37{,}4$
i) $\left(-\frac{2}{5}\right) \cdot (-5)$ k) $\frac{3}{7} \cdot (-28)$ l) $\left(-\frac{3}{4}\right) \cdot \left(-\frac{2}{3}\right)$ m) $1{,}2 \cdot \left(-\frac{5}{6}\right)$

Ist der erste Faktor eines Produktes negativ, so muss man keine Klammer setzen, denn z. B.
$(-2) \cdot 6 = -(2 \cdot 6)$
$= -2 \cdot 6$

4 Berechne.

a) $7 \cdot (-63)$ b) $28 \cdot (-450)$ c) $(-82) \cdot 65$ d) $-520 \cdot 38$
e) $96 \cdot (-1)$ f) $-615 \cdot (-76)$ g) $-62 \cdot 25$ h) $516 \cdot (-21)$
i) $-165 \cdot 0$ k) $-417 \cdot 960$ l) $-(360 \cdot 5)$ m) $(-28) \cdot (-250)$

5

a) $(-32{,}1) \cdot 51$ b) $-317 \cdot 65$ c) $320 \cdot (-0{,}25)$ d) $-851 \cdot (-2{,}4)$
e) $4{,}8 \cdot (-1{,}6)$ f) $-6{,}1 \cdot (-3{,}4)$ g) $372 \cdot (-0{,}125)$ h) $-1{,}74 \cdot (-200)$
i) $-0{,}63 \cdot (-2{,}5)$ k) $-0{,}04 \cdot 0{,}8$ l) $-1{,}09 \cdot (-0{,}1)$ m) $9{,}9 \cdot (-1{,}01)$

·	+	–
+	+	–
–	–	+

6

a) $\left(-\frac{1}{4}\right) \cdot \frac{1}{3}$ b) $\frac{3}{4} \cdot \left(-\frac{5}{9}\right)$ c) $\left(-\frac{5}{7}\right) \cdot \left(-\frac{14}{15}\right)$ d) $\left(-\frac{3}{8}\right) \cdot \frac{3}{2}$
e) $\left(-2\frac{1}{2}\right) \cdot 2\frac{2}{5}$ f) $5\frac{1}{3} \cdot \left(-\frac{9}{16}\right)$ g) $\left(-4\frac{2}{7}\right) \cdot 5\frac{2}{3}$ h) $\left(-5\frac{5}{7}\right) \cdot \left(-\frac{2}{5}\right)$
i) $3 \cdot \left(-\frac{5}{6}\right)$ k) $\frac{3}{8} \cdot (-24)$ l) $\left(-6\frac{2}{5}\right) \cdot 0$ m) $(-125) \cdot \left(-1\frac{1}{25}\right)$

7

a) $-0{,}4 \cdot \frac{5}{3}$ b) $-2\frac{1}{2} \cdot (-0{,}8)$ c) $4\frac{1}{4} \cdot (-8{,}5)$ d) $\frac{5}{6} \cdot (-1{,}2)$
e) $-\frac{3}{4} \cdot 1{,}8$ f) $-\frac{5}{12} \cdot (-2{,}4)$ g) $-4{,}9 \cdot 1\frac{2}{5}$ h) $-3\frac{3}{4} \cdot 15{,}2$
i) $-8\frac{1}{3} \cdot 0{,}5$ k) $-\frac{2}{3} \cdot (-1)$ l) $-0{,}9 \cdot \left(-\frac{13}{4}\right)$ m) $0{,}75 \cdot \left(-2\frac{4}{5}\right)$

8 Berechne.

a) $\left(-\frac{2}{3}\right)^2$ b) $(-0{,}3)^2$ c) $\left(-1\frac{2}{3}\right)^2$ d) $\left(2\frac{1}{2}\right)^2$
e) $(-5)\cdot 5$ f) $-(5\cdot 5)$ g) -5^2 h) $(-5)^2$
i) $-\left(\frac{3}{4}\right)^2$ k) $\left(-\frac{5}{6}\right)^2$ l) $\left(-1\frac{1}{2}\right)^2$ m) $\left(-1\frac{2}{3}\right)^2$
n) $(-1{,}4)^2\cdot(-5)$ o) $-\frac{2}{3}\cdot(-1{,}5)^3$ p) $-1{,}5^2\cdot\left(-\frac{2}{3}\right)^3$ q) $\left(-\frac{4}{3}\right)^2\cdot(-2{,}5)$

9 Übertrage die beiden Multiplikationstabellen in dein Heft, fülle sie aus.

a)

·	-3	$\frac{3}{4}$	$-0{,}8$	$1\frac{1}{3}$
-8	+24	$-\frac{24}{4}$		
1,2				
-5				
$-2\frac{1}{2}$				

b)

·	25	$-2{,}4$	$-\frac{5}{6}$	$-3\frac{3}{4}$
-14				
$\frac{3}{10}$				
$-1{,}5$				
$2\frac{4}{5}$				

10 Berechne.

a) $(-3)\cdot(-6)\cdot(+4)$ b) $(-5)\cdot(-8)\cdot(+2)$ c) $(-8)\cdot(-3)\cdot(-7)$ d) $(-3)\cdot(+4)\cdot(+2)$
e) $(-7)\cdot(-9)\cdot 4$ f) $5\cdot(-13)\cdot(-2)$ g) $(-6)\cdot 8\cdot(-10)$ h) $(-8)\cdot(-2)\cdot(-3)$
i) $(-0{,}4)\cdot(-1{,}5)\cdot(-0{,}5)\cdot(-5)$ k) $1{,}2\cdot(-0{,}2)\cdot(-1{,}2)\cdot(-1{,}4)$

11

a) $\left(-\frac{2}{3}\right)\cdot\left(-\frac{1}{4}\right)\cdot\left(-\frac{3}{2}\right)$ b) $\frac{3}{4}\cdot\left(-\frac{4}{5}\right)\cdot\frac{1}{3}$ c) $\left(-1\frac{1}{2}\right)\cdot\left(-2\frac{1}{3}\right)\cdot 2$ d) $\left(-2\frac{1}{2}\right)\cdot\left(-1\frac{1}{4}\right)\cdot\left(-2\frac{2}{3}\right)$
e) $\left(-\frac{1}{5}\right)\cdot 1\frac{2}{3}\cdot(-3)$ f) $4\frac{1}{2}\cdot\left(-\frac{4}{9}\right)\cdot\left(-\frac{2}{6}\right)$ g) $\left(1\frac{1}{2}\right)^2\cdot\left(-\frac{4}{5}\right)$ h) $3\frac{1}{2}\cdot 3\frac{1}{3}\cdot\left(-\frac{1}{7}\right)$
i) $\left(-\frac{3}{4}\right)^3$ k) $\left(-1\frac{1}{2}\right)^3$ l) $\left(-\frac{2}{3}\right)^3\cdot\left(-4\frac{1}{2}\right)^2$ m) $\left(-\frac{5}{8}\right)^2\cdot 0\cdot\left(1\frac{2}{5}\right)^2$

12

a) $(-3\cdot 5)^2\cdot\frac{1}{5}$ b) $(-12\cdot 3)^2\cdot\left(-\frac{1}{10}\right)$ c) $\left(-\frac{4}{5}\right)\cdot 2\cdot\left(-\frac{3}{8}\right)$ d) $-3\cdot\left(-\frac{1}{6}\right)^3$
e) $\left(-2{,}5\cdot\frac{2}{5}\right)^2$ f) $-\frac{2}{3}\cdot\left(-\frac{1}{4}\right)\cdot(-6)$ g) $-1{,}2\cdot 7\cdot\left(-\frac{1}{4}\right)$ h) $\left[1\frac{3}{5}\cdot(-2{,}5)\right]^2$
i) $\left[\frac{4}{5}\cdot(-3{,}5)\right]^2$ k) $-1\frac{3}{4}\cdot\left(-\frac{4}{7}\right)^3$ l) $-2\frac{1}{3}\cdot 1\frac{1}{2}\cdot\left(-\frac{1}{5}\right)$ m) $\left[0\cdot\left(-7\frac{3}{8}\right)\right]^2\cdot\frac{2}{3}$

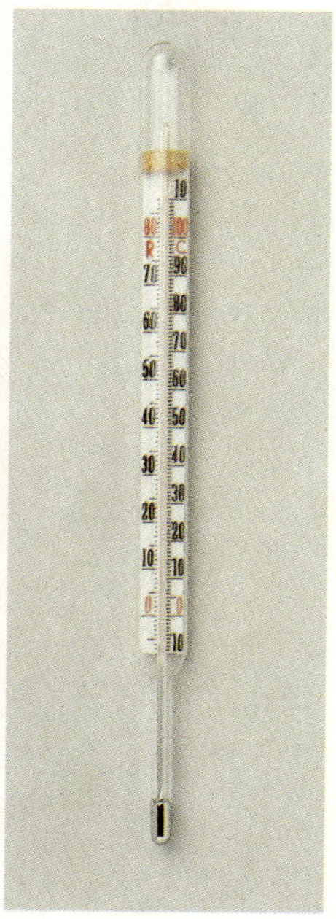

13 Schreibe zunächst als Term.

a) Addiere –943 zum Produkt von –31 und –39.
b) Subtrahiere –382 vom Produkt von –41 und –12.
c) Subtrahiere vom Produkt von –41 und –12 die Zahl –382.
d) Addiere zum Produkt von –24 und 15 das Produkt von –21 und –14.
e) Multipliziere das Produkt von –62 und –40 mit der Summe von –31 und 28.

14 a) Ein Produkt hat drei Faktoren. Wann ist es positiv, wann ist es negativ?
b) Ein Produkt hat vier Faktoren. Wann ist es positiv, wann ist es negativ?

15 a) Womit muss man eine Zahl a multiplizieren, um die Gegenzahl zu erhalten?
b) Welche Zahl muss man zu einer Zahl a addieren, um ihre Gegenzahl zu erhalten?

16 Auf alten Thermometern findet man neben einer Skala in °C (Grad Celsius) noch eine Skala in °R (Grad Réaumur). 1 °R entspricht $\frac{5}{4}$ °C.
Wie viel °C entsprechen 20 °R (36 °R; –24 °R; –32 °R)?

10 Dividieren rationaler Zahlen

1 Welche rationale Zahl kann für x passend eingesetzt werden?
a) $x \cdot 4 = 24$ b) $x \cdot (-3) = -24$
c) $x \cdot 4 = -24$ d) $x \cdot (-3) = 24$
Schreibe x jeweils auch als Quotient.

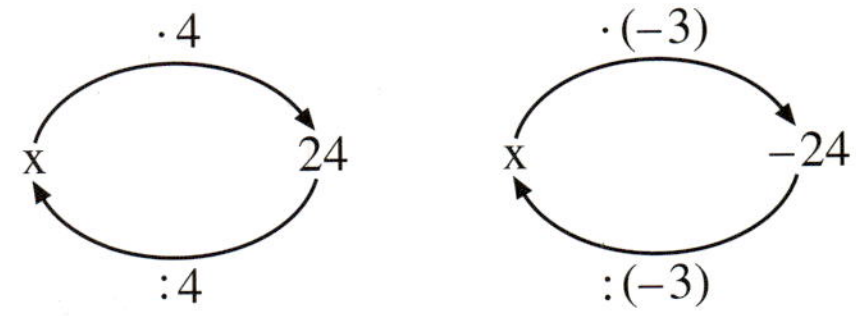

Der Multiplikation in $x \cdot 3 = 18$ entspricht die Division in $x = 18 : 3$.
Überträgt man diese Bedeutung der Division auf die rationalen Zahlen, so entspricht der

Multiplikation	$6 \cdot (-3) = -18$	die Division	$(-18) : (-3) = 6$,
ebenso	$(-6) \cdot 3 = -18$	die Division	$(-18) : 3 = -6$
und	$(-6) \cdot (-3) = 18$	die Division	$18 : (-3) = -6$.

Für die Vorzeichen von Quotienten gilt dasselbe wie bei Produkten:
Der Quotient zweier negativer Zahlen ist **positiv**.
Der Quotient aus einer negativen und einer positiven Zahl bzw. einer positiven und einer negativen Zahl ist jeweils **negativ**.

> **Rechenregel** für das Dividieren rationaler Zahlen ($\neq 0$)
> 1. Dividiere die Beträge.
> 2. Bei **gleichen** Vorzeichen gib dem Quotienten das Vorzeichen +,
>   bei **verschiedenen** Vorzeichen gib dem Quotienten das Vorzeichen −.

Da $0 \cdot a = 0$, ist für alle rationalen Zahlen $a \neq 0$: $0 : a = 0$.
Dagegen gibt es für $a \neq 0$ keine Zahl x mit $x \cdot 0 = a$, man kann daher nicht durch 0 dividieren.

Beispiel 1

Berechne	a) $(-21) : 7$	b) $(-4{,}9) : (-0{,}7)$	c) $\frac{3}{4} : \left(-\frac{1}{2}\right)$
Lösung:			
1. Schritt:	a) $21 : 7 = 3$	b) $4{,}9 : 0{,}7 = 7$	c) $\frac{3}{4} : \frac{1}{2} = \frac{3}{2}$
2. Schritt:	*Verschiedene Vorzeichen, der Quotient ist negativ.*	*Gleiche Vorzeichen, der Quotient ist positiv.*	*Verschiedene Vorzeichen, der Quotient ist negativ.*
Ergebnis:	$(-21) : 7 = -3$	$(-4{,}9) : (-0{,}7) = +7 = 7$	$\frac{3}{4} : \left(-\frac{1}{2}\right) = -\frac{3}{2}$

$\frac{-3}{4} = \frac{3}{-4} = -\frac{3}{4}$

Bei positiven Zahlen ist $3 : 4 = \frac{3}{4}$. Entsprechend schreibt man statt $(-3) : 4$ auch $\frac{-3}{4}$, statt $3 : (-4)$ auch $\frac{3}{-4}$ und statt $(-3) : (-4)$ auch $\frac{-3}{-4}$.

Beispiel 2
Schreibe als Bruch, kürze so weit wie möglich. a) $25 : (-65)$ b) $(-72) : (-48)$
Schreibe erst die Vorzeichen mit in den Zähler und Nenner, überlege dann, welches Vorzeichen der Bruch erhält.
Lösung:
a) $25 : (-65) = \frac{+25}{-65} = -\frac{25}{65} = -\frac{5}{13}$ b) $(-72) : (-48) = \frac{-72}{-48} = +\frac{72}{48} = \frac{3}{2}$

Beispiel 3
Vereinfache den Doppelbruch $\dfrac{\frac{-3}{5}}{-\frac{7}{15}}$.

Gehe wie in der Bruchrechnung vor, schreibe den Doppelbruch erst als Quotienten.

Lösung: $\dfrac{\frac{-3}{5}}{-\frac{7}{15}} = \left(-\frac{3}{5}\right) : \left(-\frac{7}{15}\right) = +\left(\frac{3}{5} \cdot \frac{15}{7}\right) = \frac{3 \cdot 15}{5 \cdot 7} = \frac{9}{7}$

Aufgaben

:	+	−
+	+	−
−	−	+

2 Rechne im Kopf.

a) (–56) : (–7) b) (–44) : 4 c) 78 : (–3) d) (–45) : (–3)
e) (–240) : (–8) f) (–405) : 15 g) (–48) : (–6) h) 128 : (–16)
i) (–48) : 6 k) 34 : (–17) l) 24 : (–3) m) (–6) : 12

3

a) (–2,8) : 4 b) 0,5 : (–0,2) c) (–24) : 0,5 d) (–40) : 0,1
e) (–0,2) : 0,4 f) 40 : (–0,2) g) 0,4 : (–0,04) h) (–0,06) : 0,5
i) (–1,2) : (–12) k) (–3,6) : (–0,09) l) 0,84 : (–1,2) m) (–1,02) : 17

4

a) $\frac{1}{3} : (-2)$ b) $\left(-\frac{5}{6}\right) : 5$ c) $\left(-\frac{4}{9}\right) : (-8)$ d) $\frac{2}{3} : (-6)$
e) $(-4) : \frac{1}{5}$ f) $(-5) : \frac{1}{4}$ g) $(-18) : \left(-\frac{3}{4}\right)$ h) $(-12) : \left(-\frac{2}{5}\right)$
i) $\left(-\frac{1}{5}\right) : \frac{1}{5}$ k) $\left(-\frac{9}{8}\right) : \frac{3}{8}$ l) $\frac{2}{5} : \left(-\frac{1}{5}\right)$ m) $\left(-\frac{7}{25}\right) : \left(-\frac{1}{25}\right)$

5 Kürze so weit wie möglich, schreibe das Ergebnis mit dem Vorzeichen vor dem Bruch.

a) $\frac{6}{-9}$ b) $\frac{-16}{60}$ c) $\frac{-45}{-81}$ d) $\frac{-108}{153}$ e) $\frac{25}{-90}$ f) $\frac{-91}{140}$ g) $\frac{-600}{-625}$ h) $\frac{39}{-52}$

6 Schreibe den Quotienten zunächst als Bruch; kürze so weit wie möglich.

a) (–126) : (–12) b) 294 : (–21) c) (–637) : 35 d) 84 : (–27)
e) 312 : (–32) f) (–455) : (–104) g) 85 : (–34) h) (–153) : 45

7 Schreibe das Ergebnis dezimal.

a) –156 : 24 b) 116 : (–16) c) (–925) : (–250) d) 558 : (–45)
e) –174,6 : 18 f) –42,25 : (–13) g) 22,75 : (–65) h) –2 : 25
i) –21,7 : 3,5 k) 316,05 : (–9,03) l) –7,92 : 0,072 m) –0,009 : (–0,036)

8 Schreibe das Ergebnis als Bruch.

a) $(-40) : \left(-\frac{1}{4}\right)$ b) $-0{,}3 : \frac{3}{20}$ c) $-4{,}25 : \left(-3\frac{2}{5}\right)$ d) $0{,}75 : \left(-\frac{3}{7}\right)$
e) $4\frac{4}{5} : (-2{,}4)$ f) $-1\frac{1}{3} : 0{,}4$ g) $-\frac{5}{7} : (-0{,}28)$ h) $2\frac{1}{2} : (-0{,}3)$

9 Vereinfache die Doppelbrüche.

a) $\dfrac{\frac{-3}{8}}{\frac{1}{-2}}$ b) $\dfrac{\frac{-8}{21}}{\frac{-72}{49}}$ c) $\dfrac{\frac{-15}{-26}}{\frac{75}{-39}}$ d) $\dfrac{-\frac{5}{9}}{\frac{10}{-9}}$ e) $\dfrac{8\frac{11}{15}}{-9\frac{2}{3}}$ f) $\dfrac{-15}{\frac{3}{-4}}$ g) $\dfrac{\frac{-3}{-8}}{-6}$

h) $\dfrac{\frac{-5}{6}}{\frac{4}{3}}$ i) $\dfrac{\frac{-25}{121}}{\frac{-5}{-11}}$ k) $\dfrac{\frac{-28}{64}}{\frac{-15}{24}}$ l) $\dfrac{-2\frac{12}{13}}{1\frac{5}{39}}$ m) $\dfrac{-21}{\frac{-7}{4}}$ n) $\dfrac{\frac{-21}{-7}}{4}$ o) $\dfrac{\frac{-3}{-10}}{-5}$

10 Berechne.

a) $-\frac{3}{8} : \left(-4\frac{1}{2}\right)$ b) $-2\frac{3}{8} : (-4)$ c) $-2\frac{1}{8} : 17$ d) $-4 : \left(-1\frac{1}{7}\right)$

e) $\left(-1\frac{1}{2} : 2\frac{1}{4}\right) : (-2)$ f) $\left[10 \cdot \left(-3\frac{3}{5}\right)\right] : 18$ g) $\left(-\frac{7}{8} : 2\right) \cdot (-8)$ h) $\left[2\frac{3}{4} : (-3)\right] : \frac{5}{12}$

i) $\left(-\frac{3}{4} : \frac{5}{6}\right) : \left(-\frac{9}{10}\right)$ k) $\left(\frac{-4}{15} \cdot \frac{5}{8}\right) : \frac{1}{-6}$ l) $\left[-\frac{2}{5} : (-4)\right] \cdot \frac{5}{-3}$ m) $-2\frac{1}{8} \cdot 1{,}04 \cdot \frac{1}{-0{,}625}$

11 Schreibe zunächst als Term.

a) Dividiere die Summe von 54 und −29 durch −75.
b) Dividiere −88,2 durch −1,8 und addiere dann −3,6.
c) Dividiere das Produkt von 21 und −30 durch das Produkt von 45 und −14.
d) Welche Zahl erhält man, wenn man $-13\frac{3}{5}$ durch −5,1 dividiert?
e) Welche Zahl muss man durch $2\frac{7}{10}$ dividieren, um −2 zu erhalten?
f) Durch welche Zahl muss man $-3\frac{3}{14}$ dividieren, um $\frac{27}{35}$ zu erhalten?

12 Welche Zahl kann für x passend eingesetzt werden?

a) $x \cdot (-15) = -25$ b) $x : (-15) = -25$ c) $4{,}2 \cdot x = -21$ d) $4{,}2 : x = -21$

e) $\left(-\frac{3}{4}\right) : x = \frac{9}{2}$ f) $x : \frac{7}{11} = -\frac{22}{3}$ g) $x : \left(-3\frac{1}{2}\right) = -\frac{4}{7}$ h) $12 \cdot (-x) = -\frac{6}{11}$

13 a) Mit welcher Zahl muss man $-2\frac{1}{4}$ multiplizieren, um +1 zu erhalten?
b) Durch welche Zahl muss man $-2\frac{1}{4}$ dividieren, um +1 zu erhalten?
c) Welche Zahl muss man durch $-\frac{5}{8}$ dividieren, um −1 zu erhalten?
d) Durch welche Zahl muss man $-\frac{5}{8}$ dividieren, um −1 zu erhalten?

Zur Erinnerung:
$\frac{q}{p}$ ist der Kehrbruch von $\frac{p}{q}$

14 Ist a eine rationale Zahl ($\neq 0$), so nennt man $\frac{1}{a}$ die **Kehrzahl** von a.
Welche der folgenden Behauptungen sind richtig, welche falsch?
a) Wenn man eine rationale Zahl mit ihrer Kehrzahl multipliziert, dann erhält man 1.
b) Wenn man eine rationale Zahl durch ihre Kehrzahl dividiert, dann erhält man −1.
c) Wenn man eine rationale Zahl mit ihrer Gegenzahl multipliziert, dann erhält man 1.
d) Wenn man eine rationale Zahl durch ihre Gegenzahl dividiert, dann erhält man −1.
e) Wenn man von einer Zahl das Produkt aus ihrer Gegenzahl und ihrer Kehrzahl bildet, so ist dieses stets −1.

15 a) Welche rationalen Zahlen stimmen mit ihrer Kehrzahl überein?
b) Welche rationale Zahl stimmt mit ihrer Gegenzahl überein?

16 Die „Schnecke" beginnt bei A(−1|0) und windet sich von dort aus immer um den Ursprung O. Der Punkt B hat von O den Abstand $\frac{5}{4}$, C von O den Abstand $\left(\frac{5}{4}\right)^2$ usw.
a) Bestimme die Koordinaten der Punkte B, C, D, E, F, G und H.
b) Denke dir die Schnecke nach innen fortgesetzt. Sie schneidet dann die 2. Achse in A_1, die 1. Achse in A_2 usw.
Berechne die Koordinaten von A_1, A_2, A_3, A_4.

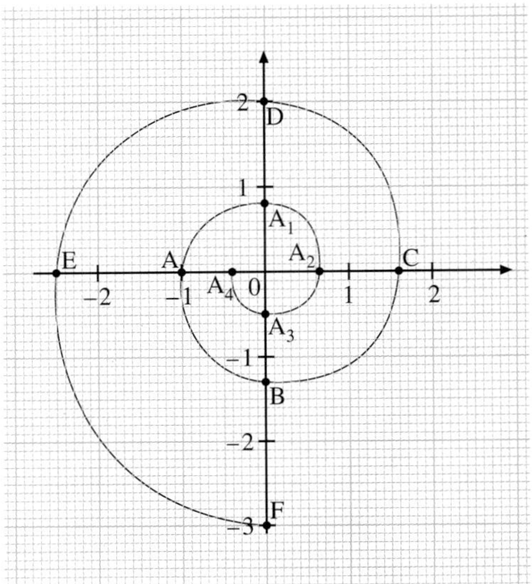

11 Terme

1 Berechne im Kopf möglichst geschickt:
a) $(100 + 10) \cdot \frac{1}{5}$
b) $[100 + (-10)] \cdot \frac{1}{5}$
Schreibe jeweils einen Term auf, der zeigt, wie du gerechnet hast.

2 Berechne $\frac{3}{5} \cdot (-4) + \frac{3}{5} \cdot (-2)$. Wie viele Multiplikationen und Additionen rationaler Zahlen hast du ausgeführt?
Zeige, dass es auch mit nur zwei solcher Rechenschritte geht.

Auch beim Rechnen mit rationalen Zahlen werden bei Termen in der Regel die Klammern zuerst ausgerechnet:

$$3 \cdot \left(-\frac{2}{3} + \frac{5}{6}\right) = 3 \cdot \left(-\frac{4}{6} + \frac{5}{6}\right) = 3 \cdot \frac{1}{6} = \frac{1}{2}$$

Stattdessen kann man aber auch erst jeden Summanden einzeln mit 3 multiplizieren:

$$3 \cdot \left(-\frac{2}{3} + \frac{5}{6}\right) = 3 \cdot \left(-\frac{2}{3}\right) + 3 \cdot \frac{5}{6} = -2 + \frac{5}{2} = \frac{1}{2}$$

Denn auch für rationale Zahlen gilt das Distributivgesetz:

> **Distributivgesetz**
> Für alle rationalen Zahlen a, b, c gilt: $a \cdot (b + c) = a \cdot b + a \cdot c$,
> d. h.: Beim Multiplizieren einer Summe mit einer Zahl wird **jeder** Summand mit der Zahl multipliziert.

Beispiel 1
Berechne $\left(-\frac{6}{7}\right) \cdot \left[\frac{1}{2} + \left(-\frac{2}{3}\right)\right]$ durch **„Ausmultiplizieren"**.
Lösung:

$$\begin{aligned}\left(-\frac{6}{7}\right) \cdot \left[\frac{1}{2} + \left(-\frac{2}{3}\right)\right] &= \left(-\frac{6}{7}\right) \cdot \frac{1}{2} + \left(-\frac{6}{7}\right) \cdot \left(-\frac{2}{3}\right) \\ &= -\frac{3}{7} + \frac{4}{7} \\ &= \frac{1}{7}\end{aligned}$$

Beispiel 2
Berechne $(-4) \cdot \left(-1\frac{1}{3}\right) + (-4) \cdot \left(-\frac{2}{3}\right)$ durch **„Ausklammern"**.
Lösung:

$$\begin{aligned}(-4) \cdot \left(-1\frac{1}{3}\right) + (-4) \cdot \left(-\frac{2}{3}\right) &= (-4)\left[-1\frac{1}{3} + \left(-\frac{2}{3}\right)\right] \\ &= (-4) \cdot (-2) \\ &= 8\end{aligned}$$

Die Anwendung des Distributivgesetzes kann zu Rechenvorteilen führen:
Beispiel 3
Berechne möglichst geschickt: $\frac{-66 + 24}{18}$
Klammere im Zähler die Zahl 6 aus und kürze erst einmal.
Lösung: $\frac{-66 + 24}{18} = \frac{6 \cdot (-11 + 4)}{18} = -\frac{7}{3}$

Für rationale Zahlen b, c gilt: $b - c = b + (-c)$. Daher kann man das Distributivgesetz auch für Differenzen benutzen:

$$a \cdot (b - c) = a \cdot b - a \cdot c$$

Beispiel 4

Berechne durch Ausmultiplizieren: $\frac{5}{2} \cdot \left(\frac{3}{10} - \frac{1}{5}\right)$

Lösung: $\frac{5}{2} \cdot \left(\frac{3}{10} - \frac{1}{5}\right) = \frac{5}{2} \cdot \frac{3}{10} - \frac{5}{2} \cdot \frac{1}{5}$

$= \frac{3}{4} - \frac{1}{2}$

$= \frac{1}{4}$

Für rationale Zahlen s, c ($c \neq 0$) gilt: $s : c = \frac{1}{c} \cdot s$. Daher kann man das Distributivgesetz auch für die Division durch eine rationale Zahl benutzen:

$$(a + b) : c = a : c + b : c \quad (c \neq 0)$$

Beispiel 5

Berechne $(-120 + 84) : 4$

Lösung: $(-120 + 84) : 4 = (-120) : 4 + 84 : 4$

$= -30 + 21$

$= -9$

Aufgaben

3 Berechne durch Ausmultiplizieren.

a) $(-15) \cdot [20 + (-2)]$ b) $29 \cdot [(-10) + 1]$ c) $12 \cdot [40 + (-3)]$ d) $(60 - 3) \cdot (-7)$
e) $(-0{,}3) \cdot (10 - 2)$ f) $(-20 + 8) \cdot 1{,}5$ g) $(-1{,}4 + 0{,}05) \cdot (-5)$ h) $(0{,}5 - 7{,}2) \cdot 0{,}2$
i) $(-12) \cdot \left(\frac{1}{4} + \frac{1}{6}\right)$ k) $\left(\frac{2}{3} + \frac{5}{12}\right) \cdot (-24)$ l) $\left(-\frac{3}{8} + \frac{5}{12}\right) \cdot (-24)$ m) $\left(\frac{3}{4} - 6\right) \cdot (-8)$
n) $\left(1{,}6 - \frac{3}{4}\right) \cdot (-4)$ o) $\left(\frac{4}{5} + 3{,}5\right) \cdot (-20)$ p) $\left(-0{,}5 + \frac{2}{3}\right) \cdot \frac{10}{3}$ q) $-4{,}2 \cdot \left(5 - \frac{10}{3}\right)$

4

a) $20 \cdot \left(-\frac{1}{4} - \frac{4}{5}\right)$ b) $\left(\frac{2}{5} - \frac{4}{5}\right) \cdot (-30)$ c) $6 \cdot \left(1 - 2\frac{1}{3}\right)$ d) $\left(3\frac{1}{4} - 4\frac{1}{2}\right) \cdot (-4)$
e) $(4 - 1{,}3) \cdot 10$ f) $(0{,}2 - 1{,}4) \cdot (-5)$ g) $(-4) \cdot (2{,}5 - 0{,}9)$ h) $(5{,}3 + 0{,}2) \cdot (-20)$
i) $\frac{1}{2} \cdot (24 - 72)$ k) $(27 - 87) \cdot \left(-\frac{1}{3}\right)$ l) $\frac{2}{3} \cdot (24 - 63)$ m) $\left(\frac{15}{4} - 5\right) \cdot \left(-\frac{4}{3}\right)$
n) $\left(-\frac{4}{3}\right) \cdot \left(2\frac{1}{4} + \frac{3}{8}\right)$ o) $1\frac{1}{4} \cdot \left(\frac{2}{5} - \frac{8}{15}\right)$ p) $\left(-0{,}8 - 1\frac{1}{2}\right) \cdot \left(-\frac{10}{3}\right)$ q) $\left(\frac{5}{6} - 1{,}4\right) \cdot \left(-8\frac{4}{7}\right)$

5 Berechne durch Ausklammern.

a) $(-17) \cdot 16 + (-17) \cdot 4$ b) $23 \cdot (-18) + (-2) \cdot 23$ c) $(-16) \cdot 25 + (-16) \cdot (-15)$
d) $13 \cdot (-17) + 7 \cdot 13$ e) $25 \cdot (-14) - 5 \cdot 14$ f) $23 \cdot 9 - 9 \cdot 20$
g) $26 \cdot 18 - 18 \cdot 30$ h) $-16 \cdot 8 + 16 \cdot 13$ i) $-46 \cdot 12 - 4 \cdot 12$
k) $-340 \cdot 5 + 60 \cdot (-5)$ l) $72 \cdot (-13) + 13 \cdot 2$ m) $46 \cdot (-18) + 6 \cdot 18$

6

a) $13 \cdot 0{,}8 - 0{,}8 \cdot 15$ b) $-3{,}2 \cdot 1{,}4 - 1{,}4 \cdot 0{,}8$ c) $4{,}8 \cdot (-1{,}3) + 1{,}3 \cdot (-1{,}2)$
d) $\frac{2}{3} \cdot (-8) - 7 \cdot \frac{2}{3}$ e) $-8 \cdot \frac{4}{5} + \frac{8}{5} \cdot (-6)$ f) $\frac{3}{4} \cdot (-7) - \left(-\frac{3}{4}\right) \cdot (-13)$
g) $\frac{3}{8} \cdot \frac{5}{2} - \frac{3}{2} \cdot \frac{1}{2}$ h) $\frac{2}{3} \cdot \frac{4}{5} - \frac{2}{5}$ i) $\frac{3}{8} - \frac{3}{2} \cdot \left(-\frac{3}{4}\right)$
k) $1\frac{1}{2} \cdot \frac{2}{3} - \frac{4}{5} \cdot \left(-1\frac{1}{2}\right)$ l) $-2\frac{1}{3} \cdot \frac{2}{5} + \frac{7}{3} \cdot \frac{1}{2}$ m) $\frac{5}{6} \cdot (-0{,}4) - \frac{2}{3}$

7 Schreibe einen der beiden Faktoren zuerst als Summe oder Differenz.

a) $4\frac{5}{6} \cdot (-12)$ b) $\left(-3\frac{5}{7}\right) \cdot 21$ c) $(-36) \cdot 10\frac{8}{9}$ d) $-6\frac{3}{4} \cdot 8$

8 Klammere aus und kürze zuerst wie im Beispiel 3.

a) $\frac{75+90}{30}$ b) $\frac{-65+104}{-26}$ c) $\frac{-105-60}{30}$ d) $\frac{-95+57}{-38}$

e) $\frac{51}{-85-170}$ f) $\frac{-28}{56-119}$ g) $\frac{63-98}{-14+49}$ h) $\frac{112-176}{-96+256}$

i) $\frac{36-81}{-27-54}$ k) $\frac{-26+78}{52-130}$ l) $\frac{35-80}{60-85}$ m) $\frac{8\cdot(14-35)}{7\cdot(48-96)}$

9 Berechne wie im Beispiel 5.

a) $(28+56):14$ b) $(32-56):(-8)$ c) $(84-126):7$

d) $[48:(-168)]:(-12)$ e) $(3{,}2-6{,}4):14$ f) $(-1{,}8-4{,}8):(-6)$

g) $(-7{,}2+12):(-12)$ h) $(12-4{,}8):0{,}5$ i) $\left(\frac{15}{2}-\frac{5}{4}\right):\frac{1}{8}$

k) $\left(-5+\frac{5}{3}\right):\frac{5}{6}$ l) $\left(\frac{4}{5}+3\right):\left(\frac{-1}{5}\right)$ m) $\left(-1\frac{1}{2}-1\right):\left(-1\frac{1}{6}\right)$

10 Berechne.

a) $\frac{1}{4}(-24+52-124)$ b) $(72-136-128)\cdot\left(-\frac{1}{8}\right)$ c) $-\frac{2}{3}\cdot(-57+93-72)$

d) $(85-170-215)\cdot\left(-\frac{3}{5}\right)$ e) $-15\cdot(3{,}2-6{,}8+4{,}4)$ f) $\frac{3}{4}\cdot\left(\frac{2}{3}-\frac{5}{6}-\frac{1}{2}\right)$

g) $-3:\left[5-\frac{3}{4}\cdot\left(-\frac{4}{3}\right)\right]$ h) $-3-\frac{1}{8}\cdot\left[\left(-\frac{4}{5}\right)-\frac{1}{5}\cdot\left(-\frac{3}{2}\right)\right]$ i) $2-\frac{1}{2}\cdot\left(-\frac{3}{4}\right)\cdot\left[5\cdot\left(-\frac{3}{4}\right)-\frac{1}{2}\right]$

11 Welche Rechnungen sind richtig? Begründe deine Entscheidung mit Hilfe geeigneter Rechengesetze oder Rechenregeln.

a) $\left(3\cdot\frac{2}{3}\right)\cdot\left(-\frac{6}{5}\right)=3\cdot\left[\frac{2}{3}\cdot\left(-\frac{6}{5}\right)\right]$ b) $3\cdot(-12)+4\cdot(-12)=(-12)\cdot3+4\cdot(-12)$

c) $-31-45+38=-31-(45+38)$ d) $(-31)\cdot15=31\cdot(-15)$

e) $(-4)\cdot65\cdot(-4)\cdot83=(-4)\cdot(65\cdot83)$ f) $18\cdot(-12)=-240+24$

g) $-65:13-78:13=-143:13$ h) $48:[(-16)+8]=-3+6$

i) $(-15)\cdot(-2)=(-15)\cdot[-(10+12)]$ k) $6\cdot(34{,}7\cdot76{,}3)=6\cdot34{,}7\cdot6\cdot76{,}3$

12 Schreibe zunächst als Term.

a) Multipliziere die Summe von –38 und 198 mit –29.
b) Multipliziere –38 mit –17 und addiere 198 zum Produkt.
c) Multipliziere die Summe von $5\frac{1}{7}$ und –10 mit 21.
d) Dividiere die Summe von $-\frac{3}{4}$ und 3 durch 3.
e) Multipliziere die Summe von –91 und 42 mit $\frac{2}{7}$.
f) Dividiere das Produkt von –32 und 27 durch –18.
g) Dividiere –332 durch 83 und das Ergebnis durch –6.

13 Schreibe zuerst mit Bruchstrich und dann ohne Klammern.

a) $(24:6)\cdot3$ b) $24:(6\cdot3)$ c) $(76\cdot8):(-38)$ d) $76\cdot[8:(-38)]$

e) $(96:24):4$ f) $(-128:8):\left(-\frac{1}{2}\right)$ g) $(-48:3):[15:(-6)]$ h) $-144:(-65:26)$

14 Berechne.

a) $(-4:5):8-(1:2)\cdot(-2:5)$ b) $(7:8)\cdot3-(-3:4):6$

c) $[5:(-4)]\cdot8+(-12\cdot4):8$ d) $(-82:13)\cdot65-(72\cdot14):(-24)$

e) $-\frac{4}{5}:\frac{2}{3}+\left(6:\frac{3}{8}\right)\cdot\frac{1}{5}$ f) $\left[27:\left(-\frac{9}{4}\right)\right]:8+\frac{5}{3}\cdot[(-9):(5:2)]$

g) $\frac{[8\cdot(-12)+16]\cdot(-15)}{5\cdot[12-4\cdot(-24)]}$ h) $\frac{(-6)^3\cdot[6\cdot(-14)+12]}{(-3\cdot4+9)\cdot(-4)\cdot25}$

i) $[3-4:(-2)^3]:\left(-\frac{3}{4}\cdot5\right)$ k) $\left[2\frac{1}{2}\cdot\left(-\frac{1}{10}\right)\right]:\frac{1}{4}-5:\left(1\frac{1}{4}:2\frac{1}{2}\right)$

12 Monotonie

1 Jan streicht 2 m über der Wasserlinie die Außenwand des Küstenmotorschiffs. Der Wasserstand beträgt 1,25 m unter Normal. In den nächsten Stunden steigt das Wasser um 2,25 m. Befindet sich Jan dann noch über der Wasserlinie?

2 a) Es ist $-8\,°C < -3\,°C$. Gilt dies auch für die entsprechenden Temperaturen in °R (Grad Réaumur, vgl. S. 149, Aufgabe 16)?
b) Vergleiche $(-8)\cdot\frac{4}{5}$ mit $(-3)\cdot\frac{4}{5}$ sowie $(-8)\cdot\left(-\frac{4}{5}\right)$ mit $(-3)\cdot\left(-\frac{4}{5}\right)$.

Ist $a < b$, so liegt auf der Zahlengeraden a links von b. Wird nun zu a und zu b die Zahl 8 addiert, so bedeutet das, von a und von b jeweils um 8 nach rechts zu gehen. Dann liegt auch $a + 8$ links von $b + 8$, also $a + 8 < b + 8$.
Entsprechendes gilt, wenn man eine negative Zahl addiert.

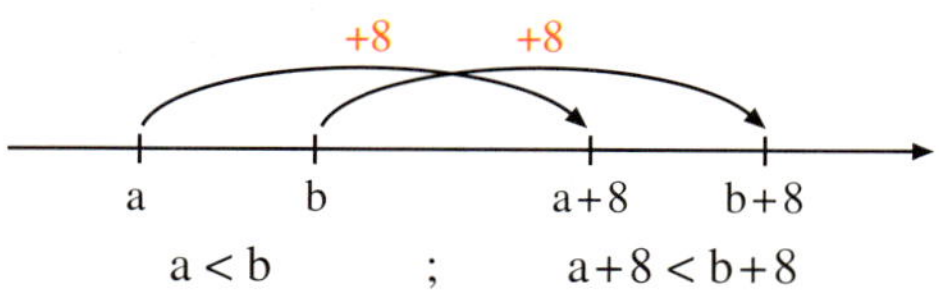

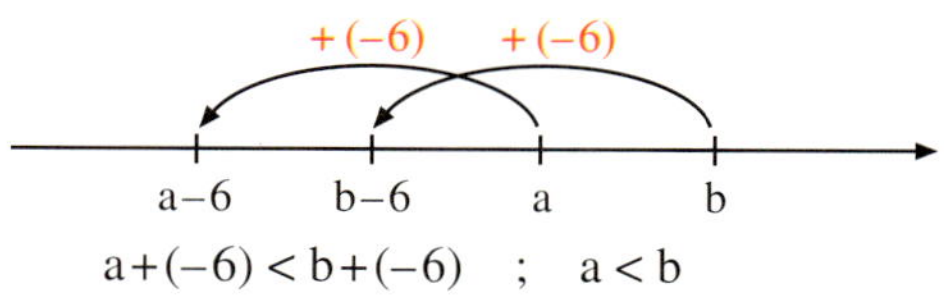

Für das Vergleichen von Produkten gilt z. B.:
Mit $-7 < -4$ ist auch $-7\cdot 3 < -4\cdot 3$, denn $-21 < -12$.
Dagegen ist $-7\cdot(-3) > -4\cdot(-3)$, denn $21 > 12$.
Beim Multiplizieren mit einer negativen Zahl kehrt sich das Kleinerzeichen (und ebenso das Größerzeichen) um.

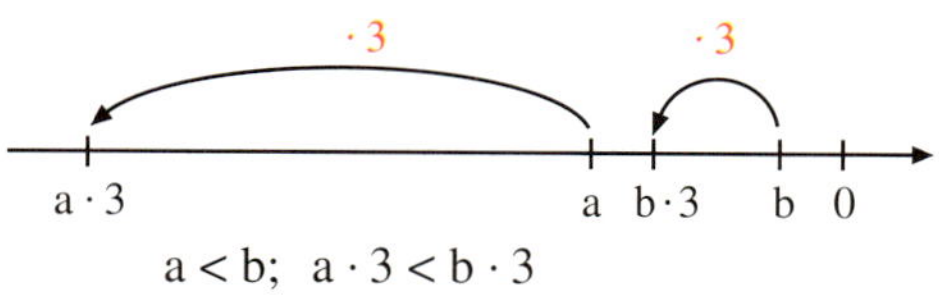

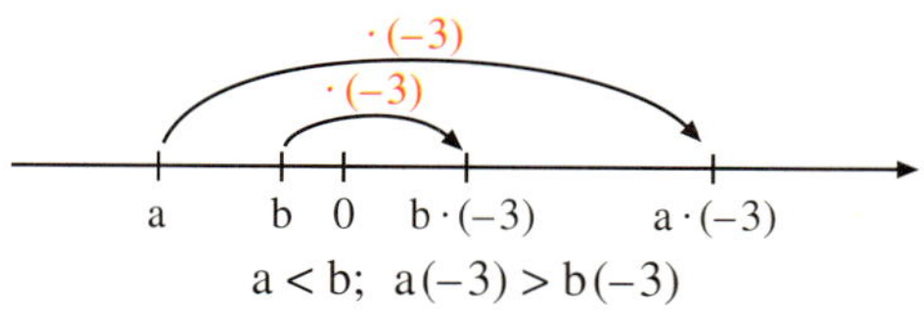

An den Zahlengeraden wird deutlich:

Monotoniegesetze:
Für alle rationalen Zahlen a, b, c gilt:
Wenn $a < b$, dann ist $a + c < b + c$.
Wenn $a < b$ und $\mathbf{c > 0}$, dann ist $a\cdot c < b\cdot c$.
Dagegen gilt:
Wenn $a < b$ und $\mathbf{c < 0}$, dann ist $a\cdot c > b\cdot c$.

$a < b$
$(-1)\cdot a > (-1)\cdot b$

Beispiel

Es ist $-\frac{1}{2} < -\frac{1}{3}$. Setze für □ passend < oder >.

a) $\left(-\frac{1}{2}\right) + \left(-\frac{1}{4}\right) \;\square\; \left(-\frac{1}{3}\right) + \left(-\frac{1}{4}\right)$

b) $\left(-\frac{1}{2}\right) - \left(-\frac{1}{4}\right) \;\square\; \left(-\frac{1}{3}\right) - \left(-\frac{1}{4}\right)$

c) $\left(-\frac{1}{2}\right) \cdot \frac{1}{4} \;\square\; \left(-\frac{1}{3}\right) \cdot \frac{1}{4}$

d) $\left(-\frac{1}{2}\right) \cdot \left(-\frac{1}{4}\right) \;\square\; \left(-\frac{1}{3}\right) \cdot \left(-\frac{1}{4}\right)$

Lösung:

a) $\left(-\frac{1}{2}\right) + \left(-\frac{1}{4}\right) < \left(-\frac{1}{3}\right) + \left(-\frac{1}{4}\right)$

b) $\left(-\frac{1}{2}\right) - \left(-\frac{1}{4}\right) < \left(-\frac{1}{3}\right) - \left(-\frac{1}{4}\right)$

c) $\left(-\frac{1}{2}\right) \cdot \frac{1}{4} < \left(-\frac{1}{3}\right) \cdot \frac{1}{4}$

d) $\left(-\frac{1}{2}\right) \cdot \left(-\frac{1}{4}\right) > \left(-\frac{1}{3}\right) \cdot \left(-\frac{1}{4}\right)$

Der Subtraktion von $-\frac{1}{4}$ entspricht die Addition von $+\frac{1}{4}$.

Da $\frac{1}{4} > 0$, bleibt das <-Zeichen erhalten.

Da $-\frac{1}{4} < 0$, muss das <-Zeichen durch das >-Zeichen ersetzt werden.

Aufgaben

3 Welche der beiden Zahlen $-4\frac{2}{3}$ und $-4\frac{3}{5}$ ist die größere?
Vergleiche danach ohne weitere Rechnung.

a) $-4\frac{2}{3} - \frac{1}{6}$ mit $4\frac{3}{5} - \frac{1}{6}$
b) $-4\frac{2}{3} + \frac{1}{7}$ mit $-4\frac{3}{5} + \frac{1}{7}$
c) $\frac{3}{8} - 4\frac{2}{3}$ mit $\frac{3}{8} - 4\frac{3}{5}$
d) $-1\frac{1}{2} - 4\frac{2}{3}$ mit $-1\frac{1}{2} - 4\frac{3}{5}$
e) $-4\frac{2}{3} + 0{,}93$ mit $0{,}93 - 4\frac{3}{5}$
f) $-\frac{5}{7} - 4\frac{2}{3}$ mit $-4\frac{3}{5} - \frac{5}{7}$

4 Welche der beiden Zahlen $-3\frac{2}{5}$ und $-3{,}45$ ist die größere?
Vergleiche dann ohne weitere Rechnung.

a) $-3\frac{2}{5} \cdot 12$ mit $-3{,}45 \cdot 12$
b) $-3\frac{2}{5} \cdot (-26)$ mit $-3{,}45 \cdot (-26)$
c) $-\frac{5}{6} \cdot \left(-3\frac{2}{5}\right)$ mit $-\frac{5}{6} \cdot (-3{,}45)$
d) $-3\frac{2}{5} \cdot 17{,}5$ mit $17{,}5 \cdot (-3{,}45)$

5 Welches der Zeichen <, >, = ist anstelle von □ zu setzen?

a) $-\frac{3}{4} + \frac{1}{2} \;\square\; -\frac{4}{5} + \frac{1}{2}$
b) $\frac{3}{8} - \frac{4}{5} \;\square\; \frac{1}{2} - \frac{4}{5}$
c) $\frac{3}{8} \cdot \left(-\frac{4}{5}\right) \;\square\; \frac{1}{2} \cdot \left(-\frac{4}{5}\right)$
d) $-\frac{5}{6} \cdot \frac{1}{3} \;\square\; \frac{1}{3} \cdot \left(-\frac{3}{4}\right)$
e) $-4{,}8 \cdot 3{,}7 \;\square\; 3{,}4 \cdot (-4{,}8)$
f) $1\frac{2}{3} \cdot \left(-\frac{2}{5}\right) \;\square\; -\frac{2}{5} \cdot 1{,}7$
g) $1\frac{2}{3} - \frac{2}{5} \;\square\; -\frac{2}{5} + 1{,}7$
h) $-4{,}2 \cdot 6{,}7 \;\square\; -6{,}7 \cdot (-4{,}2)$
i) $2\frac{1}{3} - 0{,}25 \;\square\; -0{,}25 + \frac{7}{3}$

6 Verfahre wie in Aufgabe 5. Schreibe die Quotienten zunächst als Produkte.

a) $23 : 17 \;\square\; 23 : 16$
b) $35 : (-14) \;\square\; 33 : (-14)$
c) $-48 : 36 \;\square\; -50 : 36$
d) $-\frac{3}{4} : 5 \;\square\; -\frac{3}{4} : 4$
e) $-3 : \left(-\frac{2}{5}\right) \;\square\; -2 : \left(-\frac{2}{5}\right)$
f) $-0{,}4 : 1{,}3 \;\square\; -\frac{1}{2} : 1{,}3$

7 Für zwei rationale Zahlen a, b gilt $a < b$. Begründe, dass dann $-a > -b$ gilt.

8 Für zwei rationale Zahlen x und y gilt:

a) $x + 4 < y + 4$
b) $5 \cdot x > 5 \cdot y$
c) $-6 \cdot x < -6 \cdot y$
d) $x \cdot (-0{,}75) < y \cdot (-0{,}75)$
e) $2 - x > 2 - y$
f) $x - 9 < -(9 - y)$

Welche der beiden Zahlen ist größer?

9 a) Zwei Quadrate haben die Seitenlängen a und b. Es ist $a < b$. Vergleiche die Flächeninhalte der Quadrate.
b) Für zwei rationale Zahlen a, b gilt $a < b$. Gilt dann auch immer $a^2 < b^2$?
Prüfe mit verschiedenen Beispielen.
*c) In welchen Fällen ist $a < b$, aber $a^2 > b^2$?
*d) Kann $a < b$ und $a^2 = b^2$ zugleich gelten?

13 Der Bereich der rationalen Zahlen

Mengenbezeichnungen der Zahlbereiche:
$\mathbb{N}$: *die natürlichen Zahlen,*
$\mathbb{Z}$: *die ganzen Zahlen,*
$\mathbb{B}$: *die Bruchzahlen,*
$\mathbb{Q}$: *die rationalen Zahlen.*

1 Zum Beginn dieses Kapitels wurden durch Hinzunahme der Gegenzahlen
– die natürlichen Zahlen zu den ganzen Zahlen und
– die Bruchzahlen zu den rationalen Zahlen erweitert.
Zu welchen Zahlbereichen gehören
a) -3; 5; $1{,}7$; $-5{,}85$; $-\frac{3}{7}$; $2\frac{1}{4}$; $-\frac{15}{5}$; 0;
b) $5 + 17$; $5 - 17$; $5 \cdot 17$; $5 : 17$;
c) $12 + 3$; $12 - 3$; $12 \cdot 3$; $12 : 3$;
d) $1\frac{3}{4} + \left(-\frac{5}{4}\right)$; $\left(-2\frac{3}{4}\right) \cdot \left(-\frac{12}{11}\right)$; $(-3{,}75) \cdot 0$?

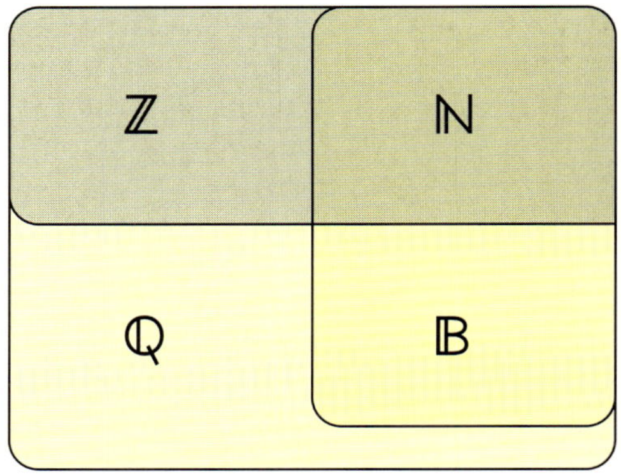

Durch die Erweiterung der natürlichen Zahlen (Bruchzahlen) zu den ganzen Zahlen (rationalen Zahlen) kann man jetzt auch Differenzen bestimmen, die vorher nicht erklärt waren. Eine Übersicht über die Zahlbereiche geben die beiden Tabellen.

Die natürlichen Zahlen	**Die ganzen Zahlen**
Addiert man oder multipliziert man zwei natürliche Zahlen, so erhält man wieder eine natürliche Zahl. Z. B.: $3 + 4 = 7$; $3 \cdot 4 = 12$	Addiert man, subtrahiert man oder multipliziert man zwei ganze Zahlen, so erhält man wieder eine ganze Zahl. Z. B.: $3 + (-4) = -1$; $3 - (-4) = 7$; $3 \cdot (-4) = -12$
Beim Subtrahieren und beim Dividieren ergeben sich nicht immer natürliche Zahlen. Z. B.: $3 - 4 = -1$; $3 : 4 = \frac{3}{4}$	Beim Dividieren zweier ganzer Zahlen ergibt sich nicht immer eine ganze Zahl. Z. B.: $3 : (-4) = -\frac{3}{4}$

Die Bruchzahlen	**Die rationalen Zahlen**
Addiert man oder multipliziert man zwei Bruchzahlen oder dividiert man durch eine Bruchzahl $\neq 0$, so erhält man wieder eine Bruchzahl. Z. B.: $\frac{2}{5} + \frac{1}{2} = \frac{9}{10}$; $\frac{2}{5} \cdot \frac{1}{2} = \frac{1}{5}$; $\frac{2}{5} : \frac{1}{2} = \frac{4}{5}$	Addiert man, subtrahiert man oder multipliziert man zwei rationale Zahlen oder dividiert man durch eine rationale Zahl $\neq 0$, so erhält man wieder eine rationale Zahl. Z. B.: $\frac{2}{5} + \left(-\frac{1}{2}\right) = -\frac{1}{10}$; $\frac{2}{5} - \left(-\frac{1}{2}\right) = \frac{9}{10}$; $\frac{2}{5} \cdot \left(-\frac{1}{2}\right) = -\frac{1}{5}$; $\frac{2}{5} : \left(-\frac{1}{2}\right) = -\frac{4}{5}$
Beim Subtrahieren ergeben sich nicht immer Bruchzahlen. Z. B.: $\frac{2}{5} - \frac{1}{2} = -\frac{1}{10}$	

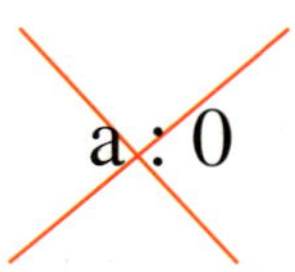

Eine Division durch 0, also $a : 0$, ist auch bei den rationalen Zahlen nicht möglich.
Andernfalls müsste es zu a genau eine rationale Zahl x mit $x \cdot 0 = a$ geben.
Für $a \neq 0$ gibt es keine solche rationale Zahl x, denn $x \cdot 0 = 0$.
Für $a = 0$ erfüllen alle rationalen Zahlen x die Gleichung $x \cdot 0 = a$, also $x \cdot 0 = 0$.

Aufgaben

Die Zahl 0 ist zwar eine natürliche Zahl und damit auch eine Bruchzahl, aber sie ist keine positive rationale Zahl.

2 Prüfe, ob die folgenden Rechnungen innerhalb der natürlichen Zahlen (der ganzen Zahlen, der rationalen Zahlen) möglich sind.
a) $632 : 36$ b) $2223 : 39$ c) $47 \cdot 31 - 42 \cdot 38$ d) $20000 - 12^4$

3 Welche der Rechenarten +, –, ·, : sind immer ausführbar in der Menge der
a) positiven rationalen Zahlen,
b) negativen rationalen Zahlen,
c) geraden natürlichen Zahlen,
d) ungeraden natürlichen Zahlen,
e) Zahlen $-1;\ 0;\ +1$
f) Zahlen $-1;\ +1$?

4 a) Dividiere die Zahl 5 764 801 durch 7, dividiere das Ergebnis wieder durch 7 usw. Nach wie vielen Schritten ist das Ergebnis der Division erstmals eine nicht natürliche Zahl?
b) Wenn man von der natürlichen Zahl 34 849 die Zahl 17 subtrahiert, vom Ergebnis wieder 17 subtrahiert usw., so gelangt man zu immer kleineren Zahlen. Die wievielte Subtraktion hat erstmals eine nicht natürliche Zahl als Ergebnis?

5 a) Gib eine rationale Zahl an, die größer ist als 0, aber kleiner als 0,1 (als 0,01; als 0,001). Gibt es unter den positiven Zahlen eine kleinste Zahl? Gibt es unter den positiven ganzen Zahlen eine kleinste?
b) Gibt es unter den rationalen Zahlen, die kleiner sind als 1, eine größte? Gibt es unter den ganzen Zahlen, die kleiner sind als 1, eine größte Zahl?

6 a) Berechnet man den Term $3 \cdot (48 \cdot 7 - 8 \cdot 42)$, so erhält man das Ergebnis null. Kann man danach ohne zu rechnen den Wert des Klammerinhaltes angeben?
b) Es ist $(124 \cdot 15 - 155 \cdot 12) \cdot (76 \cdot 12 - 57 \cdot 18) = 0$. Kann man danach ohne zu rechnen voraussagen, was sich beim Berechnen der beiden Klammerinhalte ergibt?

7 Hans überlegt. Es ist $0{,}3 - \frac{1}{3} < 0$. Also ist auch

$$3 \cdot (0{,}3 - \tfrac{1}{3}) < 0.$$

Wenn ich beide Seiten mit der Kehrzahl der Klammer multipliziere, so erhalte ich

$$3 \cdot (0{,}3 - \tfrac{1}{3}) \cdot \frac{1}{0{,}3 - \frac{1}{3}} < 0 \cdot \frac{1}{0{,}3 - \frac{1}{3}},$$

also $3 < 0$. Aber das ist doch falsch! Wo steckt der Fehler?

Freiburg Hbf

Zum Messen von Größen wie z. B. Längen genügen positive Zahlen. So beschreibt z. B. 1,7 km eine Länge oder Entfernung. Trotzdem kann man „negative Entfernungen“ entdecken, wie die beiden Fotos zeigen.

Am Autobahndreieck Salzgitter

Autobahnen, Straßen, Bahnstrecken werden mit „Kilometersteinen“, heute meist Blechschildern mit einer km-Angabe, versehen, um so eine bestimmte Stelle beschreiben zu können. Als im Jahr 1934 die in Freiburg beginnende Höllentalbahn verlegt und damit „rückwärts“ verlängert wurde, hat man einfach km-Steine mit negativen Zahlen aufgestellt. Auch an Autobahnen findet man gelegentlich km-Tafeln mit negativen Zahlen.

14 Vermischte Aufgaben

1 Berechne.

a) $(+78) + (-15) - (-32) - (+110)$
b) $(-842) - (+128) - (-316) + (-412)$
c) $(-14{,}5) + (-8{,}4) - (+3{,}9) - (-4{,}1)$
d) $0{,}42 - (+0{,}85) + (+0{,}47) - (-1{,}23)$
e) $-3\frac{1}{2} + \left(-1\frac{1}{4}\right) - \left(+\frac{3}{8}\right) - \left(-\frac{3}{2}\right)$
f) $-\left(+2\frac{1}{2}\right) + \left(-1\frac{1}{3}\right) - \left(+\frac{3}{4}\right) - \left(-2\frac{2}{3}\right)$

2

a) $154 - 232 + 317 - 408 - 117$
b) $4{,}12 - 3{,}16 + 2{,}18 - 1{,}15$
c) $-84 - 97 - 48 - 86 - 13$
d) $\frac{1}{3} - \frac{3}{5} - \frac{1}{8} + \frac{5}{6} - \frac{1}{4}$
e) $-2\frac{1}{4} + 3\frac{1}{2} - \frac{4}{5} + 1\frac{5}{8} - 3\frac{1}{4}$
f) $\frac{1}{4} - 3{,}5 + 1\frac{3}{8} - 0{,}72 + \frac{1}{4}$

3 Schreibe zunächst ohne Klammern. Berechne dann.

a) $(24 - 35) + (-18 + 43)$
b) $(-48 + 32) - (67 - 82)$
c) $124 - (-430 + 186 - 517)$
d) $-(8{,}4 - 10{,}2 + 3{,}7) - (5{,}6 - 8{,}4)$
e) $-\frac{3}{5} - \left(-\frac{1}{2} + \frac{3}{4}\right) - \left(\frac{5}{8} - \frac{2}{3}\right)$
f) $-2\frac{1}{2} - \left(0{,}8 - \frac{1}{3}\right) + \left(+\frac{1}{4} - \frac{1}{5}\right)$

4 Fasse geschickt zusammen und berechne.

a) $48 - 26 - 14 + 12 - 30$
b) $-4{,}5 + 3{,}2 - 1{,}5 + 4{,}8 - 7$
c) $\frac{1}{4} - \frac{1}{3} + \frac{3}{4} - \frac{2}{3} + \frac{1}{2}$
d) $-\frac{4}{5} - \frac{3}{8} + \frac{1}{4} - \frac{3}{10} - \frac{1}{2} - \frac{1}{5}$
e) $-2{,}4 + \frac{3}{8} - 2{,}5 - \frac{1}{4} + 0{,}9 - \frac{1}{2}$
f) $-2\frac{1}{4} + 0{,}8 - 1\frac{1}{2} + 3{,}4 + \frac{1}{8} - 4{,}2$

5

a) $-13 + 37 + 48 - 63 - 14 + 83$
b) $3174 - 4019 - 109 + 893 - 1128$
c) $13{,}04 - 24{,}13 - 7{,}04 + 8{,}25 - 3{,}10$
d) $\frac{1}{2} - \frac{2}{3} - \frac{1}{4} + \frac{3}{8} + \frac{1}{6} - 1\frac{1}{2}$
e) $-3\frac{1}{4} + 0{,}8 - \frac{1}{3} - 0{,}5 + 2{,}2 + 4$
f) $1{,}62 - 0{,}8 + \frac{1}{3} - \frac{1}{2} + 0{,}5 - \frac{1}{4}$

6 Löse die Klammern auf und berechne.

a) $17 - [38 - (15 + 13 - 24)]$
b) $48 - [15 - (43 - 38) - 27]$
c) $-(-37 + 49 + 23) - (43 - 64)$
d) $-[-13 + (24 - 68)] - (-48 + 95)$
e) $(83 - 72) - [(48 + 59) - 87]$
f) $-\left[2\frac{1}{3} - \left(\frac{1}{2} + \frac{2}{9} - \frac{1}{8}\right)\right]$

7 Subtrahiere den Term der zweiten Zeile von dem der ersten. Notiere zunächst die zu berechnende Differenz.

a) $-38 + 73 + 25 - 38$
$33 - 28 - 45$
b) $54 - 43 - 68 - 74$
$38 - 23 + 17 - 34$
c) $4{,}2 - 0{,}6 - 1{,}4 + 8$
$4{,}2 - 0{,}6 - 1{,}4 + 8$
d) $\frac{1}{2} - \frac{1}{3} - \frac{3}{4} + \frac{1}{5}$
$-\frac{1}{2} + \frac{1}{3} + \frac{3}{4} - \frac{1}{5}$
e) $-1\frac{1}{2} - 2{,}5 - \frac{1}{4}$
$5 - 3{,}2 + 2\frac{3}{4} - 6$
f) $1 - 2{,}1 - 0{,}7 + \frac{1}{2}$
$-1 + 4{,}2 - 3\frac{1}{3}$

8 Welche Zahl ist

a) um 13 größer als -7,
b) um 35 größer als -12,
c) um 110 größer als -110,
d) um 21 kleiner als -19,
e) um 61 kleiner als 14,
f) um 8,1 größer als $-1{,}8$,
g) um $\frac{3}{4}$ kleiner als $-\frac{3}{4}$,
h) um $4\frac{2}{3}$ größer als $-2\frac{1}{2}$,
i) um $6\frac{4}{5}$ kleiner als $-5{,}4$?

9 Berechne.

a) $(-14)\cdot 6$ b) $(-8)\cdot\left(-\frac{1}{2}\right)$ c) $\left(-\frac{1}{2}\right)\cdot\left(-\frac{3}{4}\right)$ d) $\frac{4}{5}\cdot 2\frac{1}{2}$

e) $0{,}4\cdot(-2{,}5)$ f) $(-7{,}2)\cdot(-1{,}5)$ g) $-\frac{2}{5}\cdot 0{,}85$ h) $-2\frac{1}{2}\cdot\left(-1\frac{3}{4}\right)$

i) $0\cdot\left(-\frac{3}{5}\right)$ k) $(-12)\cdot\left(-\frac{5}{4}\right)$ l) $\frac{3}{10}\cdot\left(-1\frac{2}{3}\right)$ m) $-3\frac{1}{2}\cdot\frac{3}{7}$

10

a) $27:(-9)$ b) $(-42):(-7)$ c) $(-56):28$ d) $(-72):(-48)$

e) $2:(-5)$ f) $(-9):(-5)$ g) $0:\left(-3\frac{1}{4}\right)$ h) $\left(-2\frac{1}{3}\right):\left(-1\frac{5}{9}\right)$

i) $\left(-\frac{2}{3}\right):4$ k) $\frac{4}{5}:(-8)$ l) $-\frac{5}{12}:(-10)$ m) $0{,}84:(-1{,}2)$

11 Berechne die folgenden Produkte möglichst geschickt.

a) $(-37)\cdot 5\cdot(-3)\cdot 3$ b) $(-48)\cdot(-8)\cdot(-50)$ c) $8\cdot(-5)\cdot(-125)\cdot 38$

d) $(-3)\cdot 8\cdot(-15)\cdot(-25)$ e) $\left(-\frac{2}{7}\right)\cdot(-4)\cdot(-125)\cdot 49$ f) $\frac{9}{50}\cdot(-5)\cdot(-25)\cdot\frac{8}{45}$

12 Multipliziere die folgenden Produkte mit –8. Achte auf Rechenvorteile.

a) $-3\cdot 5\cdot 7$ b) $-7\cdot 25\cdot 8$ c) $-13\cdot(-5)\cdot 125$

d) $23\cdot 5^2\cdot(-2)$ e) $\frac{3}{4}\cdot\left(-\frac{1}{2}\right)\cdot\frac{2}{3}$ f) $-2\frac{1}{4}\cdot 1\frac{1}{4}\cdot(-4)$

13 Dividiere die folgenden Produkte durch –6. Achte auf Rechenvorteile.

a) $-24\cdot 12\cdot 5$ b) $5\cdot(-42)\cdot 3$ c) $-35\cdot(-54)\cdot 10$

d) $17\cdot(-624)\cdot 2\cdot 5$ e) $-43\cdot 42\cdot 3$ f) $-12\cdot(-36)\cdot 6$

14 Bestimme zunächst das Vorzeichen, kürze danach so weit wie möglich.

a) $\frac{3\cdot(-4)\cdot(-8)\cdot 5}{10\cdot(-6)\cdot 12}$ b) $\frac{-9\cdot 7\cdot(-8)\cdot(-3)}{6\cdot(-21)\cdot(-27)}$ c) $\frac{4\cdot(-5)\cdot 6\cdot(-3)}{18\cdot(-10)\cdot(-2)}$ d) $\frac{(-12)\cdot 20\cdot(-18)}{(-28)\cdot 9\cdot(-25)}$

e) $\frac{-\frac{1}{2}\cdot 4\cdot\frac{1}{5}}{-\frac{1}{5}\cdot\frac{2}{-2}}$ f) $\frac{0{,}5\cdot(-1{,}2)\cdot\frac{5}{2}}{0{,}36\cdot(-1{,}5)\cdot\left(-\frac{3}{5}\right)}$ g) $\frac{(-2)^3\cdot\left(-\frac{3}{4}\right)}{4\cdot(-3)}$ h) $\frac{\frac{-5}{-8}:10}{\frac{5}{8}\cdot 10}$

15 Berechne.

Nicht vergessen: Punktrechnung vor Strichrechnung, aber Klammern zuerst.

a) $(-24)\cdot\frac{1}{8}-4$ b) $-15-36\cdot\left(-\frac{4}{9}\right)$ c) $(-12)\cdot 7-13\cdot(-5)$

d) $-\frac{1}{2}+\left(-\frac{3}{4}\right):6$ e) $\left(-\frac{3}{4}\right)\cdot 8-\frac{1}{2}$ f) $\left(-\frac{2}{5}\right):\frac{1}{5}-\left(-\frac{1}{2}\right)\cdot 2$

g) $-7\cdot\left(\frac{1}{3}-1\frac{2}{3}\right)$ h) $\left(1\frac{1}{2}-2\frac{1}{4}\right):(-3)$ i) $\frac{1}{2}\cdot\left(0{,}75-\frac{5}{4}\right)$

k) $\left(1-\frac{1}{2}:3\right):\left(-\frac{1}{4}\right)$ l) $\left(2-\frac{4}{5}:\frac{1}{10}\right)\cdot\left(1-\frac{1}{3}\cdot 5\right)$ m) $-\left(1\frac{1}{2}-\frac{3}{4}:6\right):\left(-4+\frac{1}{2}\cdot 5\right)$

16 Überlege, ob Ausmultiplizieren Vorteile bringt oder ob es geschickter ist, erst den Klammerinhalt zu berechnen.

a) $24\cdot(46-67+11+9)$ b) $6\cdot\left(\frac{1}{2}+\frac{2}{3}-\frac{1}{4}\right)$ c) $\frac{1}{4}\cdot(24-72+12)$

d) $(236-412+315)\cdot 25$ e) $\left(\frac{1}{12}-\frac{7}{3}+\frac{7}{8}\right)\cdot(-24)$ f) $-\frac{15}{7}\cdot\left(-\frac{7}{22}-\frac{13}{33}+\frac{9}{11}\right)$

17 Überlege, ob Ausklammern vorteilhaft ist.

a) $24\cdot(-46)+24\cdot 49$ b) $5\cdot 400-(-5)\cdot(-8)$ c) $-5\cdot 400-5\cdot(-8)$

d) $20\cdot(-4{,}7)+5{,}2\cdot 20$ e) $-5{,}5\cdot 4{,}7-5{,}3\cdot 5{,}5$ f) $45\cdot 4+6{,}5\cdot 4-4\cdot 87$

g) $8\cdot 9^2-9\cdot 56$ h) $14\cdot 6-6^2\cdot 16$ i) $2{,}5\cdot 7^2-2{,}6\cdot 7^3$

k) $-18\cdot\frac{4}{5}-\frac{1}{5}\cdot 18$ l) $\frac{3}{5}\cdot\frac{7}{4}-\frac{3}{4}\cdot\frac{1}{5}$ m) $\frac{8}{9}\cdot\frac{1}{3}-\frac{4}{3}\cdot\frac{2}{3}$

18 Welche der Klammern sind überflüssig, können also ohne etwas zu verändern weggelassen werden?
Schreibe den Term ohne die überflüssigen Klammern und berechne ihn.

a) $4 \cdot (7 \cdot 5) - (8 : 2) + (2^4)$
b) $76 + (34 - 18 \cdot 7)$
c) $(-4)^3 + (17 - 2^3)$
d) $28 : (4 \cdot 7) + (6 : 3)$
e) $(72 : 4) : 2 - (2^4)$
f) $38 + (-4 \cdot 3) + (26 : 5)$
g) $-4 \cdot [(21 + 56) \cdot 2]$
h) $(23 \cdot 4) - 5\,[(-3) \cdot 8]$
i) $[17 \cdot (-2) - (4 : 3)]^2$

Bei den Aufgaben 19 bis 23 brauchst du beim Rechnen viel Geduld. Gehe am besten in kleinen Schritten vor.

19 Berechne.

a) $\frac{4}{9} \cdot \left(1 - \frac{7}{2} : 8\right) - 3 \cdot \frac{-5}{12}$
b) $1 - \left(\frac{3}{4} - \frac{1}{3}\right) : \frac{5}{6} - \frac{3}{8} : \frac{15}{16}$
c) $15 - \frac{3}{7} \cdot \frac{1}{9} - \frac{2}{7} : \left(-\frac{3}{7} + \frac{1}{3}\right) + \frac{5}{3} : \frac{-7}{4}$
d) $\left(4\frac{1}{2} - 2\frac{3}{4}\right) : \left(1\frac{1}{3} - 2\frac{1}{2}\right) - 3\frac{1}{2} : (-7)$

20

a) $-2 - \frac{4}{3} \cdot \left(\frac{3}{8} : \frac{3}{4} - \frac{1}{2}\right) + 1\frac{1}{2} : \frac{3}{7}$
b) $2\frac{1}{3} \cdot \left(-2\frac{1}{4}\right) \cdot \left(4 - 3\frac{1}{15}\right) - 9\frac{1}{2} : (-5)$
c) $\left[\left(\frac{2}{3} - \frac{1}{2}\right)^2 - \left(\frac{4}{5} - \frac{1}{3}\right) : 7\right] : \left(-2\frac{1}{3}\right)$
d) $-3 : \left(\frac{3}{7} - \frac{1}{2}\right)^2 + \left(\frac{1}{4} - 1\frac{1}{5}\right) : 0{,}95$

21 Berechne.

a) $1{,}5 \cdot (0{,}4 : 1{,}5 - 2{,}4 \cdot 0{,}5) + 0{,}56 : 1{,}4$
b) $4{,}2 : 0{,}14 + 4 \cdot 8{,}2 \cdot 1{,}5^2 - 1{,}9 : 0{,}95$
c) $\left(0{,}4 : \frac{3}{4}\right) : \left(\frac{4}{5} : 1{,}6\right) - \frac{4}{3} : 1{,}25$
d) $\left(3{,}2 : \frac{4}{5}\right)^2 - 9 : \left(\frac{3}{4} \cdot 1{,}2\right)$

22

a) $\dfrac{15 \cdot 4 - 24 + 2 \cdot 12}{48 : 4 - 12 \cdot 3}$
b) $\dfrac{25 \cdot 7 - 8 \cdot 15 + (-5)^2}{6 \cdot (27 : 9 - 4 \cdot 16) - 23 : (-0{,}5)}$
c) $\dfrac{(3{,}6 - 0{,}3 \cdot 1{,}2) \cdot (-5)}{(-1{,}2 \cdot 0{,}5 + 0{,}8 \cdot 0{,}9) : 5}$
d) $\dfrac{(27{,}5 + 13 \cdot 1{,}5)^2 : (-2)}{0{,}3 \cdot 2 \cdot 2{,}25 - 0{,}4 \cdot 3{,}5}$

23 Berechne.

a) $\dfrac{\left(\frac{3}{4} - \frac{1}{2}\right) : \left(\frac{5}{6} - \frac{1}{3}\right) - \frac{1}{2} \cdot \frac{4}{5}}{\frac{2}{3} - \frac{4}{5} \cdot \left(\frac{5}{7} - \frac{7}{8}\right)}$
b) $\dfrac{\left(\frac{10}{3} \cdot \frac{3}{5} - \frac{1}{4}\right) : (-7)}{\left(\frac{5}{12} + \frac{5}{6}\right) \cdot \left(\frac{7}{2} - \frac{3}{8}\right)}$
c) $\dfrac{3^3 \cdot \left(-\frac{8}{27}\right) - 2 + \frac{9}{8} \cdot \left(2\frac{2}{3} - 16\right)}{\frac{5}{8} : \left(-1\frac{1}{4} + 1\frac{7}{8} \cdot 2\frac{2}{3}\right) + 1\frac{1}{3} \cdot \left(-1\frac{1}{4}\right)}$
d) $\left[\dfrac{\frac{2}{3} - 0{,}5 + 1{,}5 \cdot \left(-\frac{5}{6}\right)}{\frac{7}{8} \cdot \left(2 - 0{,}75 : \frac{3}{2}\right)}\right]^2 : \dfrac{16}{7 - \frac{7}{8}} - \frac{5}{8} \cdot \frac{7}{9}$

24 a) Dividiere die Summe von $\frac{1}{3}$ und $-1\frac{1}{2}$ durch das Produkt dieser Zahlen.
b) Subtrahiere das Produkt von $-3\frac{1}{4}$ und 0,8 von der halben Summe dieser Zahlen.
c) Subtrahiere die Differenz von $-3\frac{2}{7}$ und $-1\frac{3}{4}$ vom Produkt dieser Zahlen.

25 a) Addiere die Hälfte von $2\frac{1}{3}$ und drei Viertel von $-\frac{2}{9}$.
b) Multipliziere $\frac{3}{4}$ von $-\frac{4}{5}$ mit der Summe von $1\frac{1}{2}$ und $-2\frac{1}{3}$.
c) Multipliziere $\frac{5}{6}$ von $-\frac{1}{2}$ mit der Summe von $\frac{2}{3}$ und $-\frac{5}{8}$.

26 a) Um wie viel ist das Produkt von $-1\frac{2}{3}$ und $5\frac{1}{2}$ größer als das 3fache von $-3\frac{1}{4}$?
b) Welche Zahl muss man zur Summe von $\frac{3}{4}$ und $-1\frac{4}{5}$ addieren, um drei Viertel von $-0{,}8$ zu erhalten?
c) Mit welcher Zahl muss man die Summe von 2,4 und $-\frac{3}{8}$ multiplizieren, um 1,62 zu erhalten?

THEMA:

Zeitrechnung vor Christus und nach Christus

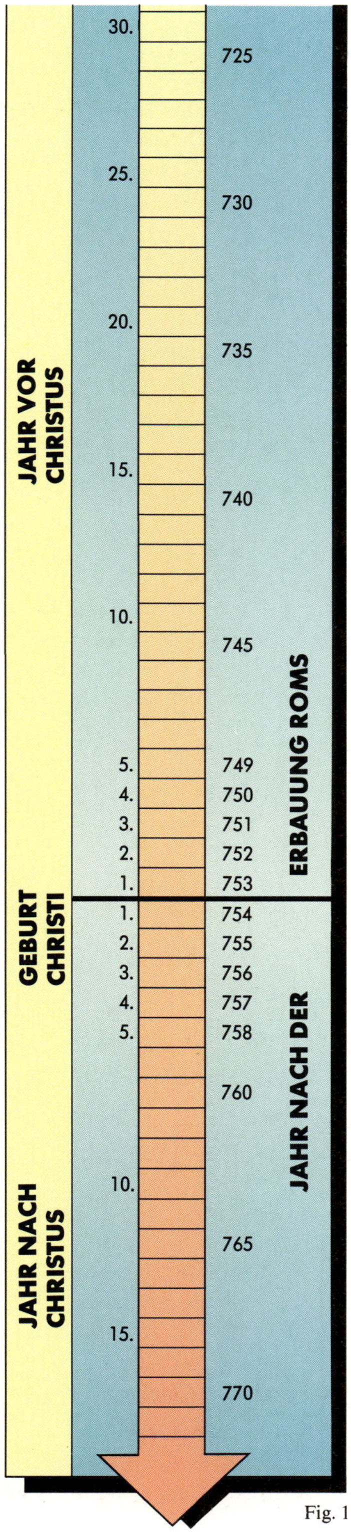

Fig. 1

Kaiser Augustus

Unsere Zeitrechnung bezieht sich auf die Geburt von Jesus Christus. Man zählt die Jahre ab seiner Geburt als 1. Jahr nach seiner Geburt, 2. Jahr nach seiner Geburt usw. Entsprechend werden die Jahre davor rückwärts gezählt. Dadurch gibt es kein Jahr 0!

Im Gegensatz zu den ganzen Zahlen, die Punkte auf der Zahlengeraden beschreiben, geben die Jahreszahlen Zeiträume an.

Außer der Zeitrechnung nach der Geburt von Christus gibt es zahlreiche andere Zeitrechnungen wie z. B. die jüdische oder mohammedanische, auch die Römer hatten ihre eigene Zeitrechnung. Sie zählten die Jahre seit der Erbauung Roms.

1 Am 16. 1. 727 a. u. c. (= ab urbe condita: Gründung der Stadt) wurde Octavian der Titel „Augustus“ (der Erhabene) verliehen. Wann war das nach unserer Zeitrechnung? Benutze die Zeitleiste.

2 Gib die folgenden Ereignisse in römischer Zeitrechnung an:
Schlacht im Teutoburger Wald: 9 n. Chr.,
Aufstand der Gallier unter Vercingetorix: 52 v. Chr., Ermordung Cäsars: 44 v. Chr., der große Brand von Rom: 64 n. Chr.

3 Tiberius, Adoptivsohn von Kaiser Augustus, lebte von 749 bis 755 a. u. c. in der Verbannung auf der Insel Rhodos.
a) Gib die Jahre in unserer Zeitrechnung an.
b) Lies an der Zeitleiste ab, wie lange die Verbannung dauerte. Berechne zum Vergleich $755 - 749$ und $2 - (-5)$. Was fällt dir auf? Versuche es zu erklären.

4 Wie viele Jahre betrugen die Zeitspannen?
a) Kaiser Augustus regierte von 30 v. Chr. bis 14 n. Chr.,
b) der Dichter Ovid lebte von 43 v. Chr. bis 17 n. Chr.,
c) der Dichter Vergil lebte von 70 v. Chr. bis 19 v. Chr.,
d) der Geschichtsschreiber Livius lebte von 59 v. Chr. bis 17 n. Chr.

5 Kaiser Augustus starb am 19. 8. 14 n. Chr. Am 23. 9. wäre er 76 Jahre alt geworden. Gib sein Geburtsdatum in beiden Zeitrechnungen an.

6 Bei Einführung unserer Zeitrechnung hat man die Geburt von Jesus Christus am Jahresende 753 a. u. c. angenommen. Das genaue Geburtsjahr kennt man jedoch nicht.
a) Wann würde unter dieser Annahme Jesus Christus 2000 Jahre alt?
b) Manche Forscher halten Ende 747 a. u. c. als Geburtsdatum für wahrscheinlicher. Wann wäre unter dieser Annahme Jesus Christus 2000 Jahre alt geworden?

Rückblick

Rationale Zahlen

Jede rationale Zahl (außer 0) hat ein Vorzeichen + oder –, wo dieses fehlt, hat man sich + zu denken.

$5 = +5$

Liegt auf der Zahlengeraden eine rationale Zahl a links von einer rationalen Zahl b, so ist $a < b$.

$-4 < -2 < 0 < 3$

Der Abstand der rationalen Zahl a von der Zahl 0 heißt der Betrag von a. Man schreibt dafür $|a|$.

$|9| = 9$; $|-8| = 8$

Addieren und Subtrahieren

Addieren zweier rationaler Zahlen:

Gleiche Vorzeichen:	Verschiedene Vorzeichen:
1. Addiere die Beträge.	1. Subtrahiere den kleineren Betrag vom größeren Betrag.
2. Gib der Summe das gemeinsame Vorzeichen.	2. Gib der Differenz das Vorzeichen des Summanden mit dem größeren Betrag.

$(-6) + (-8) = -(6 + 8) = -14$
$6 + (-8) = -(8 - 6) = -2$
$(-6) + 8 = +(8 - 6) = +2 = 2$

Subtrahieren einer Zahl bedeutet dasselbe wie Addieren ihrer Gegenzahl, d. h. der Zahl mit dem entgegengesetzten Vorzeichen.

$(-6) - 8 = (-6) + (-8) = -(6 + 8) = -14$
$(-6) - (-8) = (-6) + 8 = +(8 - 6) = +2 = 2$

Multiplizieren zweier rationaler Zahlen:

1. Multipliziere die Beträge.
2. Bei gleichen Vorzeichen gib dem Produkt das Vorzeichen +, bei verschiedenen Vorzeichen gib dem Produkt das Vorzeichen –.

$(-3) \cdot 2 = -6$
$(-3) \cdot (-2) = +6 = 6$

Dividieren zweier rationaler Zahlen (≠ 0):

1. Dividiere die Beträge.
2. Bei gleichen Vorzeichen gib dem Quotienten das Vorzeichen +, bei verschiedenen Vorzeichen gib dem Quotienten das Vorzeichen –.

$(+8) : (-2) = -4$
$(-8) : (-2) = +4 = 4$

Rechengesetze

Kommutativgesetz: Bei Summen und Produkten darf man Summanden bzw. Faktoren vertauschen.

$8 + (-15) + 22 = 8 + 22 + (-15)$
$(-5) \cdot 17 \cdot (-20) = (-5) \cdot (-20) \cdot 17$

Assoziativgesetz: Bei Summen oder Produkten mehrerer Zahlen ist es gleichgültig, welche beiden benachbarten Zahlen man zuerst addiert bzw. multipliziert.

$8 + (-6) + 10 = 2 + 10 = 8 + 4$
$8 \cdot (-6) \cdot 10 = (-48) \cdot 10 = 8 \cdot (-60)$

Distributivgesetz: Statt eine Zahl mit einer Summe zu multiplizieren, kann man auch jeden Summanden einzeln multiplizieren und die Produkte dann addieren.

$(-4) \cdot (8 + 10) = (-32) + (-40)$

Monotonie: Bei einer Kleiner-Beziehung $a < b$ bleibt das „<"-Zeichen erhalten, wenn man zu a und b dieselbe Zahl addiert oder wenn man a und b mit derselben positiven Zahl multipliziert. Multipliziert man jedoch a und b mit einer negativen Zahl, so ist das <-Zeichen durch das >-Zeichen zu ersetzen.

$-5 < -3$
$(-5) + 4 < (-3) + 4$
$(-5) \cdot 4 < (-3) \cdot 4$
aber
$(-5) \cdot (-4) > (-3) \cdot (-4)$

Aufgaben zum Üben und Wiederholen

1 Welche Zahlen werden auf der Zahlengeraden durch rote Striche markiert?

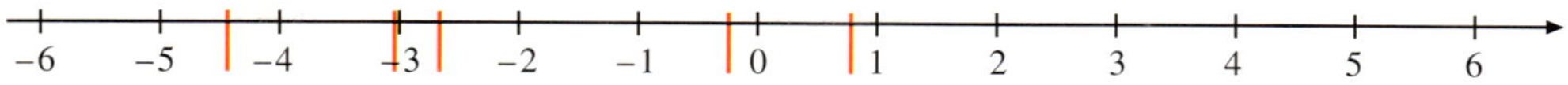

2 Zeichne eine geeignete Zahlengerade, trage ein: −3; 2,8; −2,5; 1,2; −1,2; $\frac{1}{4}$; $-\frac{1}{4}$.

3 Zeichne ein Achsenkreuz und trage ein:
A(−4|4); B(−2|−5); C(2|−1); D(2|1); E(−1|2); F(−4|−1).

4 Bestimme die Gegenzahl von 27; −13; −8,3; $\frac{2}{5}$; $-1\frac{1}{4}$; 0.

5 Bestimme alle Zahlen x mit a) $|x| = 7$; b) $|x| = 3{,}2$; c) $|x| = 0$.

6 Berechne.
a) (−18) + (−34) b) 12 − (−34) c) 3 · (−12) d) (−15) : (−12)
e) 125 + (−85) f) (−37) · 27 g) (−7) · (−15) h) 111 : (−3)
i) (−3,6) + 7,25 k) 3,28 − 8,2 l) (−0,5) · 12,8 m) (−0,09) : 0,6
n) $\frac{4}{5} + \left(-\frac{7}{10}\right)$ o) $\left(-\frac{2}{3}\right) - \left(-\frac{2}{9}\right)$ p) $\frac{3}{4} \cdot \left(-\frac{2}{15}\right)$ q) $\left(-\frac{1}{8}\right) : \left(-\frac{3}{4}\right)$

7 Schreibe zunächst als Summe, fasse dann geschickt zusammen.
a) 62 + 56 − 834 + 34 − 16 + 38 b) −73 + 88 − 27 + 12 + 230 − 16 + 730
c) 4,7 − 47 + 470 − 0,53 + 5,3 − 53 d) $\frac{2}{7} - \frac{3}{4} + \frac{4}{7} - 1\frac{1}{2} + \frac{1}{4} - \frac{5}{7} + \frac{2}{9} - \frac{1}{7}$

8 Löse die Klammern auf und berechne.
a) 68 − (73 + 68) + (14 + 73) b) 124 − (32 + 24 + 47) + 62
c) 2,53 − (4,7 + 4,04) − (−4,7 + 0,96) d) $1\frac{3}{4} - \left(\frac{5}{7} - 1\frac{1}{4}\right) - \left(-\frac{2}{7} + \frac{4}{9}\right)$

9 Berechne möglichst geschickt.
a) 25 · (−12) · (−40) · (−6) b) $(-1{,}2) \cdot (-4)^2 \cdot (-3) \cdot (-25)$

10 Berechne durch Ausmultiplizieren.
a) $-\frac{5}{6} \cdot [120 + (-72)]$ b) $\left(-\frac{3}{28} + \frac{8}{35}\right) \cdot 20$ c) $\left(1\frac{1}{3} - \frac{2}{9}\right) \cdot \left(-\frac{3}{8}\right)$

11 Berechne durch Ausklammern.
a) (−4) · (−16) + (−4) · 7 b) 128 · (−7) + (−7) · (−28) c) 1,25 · (−3,9) + 24 · 1,25
d) 34 · (−23) − 17 · (−7) e) $\frac{3}{7} \cdot (-2) + \frac{5}{4} \cdot \frac{3}{7}$ f) $\left(-\frac{5}{8}\right) \cdot \left(-\frac{5}{9}\right) - \left(-\frac{1}{2}\right) \cdot \left(-\frac{5}{9}\right)$

12 Für zwei rationale Zahlen a und b gilt:
a) $a - 1{,}7 > b - 1{,}7$ b) $\frac{3}{5} \cdot a < \frac{3}{5} \cdot b$ c) $a \cdot (-1{,}2) < b \cdot (-1{,}2)$
Welche der beiden Zahlen ist die größere?

13 Schreibe als Term und berechne.
a) Multipliziere die Summe von 28 und −16 mit $\frac{1}{2}$.
b) Dividiere die Differenz von −4,8 und 3,2 durch −0,4.
c) Subtrahiere von der Differenz von 12 und −16 die Summe von 12 und −16.
d) Dividiere den Quotienten aus 4 und −7 durch $-\frac{6}{7}$.
e) Multipliziere den Quotienten aus −27 und 16 mit dem Quotienten aus −4 und −45.

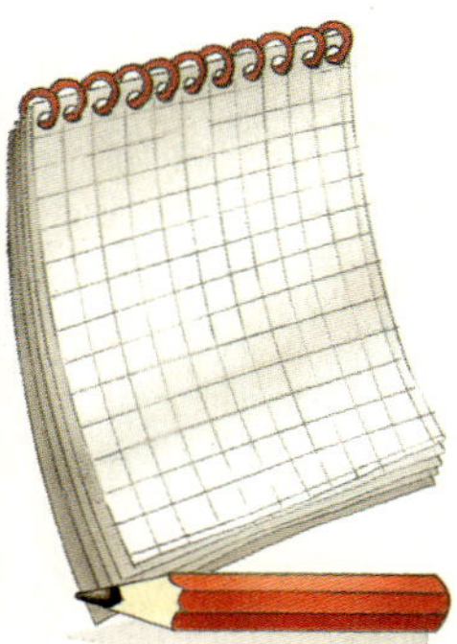

Die Lösungen zu den Aufgaben dieser Seite findest du auf Seite 232.

1 Terme mit einer Variablen

1 Der französische Arzt Paul Broca (1824–1880) hat eine Gewichtstabelle für Erwachsene aufgestellt.
a) Wie berechnet man nach Broca das Normalgewicht in kg, wenn die Körpergröße x cm beträgt?
b) Mit welchem Faktor muss man das Normalgewicht multiplizieren, um das Idealgewicht für Männer (für Frauen) zu erhalten?
c) Beschreibe die Berechnung der Idealgewichte bei einer Körpergröße von x cm jeweils durch einen Term mit x.
d) Herr Frank wiegt 72 kg. Er behauptet, dies sei sein Idealgewicht. Wie groß ist er? Wie hast du gerechnet?

Gewichtstabelle nach Broca

Körpergröße in cm	Normalgewicht in kg	Idealgewicht in kg	
		Männer	Frauen
160	60	54,0	51,0
162	62	55,8	52,7
164	64	57,6	54,4
166	66	59,4	56,1
168	68	61,2	57,8
170	70	63,0	59,5
172	72	64,8	61,2
174	74	66,6	62,9
:	:	:	:

Das Idealgewicht liegt beim Mann 10 % unter dem Normalgewicht; bei der Frau liegt es 15 % unter dem Normalgewicht.

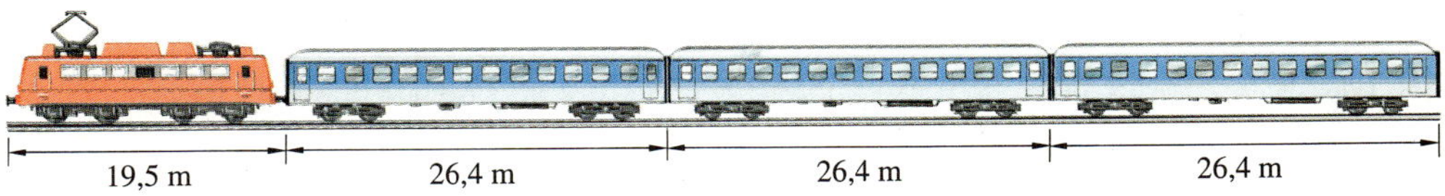

Die Länge des gezeichneten Zuges in m kann man durch den Term $3 \cdot 26{,}4 + 19{,}5$ beschreiben. Bei 5 Wagen ist entsprechend $5 \cdot 26{,}4 + 19{,}5$ zu schreiben, bei x Wagen $x \cdot 26{,}4 + 19{,}5$. Dieser Term beschreibt die folgende Rechenvorschrift:

1. Multipliziere 26,4 mit x
   ↓
2. Addiere zum Produkt die Zahl 19,5

variare (lat.): (ver)ändern

Setzt man für x die Anzahl der Wagen in den Term ein, so erhält man als Ergebnis die Zuglänge in m. Den Platzhalter x nennt man hier auch eine **Variable**, weil man die Einsetzungen für x immer wieder ändern kann.

> Rechenvorschriften wie $x \cdot 2 + 3$; $a - 100$; $(v : 2)^2$; $|z| + 1$
> heißen **Terme mit einer Variablen**.
> Für die Variable können Zahlen eingesetzt werden. Man kann dann den jeweiligen **Wert** des Terms bestimmen.

Beispiel 1
Beschreibe durch einen Term:
Verdopple eine Zahl. Addiere dann 9.
Wähle als Variable z. B. a.
Lösung:
$2 \cdot a + 9$

Beispiel 2
Berechne den Wert des Terms $(z - 1)^2$ für
a) $z = 7$, b) $z = 1{,}2$.
Lösung:
a) $(7 - 1)^2 = 6^2 = 36$
b) $(1{,}2 - 1)^2 = 0{,}2^2 = 0{,}04$

Aufgaben

2 Gib für die folgenden Rechenvorschriften Terme mit einer Variablen an.
a) Addiere 5 zu einer Zahl.
b) Multipliziere eine Zahl mit 4, subtrahiere vom Produkt 2.
c) Subtrahiere von einer Zahl 2, multipliziere danach mit 4.
d) Addiere zu einer Zahl 3, multipliziere das Ergebnis mit sich selbst.
e) Multipliziere eine Zahl mit $\frac{3}{4}$, subtrahiere davon das 3fache der Zahl.
f) Subtrahiere vom Quadrat einer Zahl ihren 3. Teil.
g) Multipliziere eine Zahl mit der um 1 größeren Zahl.
h) Quadriere die um 3 kleinere Zahl.

3 Beschreibe die Rechenvorschrift in Worten wie in Aufgabe 2.

a) $2 \cdot x + 12$	b) $x : 3 + 5$	c) $y \cdot 5 - 9$	d) $\frac{a}{2} + 3$
e) $4 + 5 \cdot z$	f) $(x - 1) \cdot 3$	g) $(a - 1)^2$	h) $5 \cdot d^2 + 2$
i) $(n + 2) : 3$	k) $3 + 4 \cdot x^2$	l) $\left(\frac{x}{3} \cdot 5\right)^2$	m) $(x - 1) \cdot (x + 1)$

4 Welche Rechenschritte führt ein Taschenrechner aus, wenn du eine Zahl eingibst und dann die folgenden Tasten betätigst? Beschreibe den Rechenweg durch einen Term mit der Variablen x.

a) $\boxed{x^2}\ \boxed{:}\ \boxed{3}\ \boxed{=}$
b) $\boxed{+}\ \boxed{8}\ \boxed{=}\ \boxed{x^2}$
c) $\boxed{+}\ \boxed{2}\ \boxed{=}\ \boxed{\frac{1}{x}}$
d) $\boxed{\frac{1}{x}}\ \boxed{+}\ \boxed{4}\ \boxed{=}\ \boxed{x^2}$
e) $\boxed{\cdot}\ \boxed{9}\ \boxed{=}\ \boxed{\frac{1}{x}}\ \boxed{x^2}$
f) $\boxed{:}\ \boxed{4}\ \boxed{=}\ \boxed{x^2}\ \boxed{+}\ \boxed{1}\ \boxed{=}\ \boxed{\frac{1}{x}}$

5 Setze für x nacheinander die Zahlen 1; 2; 3; 4; 5 ein, berechne den Wert des Terms.

a) $x \cdot 2 - 6$	b) $(x + 2) : 4$	c) $1 + (x - 2) \cdot 3$	d) $(x + 2) \cdot (x - 2)$

6 Setze für x nacheinander die Zahlen 4; 5; $\frac{2}{3}$; $\frac{3}{2}$; 0,6 ein und berechne.

a) $(2 + x) : 3$	b) $4 + \frac{2}{3} \cdot x$	c) $\frac{1}{x} + 2$	d) $\frac{2}{x + 2}$

7 Setze für x nacheinander die Zahlen 3; 8; $\frac{1}{4}$; $\frac{3}{5}$; $2\frac{1}{2}$; 3,2 ein und berechne.

a) $2 + 5 \cdot x$	b) $(x + 2)^2$	c) $(8 - x)^2 + 1$	d) $\frac{1}{x} - 0{,}1 + x$

8 Nenne einen Term mit der Variablen n, der beim Einsetzen von 1; 2; 3; ... nacheinander die folgenden Zahlen liefert.

a) 2; 3; 4; ...	b) 0; 1; 2; ...	c) 4; 8; 12; ...	d) 3; 6; 9; ...
e) 3; 5; 7; ...	f) 5; 7; 9; ...	g) 0; 0; 0; ...	h) 1; 10; 100; ...

9 a) Bei einem Gewitter hört man den Donner umso später, je weiter der Blitz entfernt ist. Dividiert man die Zeit in s zwischen Blitz und Donner durch 3, so erhält man etwa die Entfernung des Blitzes in km.
Gib für die Berechnung der Entfernung des Blitzes einen Term an.
b) In der Fahrschule lernt man als Faustregel zur Berechnung des Bremsweges in m:
Dividiere die Geschwindigkeit in $\frac{km}{h}$ durch 10; quadriere das Ergebnis.
Gib für die Berechnung des Bremsweges einen Term an.

2 Aufstellen von Termen

1 Nadine zersägt einen hölzernen Rundstab in mehrere gleich lange Teile. Die Enden jedes Teils sollen mit zwei Plastikkappen versehen werden.
a) Wie viele Plastikkappen werden bei 3; 5; 8 Schnitten benötigt?
b) Nenne die Zahl der Schritte x. Gib einen Term für die Anzahl der benötigten Plastikkappen an.

Beim Aufstellen von Termen kannst du wie in dem folgenden Beispiel vorgehen.

Beispiel 1
Mit Waschbetonplatten soll eine quadratische Fläche umrandet werden.
Wie viele Platten werden benötigt?
Gib dazu einen Term an.

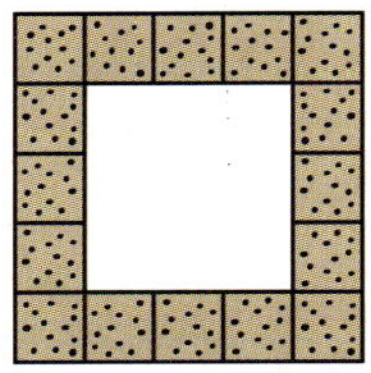

Lösung:
1. Schritt:
*Untersuche erst ein einfaches **Beispiel**.*

Legt man in eine Reihe z. B. 5 Platten, so braucht man:
Für diese und die Seite gegenüber: je 5 Platten.
Für die beiden anderen Seiten: je 3 Platten.
Insgesamt: $2 \cdot 5 + 2 \cdot 3 = 16$ Platten.

2. Schritt:
*Führe eine geeignete **Variable** ein.*

Nenne die Anzahl der Platten auf einer Seite z. B. x.

3. Schritt:
*Versuche, die **Rechenschritte** des Beispiels mit der Variablen aufzuschreiben.*

Erste Seite und Seite gegenüber: je x Platten.
Die beiden anderen Seiten: je $x - 2$ Platten.
Insgesamt: $2 \cdot x + 2 \cdot (x - 2)$ Platten.

Mit Hilfe des gefundenen Terms $2 \cdot x + 2 \cdot (x - 2)$ kann man nun leicht andere Plattenanzahlen berechnen, indem man für x entsprechende Zahlen einsetzt.

Beispiel 2
Drücke den Flächeninhalt der Figur durch einen Term aus.
Da hier die Variable in der Figur gegeben ist, kann man den Term gleich aufstellen. Die Schritte 1 und 2 können entfallen.
Lösung:
Flächeninhalt in cm²: $2 \cdot a^2 + 3 \cdot a \cdot 5$.

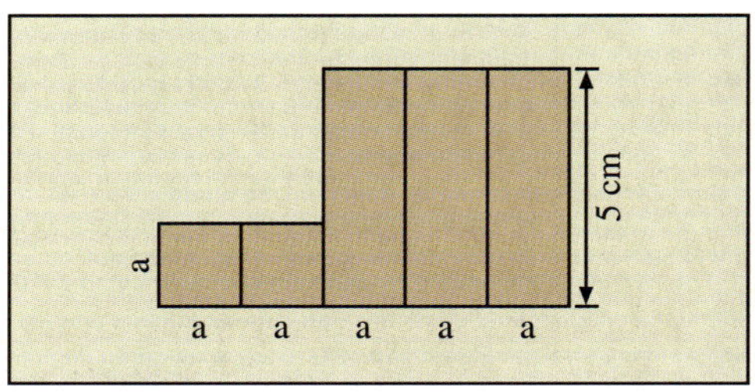

Aufgaben

2€ Herr Drechsler verlangt für eine Fahrt mit seinem Taxi eine Grundgebühr von 1,80 €. Zusätzlich kostet jeder gefahrene Kilometer 1,00 €. Wie viel Euro kostet eine Fahrt über 1; 2; 3; x km?

Fig. 1

3 Der Karton wiegt leer 500 g. Alle Dosen sind gleich schwer (Fig. 1).
a) Berechne das Gesamtgewicht für Dosengewichte von 350 g; 460 g; 620 g; 920 g.
b) Nenne das unbekannte Gewicht der einzelnen Dosen x Gramm. Gib einen Term für das Gesamtgewicht an.

Sonderangebot
Vergrößerungen im Profiformat
nur 49 ct
Filmentwicklung 2,95 €

Fig. 2

4 Gib einen Term an, mit dem man die Kosten für n Vergrößerungen einschließlich Filmentwicklung berechnen kann (Fig. 2).

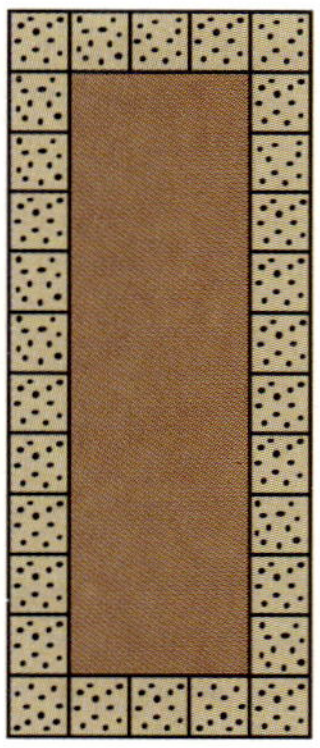

5 Mit 30 Waschbetonplatten soll ein rechteckiges Beet eingefasst werden. Wie viele Platten kommen auf die eine Seite, wenn für die andere 7 (8; 9; x) Platten verwendet werden?

6 Unter einem tropfenden Wasserhahn steht ein Eimer. Er enthält bereits 500 cm³ Wasser. In einer Minute tropfen weitere 15 cm³ Wasser hinein.
a) Berechne den Rauminhalt des Wassers nach 10 Minuten, 30 Minuten, 45 Minuten.
b) Wie viel cm³ Wasser befinden sich nach t Minuten im Eimer?

7 a) Ein gleichschenkliges Dreieck mit einer Grundseite von 5 cm hat Schenkel der Länge s. Gib einen Term für den Umfang an.
b) Berechne den Umfang für s = 3 cm (4 cm; 8 cm).

8 a) Gib einen Term an, mit dem man für ein gleichschenkliges Dreieck aus der Größe des Basiswinkels α die Größe des Winkels an der Spitze berechnen kann.
b) Berechne den Winkel an der Spitze für $\alpha = 30°$ (45°; 60°).

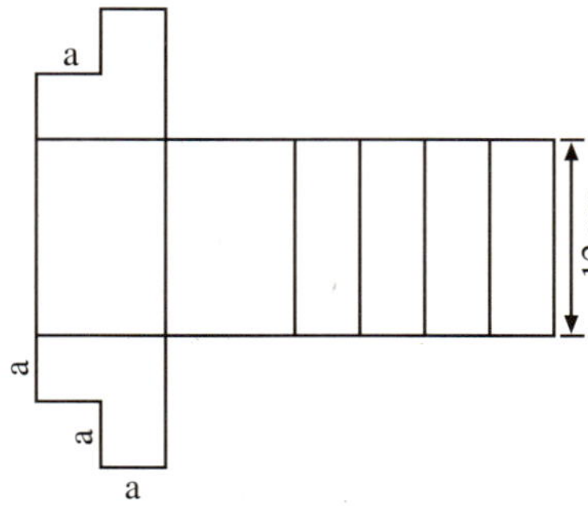

Fig. 3

9 Gib einen Term für den Flächeninhalt der Abwicklung von Fig. 3 an. Berechne den Flächeninhalt für a = 4 cm (5 cm; 6,5 cm).

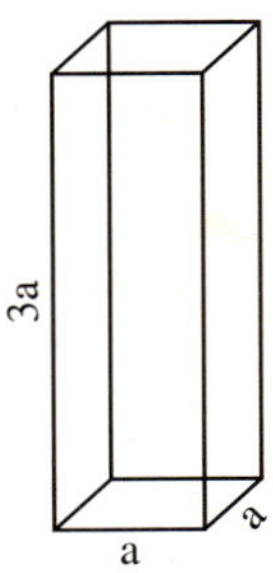

10 Bei dem Kantenmodell eines Quaders ist die Höhe 3-mal so groß wie die Seite der quadratischen Grundfläche. Drücke die Gesamtlänge aller Kanten durch einen Term aus.

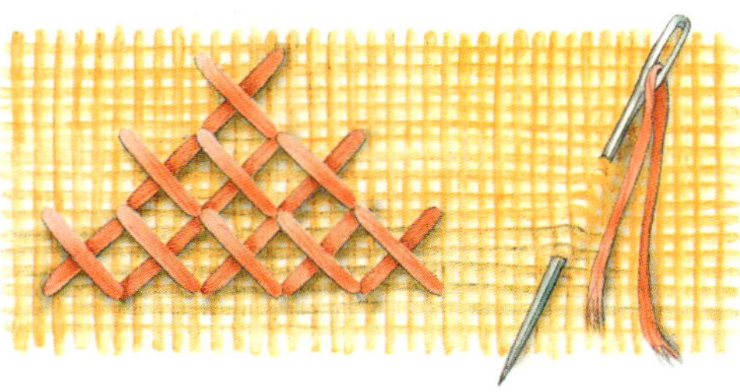

11 Das Stickmuster wird nach unten fortgesetzt. Gib einen Term mit der Variablen n an, der beim Einsetzen von 1, 2, 3, ... die Anzahl der Kreuzstiche in der 1., 2., 3., ... Zeile angibt.

3 Berechnen von Termen

1 Ramona, Andreas und Kerstin machen zusammen Hausaufgaben. Jeder berechnet für sich $15 + 2 \cdot 3^2$.
Welches Ergebnis ist richtig? Wie kommen die beiden anderen Ergebnisse zustande?

Ramona:
$15 + 2 \cdot 3^2 = 51$

Andreas:
$15 + 2 \cdot 3^2 = 2\,601$

Kerstin:
$15 + 2 \cdot 3^2 = 33$

2 Der Wert des Terms $3 \cdot x^2 - (x - 2)$ soll für $x = 4$ ausgerechnet werden. In welcher Reihenfolge sind die einzelnen Rechenschritte auszuführen?

Ein Term lässt nicht nur erkennen, welche Rechenschritte auszuführen sind, auch die Reihenfolge der Rechenschritte ist festgelegt.

> 1. Was in Klammern steht, wird **zuerst** ausgerechnet.
> 2. Innerhalb von Klammern oder wenn Klammern fehlen, gilt:
> Potenzrechnung **vor** Punktrechnung; Punktrechnung **vor** Strichrechnung.

Beispiel 1
Berechne den Wert des Terms, wenn 5 für x eingesetzt wird:
a) $4 + 3 \cdot x^2$ b) $(3 \cdot x)^2 - 4$
Beachte die Rechenschritte:

a)
Potenziere 5 mit 2
↓
Multipliziere die Potenz mit 3
↓
Addiere 4 und das Produkt

Lösung: $4 + 3 \cdot 5^2 = 4 + 3 \cdot 25$
$= 4 + 75$
$= 79$

b)
Multipliziere 5 mit 3
↓
Potenziere das Produkt mit 2
↓
Subtrahiere 4 von der Potenz

Lösung: $(3 \cdot 5)^2 - 4 = 15^2 - 4$
$= 224 - 4$
$= 221$

Zur Erinnerung;
Bei einem Term gibt die zuletzt auszuführende Rechenart dem Term den Namen. So ist $5 \cdot x + 19$ eine Summe, $4 : (x - 1)$ ein Quotient.

Beispiel 2
Berechne den Wert des Terms $8 + 40 : (12 - 5 \cdot x)^2$ für $x = 0{,}4$.

Lösung:	*Rechenschritte:*
$8 + 40 : (12 - 5 \cdot 0{,}4)^2 = 8 + 40 : (12 - 2)^2$	*Multiplizieren in der Klammer*
$= 8 + 40 : 10^2$	*Subtrahieren in der Klammer*
$= 8 + 40 : 100$	*Potenzieren*
$= 8 + 0{,}4$	*Dividieren*
$= 8{,}4$	*Addieren*

Klammern, die die Reihenfolge der Rechenschritte nicht verändern, darf man weglassen.
So ist $(3 \cdot x) + 1 = 3 \cdot x + 1$, aber $3 \cdot (x + 1) \neq 3 \cdot x + 1$.

Aufgaben

3 Übertrage die Tabelle in dein Heft und fülle sie aus.

a)

x	$x \cdot 3$	$x \cdot 3 - 5$
0		
1		
−1		
2		
2,5		
$-\frac{2}{3}$		
$1\frac{1}{3}$		

b)

x	$x + 5$	$(x + 5) \cdot 3$
0		
1		
−1		
2,5		
−5		
$\frac{2}{3}$		
$5\frac{1}{2}$		

c)

x	$x + 2$	$3 \cdot (x + 2)$	$3 \cdot (x + 2) - 1$
0			
1			
−1			
2			
3			
7,5			
−5			

4 Setze für z die Zahl 2 ein und berechne.

a) $-5 - 3 \cdot z^2$ b) $-5 - (3 \cdot z)^2$ c) $(-5 - 3 \cdot z)^2$ d) $-(5 - 3 \cdot z)^2$ e) $-(5 - 3) \cdot z^2$

5 Setze für x nacheinander die Zahlen 3; 5; 7; 9 ein und berechne.

a) $x \cdot 8 + 1$ b) $x : 2 - 3$ c) $(x + 5) \cdot 3$ d) $(x - 1) : 2$ e) $(x + 4) \cdot 2 - 3$

6 Übertrage die Tabelle in dein Heft und fülle sie aus.

a)

x	1	2	−2	$\frac{1}{2}$	1,5
$2 + 3 \cdot x$					

b)

x	0	−1	1	$-\frac{1}{2}$	$\frac{1}{2}$
$2 \cdot (x + 3)$					

7 Setze für x nacheinander die Zahlen 0; 3; −4; 0,8; $-\frac{4}{3}$ ein. Schreibe die Ergebnisse in einer Tabelle wie in Aufgabe 6.

a) $x + 4$ b) $2x$ c) x^2 d) $2x - 3$ e) $2 - 3x$ f) $5 + 2x$

g) $-3x + 15$ h) $0{,}5x + 2{,}5$ i) $-\frac{1}{8}x - \frac{3}{4}$ k) $-3 - \frac{1}{2}x$ l) $3 + 2x^2$ m) $2x^2 - 5$

n) $\frac{1}{5}x^2 - 3x$ o) $-5x - 0{,}4x^2$ p) $x^3 - x$ q) $-x + 2x^3$ r) $2x + 3x^3$ s) $2x - x^4$

8 Setze für die Variable nacheinander die Zahlen 2; −1; 0,5; $\frac{3}{4}$; $-\frac{3}{5}$ ein.

a) $4(x + 1)$ b) $3(y + 2)$ c) $\frac{4}{3}(a - 2)$ d) $z(2 - z)$

e) $2b(0{,}5 - 20b)$ f) $2(r - 5) + 3$ g) $7 + (2 + 3x) \cdot 2$ h) $4{,}5x - \left(\frac{1}{5}x + 3\right)$

9 Setze für die Variablen nacheinander die Zahlen 4; −3; 0,4; $\frac{2}{3}$; $-\frac{1}{5}$ ein.

a) $2(x - 3)^2$ b) $(2x - 3)^2$ c) $(2x^2 - 3)x$ d) $(x + 3)(2x - 1)$

e) $(x - 3)^2 + 2x$ f) $2 \cdot (5 - 3x)^2$ g) $|x - 1|$ h) $|5x - 4| - 2x$

10 Setze für die Variable nacheinander die Zahlen 2; −1; 0,3; $\frac{2}{5}$; $-\frac{1}{3}$ ein.

a) $\frac{2}{x}$ b) $2 + \frac{1}{x}$ c) $\frac{1}{x - 1}$ d) $\frac{1 - x}{x}$ e) $\frac{x + 1}{x + 2}$ f) $\frac{2 + x}{x - 3}$

11 Die Terme $\left(\frac{3 + x}{5}\right)^2$; $\frac{3 + x^2}{5}$; $3 + \frac{x^2}{5}$; $3 + \left(\frac{x}{5}\right)^2$; $\frac{(3 + x)^2}{5}$ unterscheiden sich durch die Klammern und unterschiedliche Bruchstriche. Berechne ihren Wert für

a) $x = 2$; b) $x = 5$; c) $x = 7$; d) $x = -3$; e) $x = 0$.

12 Berechne den Wert der Terme $x^2 - 2x$; $x \cdot (x - 1)$ und $(x - 1)^2 - 1$ für

a) $x = 0$; b) $x = -1$; c) $x = 1$; d) $x = 2$; e) $x = \frac{1}{2}$; f) $x = -2{,}5$.

13 Schreibe die folgenden Terme ohne überflüssige Klammern. Berechne ihren Wert für $x = -3$.

a) $(2 \cdot x) + 1$ b) $(2 \cdot x) + (8 \cdot x)$ c) $(2 + 3 \cdot x)$ d) $2 \cdot x + (x + 2)$

e) $((2 \cdot x)^2 - 1)$ f) $((2 \cdot x) + 3)^2$ g) $((2 \cdot (3 \cdot x))^2)$ h) $3 \cdot (1 + (2 \cdot x))$

i) $\frac{2 + (3 \cdot x)}{(6 - x)}$ k) $\frac{(x - 2)}{3 \cdot (x - 3)}$ l) $\frac{(2 \cdot x) \cdot (3 \cdot x)}{(x + 1) + 2}$ m) $\frac{(3 \cdot x)^2 + 7}{(4 \cdot x) + (2 \cdot x)}$

14 Bei dem Term $-5 - 6 \cdot x^2$ gibt es sechs Möglichkeiten, ein Klammernpaar so zu setzen, dass sich die Reihenfolge der Rechenschritte ändert, nämlich $(-5 - 6) \cdot x^2$; $(-5 - 6 \cdot x)^2$; $-(5 - 6) \cdot x^2$; $-(5 - 6 \cdot x^2)$; $-(5 - 6 \cdot x^2)$ und $-5 - (6 \cdot x)^2$.
Welche Werte nehmen die insgesamt 7 Terme an für

a) $x = 2$; b) $x = -1$; c) $x = -\frac{2}{3}$; d) $x = 0$?

15 Setze ein Klammernpaar so, dass sich die Reihenfolge der Rechenschritte ändert. Die Anzahl aller Möglichkeiten ist jeweils angegeben.

a) $-7 \cdot x + 4$ (2 Möglichkeiten) b) $4 + 5 \cdot y^2$ (3 Möglichkeiten)

c) $-7 \cdot a^2 + 12$ (5 Möglichkeiten) d) $3 \cdot r + 6 \cdot r^2$ (5 Möglichkeiten)

16 Gib Terme mit der Variablen n an, die die folgenden Zahlen ergeben, wenn man für n nacheinander die Zahlen 1; 2; 3; ... einsetzt:

a) 1; 4; 9; 16; ... b) 1; 8; 27; 64; ... c) 3; 5; 7; 9; ... d) 11; 21; 31; 41; ...

Besonders viele Primzahlen liefert der Term $n^2 - 79 \cdot n + 1601$. Von $n = 0$ bis $n = 79$ ergeben sich nur Primzahlen, erstmals bei $n = 80$ ergibt sich $1681 = 41^2$.

17 Setzt man in den Term $n^2 + n + 17$ nacheinander die natürlichen Zahlen 0; 1; 2; 3; ... ein, so erhält man erst einmal nur Primzahlen.

a) Überprüfe die Behauptung, indem du 0; 1; 2; ... 10 einsetzt und den Term jeweils berechnest.

b) Gib eine natürliche Zahl an, bei deren Einsetzen $n^2 + n + 17$ keine Primzahl ergibt.

18 Galileo Galilei (1564–1642) aus Pisa in Italien gilt als einer der bedeutendsten Mathematiker und Physiker seiner Zeit. Er hat u. a. die Gesetze des freien Falls entdeckt. Lässt man von einem Turm einen Stein hinunterfallen, so kann man aus der Fallzeit des Steines die Höhe des Turms berechnen:
Beträgt die Fallzeit t Sekunden, so hat der Stein in dieser Zeit eine Fallstrecke von ungefähr $5 \cdot t^2$ Metern zurückgelegt.

a) Die Fallzeit eines Steines von der obersten Plattform des schiefen Turms in Pisa bis auf die Piazza dei Miracoli (Platz der Wunder) beträgt ungefähr 3 Sekunden. Berechne die ungefähre Höhe der Plattform des schiefen Turms.

b) Berechne die Höhe eines Turms, wenn die Fallzeit 2,5 s (4 s; 5,5 s) beträgt.

19 Um die zerstörende Wirkung des Aufpralls bei einem Unfall zu zeigen, werden manchmal Autos von einem Kran hochgehoben und aus einer bestimmten Höhe fallen gelassen.
Soll die Geschwindigkeit des frei fallenden Autos beim Aufprall $x \frac{km}{h}$ betragen, so muss man das Auto $\frac{1}{260} \cdot x^2$ m hochheben.
Bei welcher Höhe beträgt die Aufprallgeschwindigkeit
$26 \frac{km}{h}$ ($52 \frac{km}{h}$; $78 \frac{km}{h}$; $104 \frac{km}{h}$)?

4 Vereinfachen von Termen

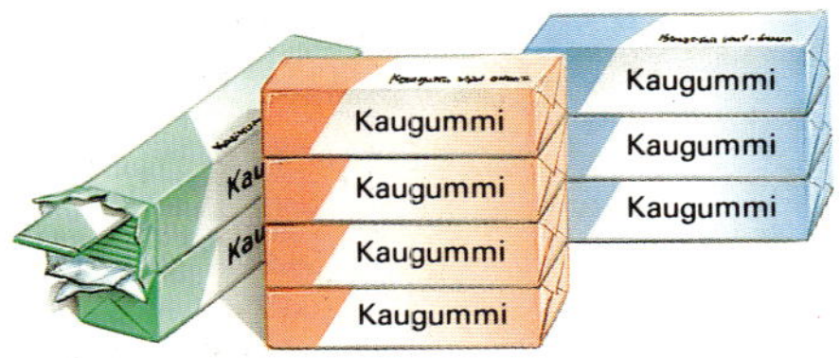

1 In einer Kaugummipackung sind x Streifen Kaugummi. Der Term $3 \cdot x + 4 \cdot x + 2 \cdot x$ beschreibt die Anzahl der Streifen in allen Packungen zusammen. Gib einen einfacheren Term zur Berechnung der Anzahl aller Streifen an. Berechne die Anzahl für $x = 7$.

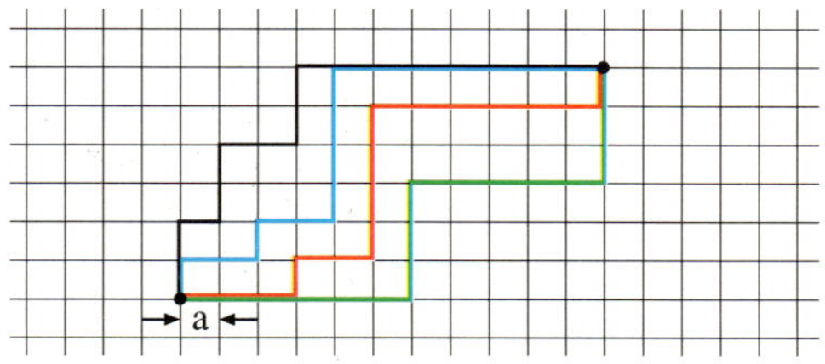

2 a) Die Länge des rot gezeichneten Weges wird durch den Term $3 \cdot a + a + 2 \cdot a + 4 \cdot a + 6 \cdot a + a$ beschrieben. Vereinfache den Term.
b) Gib entsprechende Terme für die anderen Wege an. Vereinfache die Terme.

Zwei Terme können verschiedene Rechenwege angeben und trotzdem bei jeder Einsetzung denselben Wert liefern. Man nennt sie in diesem Fall gleichwertig oder **äquivalent**.

Wird z. B. der Rand eines Quadrates mit n Punkten auf jeder Seite markiert, so zeigen die beiden Figuren zwei mögliche Berechnungen der Anzahl der Punkte:
linke Figur: $2 \cdot n + 2 \cdot (n - 2)$ Punkte,
rechte Figur: $4 \cdot (n - 1)$ Punkte.
Beide Terme müssen also bei jeder Einsetzung einer natürlichen Zahl $(n \geq 2)$ für n den gleichen Wert ergeben, sie sind äquivalent. Man schreibt
$2 \cdot n + 2 \cdot (n - 2) = 4 \cdot (n - 1)$.

Die schon bekannten Rechengesetze drücken ebenfalls die Gleichwertigkeit von Termen aus, z. B. das Distributivgesetz: $a \cdot (b + c) = a \cdot b + a \cdot c$.
Vertauscht man beide Seiten und auch die Faktoren, so erhält man

$$b \cdot a + c \cdot a = (b + c) \cdot a.$$

Damit kann man z. B. den Term $3 \cdot a + 5 \cdot a$ zu $8 \cdot a$ vereinfachen, indem man $b = 3$ und $c = 5$ setzt: $3 \cdot a + 5 \cdot a = (3 + 5) \cdot a = 8 \cdot a$.
Dies entspricht dem Ausklammern beim Rechnen mit Termen im Kapitel über rationale Zahlen (Seite 151).
Beim **Vereinfachen von Termen** versucht man, durch Anwendung der Rechengesetze einen Term so umzuformen, dass er übersichtlicher wird und beim Einsetzen sein Wert leichter berechnet werden kann.

Durch Anwendung der Rechengesetze kann man **Terme umformen**. So kann man mit dem Distributivgesetz Summanden mit gleichen Faktoren zusammenfassen:

$$3 \cdot x + 4 \cdot x = (3 + 4) \cdot x = 7 \cdot x$$

Statt $1x$ schreibt man nur x; statt $-1x$ nur $-x$.

Beim Vereinfachen von Termen geht man in drei Schritten vor:
Vereinheitlichen, Ordnen, Zusammenfassen,
wie es die folgenden Beispiele zeigen.
Außerdem darf man in Produkten mit Variablen die Malpunkte weglassen, z. B. $3 \cdot x = 3x$.

Beispiel 1
Vereinfache $2 \cdot x + 3 + 5x - 10 + x \cdot 4 \cdot 0{,}5$.
Beim Vereinheitlichen schreibt man alle Produkte mit x am besten ohne Malpunkt.
Lösung:
1. Vereinheitlichen: $2 \cdot x + 3 + 5x - 10 + x \cdot 4 \cdot 0{,}5 = 2x + 3 + 5x - 10 + 2x$
2. Ordnen: $= 2x + 5x + 2x + 3 - 10$
3. Zusammenfassen: $= 9x - 7$

Beispiel 2
Vereinfache $x \cdot 7 + 3 + x^2 - 5x + 2 \cdot x^2 + 1{,}5$.
Beim Ordnen beginnt man mit den Summanden, die x^2 enthalten, dann kommen diejenigen mit x, zuletzt kommen die Summanden ohne Variable. Entsprechend wird danach zusammengefasst.
Lösung:
1. Vereinheitlichen: $x \cdot 7 + 3 + x^2 - 5x + 2 \cdot x^2 + 1{,}5 = 7x + 3 + x^2 - 5x + 2x^2 + 1{,}5$
2. Ordnen: $= x^2 + 2x^2 + 7x - 5x + 3 + 1{,}5$
3. Zusammenfassen: $= 3x^2 + 2x + 4{,}5$

Beispiel 3
Löse die Klammern auf und vereinfache.
a) $2x + 12 - (3x - 4)$ b) $3s - [23 - (3s + 13)]$
Lösung:
a) *1. Klammern auflösen:* $2x + 12 - (3x - 4) = 2x + 12 - 3x + 4$
2. Ordnen: $= 2x - 3x + 12 + 4$
3. Zusammenfassen: $= -x + 16$
b) *Löse erst die „inneren Klammern" auf, dann die „äußeren Klammern".*
1. Innere Klammern auflösen: $3s - [23 - (3s + 13)] = 3s - [23 - 3s - 13]$
2. Ordnen und Zusammenfassen innerhalb der Klammern: $= 3s - [-3s + 10]$
3. Äußere Klammern auflösen: $= 3s + 3s - 10$
4. Zusammenfassen: $= 6s - 10$

Aufgaben

Vergleichen von Termen

3 a) Übertrage die Tabelle in dein Heft und fülle sie aus.

	$3 \cdot (x+1)$	$3 \cdot x$	$5 \cdot (x+5)$	$5 \cdot x + 5$	$(x+3) \cdot 2$	$x \cdot 2 + 3$	$3 \cdot (x-2)$	$3 \cdot x - 6$
1								
−1								
$\frac{1}{2}$								
$\frac{2}{3}$								

b) Bei welchen Termen vermutest du, dass sie äquivalent sind? Warum?

4 Zeige durch Einsetzen von Zahlen, dass die Terme nicht äquivalent sind.

a) $2 \cdot x + 3$ und $5 \cdot x$ b) $2 \cdot (t - 3)$ und $2 \cdot t - 3$

c) $(x + 3)^2$ und $x^2 + 9$ d) $2 \cdot y + y^2$ und $-3 \cdot y^2$

5 Begründe mit geeigneten Rechengesetzen, dass die Terme äquivalent sind.

a) $(5 \cdot x + 4) + 6$ und $5 \cdot x + 10$ b) $3 \cdot x - 5 \cdot x$ und $(-2) \cdot x$

c) $3 + 4 \cdot x + 2$ und $4 \cdot x + 5$ d) $2 - (x - 3)$ und $5 - x$

Vereinfachen von Termen

6 Fasse zusammen:

a) $z + z + z + z$ b) $t + t + t + t + t + t + t$ c) $x^2 + x^2 + x^2 + x^2 + x^2 + x^2$

d) $-x - x - x - x - x - x$ e) $-r - r - r - r - r - r - r - r$ f) $-z^2 - z^2 - z^2 - z^2$

g) $x + x - x + x - x + x$ h) $-t - t + t + t - t - t - t$ i) $b + b + b - b + b + b + b - b$

7

a) $5a + 7a$ b) $12x + 31x$ c) $8r + 12r$ d) $18u + 22u$

e) $12y + 3y + 2y$ f) $2b + 3b + 9b$ g) $9t + 11t + t$ h) $6f + f + 5f + f$

8

a) $6x + 3x$ b) $5x + 34x$ c) $25y - 12y$ d) $-y + 11y$

e) $-3u - 23u$ f) $60y - 34y$ g) $-t^2 - 15t^2$ h) $-45x^2 + 45x^2$

i) $22{,}3a + 4{,}1a$ k) $6{,}3y - 4{,}2y$ l) $1{,}5x^2 - 3{,}5x^2$ m) $-0{,}23y - 1{,}37y$

n) $\frac{2}{3}x - \frac{5}{3}x$ o) $\frac{12}{7}t - \frac{19}{21}t$ p) $-\frac{7}{12}x - \frac{19}{16}x$ q) $\frac{11}{15}c + \frac{7}{24}c$

9

a) $3x - 5x + 13x$ b) $15y - 34y - 26y$ c) $-26z + 34z - 13z + z$

d) $2{,}5s - 2{,}3s + 1{,}3s$ e) $0{,}21t - 0{,}26t + 0{,}23t$ f) $-2{,}9u + 0{,}3u - 15{,}1u$

g) $\frac{5}{12}v - \frac{11}{12}v + \frac{19}{12}v$ h) $\frac{13}{15}w - \frac{14}{15}w + \frac{4}{9}w - \frac{17}{18}w$ i) $-\frac{3}{4}p + \frac{7}{12}p - \frac{9}{16}p + \frac{5}{8}p$

10 Vereinheitliche die Terme und fasse zusammen.

a) $a \cdot 3 + 4a$ b) $7x - 4 \cdot x$ c) $3k + k \cdot 30$

d) $x^2 \cdot 3 + 7 \cdot x^2 - 2x^2$ e) $4 \cdot x - 3 \cdot x + x \cdot 7$ f) $3x - 4 \cdot x - x \cdot 0{,}2 + 4 \cdot x$

g) $\frac{3}{4}x + x \cdot \frac{1}{2} - \frac{1}{4} \cdot x$ h) $3{,}7 \cdot x^2 - 2{,}4x^2 + x^2 \cdot 2$ i) $x \cdot \frac{5}{9} - \frac{1}{3}x + \frac{2}{9} \cdot x + 2x - x \cdot 5$

11 Schreibe zunächst ohne Klammern. Fasse dann zusammen.

a) $6y + (-3)y + (-5)y$ b) $(-3)c + 8c + (-4)c$ c) $(-3)s + (-8)s + (-5)s$

d) $2x + \left(-\frac{1}{2}\right)x + \left(-2\frac{1}{2}\right)x$ e) $(-7)t + \frac{2}{7}t + \left(-\frac{5}{7}\right)t + t$ f) $-r^2 + 3\frac{1}{4}r^2 + \left(-\frac{5}{4}r^2\right)$

12 Ordne die Terme:

a) $4x + 2 + 0{,}5x^2$ b) $6x - 3x^2 + 4$ c) $-3x + 7 - 5x^2$

d) $-7x + x^2 - 9$ e) $\frac{3}{8}x - x^2 + \frac{5}{12}$ f) $12 - \frac{3}{4}x + \frac{5}{2}x^2$

13 Ordne und fasse zusammen:

a) $5 + 11x - 9$ b) $-8 + 2x + 17$ c) $-3 - x^2 - 8$

d) $-7x - 5 - 27$ e) $-2{,}5 - 5x + 1{,}4$ f) $-5{,}2 - 4 - 2x^2$

g) $0{,}3a + 5{,}2 - 8$ h) $\frac{4}{5} - \frac{2}{5}x^2 - \frac{3}{5}$ i) $2{,}7 + 0{,}3a - 1{,}9$

k) $\frac{1}{4} - 3f + \frac{2}{3}f + \frac{3}{8}$ l) $2{,}7v - \frac{2}{7} - \frac{3}{5}v + 3$ m) $7{,}5 - \frac{3}{4}x^2 + \frac{3}{8}x^2 + \frac{7}{10}$

Vereinfachen bedeutet: Vereinheitlichen (wenn nötig), Ordnen, Zusammenfassen.

14 Vereinfache.

a) $2x - 5 + 14x + 9$ b) $6 + 5x - 13x - 46$ c) $-6x + 41 - 23x + 29$
d) $5y + 7 + 24y - 23$ e) $34 + 35z - 33 - 76z$ f) $6z + 41z - 23 + 29z$
g) $1{,}2 - 5{,}1a + 2{,}4a + 9{,}5$ h) $5{,}6 + 5{,}6b - 1{,}3 - 4{,}3$ i) $-6{,}5g + 4{,}1g - 2{,}4 + g$
k) $\frac{7}{3} - \frac{4}{3}s - \frac{5}{3}s + \frac{2}{3}$ l) $\frac{49}{30}t + \frac{7}{15} - \frac{25}{12} - \frac{44}{45}t$ m) $-\frac{5}{8}u + \frac{13}{18} - \frac{7}{6}u + \frac{11}{12} - \frac{35}{24}$

15

a) $5x + 7 + 5x^2 + 2 + 4x - 13 + x^2$ b) $2y - 3y^2 - 7 + 2y^2 + y + 15$
c) $5t^2 - 15t + 45t^2 - 10t - 32 + 23t$ d) $3p^2 - 4 + 7p - 21 + 34p^2 - 18p$
e) $v - 3v^2 - 12 + 25v^2 - 41v + 18 - v$ f) $2{,}6m^2 - 3{,}1 - 2{,}4m - 5{,}2m - 2{,}2m^2$
g) $2{,}4z - 2{,}1z^2 + 3 - 0{,}8z^2 - 0{,}7z$ h) $2{,}9 - 3{,}1x - 4{,}9 - x^2 + 2{,}1x - 3{,}5x^2$
i) $\frac{19}{15}n^2 + \frac{7}{45} + \frac{17}{30}n - \frac{14}{15}n^2 + \frac{1}{5}n - \frac{11}{30}$ k) $\frac{19}{12}s^2 - \frac{17}{24} + \frac{11}{24}s - \frac{5}{18}s^2 + \frac{4}{9}s + \frac{8}{24}$

16

a) $4 \cdot 5x + 5 - 7 \cdot 2x + 12 - 5x \cdot 7$ b) $7x \cdot (-3) + 4 \cdot 7 - 2x \cdot 3 - x \cdot (-6) - 5 \cdot 9$
c) $-3 \cdot 4x + 3 \cdot (-5) - 6x \cdot (-3) - 4 \cdot (-9)$ d) $-1{,}5 \cdot 0{,}4z - z \cdot (-3) + 9 \cdot (+0{,}5z) - 1{,}4$
e) $2{,}6 - 1{,}4x^2 - 5{,}4 \cdot 1{,}5 - 1{,}8x \cdot (-0{,}5)$ f) $2{,}4s^2 \cdot (-0{,}25) + 2{,}4s \cdot 3 - 5s + 2{,}1s^2$
g) $\frac{5}{6}u \cdot \frac{2}{3}u - \frac{3}{4}u^2 + \frac{4}{3}u \cdot \frac{6}{5} - \frac{9}{5}u^2 + \frac{4}{5}u \cdot \left(-\frac{2}{3}\right)$ h) $\frac{3}{8} \cdot v \cdot \frac{5}{16} + \frac{5}{4} - \frac{7}{8}v^2 \cdot \frac{9}{16} - \frac{9}{8} \cdot \frac{1}{4}v - \frac{9}{12} \cdot \frac{23}{16}$

17 Löse die Klammern auf und vereinfache.

a) $4x + (2x - 5)$ b) $6y - (2 - 5y)$ c) $4 - (3t + 12)$ d) $-a - (2a - 4)$
e) $6x - (5 - 9x)$ f) $-(7 - 9y) + 3y$ g) $4x - (3x + 12x)$ h) $9 - z - (z - 5)$
i) $-(3x + 1) + 5x$ k) $-(3x + 5) + 5x$ l) $-(8u + 17) - 3$ m) $-(3z + 8) - 18 + 2z$

18

a) $3 - (u \cdot 4 - 7)$ b) $r \cdot 12 - (3r + 7)$ c) $5t - (12 + t \cdot 7)$ d) $z \cdot (-8) - (6z - 9)$
e) $-(v \cdot 4 + 10) + 12$ f) $-[x \cdot (-4) + 8] - 5x$ g) $h \cdot (-6) - (5 - h)$ h) $(-10) \cdot v - (7 + 7v)$
i) $-(x \cdot 4 + 7) - 12$ k) $-3 \cdot (-z) - (4z - 4)$ l) $4 - [(-5) \cdot x^2 + 8]$ m) $-[-4t + 5 \cdot (-3)] - 9$

19

a) $(3x - 4) - (4x - 5)$ b) $-(4y - 7) + (6 - y)$ c) $9 - (t - 6) + (9 - 2t)$
d) $20r - (12 + r - 10r)$ e) $4w - \left(\frac{2}{3}w - \frac{4}{3}w + \frac{5}{9}\right)$ f) $1 - \left(2x - 2\frac{1}{2} + \frac{4}{7}x - 6\frac{1}{6}\right)$
g) $\frac{4}{15}x - \frac{6}{7} - \left(\frac{4}{5}x + \frac{5}{14}\right)$ h) $-\left(\frac{3}{4}u + \frac{5}{6} - 2\frac{1}{4}u\right) + \frac{1}{3}$ i) $-0{,}8t + 1{,}7 - (22 - 3{,}5t)$

20

a) $3x^2 - x \cdot x$ b) $k^2 + 5k + 7 - 2k^2$ c) $2 \cdot z \cdot z + z \cdot (-5) + 3z^2$
d) $-7 + 6a^2 - 3a + 5 \cdot a \cdot a$ e) $s^2 - (12 - s \cdot s) + s \cdot 3$ f) $n^2 - [n \cdot (-4) + 3 \cdot n \cdot n] - 2n$
g) $5 \cdot y^2 \cdot 3 - (2 + 8 \cdot y \cdot y)$ h) $2x \cdot x + (-x^2 + 7x)$ i) $-(z^2 - 3z + 7) + 7 \cdot z \cdot z + z \cdot (-2)$

Löse erst die „inneren Klammern“ auf, dann die „äußeren Klammern“.

21

a) $5x + [3x - (4x + 7)]$ b) $[(11x - 4) - (3x + 7)] - 3x$
c) $5z - [3z - (4 + 3z) - 7]$ d) $20r - [(5r - 9) + (-4r + 4)]$
e) $3a - \left[\frac{3}{4}a - \left(3 + \frac{3}{8}a\right)\right]$ f) $\frac{3}{5}d + \frac{4}{15} - \left[\left(\frac{7}{15}d - \frac{1}{3}\right) - \left(2 - \frac{2}{3}d\right)\right]$

22

a) $5 - [12 - (2x + 6 - 6x)] - 7x$ b) $-(4g + 5) - [6g - (4 + 7g)]$
c) $(30y + 3) - [4y - (5 + 7y - 12)]$ d) $-[22p - (3 - 8p + 12) - 3p] + 4$
e) $-(3z + 5) + [-(4z + 8) + (9 + 3z)]$ f) $55r - 4 - [45 - (33 - 54r) + 3r]$

5 Multiplizieren von Summen

1 a) Eine Reitstunde kostet 23 €.
Björn bezahlt mit zwei 10-€-Scheinen und drei 1-€-Stücken. Wie viele 10-€-Scheine und wie viele 1-€-Stücke benötigt er für 3 Reitstunden?
b) Wie kann man das Produkt $3\cdot(2x+3)$ als eine Summe schreiben?

Die Distributivgesetze $a\cdot(b+c)=a\cdot b+a\cdot c$ und $a\cdot(b-c)=a\cdot b-a\cdot c$ kann man anwenden, wenn für a, b, c Terme stehen.
Beim Vereinfachen von Termen kann man also auch „Ausmultiplizieren".

Beim Multiplizieren einer Summe mit einer Zahl (oder einer Variablen) wird **jeder** Summand mit der Zahl (der Variablen) multipliziert,
z. B. $4\cdot(3x+5)=4\cdot 3x+4\cdot 5=12x+20$.

Beispiel 1
Vereinfache $4x-8+2(3x+4)$.
Lösung:
1. Ausmultiplizieren: $4x-8+2(3x+4)=4x-8+6x+8$
2. Ordnen: $=4x+6x-8+8$
3. Zusammenfassen: $=10x$

Beispiel 2
Vereinfache $4(5x\cdot 3+7)-3(x^2+x\cdot 7)$.
Lösung:
1. Vereinheitlichen: $4\cdot(5x\cdot 3+7)-3\cdot(x^2+x\cdot 7)=4(15x+7)-3(x^2+7x)$
2. Ausmultiplizieren: $=60x+28-3x^2-21x$
3. Ordnen: $=-3x^2+60x-21x+28$
4. Zusammenfassen: $=-3x^2+39x+28$

Aufgaben

2 Welche der Terme sind äquivalent?
$2x+2$; $2(x+2)$; $2(x+1)$; $2x+1$; $2\left(x+\frac{1}{2}\right)$; $2x+4$

3 Multipliziere.
a) $2\cdot(x+7)$ b) $5\cdot(3a+2)$ c) $5\cdot(y-4)$ d) $11\cdot(2z-1)$
e) $(-1)\cdot(r-2)$ f) $3\cdot(0{,}5+2s)$ g) $(-4)\cdot(1-u)$ h) $(-5)\cdot(5x-3)$

4 Löse die Klammern auf.
a) $6(5a+2)$ b) $3(2x-3)$ c) $(5b+3)\cdot 7$ d) $(7c-9)\cdot 6$
e) $(-2)(3+5y)$ f) $(7a-1)\cdot(-5)$ g) $\frac{3}{4}(8x+12)$ h) $\frac{5}{6}\cdot(12a-30)$
i) $(14+21p)\cdot\frac{6}{7}$ k) $\frac{4}{5}\left(d+\frac{5}{8}\right)$ l) $\left(\frac{1}{2}x+\frac{3}{4}\right)\cdot\left(-\frac{2}{7}\right)$ m) $(-3)\cdot\left(\frac{4}{9}y-\frac{2}{3}\right)$

5 Multipliziere aus und vereinfache.

a) $4(x-2)+3(2x+5)$　b) $8(5-2x)+4(x+4)$　c) $4(x-2x^2)+3(x+4x^2)$

d) $6(4-3y)+7(2y+9)$　e) $7{,}5(6-2r)+(r+1)\cdot 2$　f) $(1-4x^2)\cdot 4-2x\cdot(+8x)$

g) $4\cdot(x-5)-3(6-2x)$　h) $-6(4y-2)-5(y-12)$　i) $-7(5u+3u^2)-4(2u^2-u)$

k) $-(x-5)\cdot 2-3(6-2x)$　l) $-4(4z+1)-7(z-5)$　m) $(-7)(5-3r)-4(r+1)$

6

a) $-2(3x\cdot 6+2)-6(3-2x\cdot 7)$　b) $4(5x+2)\cdot(-6)-(-5)(11-2x\cdot(-8))$

c) $(-3)(5y\cdot(-4)+12)+9(7\cdot(-6)+2y)$　d) $4(-5z-6)-(-7)\cdot(42(-z)-2\cdot(-5))$

e) $\frac{2}{5}\left(\frac{3}{4}a\cdot\left(-\frac{5}{2}\right)+\frac{7}{4}\right)+\frac{4}{5}\left(\frac{3}{2}\cdot\left(-\frac{9}{5}\right)+\frac{4}{3}a\right)$　f) $-\frac{5}{6}\left(\frac{3}{4}b-\frac{4}{9}\right)-\left(-\frac{3}{7}\right)\cdot\left(-14-\frac{7}{9}b\right)-1{,}5$

g) $\frac{2}{3}\left(\frac{9}{4}d\left(-2\frac{1}{3}\right)+\frac{7}{4}d\right)+\frac{3}{5}\cdot\left(-2\frac{2}{3}d+\frac{5}{12}d\right)$　h) $-\frac{5}{16}\left(\frac{8}{3}f-\frac{7}{9}f\right)-\left(-4\frac{3}{4}\right)\cdot\left(-1{,}7-\frac{7}{8}f\right)$

7

a) $x\cdot(x+1)-2x(x+2)$　b) $4x(2-5x)-(6x+7)\cdot 3x-7x^2+3x$

c) $x(3x-4)+(1+2x)(4x)$　d) $y^2-y(3y-5)+8(y^2-6)-y\cdot 2y$

e) $8z(-5z+3)-4z(7-3z)-8\cdot 3z$　f) $-12(8s-4s^2)+3(6s^2+2)-5s(3-9s)$

g) $7(r-r^2-1)+7r(1-r-6r)$　h) $(-4+2a)\cdot(-3a)+(-4)(1{,}5a^2-3a)$

8

a) $2{,}4a\cdot(1{,}5a-2)-1{,}5a[3+2{,}5(-a)]$　b) $0{,}4b\cdot(2b\cdot 0{,}6-2)+(1{,}4b-2)(-b)$

c) $0{,}2x\cdot(-0{,}3x+0{,}1)-(0{,}2-0{,}4x)\cdot(-0{,}5)$　d) $3{,}2y\cdot(0{,}3y\cdot 0{,}1-0{,}2\cdot 0{,}4y)+(-0{,}5y)^2$

e) $-\frac{27}{28}r\cdot\left(\frac{7}{12}-\frac{5}{18}r\right)+\left(\frac{7}{6}-\frac{4}{9}r\right)\cdot\frac{27}{14}\cdot(-r)$　f) $\frac{3}{5}v^2-\frac{15}{28}v\cdot\left(\frac{12}{25}-\frac{7}{15}v\right)\cdot\left(-\frac{5}{2}\right)+\frac{10}{3}v\cdot\frac{12}{25}$

g) $\frac{49}{18}\cdot\left(\frac{4}{21}x\cdot\frac{9}{35}+x\cdot\frac{3}{28}x\right)-\frac{7}{6}x\left(\frac{24}{35}x+\frac{9}{14}\right)$　h) $\left(\frac{45}{16}-\frac{4}{15}z\right)\cdot\frac{15}{16}z\cdot\frac{8}{27}-\left(\frac{4}{15}+\frac{2}{27}z\right)\cdot\frac{45}{16}z$

9 Welche der folgenden Terme sind äquivalent zu $4x$?

a) $4(x-1)+4$　b) $4(x+1)-4$　c) $4(x+4)-4$　d) $(8x):4$

e) $(2x)^2$　f) $x\cdot 2^2$　g) $16x\cdot\frac{1}{4}$　h) $32\cdot(x:8)$

10 Begründe durch eine geeignete Termumformung.

a) Addiert man zum 5fachen einer Zahl das 3fache der Zahl, so erhält man das 8fache der Zahl.

b) Vermehrt man das Doppelte einer Zahl um 4, so erhält man das Doppelte der um 2 vermehrten Zahl.

c) Addiert man 7 zur Hälfte einer Zahl, so erhält man die Hälfte der um 14 vergrößerten Zahl.

d) Multipliziert man eine um 8 vergrößerte Zahl mit 3 und subtrahiert man von diesem Produkt 20, so erhält man das um 4 vergrößerte 3fache der Zahl.

11 Denke dir irgendeine gerade Zahl, addiere 3, multipliziere die Summe mit 5 und subtrahiere vom Produkt die Zahl 2. Das Ergebnis hat stets die Endziffer 3.
Schreibe die Rechenvorschrift als einen Term, vereinfache ihn. Bestimme daran die Endziffer für den Fall, dass du eine gerade Zahl einsetzt.

12 Der Zauberer Zahlufixus spricht: „Denke dir eine Zahl, vermindere sie um 4, verdoppele das Ergebnis und addiere nun die ursprünglich gedachte Zahl. Sage mir dein Ergebnis." Wenn du Zahlufixus dein Ergebnis genannt hast, so antwortet er: „Deine gedachte Zahl war . . ." Wie kommt Zahlufixus zu seiner Antwort?

6 Gleichungen und Ungleichungen

1 Vier Zeugen haben ein Mädchen und einen Jungen an einer Haltestelle beobachtet. Es werden folgende Aussagen gemacht:
Der Junge war größer als das Mädchen.
Das Mädchen war größer als der Junge.
Der Junge war kleiner als das Mädchen.
Das Mädchen war kleiner als der Junge.
Welche der **Aussagen** sind wahr?

2 Setze für die Variable x nacheinander die Zahlen 0; 1; 2; 3; 4; 5 ein. Gib jeweils an, ob sich eine wahre oder eine falsche Aussage ergibt.

a) $x + 12 = 16$ b) $7x = 28$
c) $x + 7 < 10$ d) $15 - x < 15$

3 Wie viele 35 cm hohe Getränkekästen darf der Lkw übereinander laden, so dass er noch durch eine 2,70 m hohe Toreinfahrt passt?
a) Beschreibe die Ladehöhe durch einen Term.
b) Gib für die Ladehöhe eine Ungleichung an. Wie viele Getränkekästen dürfen höchstens übereinander geladen werden?

Bisher hast du Gleichungen dadurch gelöst, dass du Zahlen bestimmt hast, die du „passend“ einsetzen konntest. So kann man in die Gleichung $3 \cdot x = 15$ für x die Zahl 5 einsetzen und man erhält dann die wahre Aussage $3 \cdot 5 = 15$. Man sagt dann, die Zahl 5 ist Lösung der Gleichung $3 \cdot x = 15$.

Entsprechend kann man auch Lösungen von Ungleichungen bestimmen, d. h. Zahlen, die beim Einsetzen zu wahren Aussagen führen.
Bei der Ungleichung $x^2 \leq 9$ führen die ganzen Zahlen −3; −2; −1; 0; 1; 2; 3 beim Einsetzen zu einer wahren Aussage, aber auch alle rationalen Zahlen zwischen −3 und 3.
Für eine solche Lösungsmenge schreibt man auch $L = \{x \mid -3 \leq x \geq 3\}$.
(Lies: Menge aller x, für die gilt $-3 \leq x \geq 3$.)

> Zahlen, die beim Einsetzen in eine Gleichung oder Ungleichung zu einer wahren Aussage führen, heißen **Lösungen**.
> Die Menge L **aller** Lösungen einer Gleichung oder Ungleichung heißt ihre **Lösungsmenge**.
> Die Menge aller Zahlen, die für Einsetzungen infrage kommen, heißt **Grundmenge**.
> Wenn nichts weiter gesagt wird, ist $\mathbb{Q}$ die Grundmenge.

Beispiel 1
Berechne die Werte des Terms $5x-2$ für $x=-5;\ -4;\ -3;\ -2;\ -1;\ 0;\ 1;\ 2;\ 3;\ 4;\ 5.$
Notiere sie in einer Tabelle. Bestimme damit alle ganzzahligen Lösungen von
a) $5x-2=13$, b) $5x-2=20$, c) $5x-2 \geq -12$, d) $5x-2<20$.
Lösung:

x	–5	–4	–3	–2	–1	0	1	2	3	4	5
5x – 2	–27	–22	–17	–12	–7	–2	3	8	13	18	23

Für die Grundmenge $\mathbb{Z}$ kann man der Tabelle sofort entnehmen:
a) $5x-2=13$ hat die Lösung 3; Lösungsmenge: $L=\{3\}$.
b) $5x-2=20$ hat keine Lösung; Lösungsmenge: $L=\{\ \}$ *(= die leere Menge).*
c) $5x-2 \geq -12$, Lösungsmenge: $L=\{-2;\ -1;\ 0;\ 1;\ 2;\ 3;\ \ldots\}$.
d) $5x-2<20$, Lösungsmenge: $L=\{\ldots;\ -3;\ -2;\ -1;\ 0;\ 1;\ 2;\ 3;\ 4\}$.

Betrachtet man jedoch die Grundmenge $\mathbb{Q}$, so hat $5x-2=20$ eine Lösung, nämlich $\frac{22}{5}$, denn $5 \cdot \frac{22}{5} - 2 = 20$. Bei $5x-2 \geq -12$ besteht die Lösungsmenge aus allen rationalen Zahlen x mit $x \geq -2$; also $L=\{x \mid x \geq -2\}$. Bei $5x-2<20$ besteht die Lösungsmenge aus allen rationalen Zahlen x mit $x<\frac{22}{5}$; also $L=\{x \mid x<\frac{22}{5}\}$.

Beispiel 2
Bestimme alle Lösungen von a) $x \cdot (x-2)=0$, b) $|x|<2$.
Lösung:
a) Ein Produkt ist immer dann 0, wenn einer der Faktoren 0 ist. Daher hat
$x \cdot (x-2)=0$ die Lösungen 0 und 2, also $L=\{0;\ 2\}$.
b) $|x|<2$ hat als Lösungsmenge die Menge aller Zahlen zwischen –2 und +2, also
$L=\{x \mid -2<x<2\}$.
Die Lösungsmenge ist hier an der Zahlengeraden dargestellt. Die Kreise bei –2 und 2 sollen andeuten, dass –2 und 2 selbst nicht zur Lösungsmenge gehören.

*Die Menge, die kein Element enthält, nennt man **leere Menge** und schreibt { }.*

Beispiel 3
Bestimme alle Lösungen von a) $x=x+2$, b) $4x+8=4(x+2)$.
Lösung:
a) Keine rationale Zahl ist Lösung der Gleichung. Lösungsmenge: $L=\{\ \}$.
b) Jede rationale Zahl ist Lösung der Gleichung. Lösungsmenge: $L=\mathbb{Q}$.
*Man sagt dazu auch, die Gleichung ist **allgemein gültig** bezüglich $\mathbb{Q}$.*

Aufgaben

4 Notiere in einer Tabelle die Werte der Terme $7+5x$ und $2x+25$ für alle ganzen Zahlen von –7 bis 7. Bestimme mit Hilfe dieser Tabelle alle ganzzahligen Lösungen.

x	...	–1	0	1	2	...
7 + 5x	...	2	7	12	17	...
2x + 25	...	23	25	27	29	...

a) $7+5x=32$ b) $2x+25=13$ c) $7+5x=-23$
d) $2x+25=34$ e) $7+5x<18$ f) $2x+25>15$
g) $7+5x \geq 22$ h) $2x+25 \geq 33$ i) $7+5x \geq 0$
k) $7+5x=2x+25$ l) $7+5x<2x+25$ m) $7+5x>2x+25$

5 Bestimme für die Gleichungen und Ungleichungen von Aufgabe 4 auch alle rationalen Lösungen.

6 Bestimme im Kopf die Lösungsmenge.

a) $x + 4 = 9$ b) $x + 8 = 17$ c) $45 = 22 + x$ d) $12 - x = 7$
e) $34 - x = 13$ f) $5 = 12 + x$ g) $7 - x = 15$ h) $x + 15 = -2$

7

a) $3x = 12$ b) $7x = 63$ c) $6x = 42$ d) $11x = 132$
e) $-x = 8$ f) $-5x = 45$ g) $7x = -35$ h) $-6x = -72$
i) $4x = 1$ k) $6x = -1$ l) $-5x = 1$ m) $-3x = 1$
n) $\frac{1}{7}x = 1$ o) $\frac{1}{8}x = -1$ p) $-\frac{1}{13}x = 1$ q) $-\frac{1}{9}x = -1$

8

a) $2x - 8 = 0$ b) $0 = 3x - 12$ c) $2x + 4 = 0$ d) $3x + 12 = 0$
e) $-x + 5 = 0$ f) $36 - 3x = 0$ g) $\frac{1}{2}x - 4 = 0$ h) $\frac{1}{3}x + 2 = 0$

9 Vereinfache den Term auf der linken Seite der Gleichung oder Ungleichung. Lies die Lösungsmenge ab.

a) $2x + 3 - x - 2 = 2$ b) $3x - (2x - 1) = 0$ c) $2(x + 1) - 2 = 4$
d) $3(x + 1) - 3x - 4 = 2$ e) $3(x + 1) - 2x - 3 < 0$ f) $2x - (x - 1) - 1 > 2$

10 Gib die Lösungsmenge an.

a) $x^2 = 16$ b) $x^2 - 49 = 0$ c) $x^2 - 36 = 0$ d) $x^2 + 64 = 0$
e) $x^2 + 3 = 12$ f) $x^2 + 21 = 121$ g) $(x - 2)^2 = 36$ h) $(x + 3)^2 = 25$
i) $x(x - 7) = 0$ k) $(x + 9)x = 0$ l) $(x - 4)(x - 8) = 0$ m) $(x - 2)(x - 9) = 0$

11 Bestimme die Lösungsmengen der folgenden Ungleichungen. Stelle sie jeweils an einer Zahlengeraden dar.

a) $7 + x < 11$ b) $28 + x < 36$ c) $x + 14 > 39$ d) $x + 13 > 27$
e) $6 + x \leq 10$ f) $9 - x \geq 2$ g) $2x + 5 \geq 12$ h) $\frac{3}{4}x - 3 \leq 2$
i) $3 < x + 5 \leq 11$ k) $6 \geq x - 3 > -4$ l) $3 \leq x + 6 \leq 11$ m) $11 > x - 2 > 0$

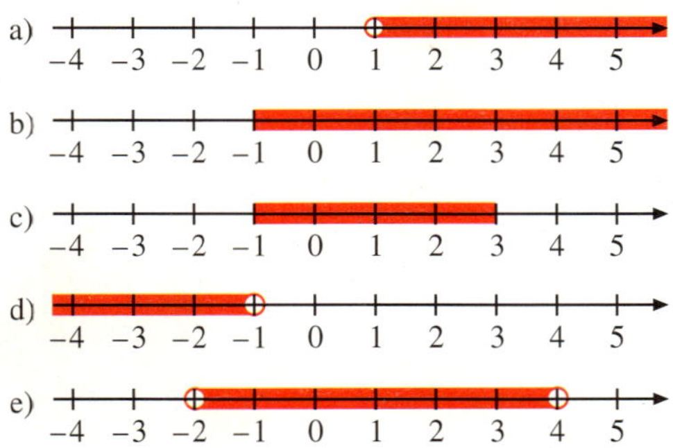

12 Gib zu jeder an den Zahlengeraden dargestellten Zahlenmenge eine Ungleichung an, die die Zahlenmenge als Lösungsmenge bezüglich $\mathbb{Q}$ hat.

13 Welche der Gleichungen und Ungleichungen sind unerfüllbar bezüglich $\mathbb{Q}$? Begründe.

a) $x + 1 = x + 2$ b) $x + 1 = 2x$
c) $x = x^2$ d) $2x > x$
e) $x^2 + 1 < x^2$ f) $x + 2 < x + 1$

14 Welche der Gleichungen und Ungleichungen sind allgemein gültig bezüglich $\mathbb{Q}$? Begründe.

a) $x + 1 = 1 + x$ b) $2x = x + x$ c) $2x - 1 = 2(x - 1)$ d) $3(x + 1) = 3x + 3$
e) $x + 2 > 2$ f) $x^2 > 1$ g) $2x > 1$ h) $x^2 - 1 < 1$

15 a) Bestimme von $x^2 \doteq 4$ die Lösungsmenge bezüglich $\mathbb{N}$ und bezüglich $\mathbb{Q}$.
b) Gibt es eine Gleichung, die bezüglich $\mathbb{N}$ erfüllbar ist, aber nicht bezüglich $\mathbb{Q}$?

7 Äquivalenzumformungen von Gleichungen

1 Auf der abgebildeten Tafelwaage befinden sich neben Gewichtsstücken von je 1 kg zehn gleich schwere Dosen. Die Waage ist im Gleichgewicht.
Wie kann man das Gewicht einer Dose durch geeignetes „Abräumen" der Waage bestimmen?

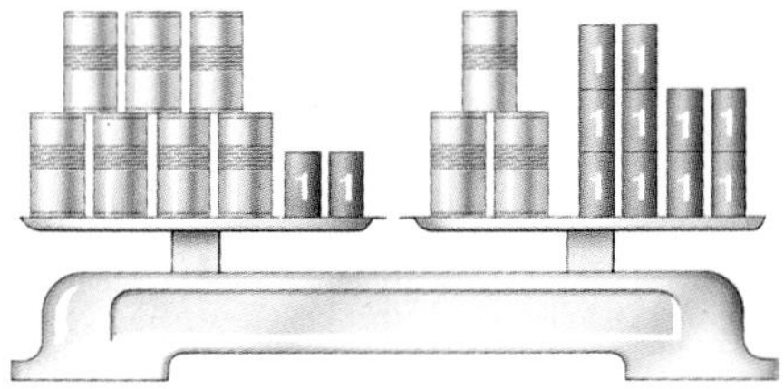

Einer Gleichung wie $x = 7$ sieht man sofort ihre Lösung an, nämlich 7.
Andere einfache Gleichungen wie $x + 14 = 29$ und $5 \cdot x = 4$ kann man lösen, indem man für $x = 29 - 14$ bzw. $x = 4 : 5$ setzt.
Kompliziertere Gleichungen wie $4(x + 2) - 5 = 11$ versucht man schrittweise in einfachere Gleichungen mit gleicher Lösungsmenge umzuwandeln. Solche Umformungen einer Gleichung, bei denen die Lösungsmenge nicht geändert wird, heißen **Äquivalenzumformungen**.

Zuerst kann man versuchen, die Terme zu vereinfachen, also Terme durch äquivalente Terme zu ersetzen. **Termumformungen** sind Äquivalenzumformungen:

$$4(x + 2) - 5 = 11$$
$$4x + 3 = 11$$

Die Lösung von $z + 3 = 11$ findet man, indem man das Addieren von 3 durch das Subtrahieren von 3 rückgängig macht.
Stellt man diese Umformung an der Waage dar, so bedeutet das ein Wegnehmen auf beiden Seiten.
Entsprechend kann man umformen:

$$4x + 3 = 11$$
$$4x + 3 - 3 = 11 - 3$$
$$4x = 8$$

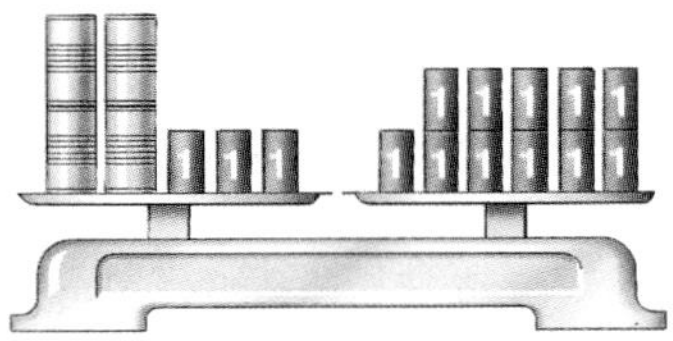

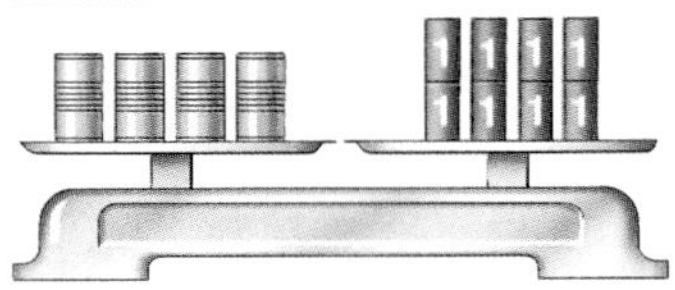

Subtrahiert man dieselbe Zahl von beiden Seiten einer Gleichung, so ändert sich nicht die Lösungsmenge. Gleiches gilt auch, wenn man dieselbe Zahl addiert oder denselben Term subtrahiert oder addiert.

Die Lösung von $4x = 8$ findet man, indem man das Multiplizieren mit 4 durch das Dividieren durch 4 rückgängig macht.

$$4 \cdot x = 8$$
$$x = 8 : 4$$

Stellt man diese Umformung an der Waage dar, so bedeutet das ein Teilen auf beiden Seiten.

$$4x = 8$$
$$4x : 4 = 8 : 4$$

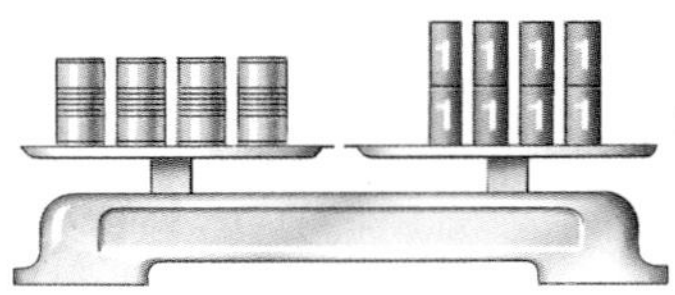

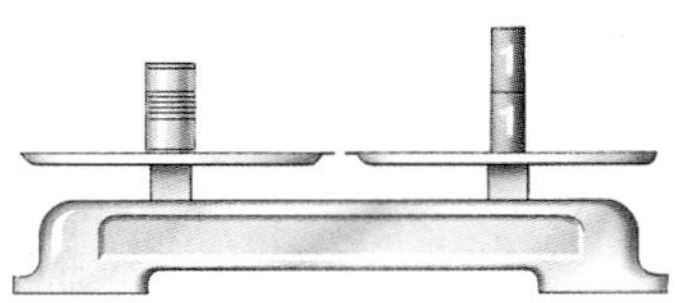

Die mathematische Begründung der Umformungen ergibt sich aus:

Wenn $a = b$, dann ist auch
$a + c = b + c$,
$a - c = b - c$,
$a \cdot c = b \cdot c$,
$a : c = b : c$ *(falls $c \neq 0$)*

Dividiert man beide Seiten einer Gleichung durch dieselbe Zahl ($\neq 0$), so ändert sich nicht die Lösungsmenge. Gleiches gilt für das Multiplizieren mit derselben Zahl ($\neq 0$).

Eine Umformung einer Gleichung, bei der sich die Lösungsmenge nicht ändert, heißt **Äquivalenzumformung**.
Wichtige Äquivalenzumformungen von Gleichungen sind:
Termumformungen,
beidseitige Addition oder Subtraktion einer Zahl oder eines Terms,
beidseitige Multiplikation oder Division mit einer Zahl ungleich null.

Beachte: Die beidseitige Multiplikation oder Division ist nur für Zahlen ($\neq 0$) eine Äquivalenzumformung. So führt z. B. die Multiplikation der Gleichung $x = 2$ mit x zu einer Vergrößerung der Lösungsmenge. $x = 2$ hat die Lösungsmenge $L = \{2\}$, dagegen hat $x^2 = 2x$ die Lösungsmenge $L = \{0;\ 2\}$.

Beispiel
Löse mit Hilfe von Äquivalenzumformungen: $2x - 3 + x \cdot 3 = 17$
Es ist üblich, die Äquivalenzumformungen in Kurzform anzugeben und zwar rechts von der Gleichung hinter einem „|“.

Die Doppelpfeile im Beispiel betonen, dass es sich um Äquivalenzumformungen handelt.

Lösung:

$2x - 3 + x \cdot 3 = 17$	| Termumformung	*(Vereinheitlichen, Ordnen, Zusammenfassen)*
$\Leftrightarrow \quad 5x - 3 = 17$	| $+3$	*(beidseitiges Addieren von 3)*
$\Leftrightarrow \quad 5x = 20$	| $:5$	*(beidseitiges Dividieren durch 5)*
$\Leftrightarrow \quad x = 4;\ L = \{4\}$		

Aufgaben

2 Beschreibe, durch welche Äquivalenzumformung man aus der ersten Gleichung die zweite Gleichung erhalten kann.

a) $x + 9 = 12$; $x = 3$
b) $7x = 28$; $x = 4$
c) $x : 5 = 7$; $x = 35$
d) $x - 8 = -3$; $x = 5$
e) $-\frac{3}{4} + x = \frac{1}{4}$; $x = 1$
f) $\frac{5}{8}x = -15$; $x = -24$
g) $-\frac{x}{2} = 14$; $x = -28$
h) $3x + 2 - 2(x - 1) = 9$; $x = 9$

3 Löse mit Hilfe von Äquivalenzumformungen.

a) $5x = 32$
b) $x - 1{,}2 = 10$
c) $x + 6 = 2{,}5$
d) $x \cdot (-3) = 15$
e) $\frac{2}{3}x = 7$
f) $\left(-\frac{1}{4}\right) \cdot x = \frac{3}{4}$
g) $x + (-10) = 5\frac{1}{2}$
h) $\frac{x}{10} = -\frac{2}{5}$

4

a) $3x + 1 - x + 2 = 11$
b) $17 + 2x + 19 = 18$
c) $5x + 2 - 2x = 6$
d) $13x + 1 + 14x - 2 = 53$
e) $5x + 6 - 2x = 27$
f) $13x + 19 + 15x = 5$

5 Multipliziere beide Seiten der Gleichung $3x = 6$ mit 0. Wie lautet die neue Gleichung? Welche Lösungsmenge hat die erste Gleichung? Welche Lösungsmenge hat die zweite Gleichung?
Ist beidseitige Multiplikation mit 0 eine Äquivalenzumformung?

6 a) Aus der Gleichung $2x + 3 - 2x = 3$ erhält man durch Äquivalenzumformung die Gleichung $0 \cdot x = 0$. Welche Lösungsmenge hat sie?
b) Aus der Gleichung $2x + 3 - 2x = 4$ erhält man durch Äquivalenzumformung die Gleichung $0 \cdot x = 1$. Welche Lösungsmenge hat diese Gleichung?
c) Bestimme die Lösungsmengen von $x - x = 0$; $x - x = 1$ und $5x + 2 - x \cdot 5 = 5$.

8 Lösen von Gleichungen

Die Übereinstimmung der beiden Seiten der Gleichung bei der Probe bedeutet, dass die eingesetzte Zahl der Gleichung zu einer wahren Aussage führt, die Zahl also eine Lösung ist.

Solange keine anderen Umformungen als Äquivalenzumformungen auftreten, lassen wir bei den Gleichungen vorerst die Doppelpfeile weg.

Die Lösung einer Gleichung bestimmt man, indem man durch eine Reihe von Äquivalenzumformungen schließlich eine Gleichung der Form $x = \ldots$ erhält, deren Lösung man sofort ablesen kann. Da sich bei einer Äquivalenzumformung die Lösungen nicht ändern, erhält man zugleich die Lösungsmenge der Ausgangsgleichung.
Zur Kontrolle empfiehlt es sich, die gefundene Lösung in beide Seiten der Ausgangsgleichung einzusetzen, beide Werte müssen übereinstimmen. Dies nennt man **Probe**.

Beispiel 1
Löse mit Hilfe von Äquivalenzumformungen: $3x + 5 + 4x - 2 = 24$
Lösung:

$3x + 5 + 4x - 2 = 24$	| Termumformung	*(Ordnen und Zusammenfassen)*
$7x + 3 = 24$	| -3	*(Beidseitige Subtraktion von 3, damit links 7x allein steht)*
$7x = 21$	| $:7$	*(Beidseitige Division durch 7)*
$x = 3;\ L = \{3\}$		

Probe: Linke Seite: $3 \cdot 3 + 5 + 4 \cdot 3 - 2 = 9 + 5 + 12 - 2 = 24$
Rechte Seite: 24. Beide Seiten stimmen überein.

Beispiel 2
Löse mit Hilfe von Äquivalenzumformungen: $8x + 2 = 5x + 11$
Lösung:

$8x + 2 = 5x + 11$	| $-5x$	*(Beidseitige Subtraktion von 5x, damit alle Terme mit x nur links stehen)*
$3x + 2 = 11$	| -2	*(Beidseitige Subtraktion von 2)*
$3x = 9$	| $:3$	*(Beidseitige Division durch 3)*
$x = 3;\ L = \{3\}$		

Probe: Linke Seite: $8 \cdot 3 + 2 = 24 + 2 = 26$
Rechte Seite: $5 \cdot 3 + 11 = 15 + 11 = 26$ Beide Seiten stimmen überein.

Beispiel 3
Löse mit Hilfe von Äquivalenzumformungen: $\frac{2}{3}x + \frac{5}{6} - \frac{1}{4}x - \frac{1}{3} = 1\frac{1}{3}$
Lösung:

1. Möglichkeit: Gehe wie bisher vor.

$\frac{2}{3}x + \frac{5}{6} - \frac{1}{4}x - \frac{1}{3} = 1\frac{1}{3}$	| Termumformung	*(Ordnen und Zusammenfassen)*
$\frac{5}{12}x + \frac{1}{2} = 1\frac{1}{3}$	| $-\frac{1}{2}$	*(Beidseitige Subtraktion von $\frac{1}{2}$)*
$\frac{5}{12}x = \frac{5}{6}$	| $\cdot \frac{12}{5}$	*(Beidseitige Muliplikation mit dem Kehrbruch von $\frac{5}{12}$)*
$x = 2;\ L = \{2\}$		

2. Möglichkeit: Multipliziere beide Seiten zuerst mit dem Hauptnenner 12.

$\frac{2}{3}x + \frac{5}{6} - \frac{1}{4}x - \frac{1}{3} = 1\frac{1}{3}$	| $\cdot 12$	*(Beidseitige Multiplikation mit 12)*
$12 \cdot \left(\frac{2}{3}x + \frac{5}{6} - \frac{1}{4}x - \frac{1}{3}\right) = 12 \cdot 1\frac{1}{3}$	| Termumformung	*(Ausmultiplizieren)*
$8x + 10 - 3x - 4 = 16$	| Termumformung	*(Ordnen und Zusammenfassen)*
$5x + 6 = 16$	| -6	*(Beidseitige Subtraktion von 6)*
$5x = 10$	| $:5$	*(Beidseitige Division durch 5)*
$x = 2;\ L = \{2\}$		

Probe: Linke Seite: $\frac{2}{3} \cdot 2 + \frac{5}{6} - \frac{1}{4} \cdot 2 - \frac{1}{3} = \frac{4}{3} + \frac{5}{6} - \frac{1}{2} - \frac{1}{3} = \frac{8+5-3-2}{6} = \frac{8}{6} = 1\frac{1}{3}$
Rechte Seite: $1\frac{1}{3}$ Beide Seiten stimmen überein.

Aufgaben

Die Variable bei Gleichungen wird meistens mit x bezeichnet, aber genauso gut kann man andere Buchstaben dafür nehmen.

1 Bestimme durch eine einzige Äquivalenzumformung die Lösungsmenge.

a) $x + 14 = 26$ b) $43 = x - 18$ c) $2{,}7 + x = 0{,}9$ d) $\frac{12}{5} + x = -\frac{17}{10}$

e) $34{,}5 = -12{,}5 + x$ f) $-0{,}12 = x + 0{,}98$ g) $\frac{15}{8} + x = -\frac{9}{8}$ h) $\frac{24}{25} = -\frac{21}{25} + x$

2

a) $4x = 28$ b) $21x = -84$ c) $25 = -15x$ d) $-x = 3{,}4$

e) $-5 = \frac{1}{3}x$ f) $-12 = -\frac{2}{3}x$ g) $-\frac{4}{9} = -\frac{8}{3}x$ h) $-\frac{24}{25} = \frac{8}{75}x$

3 Löse mit Hilfe von Äquivalenzumformungen. Mache die Probe.

a) $3x + 1 = 7$ b) $4x - 2 = 6$ c) $3u + 5 = 0$ d) $5x + 2 = 27$

e) $6x - 4 = 20$ f) $4z + 7 = 19$ g) $4r - 5 = 19$ h) $5x - 12 = -12$

i) $12 - 4x = 28$ k) $-9x - 23 = 22$ l) $13 = 22 - 7x$ m) $29 = -21z - 30$

4

a) $8x + 3 - 2x + 1 = 10$ b) $5x + 3 - 4x + 1 = 0$ c) $2x + 5 - 5x = 8$

d) $3y - 3 - 5y - 1 = 0$ e) $2a + 1 - 8a - 2 = 5$ f) $3t + 1 - 8t - 11 = 0$

g) $4 + 2y - 3 + 7y = 19$ h) $8x + 2 + 4x - 6 = 44$ i) $7x + 3 + 5x - 13 = 40$

5

a) $2x + 1{,}8 = 3{,}4$ b) $5x + 1{,}7 = 8{,}7$ c) $0{,}2x + 1{,}3 = 4{,}7$

d) $1{,}4 + 3x = 2{,}6$ e) $1{,}7 + 0{,}5x = 3{,}9$ f) $20 + 5{,}5x = 85$

g) $0{,}1x + 3{,}7 = 12{,}4$ h) $1{,}4 + 0{,}3x = 3{,}8$ i) $30x + 28{,}4 = 31{,}4$

6

a) $\frac{2}{3}x + 1 = 5$ b) $6x + \frac{1}{3} = \frac{2}{3}$ c) $\frac{3}{4}x - 1 = 1$ d) $\frac{5}{8}x + \frac{3}{4} = \frac{7}{8}$

e) $\frac{1}{2} + \frac{2}{3}x = \frac{5}{6}$ f) $\frac{5}{8} + \frac{3}{4}x = \frac{3}{2}$ g) $\frac{2}{25}x - \frac{3}{5} = \frac{7}{5}$ h) $3 + \frac{4}{3}x = 27$

i) $-\frac{3}{4} + 4x = \frac{13}{12}$ k) $\frac{2}{3}x + \frac{1}{6} = \frac{2}{9}$ l) $-\frac{3}{5} + \frac{3}{4}x = \frac{13}{10}$ m) $-\frac{1}{2}x - \frac{2}{5} = \frac{1}{4}$

7

a) $2\frac{1}{2}x + 3\frac{1}{2} = 5$ b) $3x + 2\frac{1}{5} = 6\frac{2}{3}$ c) $6\frac{1}{4}x + \frac{1}{4} = 7$

d) $5z + 3\frac{1}{4} = 7\frac{1}{2}$ e) $2\frac{1}{3} + \frac{1}{8}s = 4\frac{1}{6}$ f) $3\frac{1}{4} + 2\frac{3}{5}x = 26$

8

a) $3(x + 2) = 6$ b) $5(r - 2) = 50$ c) $8(z + 1) = 64$

d) $(x + 1) \cdot 5 = 20$ e) $(a - 1) \cdot 3 = 60$ f) $(z + 2) \cdot 7 = 42$

g) $2(t - 5) = \frac{4}{3}$ h) $\frac{4}{5}(x + 3) = 20$ i) $\frac{1}{5}(w - 7) = 1$

Am besten: erst einmal ausmultiplizieren.

9

a) $5(x + 1) + 3x = 10$ b) $2(y - 2) + 5 = 17$ c) $3(a + 3) - 9 = 15$

d) $6(x - 1) + 4x - 5 = 9$ e) $4(r + 1) - r + 2 = 6$ f) $5(2 - x) + 7x + 5 = 10$

g) $4(x + 1) - 2(x - 1) = 4$ h) $2(y - 3) + 4(3 - y) = 12$ i) $(-3) \cdot (z + 2) - (7 - 2z) = 5$

10

a) $2(x + 1) + 3(x - 1) - (x - 2) = 9$ b) $3(x + 1) - (x + 1) + 6(x + 1) = 24$

c) $3(a - 4) + 3(4 - a) + 2a - 1 = 3$ d) $5(t - 2) + 6(t + 1) - (t + 2) + 3 = 17$

e) $x(x + 3) - x^2 = 9$ f) $13(y - 5) - y(y - 1) + y^2 = 5$

Steht die Variable auf beiden Seiten der Gleichung, dann forme so um:

Variable nach links, Zahlen nach rechts.

11 Löse mit Hilfe von Äquivalenzumformungen. Mache jeweils die Probe.

a) $2x + 7 = 5x$ b) $4x - 20 = -26x$ c) $20 - 4x = 26x$ d) $-7x - 21 = -35$

e) $x - 6 = \frac{4}{5}x$ f) $25 + \frac{5}{8}x = \frac{15}{8}x$ g) $\frac{2}{7}x - \frac{1}{7} = -\frac{4}{7}x$ h) $\frac{6}{5} + \frac{5}{4}x = \frac{15}{4}x$

12

a) $3x + 15 = 15x + 27$ b) $45 - 12x = 4x + 15$ c) $16 - 5x = 34 + 9x$

d) $-7x + 45 = -9x - 17$ e) $38 - 23x = 5x + 16$ f) $56 - 6x = -28 + 8x$

g) $23x + 5 = -45x + 39$ h) $72x - 24 = 80 - 68x$ i) $225 - x = 255 + 31x$

13

a) $4y + 20 = 15y - 24$ b) $12 - 32z = 16z + 14$ c) $51v - 7 = 34v + 163$

d) $7a - 21 = -21 - 17a$ e) $t - 2222 = 33 - 10t$ f) $48s - 34 = 48 - 28s$

14

a) $3{,}2x - 2 = 2{,}7x + 1{,}5$ b) $0{,}2 - 2{,}4x = 2{,}1x - 3{,}4$ c) $-0{,}7x - 1 = 0{,}7x + 2{,}5$

d) $2{,}4a - 0{,}5 = 2{,}4 - 0{,}5a$ e) $0{,}2r - 2{,}2 = 0{,}4r - 4{,}6$ f) $2{,}8s - 0{,}4 = 7{,}8 - 5{,}2s$

15

a) $\frac{2}{3}x - \frac{4}{5} = \frac{4}{3}x - \frac{7}{5}$ b) $\frac{3}{4} + \frac{5}{3}x = \frac{8}{3}x - \frac{7}{4}$ c) $\frac{7}{9}x - \frac{5}{8} = -\frac{5}{9}x - \frac{7}{8}$

d) $\frac{5}{7}x + \frac{7}{9} = -\frac{3}{7} + \frac{7}{3}$ e) $\frac{7}{5}x - \frac{7}{8} = \frac{3}{5}x + \frac{3}{4}$ f) $\frac{5}{6}y - \frac{3}{8} = +\frac{9}{4} - \frac{2}{3}y$

Denke an den ersten Schritt: Terme vereinfachen, wenn möglich.

16 Vereinfache die beiden Seiten der Gleichungen zuerst so weit wie möglich; bestimme dann die Lösungsmenge und mache die Probe.

a) $32x + 43 - 20x = -25 + 30 - 45x$ b) $12 - 9x + 15 - 5x = 14 - 18x + 6$

c) $32y - 50 + 7 - 28y = 5$ d) $-38 + 26t = 2t + 24t - 53 - 72$

e) $-48x - 42x + 70 = 25 - 12x - 25$ f) $4x + 49 - 13x - 78 + 23x = 0$

17

a) $0{,}7s - 2{,}5 + s = 2{,}6s - 3{,}3 + 1{,}9$ b) $1{,}8a + 2{,}5 - 0{,}9a = 4{,}4a + 0{,}7 - 2a$

c) $4{,}7t - 5{,}3 + 2{,}8t = 5t + 2{,}9 - 2{,}4t$ d) $11{,}4r - 7{,}3 + 2{,}6r = -0{,}5r - 11{,}7r$

18

Vergleiche mit Beispiel 3.

a) $\frac{16}{3}x - \frac{2}{7} + \frac{17}{3}x = -\frac{30}{7} + \frac{16}{3}x + \frac{7}{3}x$ b) $-\frac{15}{4} - \frac{3}{8}x + \frac{15}{8}x - \frac{3}{4} = \frac{5}{4} - \frac{5}{8}x - \frac{7}{8}x$

c) $-\frac{26}{3}x + \frac{5}{9} + \frac{12}{5}x = -\frac{19}{3}x + \frac{14}{9} - \frac{7}{3}x$ d) $-\frac{38}{5} + \frac{9}{7}x - \frac{5}{7}x - \frac{26}{15} = \frac{5}{14}x - \frac{6}{5} - \frac{3}{7}x$

e) $3\frac{1}{3}x - 3\frac{2}{5} - 5\frac{1}{6}x = -5\frac{2}{5} - \frac{1}{3}x + 1\frac{2}{3}x$ f) $-1\frac{3}{4} - 2\frac{3}{8}x + \frac{5}{4}x - 3\frac{4}{8} = 1\frac{1}{4} + 4\frac{5}{8}x$

19

a) $3(2x - 5) + 6 = 5(3 - 5x) + 6x$ b) $4 - (6x - 15) = 4x - (25 + x)$

c) $5 - 2s + (4s - 2) \cdot 3 = 5 + 3(4s - 7)$ d) $-3(8 + 7t) = 2t + 2(4t - 53 - t)$

e) $-6(-2x + 3 - 4x) + 20 = 5(2 - 14x - 5)$ f) $4(x + 3) - 5(3x - 8) = 12 - 2(3x + 1)$

g) $2x(5 - 6x) - 12(x + 3) = -3x(5 + 4x)$ h) $-2k(8k + 7) = 1 - 2k - 4k(4k - 5)$

i) $17x + 3 - (5 + 2x) = 14x - (6x - 5) + 7$ k) $(6 + x) + (3 + 5x) = (x - 7) + (4x + 20)$

20

a) $x(x - 3) + x(x - 1) = 2x^2 - 9x + 15$ b) $x(x + 1) + 2x(x - 1) = 3x^2 - 5x + 18$

c) $5x^2 + 3x + 2 = 2x(x - 1) + 3x^2 + 6 - 3x$ d) $3x(x + 1) - 2x^2 + 1 = x(x + 2) + 1$

e) $\frac{3}{4}x^2 - \frac{1}{2}x(x - 8) = 11 + \frac{1}{4}(x^2 - 12)$ f) $\frac{1}{2}(2 - x^2) + 5(x + 2) = x(x - 3) - \frac{3}{4}(2x^2 + 8)$

21 Welche der folgenden Gleichungen sind allgemein gültig, welche sind eindeutig lösbar und welche sind unlösbar? Gib stets die Lösungsmenge an.

a) $4(3x-5)=-2(10-6x)$
b) $4(3x-4)=-2(10-6x)$
c) $4(2x-5)=-2(10-6x)$
d) $4(2x-4)=-2(10-6x)$
e) $6x-14=2(-7+2x)+2x$
f) $6x-14=2(-7+3x)+2x$
g) $6x-14=2(-6+2x)+2x$
h) $6x-14=2(-4+3x)+2x$

22 Dividiere beide Seiten zuerst durch eine geeignete Zahl.

a) $75x-175+250x=150-125x-100$
b) $84-36x=48+72x-108x$
c) $24x-36(6-5x)=48(7-9x)$
d) $36(x-4)+27(4-3x)=45(5-7x)$
e) $(11x-7)75-225=150(7-13x)$
f) $37(13x-23)-222(3-5x)=148$

23 Multipliziere beide Seiten zuerst mit einer geeigneten Zahl.

a) $0{,}6x+1{,}2=4{,}9+0{,}2x-1{,}3$
b) $0{,}2x+1-0{,}5=20-0{,}3x$
c) $\frac{2}{3}x+\frac{1}{9}=\frac{8}{9}+\frac{2}{9}x-\frac{1}{3}$
d) $\frac{5}{8}+\frac{3}{4}x+\frac{1}{2}=\frac{1}{8}x+\frac{7}{8}$
e) $\frac{1}{5}x+\frac{1}{2}=\frac{5}{4}-\frac{3}{4}x-\frac{1}{10}$
f) $\frac{9}{14}x+\frac{1}{2}=2x-\frac{6}{7}$

24

a) $\frac{2x-3}{6}+\frac{6-2x}{12}=\frac{11+8x}{18}-\frac{5x+2}{9}$
b) $\frac{3y-5}{15}-\frac{6y+1}{5}+\frac{1-y}{25}=-\frac{14y}{75}$
c) $-\frac{8d-5}{21}-\frac{7d+d}{35}+\frac{23-2}{42}=\frac{1-4d}{21}$
d) $\frac{9v-4}{16}+\frac{7v+1}{48}=\frac{2+v}{32}-\frac{4-5v}{64}$

25 Multipliziere beide Seiten zuerst mit einer geeigneten Zahl.

a) $0{,}6x-0{,}5(4-3x)=1{,}4-2{,}8(5-3x)$
b) $(0{,}1x-0{,}7)0{,}3-0{,}05=0{,}7(1-0{,}2x)$
c) $2{,}5(x-3)+1{,}5(2-3x)=4{,}5(3-8x)$
d) $0{,}4(3x-2)-0{,}2(1-3x)=(2-x)0{,}6$
e) $0{,}25(x-2)+0{,}4(x+2)=(x+24)\cdot 0{,}05$
f) $0{,}8(x-3)+x=0{,}05(6x+42)$

26

a) $\frac{5}{3}\left(x-\frac{3}{2}\right)+\frac{7}{4}(3-x)=\frac{7}{3}\left(x-\frac{5}{4}\right)$
b) $-\frac{9}{4}\left(-\frac{4}{3}+\frac{16}{27}x\right)=\left(\frac{5}{4}+\frac{5}{6}x\right)\left(-\frac{1}{10}\right)$
c) $-\frac{14}{9}\left(\frac{3}{2}x+\frac{9}{7}-\frac{2}{21}x\right)=\frac{25}{6}\left(\frac{1}{5}-\frac{4}{5}x-\frac{9}{50}\right)$
d) $-\left(\frac{8}{5}+\frac{7}{3}x-\frac{5}{2}x\right)\frac{4}{5}=\frac{4}{9}-\left(\frac{26}{15}+\frac{7}{15}x\right)$
e) $\frac{5}{9}\left(x-\frac{3}{2}\right)-\frac{4}{9}(3+x)=\frac{2}{3}\left(x+\frac{7}{4}\right)$
f) $-\frac{7}{12}\left(-\frac{3}{2}+\frac{11}{4}x\right)=\left(\frac{5}{4}-\frac{5}{2}x\right)\left(-\frac{1}{18}\right)$

27

a) $(x-9)+(9{,}3+1{,}7x)-0{,}9(11x-5)=10{,}1-0{,}1(84x+5)$
b) $0{,}2(3x-12)-0{,}6(5x-37)+0{,}3(7x+16)=2x+4+0{,}2(6x-37)$
c) $0{,}8(2x+3)-0{,}75(4x-8)=0{,}7(26-x)-0{,}5(5x-2)$
d) $0{,}6(4{,}3+3{,}8x)-1{,}9(1{,}3+0{,}9x)=2{,}7(0{,}5x-1{,}1)-2{,}3(0{,}7x-1{,}7)$

***28** Für $x=2$ ist $2x^2=9x-10$ eine wahre Aussage. Rechne nach!
Man kann mit dieser Gleichung weiterrechnen:

$$\begin{aligned} 2x^2 &= 9x-10 && \mid -4x \\ 2x^2-4x &= 5x-10 && \mid \text{Ausklammern} \\ 2x(x-2) &= 5(x-2) && \mid :(x-2) \\ 2x &= 5 \end{aligned}$$

Da die Ausgangsgleichung für $x=2$ eine wahre Aussage ergibt, gilt dies also auch für $2x=5$. Einsetzen von $x=2$ ergibt

$2\cdot 2=5.$

Wo steckt der Fehler?

9 Anwendungen

1 Ein Rechteck hat einen Umfang von 38 cm. Die eine Seite ist 5 cm kleiner als die andere. Wie lang ist die größere Seite?

2 Eine Mutter ist dreimal so alt wie ihre Tochter. Beide sind zusammen 52 Jahre alt.
a) Wie alt ist die Mutter?
b) Wie alt ist die Tochter?

Viele Probleme der Mathematik, aber auch des Alltags, der Umwelt und vor allem der Technik, können mit Gleichungen oder Ungleichungen gelöst werden. Dazu muss die jeweilige Situation zunächst in der „Sprache der Mathematik" beschrieben werden. Die Beispiele zeigen, wie man dabei vorgehen kann.

Beispiel 1
Bestimme die Zahl, deren Doppeltes zu 15 addiert 63 ergibt.
Lösung:

1. Schritt: Variable einführen. Die gesuchte Zahl sei x.

2. Schritt: Terme aufstellen. Es ist zu berechnen: $15 + 2x$

3. Schritt: Gleichung aufstellen. Das Ergebnis soll 63 betragen, also
$15 + 2x = 63$

4. Schritt: Gleichung lösen.

$$\begin{aligned} 15 + 2x &= 63 \quad &| -15 \\ 2x &= 48 \quad &| :2 \\ x &= 24 \end{aligned}$$

5. Schritt: Ergebnis angeben. Die gesuchte Zahl ist 24.

Beispiel 2
Ein Vater ist 43 Jahre, seine Tochter 14 Jahre alt. Nach wie vielen Jahren wird der Vater doppelt so alt wie seine Tochter sein?
Lösung:

1. Schritt: Variable einführen. In x Jahren wird der Vater doppelt so alt wie seine Tochter sein.

2. Schritt: Terme aufstellen. Späteres Alter der Tochter: $14 + x$
Späteres Alter des Vaters: $43 + x$

3. Schritt: Gleichung aufstellen. $43 + x = 2(14 + x)$

4. Schritt: Gleichung lösen.

$$\begin{aligned} 43 + x &= 2(14 + x) \quad &| \text{ Ausmultiplizieren} \\ 43 + x &= 28 + 2x \quad &| -x \\ 43 &= 28 + x \quad &| \text{ Seiten tauschen} \\ 28 + x &= 43 \quad &| -28 \\ x &= 15 \end{aligned}$$

5. Schritt: Ergebnis angeben. In 15 Jahren wird der Vater doppelt so alt wie seine Tochter sein.

Ist a die Anzahl der Tafeln Alpenblick, so ist 12 – a die Anzahl der Tafeln Sportfit.

Beispiel 3

Gerald kauft für 10,00 € 12 Tafeln Schokolade der Sorten Alpenglück und Sportfit aus dem Sonderangebot.
Wie viele Tafeln kauft er von jeder Sorte?

Sonderangebot
Alpenglück 75 ct
Sportfit 95 ct

Lösung:

1. Schritt: Variable einführen.	Gerald kauft a Tafeln Alpenglück.	
2. Schritt: Terme aufstellen.	Kosten der Alpenglück in ct: $a \cdot 75$ Kosten der Sportfit in ct: $(12 - a) \cdot 95$	
3. Schritt: Gleichung aufstellen.	$a \cdot 75 + (12 - a) \cdot 95 = 1000$	
4. Schritt: Gleichung lösen.	$a \cdot 75 + (12 - a) \cdot 95 = 1000$	Termumformung
	$75a + 12 \cdot 95 - 95a = 1000$	Termumformung
	$-20a + 1140 = 1000$	-1140
	$-20a = -140$	$:(-20)$
	$a = 7$	
5. Schritt: Ergebnis angeben.	Gerald kauft 7 Tafeln Alpenglück und 5 Tafeln Sportfit.	

Aufgaben

Zahlenrätsel

3 Bestimme die gesuchte Zahl mit Hilfe einer Gleichung.
a) Addiert man zu der Zahl 58, so erhält man das 3fache der Zahl.
b) Multipliziert man die Zahl mit 4 und addiert dann 15, so ergibt sich 53.
c) Addiert man 7 zu der Zahl und multipliziert dann mit $\frac{5}{3}$, so erhält man 27.

4 a) Addiert man zu der Zahl ihr Doppeltes und ihre Hälfte, so erhält man 63.
b) Vermindert man das Dreifache der Zahl um die Hälfte der um 1 größeren Zahl, so ergibt sich 32.

5 a) Vermehrt man $\frac{2}{3}$ der Zahl um 12, so erhält man die ursprüngliche Zahl.
b) Vermehrt man das 8fache der Zahl um 7, so ergibt sich dasselbe wie das 11fache der Zahl um 14 vermindert.
c) Das 5fache der Zahl ist um 3 kleiner als das 4fache der um 2 größeren Zahl.
d) Das 3fache der Zahl ist um 2 größer als das 4fache der um 7 kleineren Zahl.

6 a) Das 5fache der um 4 größeren Zahl ist um 1 kleiner als das 8fache der um 3 kleineren Zahl.
b) Das 4fache der um 2 kleineren Zahl ist um 5 kleiner als das 3fache der um 7 größeren Zahl.
c) Das 7fache der Zahl ergibt die Hälfte der Zahl.

Gehe vor wie im Beispiel 3: Nenne eine Zahl, z. B. x, überlege dann, was du für die zweite Zahl setzen musst.

7 a) Zwei Zahlen unterscheiden sich um 7. Das Dreifache der einen Zahl ist um 6 kleiner als das Doppelte der anderen Zahl. Wie heißen die beiden Zahlen?
b) Zwei Zahlen unterscheiden sich um 70. Das Dreifache der einen Zahl ist ebenso groß wie das Vierfache der anderen Zahl. Wie heißen die beiden Zahlen?

8 Welche drei aufeinander folgenden natürlichen Zahlen haben die Summe 96?

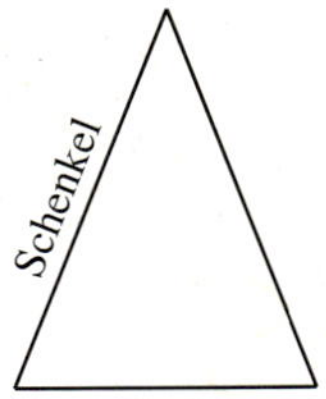

Aus der Geometrie

9 Bei einem Rechteck mit dem Umfang 24 cm ist die eine Seite doppelt so lang wie die andere. Wie groß sind die Seiten des Rechtecks?

10 Aus einem 15 cm langen Draht soll ein gleichschenkliges Dreieck gebogen werden, dessen Basis 6 cm lang ist. Wie lang sind die Schenkel?

11 Bestimme die Länge der Seiten eines gleichschenkligen Dreiecks mit dem Umfang 40 cm, bei dem die Basis
a) halb so groß wie ein Schenkel ist,
b) um 5 cm kleiner als ein Schenkel ist.

12 Verlängert man die Seite eines Quadrats um 6 cm, so verdreifacht sich der Umfang des Quadrats. Wie lang ist die Seite?

13 Bei einem Dreieck ist die längste Seite um 3 cm länger als die mittlere Seite und diese um 2 cm länger als die kürzeste Seite. Berechne die Länge der drei Seiten, wenn sie zusammen 20,5 cm lang sind.

14 Bestimme die Größe der Innenwinkel α, β und γ eines Dreiecks, wenn
a) $\alpha = \beta$ ist und γ um 15° kleiner ist als α,
b) α um 15° kleiner ist als γ und β um 45° größer ist als γ,
c) α um 10° kleiner ist als γ und β um 12° größer ist als α,
d) α um 30° kleiner ist als β und γ um 50° größer ist als α,
e) α doppelt so groß ist wie β und β um 12° größer ist als γ.

Altersaufgaben

15 Eine Mutter ist 52 Jahre, ihr Sohn 18 Jahre alt. In wie vielen Jahren wird die Mutter doppelt so alt sein wie ihr Sohn?

16 Ein Vater ist 50 Jahre alt, seine beiden Kinder 10 und 12 Jahre.
a) In wie vielen Jahren ist der Vater doppelt so alt wie seine beiden Kinder zusammen?
b) Vor wie vielen Jahren war der Vater dreimal so alt wie seine Kinder zusammen?

***17** a) Wie alt ist die Mutter? Sie ist heute dreimal so alt wie ihre Tochter. Vor 5 Jahren war sie viermal so alt.
b) Wie alt ist der Vater? Er ist heute viermal so alt wie sein Sohn. Vor 4 Jahren war er sechsmal so alt.

Vermischtes aus dem Alltag

18 Von einem 1 kg schweren Käse werden 20 gleich schwere Scheiben abgeschnitten. Es bleiben 600 g übrig. Wie schwer ist eine Scheibe?

19 Aus einem Krug mit 4 *l* Apfelsaft werden 12 gleich große Gläser gefüllt. Es bleiben 0,4 *l* übrig. Wie viel *l* Apfelsaft ist in den einzelnen Gläsern?

20 Von einer 2,50 m langen Leiste werden 4 gleich lange Stücke abgesägt. Es bleibt ein 10 cm langer Rest übrig. Wie lang ist jedes abgesägte Stück?

21 Eine dünne, 24 cm lange Kerze wird in jeder Stunde Brenndauer um 1 cm kürzer. Ein dicke, 15 cm lange Kerze nimmt bei jeder Stunde Brenndauer 0,4 cm ab. Beide Kerzen werden zugleich angezündet. Wie viele Stunden dauert es, bis beide Kerzen gleich lang sind?

22 Judith und Torsten stricken jeder einen Schal. Judiths Schal wird jede Stunde 3 cm länger. Er ist bereits 30 cm lang. Torstens Schal ist erst 20 cm lang, er strickt in einer Stunde 5 cm. Nach wie viel Stunden sind die Schals gleich lang?

23 Eine Tanne wächst in den ersten 20 Jahren etwa 12 cm jährlich, eine Eiche etwa 45 cm jährlich. Es werden eine 2,50 m lange Tanne und eine 85 cm hohe Eiche gepflanzt. Nach wie vielen Jahren hat die Eiche die Tanne eingeholt?

24 Ein Hotel hat 82 Ein- und Zweibettzimmer mit zusammen 132 Betten. Wie viele Zimmer sind es von jeder Sorte?

25 In einer Gärtnerei werden 240 Blumen zu 36 Sträußen gebunden. Die Sträuße haben je 5 bzw. 9 Blumen. Wie viele Sträuße sind es von jeder Sorte?

26€ Herr Palmer kauft Apfelsaft, die Flasche zu 0,60 €, und Orangensaft, die Flasche zu 1,05 €. Für insgesamt 24 Flaschen bezahlt er 18,45 €. Wie viele Flaschen von jeder Sorte kauft er?

Wenn heute jemand sagt: „Nach Adam Riese“, so meint er das berühmte Rechenbuch von Adam Ries, in dem viele Aufgaben zusammen mit ihren Lösungen zu finden sind.

Aus alten Rechenbüchern

27 Aus einer chinesischen Arithmetik (vermutlich 2000 v. Chr.):
In einem Stall sind Kaninchen und Fasanen. Sie haben zusammen 35 Köpfe und 94 Beine. Wie viele Tiere sind es jeweils?

28 Aus einem ägyptischen Papyrus (um 1700 v. Chr.):
Ein Hirte kommt mit 70 Ochsen vorbei. Er wird gefragt: „Wie viele bringst du von deinem zahlreichen Vieh?“
Der Hirte antwortet: „Ich führe $\frac{2}{3}$ vom Drittel von meinem Hornvieh.“
Berechne die Gesamtzahl seiner Tiere.

Aus einem Rechenbuch von Adam Ries:

29 Einer spricht: „Gott grüß euch Gesellen alle 30.“ Da antwortet einer: „Wenn unserer noch so viele wären als wir sind und noch halb so viel, dann wären wir erst 30.“ Ist die Frage, wie viele ihrer gewesen sind.

30 Einer verkauft 20 Pfund Safran und Ingwer um 45 Gulden. Hat für das Pfund Safran gegeben um 3 Gulden und 2 Pfund Ingwer um 1 Gulden. Wie viel ist des Safrans, des gleichen Ingwers, gewesen?

So sehen die Aufgaben 29 und 30 im Original aus:

Einer ſpricht Gott grůs euch geſellen alle 30 Antwort einer wan vnſer noch vnd halb ſouil wern/ ſo wern vnſer 30 / die frag wieuil der geweſen ſeẏ

Einer vorkaufft 20 ℔ ſaffran vnd Jngwer vmb 45 fl / hat das ℔ ſaffran geben vmb 3 fl vnd 2 ℔ ingwer vmb 1 fl wieuil iſt des ſaffrans des gleichen ingwers geweſen/

10 Lösen von Ungleichungen

1 Auf der abgebildeten Tafelwaage befinden sich neben Gewichtsstücken von je 1 kg drei gleich schwere Dosen.
a) Vergleiche die Gewichte auf beiden Seiten der Waage.
b) Was lässt sich über das Gewicht einer Dose sagen? Versuche in Gedanken die Waage geschickt „abzuräumen".

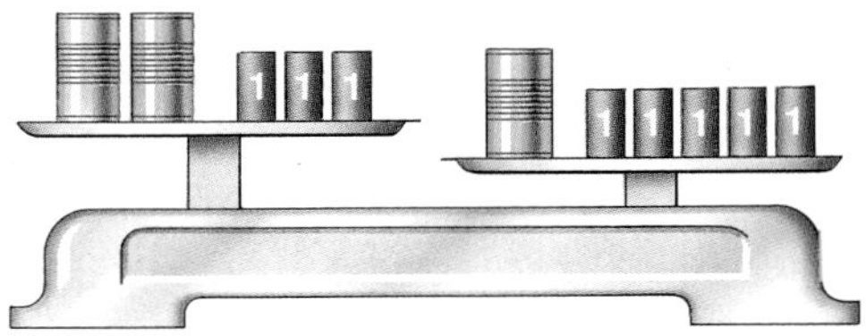

Ungleichungen wie $x < 7$ oder $z \geq -1$ sieht man sofort ihre Lösungsmenge an. Andere Ungleichungen versucht man schrittweise in einfachere Ungleichungen mit gleicher Lösungsmenge umzuwandeln. Die Äquivalenzumformungen für Gleichungen gelten aber nur teilweise auch für Ungleichungen.

Die Monotoniegesetze findest du auf Seite 156.

Nach den Monotoniegesetzen für rationale Zahlen darf man zu einer Ungleichung auf beiden Seiten
- eine rationale Zahl addieren (und damit auch subtrahieren),
- mit einer **positiven** rationalen Zahl multiplizieren.

Beim Multiplizieren mit einer negativen Zahl muss jedoch das „<" durch „>" ersetzt werden (und umgekehrt): Wenn $a < b$ und $c < 0$, dann ist $a \cdot c > b \cdot c$.
Diese Umformungen ändern nicht die Lösungsmenge, es sind also Äquivalenzumformungen. Auch die Termumformungen gehören dazu.

Äquivalenzumformungen von Ungleichungen kann man wie bei Gleichungen auch mit einer Waage veranschaulichen. Z. B.:

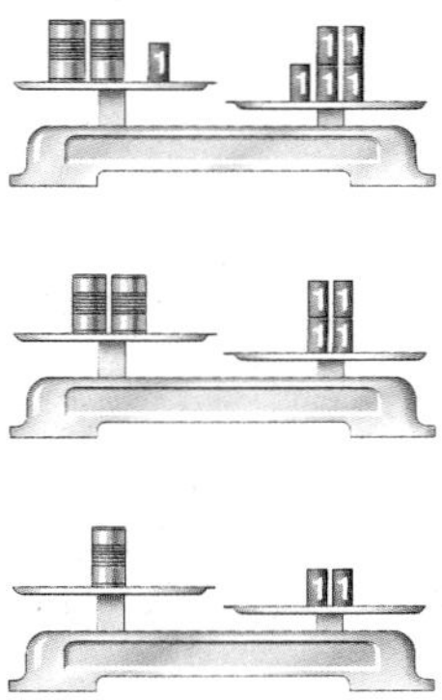

> Wichtige Äquivalenzumformungen von Ungleichungen sind:
> - Termumformungen,
> - beidseitige Addition oder Subtraktion einer Zahl oder eines Terms,
> - beidseitige Multiplikation oder Division mit einer **positiven** Zahl,
> - beidseitige Multiplikation oder Division mit einer **negativen** Zahl, wenn **zugleich** das Kleiner- bzw. Größerzeichen **umgekehrt** wird.

Beachte: Wie bei Gleichungen ist auch bei Ungleichungen die beidseitige Multiplikation oder Division nur mit Zahlen ($\neq 0$) eine Äquivalenzumformung, wobei bei negativen Zahlen außerdem ein „<" durch ein „>" bzw. ein „>" durch ein „<" ersetzt werden muss.

Beispiel
Löse mit Hilfe von Äquivalenzumformungen.

a) $3(x+1) - 2 < x + 5$
Lösung:

$3(x+1) - 2 < x + 5$	Vereinfachen
$3x + 1 < x + 5$	$-x$
$2x + 1 < 5$	-1
$2x < 4$	$:2$
$x < 2$	

Lösungsmenge: $L = \{x \mid x < 2\}$

b) $2(1 - 6x) < 5 - (2x - 1)$
Lösung:

$2(1 - 6x) < 5 - (2x - 1)$	Vereinfachen
$2 - 12x < 6 - 2x$	$+2x$
$2 - 10x < 6$	-2
$-10x < 4$	$:(-10)$

Jetzt muss das „<" durch „>" ersetzt werden!
$x > -0{,}4$

Lösungsmenge: $L = \{x \mid x > -0{,}4\}$

Aufgaben

2 Bestimme durch Äquivalenzumformungen die Lösungsmenge L und veranschauliche sie an einer geeigneten Zahlengeraden.

a) $x + 16 < 14$ b) $23 > x + 24$ c) $2{,}6 + x < -0{,}9$ d) $-\frac{11}{3} + x \leq -\frac{4}{3}$

e) $3{,}5 \geq 1{,}5 + x$ f) $-0{,}34 \leq x + 0{,}86$ g) $7x > 21$ h) $12x < -48$

3

a) $4x + 5 < 17$ b) $5x - 13 \geq -18$ c) $\frac{2}{3}x + \frac{5}{9} \leq \frac{4}{9}$ d) $-1{,}5 - 4{,}5x > 1{,}5$

e) $3x + 8 \leq 5x$ f) $3x - 12 > -6x$ g) $\frac{2}{5}x - \frac{4}{5} < -\frac{3}{5}x$ h) $\frac{7}{4} + \frac{5}{8}x > \frac{11}{8}x$

4

a) $2x + 12 < 18x + 28$ b) $45 - 9x > 16x + 15$ c) $21 - 5x \leq 35 + 9x$

d) $-5x + 35 \geq -11x - 13$ e) $17 - 6x < -5x + 16$ f) $49 - 5x \leq -28 + 9x$

g) $21x + 5 \geq -15x + 41$ h) $70x - 15 > 25 - 30x$ i) $25 - x \geq 25 + 21x$

k) $3y + 16 \leq 15y - 24$ l) $2{,}5 - 3{,}2z > -1{,}6z + 4{,}4$ m) $\frac{12}{5}v - \frac{13}{10} \leq \frac{18}{5} + \frac{17}{10}v$

5 Vereinfache die beiden Seiten der Ungleichungen zuerst so weit wie möglich und bestimme dann die Lösungsmenge.

a) $22x + 21 - 20x < -15 + 20 - 5x$ b) $2 - 7x + 5 + 5x > 4 - 8x + 3$

c) $23y - 45 + 5 - 25y \geq 0$ d) $-3 - 6t \leq 12t - 24t - 23 - 32$

e) $-4x - 2x + 1 \leq 5 - 12x - 15$ f) $5x + 29 - 17x - 28 + 43x \leq 0$

g) $0{,}3s - 1{,}5 + s > 1{,}3s - 2{,}3 + 0{,}9$ h) $\frac{11}{4}x + \frac{3}{2} - \frac{17}{4}x \geq -\frac{15}{2} - \frac{13}{4}x - \frac{9}{2}x$

6

a) $4(2x - 7) + 2 > 5(1 - 2x) + 3x$ b) $5 - (2x - 5) < x - (25x + x - 23x)$

c) $8 - 2s - (5s - 8) \cdot 3 \leq 9 - 3(3s - 5)$ d) $-3(2 + 9t) \geq 8t + 3(t - 27 - 2t)$

e) $-3(-5x + 3 - 2x) + 11 \leq 4(1 - 4x - 3)$ f) $-4(2y + 1) - 5(y - 7) \geq 2 - 5(3y + 1)$

g) $\frac{1}{2}\left(x - \frac{3}{4}\right) + \frac{3}{4}(3 - x) \geq \frac{1}{4}\left(x - \frac{5}{2}\right)$ h) $-\frac{4}{3}\left(-\frac{5}{6} + \frac{11}{12}x\right) < \left(\frac{1}{6} - \frac{5}{3}x\right)\left(-\frac{7}{12}\right)$

7 Welche der folgenden Gleichungen sind allgemein gültig, welche sind eindeutig lösbar, welche sind unerfüllbar? Gib jeweils die Lösungsmenge an.

a) $3x - 6 < 3x - 5$ b) $3x - 6 \geq 3x - 5$ c) $x + 1 < x - 1$ d) $15x > 12x$

e) $-6x \leq -8x$ f) $2x + 9 \geq 7 + 2x$ g) $-5s + 4 \leq 7s + 5$ h) $-8t - 2 < -8t$

8 Ein Rasensprenger versprüht stündlich 400 *l* Wasser. Wie lange darf man ihn noch laufen lassen, wenn er bereits 800 *l* versprüht hat und höchstens 1800 *l* Wasser versprüht werden dürfen?

9 Dosen zu je 300 g sollen verpackt werden. Für die Verpackung muss man 500 g rechnen. Insgesamt soll das Paket höchstens 12 kg wiegen. Wie viele Dosen darf man höchstens einpacken?

10 Der Umfang eines Rechtecks soll höchstens 26 cm betragen. Die eine Seite des Rechtecks ist dabei viermal so lang wie die andere. Wie lang sind die Seiten höchstens?

11 Familie Schäfer kann für ihre Wohnung zwischen zwei Erdgastarifen wählen.
Bei Tarif 1 sind je kWh 9,8 ct und ein Grundbetrag von 5,00 € zu zahlen. Bei Tarif 2 beträgt der Preis je kWh 4,6 ct und der Grundpreis 20,00 €. Bis zu wie viel kWh ist Tarif 1 günstiger als Tarif 2?

11 Vermischte Aufgaben

Terme

1 Schreibe die folgende Rechenvorschrift als Term. Vereinfache ihn, wenn möglich.
a) Multipliziere die Summe aus dem 3fachen einer Zahl und 8 mit 5, subtrahiere 4.
b) Multipliziere eine Zahl mit sich selbst, addiere 7, subtrahiere die Summe vom Doppelten der mit sich selbst multiplizierten Zahl.
c) Subtrahiere vom Drittel einer um 5 vermehrten Zahl die Differenz der Zahl und 3.

2 Notiere die Reihenfolge der Rechenschritte wie in Aufgabe 1. Welchen Wert nimmt der Term an, wenn man für die Variable die Zahl 3 $(-5; -\frac{1}{3}; \frac{1}{5})$ einsetzt?
a) $3x - 4$ b) $3(x-4) - 9$ c) $\frac{1}{3}x + (x-5)$ d) $\frac{1}{6}(x-9) + 2$
e) $1 + 4t^2$ f) $(1 + 5t)^2$ g) $1 + (5t)^2$ h) $(1 + 5t) \cdot 2$
i) $4 - \frac{a}{5}$ k) $\frac{4-a}{5}$ l) $4 : (a-5)$ m) $4a : (-5)$

3 Welchen Wert nimmt der Term an, wenn man für die Variable die Zahl -6 $(-5; \frac{1}{2}; -\frac{2}{5}; 0; \frac{3}{4})$ einsetzt? Prüfe zunächst, ob man den Term vereinfachen kann.
a) $-4 - \frac{1}{2}x$ b) $3x - (5x - 7)$ c) $-x + (1 - 2{,}5x) - 2x$ d) $(10 - 3x) \cdot 4 - 1$
e) $\left(\frac{1}{2}a - \frac{2}{3}\right) \cdot 6$ f) $(6x + 9) \cdot \frac{2}{3}$ g) $x^2 - \frac{1}{2}x - 1$ h) $2x^2 - \frac{1}{2}(1 + 4x^2)$

4 Vereinfache.
a) $x \cdot 2 + 4 + 5x$ b) $3a + 15 + a \cdot 5 - 7$ c) $y \cdot 5 + 3 - y \cdot 2 + 4$
d) $0{,}2a + 0{,}7 + a \cdot 0{,}4$ e) $3 \cdot x - 7 - 2x + 4$ f) $z - 4 + z \cdot (-4) + 12$
g) $12u - (4 + 5u)$ h) $(4 + 3k) - (4k - 8)$ i) $5 - (5s - 7) - s \cdot 5$
k) $r \cdot \frac{3}{4} - \left(r + \frac{7}{12}\right) + \frac{2}{3}$ l) $\frac{2}{5}x + 2\frac{3}{4} - \left(\frac{3}{2} - x \cdot \frac{3}{10}\right)$ m) $z \cdot \left(-1\frac{1}{4}\right) - \left(\frac{5}{9} - 2z\right) + z \cdot 2$

5
a) $4 \cdot (x - 12)$ b) $(9 - r) \cdot 12$ c) $(s - 3) \cdot (-5)$
d) $6(3d + 9)$ e) $(5 - 2e) \cdot (-5)$ f) $(-7)(5 + 6u)$
g) $4(2z - 3) + (4 - 3z) \cdot 5$ h) $(-5)(12 + 4k) - (9k - 3)$ i) $3x \cdot 12 - 4(-9x + 10)$
k) $\frac{3}{4}(8k + 6) + \frac{3}{7}(21 - 7k)$ l) $\left(-\frac{1}{2}\right) \cdot \left(\frac{4}{5}x - \frac{2}{7}\right) + 2x \cdot \frac{3}{5}$ m) $5\left(2\frac{3}{10}z - \frac{7}{10}\right) - \frac{3}{7}(42 - 35z)$

6
a) $0{,}7(28w + 5 - 10w^2) + 5(-3w + 6)$ b) $3z \cdot (3 + 4z) - (6z - 7) - 12z^2$
c) $\left(\frac{3}{5}f + 2\frac{2}{5}\right) \cdot 3f \cdot \frac{5}{2} - \left(-\frac{3}{8}\right)\left(\frac{4}{9}f + 2\frac{1}{8}\right)$ d) $4\frac{1}{2}\left(\frac{2}{3}x^2 + \frac{4}{9}x - 7\frac{2}{9}\right) - 5x \cdot \left(\frac{2}{15}x - 1\frac{2}{3}\right)$

7 Bestimme einen Term, mit dem man aus den Zahlen der ersten Zeile der Tabelle die Zahlen der zweiten Zeile berechnen kann.

a)

−3	−2	−1	0	1	2	3	4
−9	−7	−5	−3	−1	1	3	5

b)

−3	−2	−1	0	1	2	3	4
12	7	4	3	4	7	12	19

8 Gib einen Term an, der beim einsetzen von 1; 2; 3; ... der Reihe nach liefert:
a) die positiven geraden Zahlen, b) die positiven ungeraden Zahlen,
c) die Quadratzahlen, d) die Vielfachen von 4.

Gleichungen und Ungleichungen

9 Welche natürliche Zahl muss man in den Term einsetzen, um 15 zu erhalten?

a) $2x + 1$ b) $2(y - 1) - 1$ c) $3(t - 1) - 15$ d) $\frac{1}{2}(z + 7) + 5\frac{1}{2}$

10 Löse mit Hilfe von Äquivalenzumformungen. Mache die Probe.

a) $4x = 15$ b) $63y = 441$ c) $24 = 36x$ d) $-72 = 48z$
e) $306 = 18t$ f) $5x = \frac{1}{2}$ g) $6y = \frac{1}{3}$ h) $\frac{2}{3}x = -3$
i) $-\frac{4}{5} = \frac{3}{2}v$ k) $-\frac{3}{4}x = -\frac{6}{5}$ l) $4z = -0{,}2$ m) $-0{,}3x = -1{,}2$
n) $-0{,}5x = \frac{1}{2}$ o) $-\frac{2}{5}x = 1{,}8$ p) $-2{,}4y = \frac{1}{5}$ q) $-0{,}04x = \frac{1}{100}$

11

a) $3x + 5 = 1$ b) $5 = 3 - 8y$ c) $4x + 5 = 6x - 7$
d) $2 - 9z = 6z + 4$ e) $0{,}4x - 1{,}2 = 2{,}2 - 1{,}3x$ f) $3{,}5t - 3{,}7 = 11{,}3 - 1{,}5t$
g) $1 - \frac{1}{2}x = \frac{1}{4}x + 2$ h) $\frac{1}{2} + \frac{1}{3}x = x - \frac{1}{4}$ i) $3{,}6 - \frac{2}{3}x = \frac{1}{2}x + 0{,}1$

12

a) $3(1 - 2x) = 4x - 7$ b) $(2x + 1)3 = 5(1 - x)$
c) $1 - 2(3 + 4x) = 1 - 6x$ d) $2x - 3(2 - 6x) = -4(2{,}5 + 3x)$
e) $\frac{2}{3}(6 - x) - (2 + 3x) = x$ f) $0{,}4(2y - 1) - (8 - 5y) = 0$

13

a) $\frac{2x+1}{3} - x = 5$ b) $x - \frac{1+3x}{2} = 4$
c) $x - 3\frac{4-x}{2} = 4$ d) $\frac{1+x}{2} - \frac{1-x}{3} = 1$
e) $\frac{2}{3}x - 4\frac{1-x}{2} = \frac{1}{5}x + \frac{7}{15}$ f) $\frac{x}{2} - \frac{1}{3} \cdot \frac{x+1}{2} = -\frac{1}{2}$

14 Bestimme die Lösungsmengen. Veranschauliche sie an einer Zahlengeraden.

a) $9 - x > 4$ b) $8 + 3x < 11$ c) $\frac{4}{7}u > \frac{3}{28}u$
d) $\frac{7}{10}y - \frac{1}{3} < \frac{1}{5}y + 2$ e) $-\frac{1}{4}\left(\frac{2}{3} + 12x\right) > -\frac{1}{3}\left(\frac{3}{4} - 12x\right)$ f) $5\frac{w-3}{6} < 6\frac{w-3}{5}$

Zahlenrätsel

15 Bestimme die gesuchte Zahl mit Hilfe einer Gleichung.

a) Welche Zahl muss man zu $\frac{1}{7}$ addieren, um 0,5 zu erhalten?
b) Von welcher Zahl muss man 0,7 subtrahieren, um $\frac{2}{3}$ zu erhalten?
c) Welche Zahl ist um 8 größer als ihr Doppeltes?
d) Welche Zahl ist um 7 kleiner als ihre Hälfte?
e) Gibt es eine Zahl, deren 4faches um 2 größer ist als die Zahl?

16 a) Vergrößert man eine Zahl um 12 und multipliziert das Ergebnis mit 7, so erhält man die Zahl 91.
b) Vergrößert man eine Zahl um 8 und multipliziert das Ergebnis mit 7, so erhält man das 6fache der Zahl.
c) Vergrößert man das 12fache einer Zahl um 140 und dividiert die erhaltene Summe durch 43, so ergibt sich 8.

Aus der Geometrie

17 In einem Rechteck ist eine Seite doppelt so lang wie die andere. Welcher Term liefert den Flächeninhalt des Rechtecks, wenn man
a) die Länge der kleineren Seite als Variable einführt,
b) die Länge der größeren Seite als Variable einführt?

18 In einem Rechteck ist eine Seite um 2 cm länger als die andere. Gib einen Term mit einer Variablen an für
a) den Umfang,
b) den Flächeninhalt des Rechtecks.

19 Löse mit Hilfe einer Gleichung.
a) Ein Rechteck hat einen Umfang von 48 cm; eine Seite ist 18 cm lang. Wie lang ist die andere Seite?
b) Bei einem Rechteck mit dem Umfang von 20 cm unterscheiden sich die Seitenlängen um 5 cm. Wie lang sind die Seiten des Rechtecks?
c) Bei einem gleichschenkligen Dreieck mit einem Umfang von 30 cm ist die Basis halb so lang wie jeder Schenkel. Wie lang sind die Dreieckseiten?

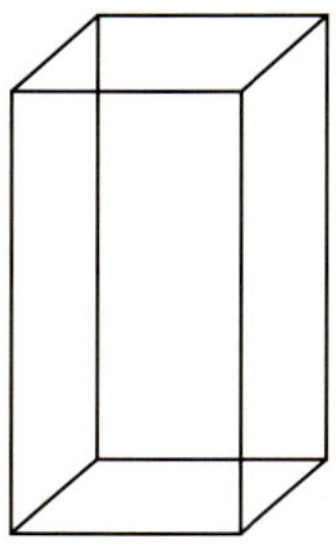

20 a) Maren hat einen Winkel gezeichnet, der 16° größer als sein Nebenwinkel ist. Wie groß ist der Winkel?
b) Ein Winkel soll $1\frac{1}{2}$-mal so groß wie sein Nebenwinkel sein. Wie groß ist der Winkel?

21 Aus 5 m Draht soll das Kantenmodell eines Quaders mit quadratischer Grundfläche gebaut werden. Die Höhe des Quaders soll dreimal so groß sein wie eine Grundkante. Wie lang sind die einzelnen Drahtstücke zu machen?

22 Eine Seite eines Rechtecks ist 7 cm lang. Verkürzt man diese Seite um 4 cm und verlängert man die andere Seite um 6 cm, so ändert sich der Flächeninhalt des Rechtecks nicht. Wie lang ist die zweite Seite des Rechtecks?

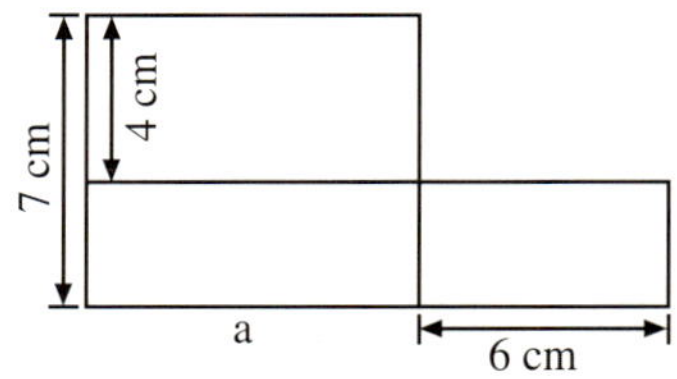

Altersaufgaben zum Knobeln

23 Bestimme das Alter der genannten Personen.
a) Ein Vater ist heute 5-mal so alt wie sein Sohn. Vor drei Jahren war der Vater noch 8-mal so alt wie sein Sohn.
b) Eine Mutter ist heute 4-mal so alt wie ihre Tochter. In 4 Jahren ist die Mutter noch 3-mal so alt wie ihre Tochter.
c) Tante Margot ist heute doppelt so alt wie ihre Nichte, vor 8 Jahren war sie 6-mal so alt wie ihre Nichte.

***24** Die drei Kinder einer 40 Jahre alten Frau sind zusammen so alt wie die Mutter. Das jüngste Kind ist dabei halb so alt wie das älteste. Vor 8 Jahren waren die Kinder zusammen nur halb so alt wie die Mutter. Bestimme das Alter der genannten Personen.

Vor vielen Jahren stand die Aufgabe 25 auf der Rätselseite einer Zeitung in New York. Es wird erzählt, dass die ganze Stadt an der Aufgabe geknobelt haben soll. Jeder fragte jeden: „Wie alt ist Anna?“

***25** Maria ist 24 Jahre alt. Sie ist doppelt so alt wie Anna war, als Maria so alt war, wie Anna jetzt ist. Wie alt ist Anna?

Von Figuren-Zahlen bis zur Fußball-Bundesliga

Der griechische Komödiendichter Epicharm hat um 470 vor Christus gespottet, dass manch einer Steinchen legt, um daran mathematische Fragen zu diskutieren. Der Philosoph Aristoteles (384–322 v. Chr.) berichtet, dass gewisse Leute „Zahlen in die Gestalt eines Dreiecks oder Quadrats bringen“.

Quadratzahlen kann man mit Plättchen, wie du sie vielleicht vom Rechnen in der Grundschule noch kennst, in Form von Quadraten legen:

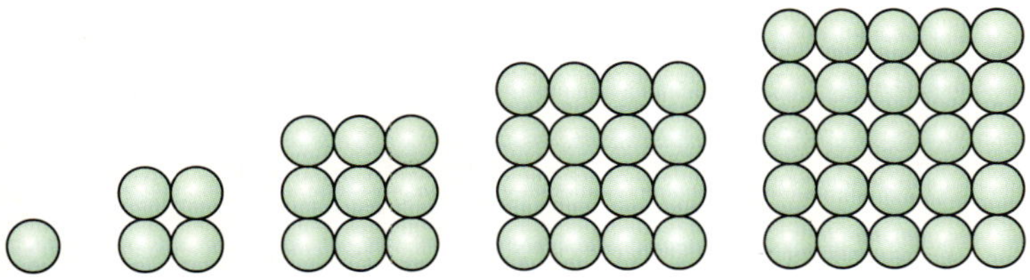

1 $\quad 2^2 \quad 3^2 \quad 4^2 \quad 5^2$

Entsprechend kann man Plättchen in einem Dreieck anordnen und sich dann fragen, wie viele Plättchen in einem Dreieck sind.

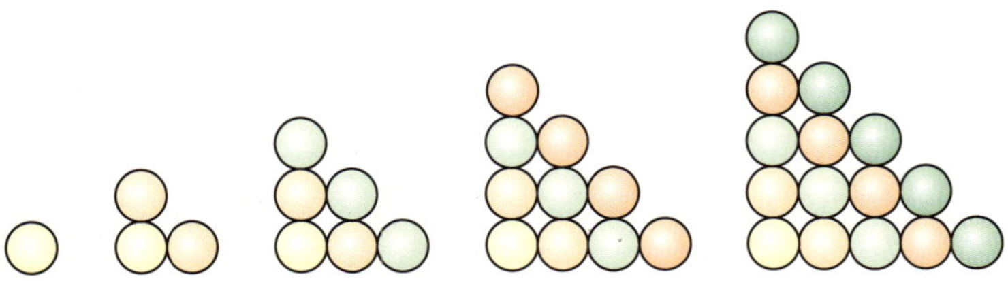

1 $\quad$ 1+2 $\quad$ 1+2+3 $\quad$ 1+2+3+4 $\quad$ 1+2+3+4+5

Diese Summen kann man natürlich sofort ausrechnen: 1; 3; 6; 10; 15. Aber wie viele Plättchen liegen in einem Dreieck mit n Plättchen in der untersten Reihe?

Dieselbe Frage tritt auch bei der Fußball-Bundesliga auf. 18 Mannschaften spielen gegeneinander, wie viele Spiele sind es in der Vorrunde, wie viele in der Rückrunde?

Bezeichnen wir die Mannschaften mit A, B, . . . , S, so kann man die Spielergebnisse der Vor- und Rückrunde in eine solche Tabelle eintragen:

	A	B	C	D	E	F	G	H	I	K	L	M	N	O	P	Q	R	S
A																		
B																		
C																		
D																		
E																		
F																		
G																		
H																		
I																		
K																		
L																		
M																		
N																		
O																		
P																		
Q																		
R																		
S																		

Insgesamt enthält die Tabelle 18^2 Felder, davon sind 18 in der Diagonalen. Insgesamt bleiben $18^2 - 18$ Felder für die Ergebnisse beider Runden, also sind es $\frac{18^2 - 18}{2}$ Spiele in einer Runde.

Legt man nun ein Dreieck mit n Plättchen in der untersten Reihe und insgesamt n Reihen und ergänzt es zu einem Quadrat mit n + 1 Reihen, so sieht man, dass das Dreieck aus $\frac{(n+1)^2 - (n+1)}{2}$ Plättchen besteht.

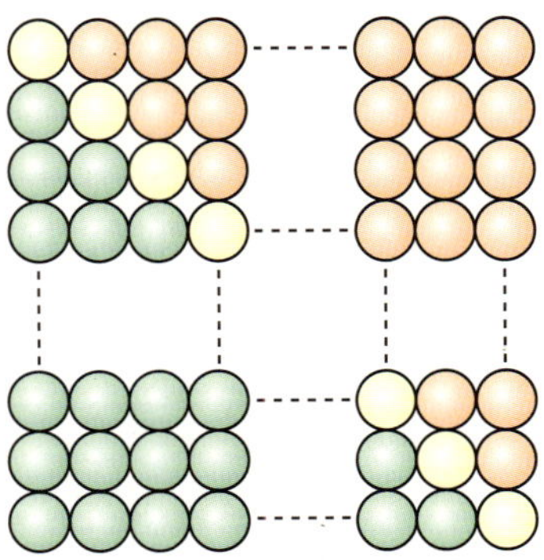

Rückblick

Terme
Terme sind Kurzschreibweisen für Rechenvorschriften.
Setzt man für die Variable in einem Term eine Zahl ein, so ergibt der Term eine Zahl, den Wert des Terms.

$2 \cdot x - 3$ besagt:
Multipliziere die für x eingesetzte Zahl mit 2,
subtrahiere vom Produkt 3.

Berechnen von Termen
Für die Reihenfolge der Rechenschritte gilt:
1. Was in Klammern steht, wird zuerst ausgerechnet.
2. Potenzrechnung vor Punktrechnung,
   Punktrechnung vor Strichrechnung.

$$\begin{aligned} 23 - (7 - 4) \cdot 5 &= 23 - 3 \cdot 5 \\ &= 23 - 15 \\ &= 8 \end{aligned}$$

Vereinfachen von Termen
Durch Anwendung von Rechengesetzen kann man einen Term in einen zu ihm äquivalenten Term umformen.
Beim Vereinfachen sucht man einen äquivalenten Term, der einfacher zu berechnen ist.
Dazu geht man, wenn notwendig, in folgenden Schritten vor:
1. Vereinheitlichen der Schreibweise
2. Klammern auflösen
3. Ordnen
4. Zusammenfassen

$$\begin{aligned} x \cdot 2 - 3(3 + 5 \cdot x) &= 2x - 3(3 + 5x) \\ &= 2x - 9 - 15x \\ &= 2x - 15x - 9 \\ &= -13x - 9 \end{aligned}$$

Gleichungen und Ungleichungen
Zahlen, die beim Einsetzen in eine Gleichung oder Ungleichung zu einer wahren Aussage führen, heißen Lösungen.
Die Menge L aller Lösungen einer Gleichung oder Ungleichung heißt ihre Lösungsmenge.
Ist jede rationale Zahl Lösung einer Gleichung oder Ungleichung, so nennt man die Gleichung oder Ungleichung allgemein gültig.
Ist keine rationale Zahl Lösung einer Gleichung oder Ungleichung, so nennt man die Gleichung oder Ungleichung unerfüllbar.

Beim Einsetzen in $2x + 3 = 11$ ergibt nur die Zahl 4 eine wahre Aussage, also $L = \{4\}$.

Für $2x + 3 < 11$ gilt:
Alle Zahlen $x < 4$ sind Lösungen.

Äquivalenzumformungen von Gleichungen
Termumformungen
Addieren und Subtrahieren derselben Zahl oder desselben Terms auf beiden Seiten der Gleichung.
Multiplizieren und Dividieren beider Seiten der Gleichung mit derselben von null verschiedenen Zahl.

$$\begin{aligned} 5x + 2 &= 2(x - 5) && \mid \text{Vereinfachen} \\ 5x + 2 &= 2x - 10 && \mid -2 \\ 5x &= 2x - 12 && \mid -2x \\ 3x &= -12 && \mid :3 \\ x &= -4; \; L = \{-4\} \end{aligned}$$

Äquivalenzumformungen von Ungleichungen
Termumformungen
Addieren und Subtrahieren derselben Zahl oder desselben Terms auf beiden Seiten der Ungleichung.
Multiplizieren und Dividieren beider Seiten der Ungleichung mit derselben positiven Zahl.

$$\begin{aligned} 5(x - 3) &< 20 && \mid \text{Vereinfachen} \\ 5x - 15 &< 20 && \mid +15 \\ 5x &< 35 && \mid :5 \\ x &< 7 \\ L &= \{x \mid x < 7\} \end{aligned}$$

Aufgaben zum Üben und Wiederholen

1 Schreibe die Rechenvorschrift als Term mit einer Variablen.

a) Verdreifache die Summe aus einer Zahl und 7, subtrahiere davon 12.

b) Dividiere die Differenz aus dem 4fachen einer Zahl und der Zahl 5 durch 3.

2 Berechne die Werte der Terme für $z = -4$:

a) $z : 8 + 4$ b) $5(3z + 20)$ c) $\frac{1}{z} - \frac{5}{2}$ d) $(6 + z)^2 - 8$

3 Drücke den Flächeninhalt der Figur durch einen Term aus.

a)

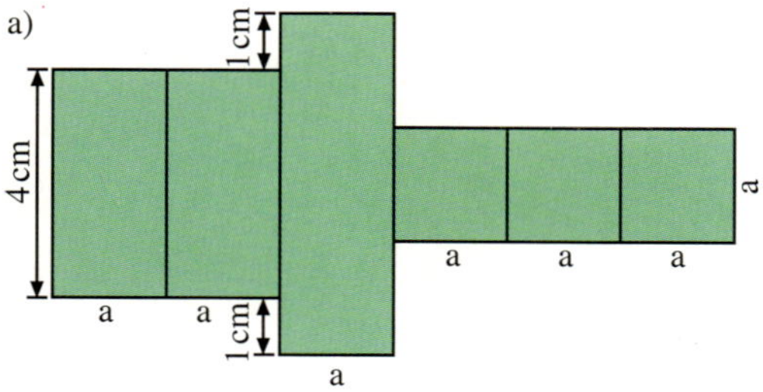

b)

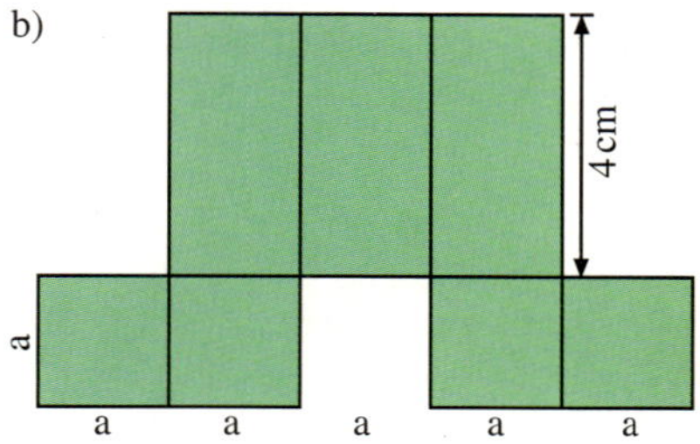

4 Vereinfache die Terme.

a) $12k + 7k$ b) $23y - 3 - 7y + 8$ c) $d \cdot 3 - 4d + 4 \cdot (-4) + (-7) \cdot d$

d) $1{,}7w + \frac{3}{8} - \frac{2}{5}w - 1$ e) $x^2 + 12 - 2x + 3x^2 - 2x$ f) $\frac{3}{4}y + \frac{1}{2}y^2 - \frac{2}{7} + \frac{3}{2}y^2 - \frac{1}{2}y$

5 Löse die Klammern auf und vereinfache.

a) $5r - (4r - 12)$ b) $(3d + 4) - (5 - 6d)$ c) $9 - (3z + 5) + (6 - 4z)$

d) $7(3s - 6)$ e) $(f + 12) \cdot (-5)$ f) $1{,}5 \cdot (6g - 20)$

g) $\frac{3}{4}(24x + 18)$ h) $\left(-\frac{2}{3}\right) \cdot \left(\frac{9}{10} - 6s\right)$ i) $15 \cdot \left(-\frac{2}{5}y + 2\frac{1}{3}\right)$

6

a) $5z - [3z - (12 + 5z)]$ b) $-(4x + 7) - [12x - (3 + 4x) - 7]$

c) $3(s + 7) - 5(6 - s)$ d) $(-2x + 5) \cdot (-5) - 5(3x + 8)$

e) $\frac{4}{5}(d - 15) - (3d + 12) \cdot \left(-\frac{1}{3}\right)$ f) $6 \cdot \left(\frac{x}{2} - 2\frac{2}{3}\right) - \left(-\frac{5}{8}\right) \cdot (6x + 32)$

7 Löse mit Hilfe von Äquivalenzumformungen. Mache die Probe.

a) $5x - 45 = 35$ b) $28 = 13 - 10z$ c) $0{,}4s + 8 = 24$

d) $3(y + 4) = 18$ e) $(x - 4) \cdot 7 - 3 = 11$ f) $4(z + 3) + 5z = 15$

g) $\frac{2}{7}(x + 12) - 2 = \frac{3}{7}$ h) $\frac{1}{4}x - \left(12 + \frac{3}{4}x\right) = 3\frac{2}{3}$ i) $\left(-\frac{4}{5}\right) \cdot \left(\frac{3}{4}x + 3\right) - \frac{2}{5}x = -4$

8

a) $2d + 21 = -5d$ b) $3s - 12 = 5s - 26$

c) $4{,}7r - 5 = 13 - 1{,}3r$ d) $12 - 4x + 6 = 27 - 7x$

e) $x^2 + 2x - 4 = x(x - 1) + 9$ f) $3y(4 - y) = (y^2 - 2) \cdot (-3) + 2y$

9 Veranschauliche die Lösungsmenge an einer Zahlengeraden.

a) $z + 15 > 13$ b) $3x - 7 = -10$ c) $4(y + 3) > 6 + y$

Die Lösungen zu den Aufgaben dieser Seite findest du auf Seite 232.

10 Eine Mutter ist heute 3-mal so alt wie ihr Sohn. In 12 Jahren wird die Mutter noch doppelt so alt sein. Wie alt ist heute die Mutter, wie alt der Sohn?

1 Dreiecksungleichung

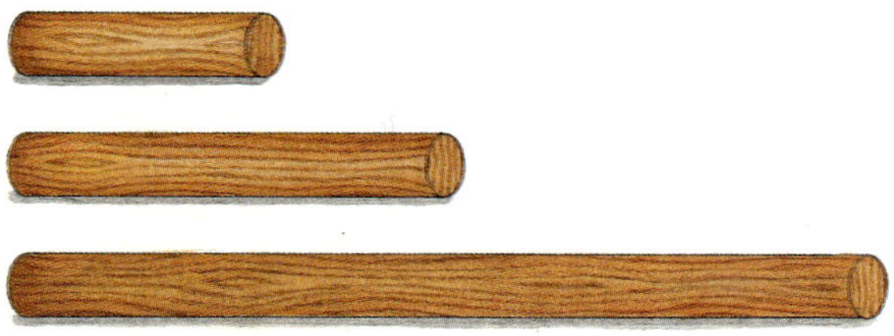

1 a) Kann man mit diesen drei Holzstäben ein Dreieck legen?
b) Nimm drei unterschiedlich lange Bleistifte und lege mit ihnen ein Dreieck.
c) Wie müssen die Längen der Bleistifte gewählt werden, damit man mit ihnen ein Dreieck legen kann?

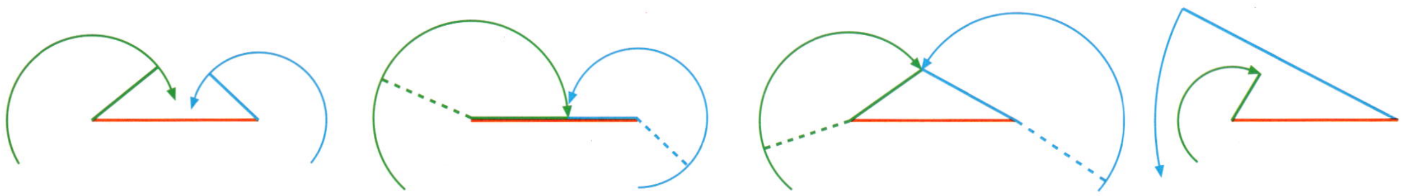

Eine Strecke ist länger als die beiden anderen zusammen.

Eine Strecke ist so lang wie die beiden anderen zusammen.

Jede Strecke ist kürzer als die beiden anderen Strecken zusammen.

Eine Strecke ist länger als die beiden anderen zusammen.

In einem Dreieck ist die Summe zweier Seitenlängen stets größer als die Länge der dritten Seite.

Die Aussage des Kastens nennt man auch **Dreiecksungleichung**, denn:
Sind a, b, c die Seitenlängen eines Dreiecks, so gilt: $a + b > c$ und $a + c > b$ und $b + c > a$.

Wenn für drei Punkte A, B, C gilt: $\overline{AB} + \overline{BC} > \overline{AC}$ und $\overline{AB} + \overline{AC} > \overline{BC}$ und $\overline{BC} + \overline{AC} > \overline{AB}$, dann bilden diese Punkte ein Dreieck.

Beispiel 1
Gibt es ein Dreieck mit den Seitenlängen a) 3 cm; 5 cm; 7 cm; b) 3 cm; 5 cm; 9 cm?
Lösung:
a) $3\,cm + 5\,cm > 7\,cm$ und $3\,cm + 7\,cm > 5\,cm$ und $5\,cm + 7\,cm > 3\,cm$. Ein solches Dreieck gibt es.
b) $3\,cm + 5\,cm < 9\,cm$. Ein solches Dreieck gibt es nicht.

Beispiel 2
Konstruiere ein Dreieck mit den Seiten
$a = 1{,}5\,cm$; $b = 1\,cm$; $c = 2\,cm$.
Lösung:
Zeichne eine Seite (z. B.: c). Zeichne dann zwei Kreise um die Seitenendpunkte. Wähle hierbei als Radien die beiden anderen Seitenlängen. Die beiden Kreise schneiden sich, weil jeweils eine Seitenlänge kleiner ist als die Summe der beiden anderen Seitenlängen.

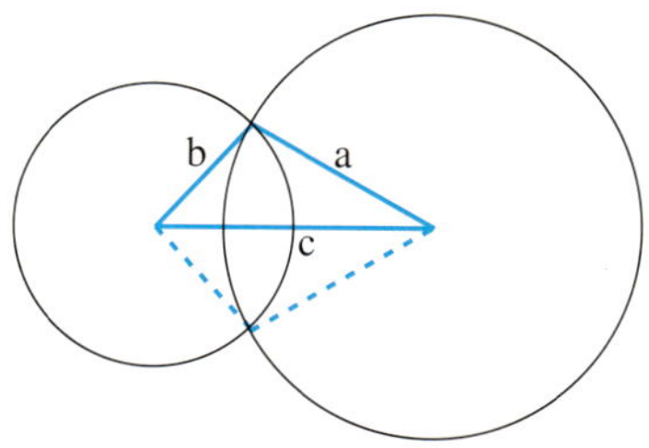

Aufgaben

2 Kai behauptet: „Wenn man überprüfen will, ob es ein Dreieck mit den Seitenlängen 3,75 cm, 4,08 cm und 7,82 cm gibt, dann muss man drei Ungleichungen aufstellen." Johanna behauptet: „Bei dieser Überprüfung muss ich aber nur einmal rechnen." Hat Johanna Recht?
Begründe deine Antwort.

3 Überprüfe, ob es ein Dreieck mit den drei angegebenen Seitenlängen gibt und konstruiere gegebenenfalls ein solches Dreieck.
a) 3,5 cm; 2 cm; 4 cm b) 5,3 cm; 4,2 cm; 10,1 cm c) 3,4 cm; 7,1 cm; 4,3 cm

4 Gib drei Streckenlängen a, b, c an, für die gilt:
a) $a + b > c$ und $b + c > a$, aber $a + c < b$
b) $a + b > c$ und $b + c > a$, aber $a + c = b$

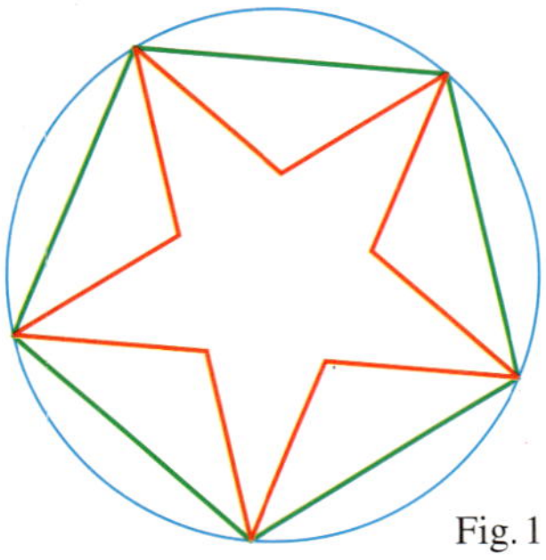

Fig. 1

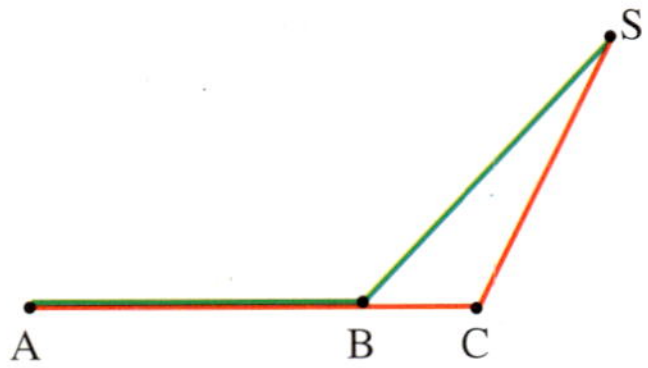

Fig. 2

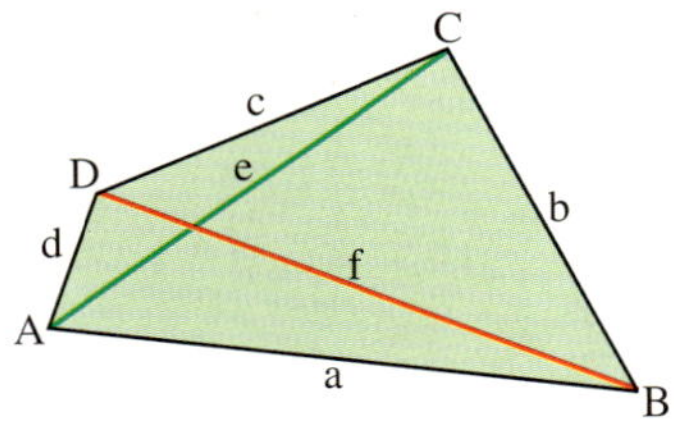

Fig. 3

5 a) Das rote und das grüne Vieleck in Fig. 1 sollen aus Draht hergestellt werden. Zu welchem braucht man mehr Draht?
b) Begründe ohne abzumessen, dass in Fig. 2 der rote Streckenzug länger ist als der grüne.

6 a) Begründe: In einem Viereck ist der Umfang $a + b + c + d$ größer als die Gesamtlänge der Diagonalen (vergleiche Fig. 3).
*b) Für welchen Punkt im Innern eines Vierecks ist die Summe der Abstände von den Ecken am kleinsten?

7 Begründe ohne abzumessen, dass in Fig. 4 gilt:
a) $\overline{DA} + \overline{DB} + \overline{DC} < \overline{AB} + \overline{BC} + \overline{AC}$
*b) $\overline{DA} + \overline{DB} + \overline{DC} > \frac{1}{2}(\overline{AB} + \overline{BC} + \overline{AC})$

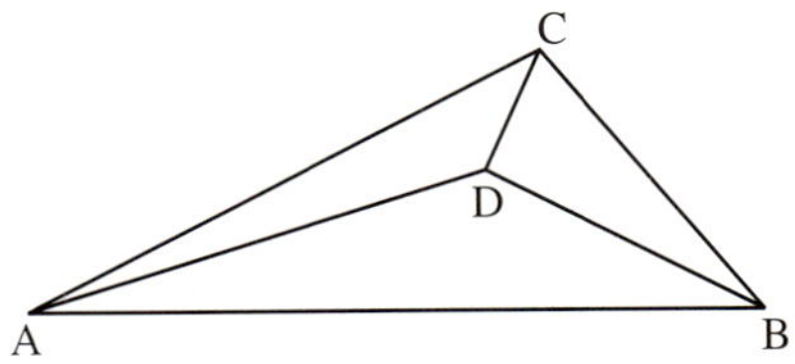

Fig. 4

***8** In Fig. 5 wurde das rechtwinklige Dreieck ABC zu einem Rechteck ergänzt. M ist Mittelpunkt der beiden Rechteckdiagonalen.
a) Begründe: $2\overline{AM} > \overline{AC}$
b) Begründe: $2\overline{AM} > \overline{AB}$
c) Begründe: $\overline{BC} > \overline{AC}$
d) Begründe: $\overline{BC} > \overline{AB}$
e) Begründe: In jedem rechtwinkligen Dreieck liegt dem rechten Winkel die längste der drei Seiten gegenüber.

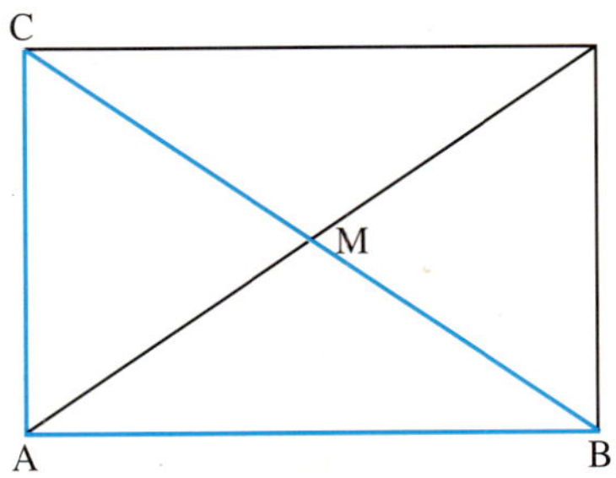

Fig. 5

2 Kongruente Figuren und der Kongruenzsatz sss

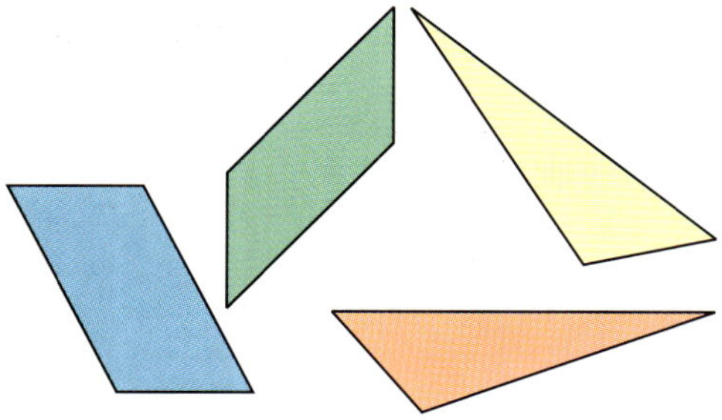

1 Ein Modellbaukasten enthält eine Reihe von Kunststoffteilen.
a) Wie viele unterschiedliche Teile sind hier abgebildet?
b) Vergleiche die Seitenlängen der viereckigen Teile (dreieckigen Teile).
c) Kann man noch andere dreieckige Teile herstellen, die die gleichen Seitenlängen wie die abgebildeten Teile besitzen?

Diese Handflächen sind deckungsgleich.

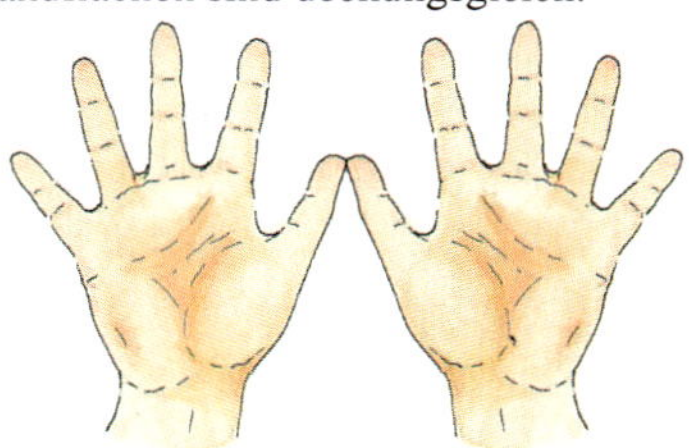

Deine Handflächen kannst du „passend" aufeinander legen. Man sagt: sie sind deckungsgleich.
Kann man zwei Figuren (wie z. B. Vielecke oder Kreise) mit Hilfe von Verschiebungen, Achsenspiegelungen, Drehungen oder Punktspiegelungen aufeinander abbilden, dann könnte man sie ausschneiden und wie die Handflächen passend aufeinander legen.

Diese Dreiecke sind deckungsgleich:

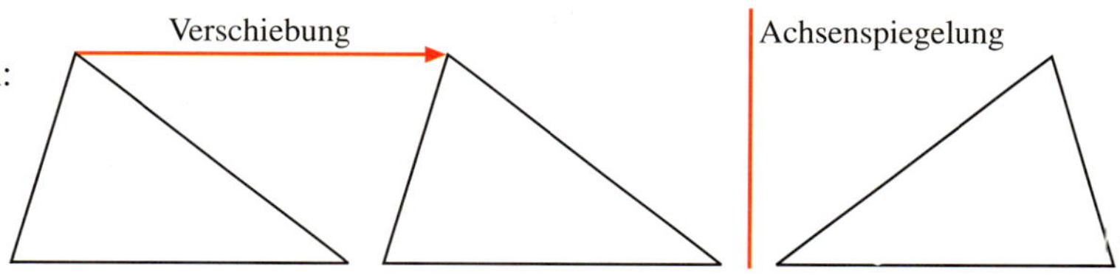

> Zwei Figuren heißen zueinander **kongruent**, wenn man sie mit einer oder mehreren Achsenspiegelungen, Verschiebungen, Punktspiegelungen oder Drehungen aufeinander abbilden kann.

congruere (lat.): übereinstimmen

Die genannten Abbildungen und aus ihnen zusammengesetzte Abbildungen nennt man **Kongruenzabbildungen**.

Zwei Dreiecke ABC und A′B′C′, bei denen entsprechende Seiten gleich lang sind, kann man mit Kongruenzabbildungen aufeinander abbilden.

Hier ist:

$\overline{AB} = \overline{A'B'}$

$\overline{BC} = \overline{B'C'}$

$\overline{AC} = \overline{A'C'}$

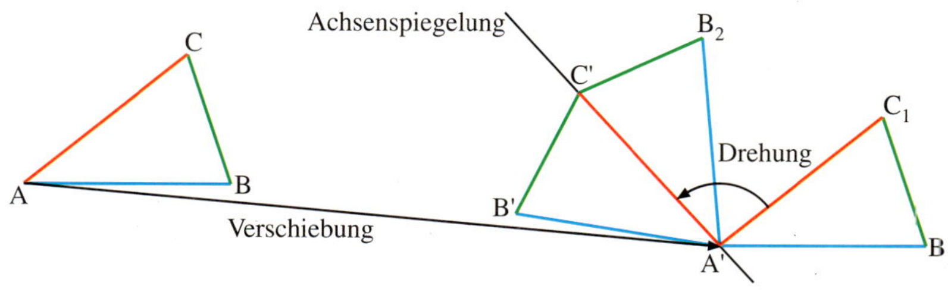

Beachte: Kongruenzabbildungen bilden Strecken auf gleich lange Strecken und Winkel auf gleich große Winkel ab.

1. Schritt: Man verschiebt das Dreieck ABC so, dass A auf A′ abgebildet wird. Falls $C_1 \neq C'$, dreht man das Dreieck $A'B_1C_1$ so um A′, dass C_1 auf C′ abgebildet wird. Dies ist möglich, weil $\overline{AC} = \overline{A'C_1} = \overline{A'C'}$.

2. Schritt: Falls $B_2 = B'$, ist die Kongruenz der Dreiecke ABC und A′B′C′ gezeigt. Falls $B_2 \neq B'$ ist, dann liegen A′ und C′ auf der Mittelsenkrechten der Strecke $\overline{B_2B}$, denn es ist $\overline{A'B'} = \overline{A'B_2}$ und $\overline{C'B'} = \overline{C'B_2}$. Man spiegelt nun B_2 an A′C′ und erhält B′. Also sind die Dreiecke ABC und A′B′C′ zueinander kongruent.

1. Kongruenzsatz für Dreiecke (sss): Wenn in zwei Dreiecken entsprechende Seiten gleich lang sind, dann sind die beiden Dreiecke zueinander kongruent.

Bezeichnungen bei Dreiecken:

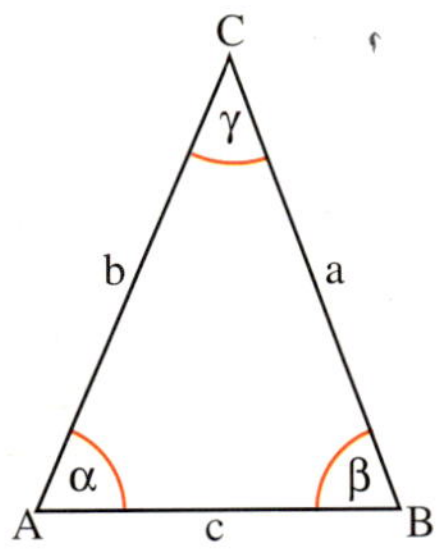

Bemerkungen:
1. Bei zueinander kongruenten Dreiecken sind entsprechende Winkel gleich groß. Aber: Sind bei zwei Dreiecken entsprechende Winkel gleich groß, so kann man allein hieraus noch nicht folgern, dass die beiden Dreiecke zueinander kongruent sind (Fig. 1).
2. Der sss-Kongruenzsatz kann nicht auf andere Vielecke übertragen werden (Fig. 2).

Diese Dreiecke sind nicht zueinander kongruent:

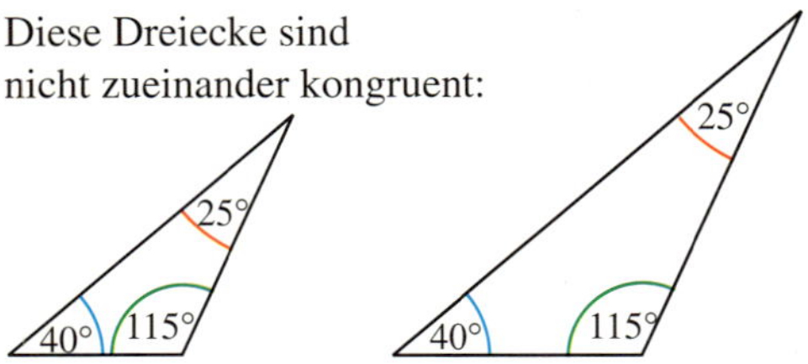

Fig. 1

Bei diesen Vierecken sind entsprechende Seiten gleich lang:

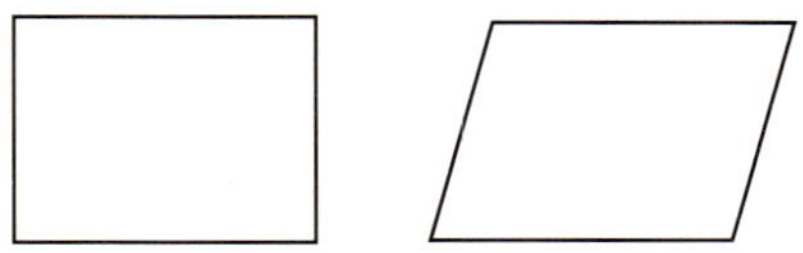

Fig. 2

Beispiel 1
Entscheide, ob die beiden Dreiecke ABC und PQR zueinander kongruent sind.
a) $\overline{AB} = 4\,cm$; $\overline{BC} = 5\,cm$; $\overline{AC} = 3\,cm$; $\overline{PQ} = 3\,cm$; $\overline{QR} = 4\,cm$; $\overline{PR} = 5\,cm$
b) $\overline{AB} = 4\,cm$; $\overline{BC} = 5\,cm$; $\overline{AC} = 3\,cm$; $\overline{PQ} = 3\,cm$; $\overline{QR} = 4\,cm$; $\overline{PR} = 6\,cm$
Lösung:
a) Die beiden Dreiecke sind zueinander kongruent, weil $\overline{AB} = \overline{QR}$ und $\overline{BC} = \overline{PR}$ und $\overline{AC} = \overline{PQ}$.
b) Die beiden Dreiecke sind nicht zueinander kongruent, weil $\overline{BC} = 5\,cm$ und das Dreieck PQR keine Seite mit der Länge 5 cm besitzt.

Beispiel 2
Konstruiere ein Dreieck ABC mit $\overline{AB} = 2\,cm$; $\overline{BC} = 1\,cm$; $\overline{AC} = 1{,}5\,cm$.
Beschreibung der Konstruktion:
1. Zeichne die Strecke $\overline{AB}$.
2. Zeichne einen Kreis mit dem Mittelpunkt A und dem Radius $\overline{AC} = 1{,}5\,cm$.
3. Zeichne einen Kreis mit dem Mittelpunkt B und dem Radius $\overline{BC} = 1\,cm$.
4. Die Schnittpunkte der beiden Kreise sind C und C′.

Konstruktion:

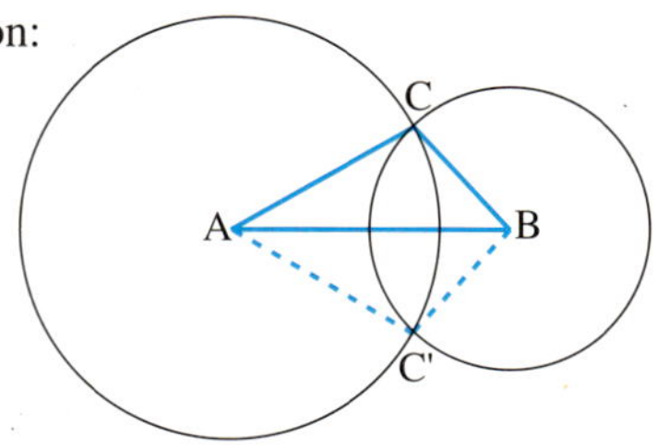

Die Dreiecke ABC und ABC′ sind zueinander kongruent.

Beispiel 3
Überprüfe, ob die beiden Figuren (1) und (2) zueinander kongruent sind.
Lösung:
1. Spiegele Figur (1) an der Geraden g.
2. Man kann das Bild der Figur (1) mit einer Verschiebung auf Figur (2) abbilden.
Aus 1. und 2. folgt:
Die Figuren (1) und (2) sind zueinander kongruent.

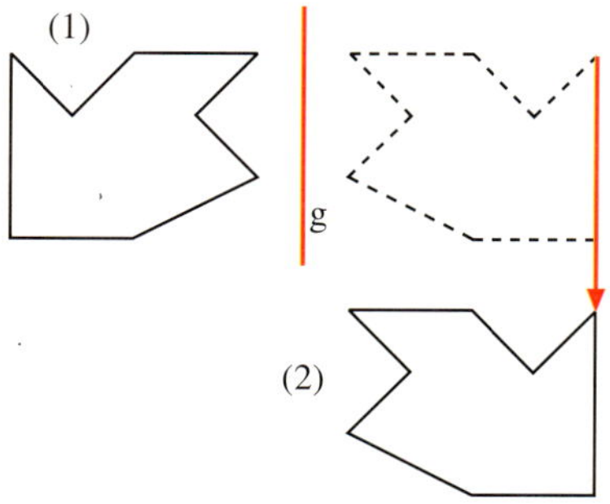

Aufgaben

Zueinander kongruente Figuren

2 Übertrage die Figuren in dein Heft und überprüfe mit Hilfe von Kongruenzabbildungen, ob sie kongruent sind.

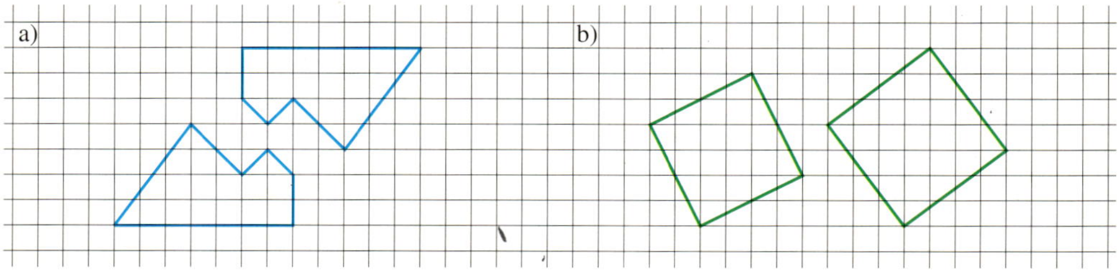

3 Welche der Vierecke sind zueinander kongruent?

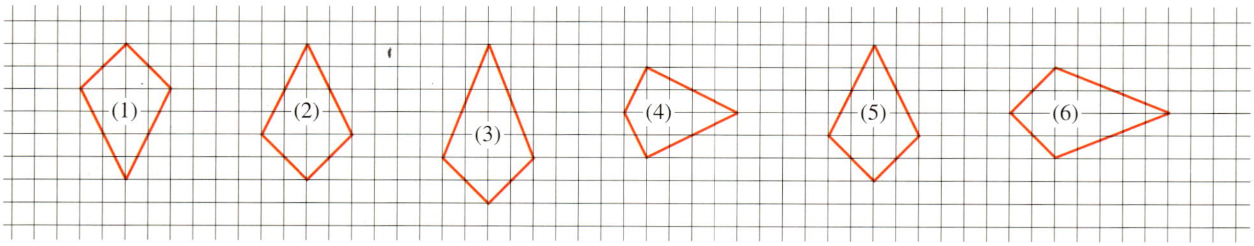

4 a) Welche der Kreise sind zueinander kongruent?
b) Warum kann man bei Kreisen besonders leicht feststellen, ob sie zueinander kongruent sind?

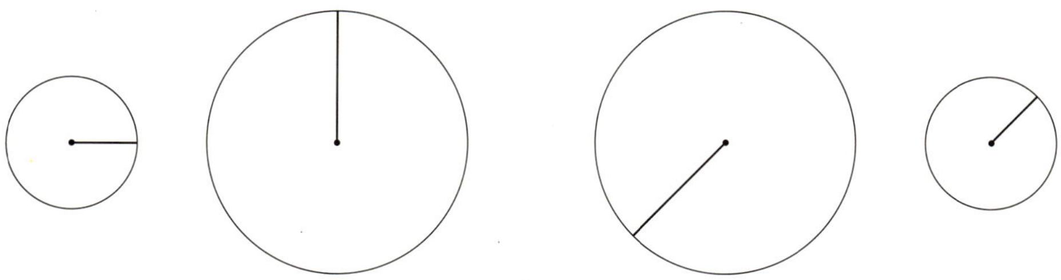

Zueinander kongruente Dreiecke

5 Entscheide, ob die beiden Dreiecke ABC und DEF zueinander kongruent sind.
a) $\overline{AB} = 7\,cm$; $\overline{BC} = 4\,cm$; $\overline{AC} = 5\,cm$ und $\overline{DE} = 5\,cm$; $\overline{EF} = 7\,cm$; $\overline{DF} = 4\,cm$
b) $\overline{AB} = 3\,cm$; $\overline{AC} = 9\,cm$; $\overline{BC} = 8\,cm$ und $\overline{DE} = 3\,cm$; $\overline{FE} = 9\,cm$; $\overline{FD} = 7\,cm$

6 Zeichne ein gleichschenkliges Dreieck. Zeichne in dieses Dreieck die Symmetrieachse durch die Spitze. Begründe: Die beiden entstandenen kleineren Dreiecke sind zueinander kongruent.

7 Begründe: Zeichnet man in ein Rechteck (eine Raute) eine Diagonale ein, so entstehen zwei zueinander kongruente Dreiecke.

8 In Fig. 1 wurden die Mitten der Seiten des Dreiecks ABC miteinander verbunden. Begründe: Je zwei kleine Dreiecke sind zueinander kongruent.

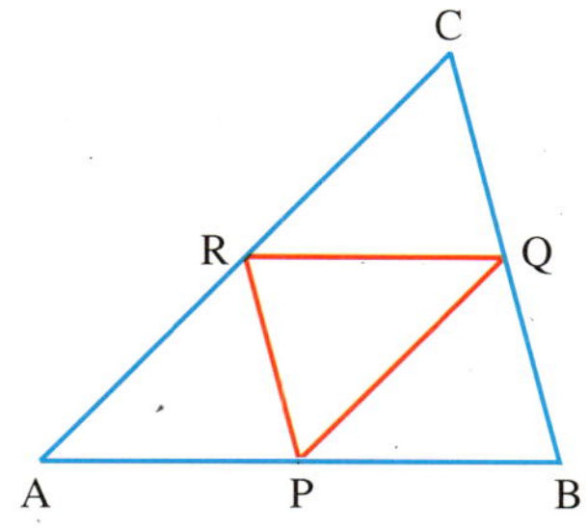

Fig. 1

Konstruktionen

9 Konstruiere ein Dreieck ABC aus $a = 3\,cm$; $b = 4{,}5\,cm$ und $c = 6\,cm$.
Beginne die Konstruktion mit der Seite b (der Seite c).

Bezeichnungen bei Vierecken:

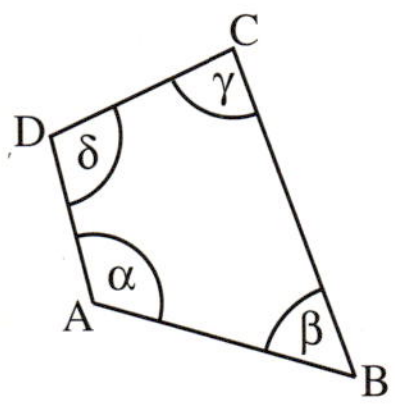

10 Konstruiere das Dreieck ABC und miss anschließend die Winkel α, β und γ.
a) $a = 6{,}6\,cm$; $b = 4{,}9\,cm$; $c = 10{,}7\,cm$
b) $a = 5{,}5\,cm$; $b = 8{,}5\,cm$; $c = 4{,}7\,cm$
c) $a = 3{,}5\,cm$; $b = 7{,}2\,cm$; $c = 6{,}2\,cm$
d) $a = 3{,}1\,cm$; $b = 3{,}5\,cm$; $c = 4{,}3\,cm$
e) $a = 3{,}2\,cm$; $b = 5{,}8\,cm$; $c = 3{,}4\,cm$
f) $a = 6{,}0\,cm$; $b = 3{,}6\,cm$; $c = 4{,}8\,cm$

11 Von vier Punkten A, B, P, Q weiß man: Die Strecke $\overline{AB}$ ist 5,1 cm lang. Die Strecke $\overline{PA}$ ist 7,5 cm lang, und die Strecke $\overline{PB}$ ist 4,2 cm lang. Die Strecke $\overline{QA}$ ist 6,8 cm lang, und die Strecke $\overline{QB}$ ist 8,2 cm lang. Die Punkte P und Q liegen auf derselben Seite (verschiedenen Seiten) der Geraden AB. Wie viel cm ist der Punkt P von dem Punkt Q entfernt?

12 Konstruiere ein Viereck ABCD mit
a) $\overline{AB} = \overline{CD} = 4\,cm$; $\overline{BC} = \overline{AD} = 3\,cm$; $\overline{AC} = 5\,cm$
b) $\overline{AB} = 3{,}5\,cm$; $\overline{BC} = 4{,}5\,cm$; $\overline{CD} = 2{,}5\,cm$; $\overline{AD} = 5{,}5\,cm$; $\overline{AC} = 6\,cm$

***13** Die Zeichnung zeigt, wie man Winkel ohne Winkelmesser übertragen kann. Hierbei wird der Kongruenzsatz sss ausgenutzt. Erläutere das Verfahren.

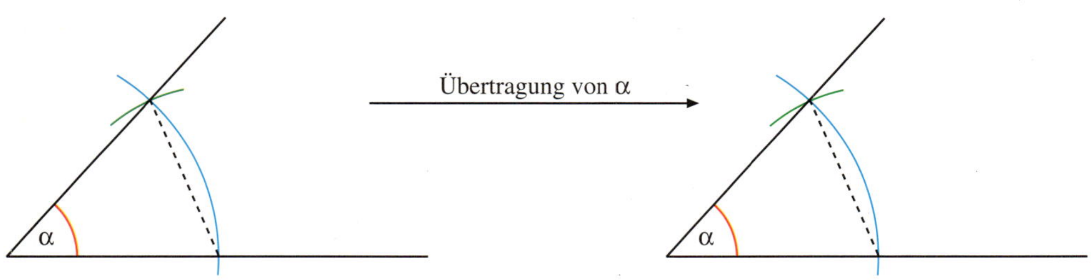

Fig. 2

3 Der Kongruenzsatz sws

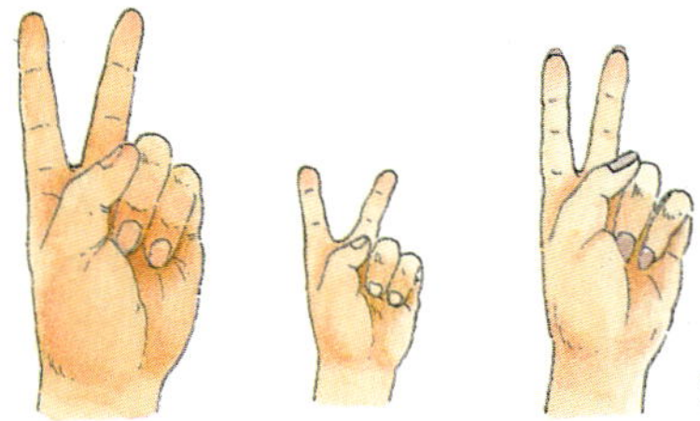

Fig. 1

1 Das Siegeszeichen „V" steht für das englische Wort victory.
Die drei mit den Fingern gebildeten „V" kann man in Gedanken zu Dreiecken ergänzen.
a) Wodurch sind die Dreiecke, die durch die drei „V" gebildet werden, festgelegt?
b) Wie kannst du mit Zeigefinger und Mittelfinger verschiedene Dreiecke bilden?

Zwei Dreiecke ABC und A′B′C′, bei denen zwei Seiten und der von ihnen eingeschlossene Winkel übereinstimmen, kann man mit Kongruenzabbildungen aufeinander abbilden:

Hier ist
$\overline{AB} = \overline{A'B'}$
$\overline{AC} = \overline{A'C'}$
$\alpha = \alpha'$

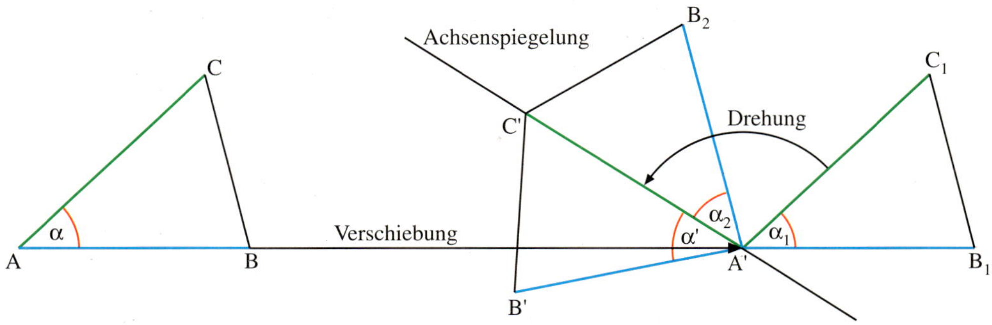

Fig. 2

1. Schritt: Wie schon bei der Begründung zum Kongruenzsatz sss kann man das Dreieck ABC so abbilden, dass A auf A′ und C auf C′ abgebildet wird.

2. Schritt: Falls $B_2 = B'$, ist die Kongruenz der Dreiecke ABC und A′B′C′ gezeigt.
Falls $B_2 \neq B'$ ist, dann liegen A′ und C′ auf der Winkelhalbierenden von $\sphericalangle B_2A'B'$, denn $\alpha' = \alpha_2$.
Man spiegelt nun B_2 an A′C′ und erhält B′, da $\overline{A'B'} = \overline{A'B_2}$.
Also sind die Dreiecke ABC und A′B′C′ zueinander kongruent.

2. Kongruenzsatz für Dreiecke (sws):
Wenn zwei Dreiecke in zwei Seiten und dem von ihnen eingeschlossenen Winkel übereinstimmen, dann sind die beiden Dreiecke zueinander kongruent.

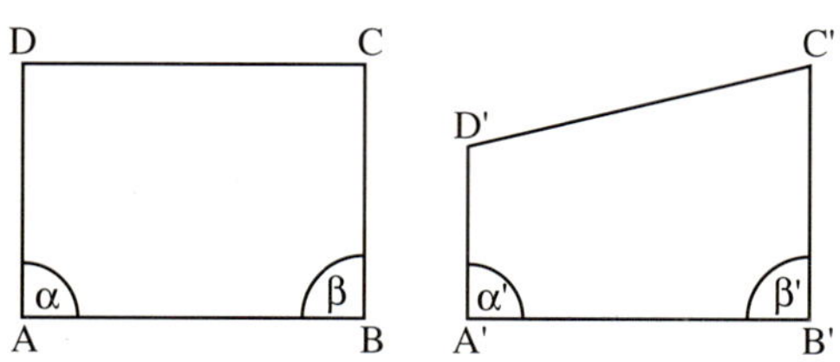

Fig. 3

Bemerkung:
Der Kongruenzsatz sws kann nicht auf andere Vielecke übertragen werden.
In Fig. 3 ist:
$\overline{AB} = \overline{A'B'}$; $\alpha = \alpha'$; $\overline{BC} = \overline{B'C'}$; $\beta = \beta'$
Die beiden Vierecke sind nicht zueinander kongruent.

Im Beispiel sind die Dreiecke ABC und AC′B zueinander kongruent.

Beispiel
Konstruiere ein Dreieck ABC mit $\overline{AB} = 4\,cm$, $\overline{AC} = 2{,}5\,cm$ und $\alpha = 50°$.
Beschreibung der Konstruktion:
1. Zeichne die Strecke $\overline{AB}$ mit $\overline{AB} = 4\,cm$.
2. Trage bei A den Winkel α an. (Zwei Möglichkeiten!)
3. Zeichne einen Kreis um A mit dem Radius $r = 2{,}5\,cm$.
Dieser Kreis schneidet die Schenkel der beiden Winkel in den Punkten C und C′.

Konstruktion:

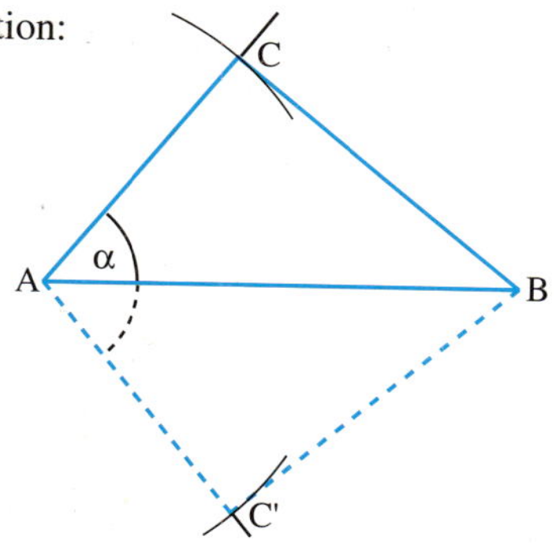

Aufgaben

2 Kann man sofort sehen, ob die Dreiecke ABC und A′B′C′ zueinander kongruent sind?
a) $\overline{AB} = 4\,cm$, $\overline{AC} = 7\,cm$, $\alpha = 70°$ und $\overline{A'B'} = 4\,cm$, $\overline{A'C'} = 7\,cm$, $\alpha' = 70°$
b) $a = 5\,cm$, $b = 6{,}5\,cm$, $\gamma = 68°$ und $a' = 5\,cm$, $b' = 6{,}5\,cm$, $\gamma = 86°$
c) $\overline{BC} = 7{,}5\,cm$, $\overline{AC} = 5{,}7\,cm$, $\gamma = 110°$ und $\overline{B'C'} = 7{,}5\,cm$, $\overline{A'C'} = 5{,}7\,cm$, $\alpha' = 110°$
d) $a = 7{,}8\,cm$, $b = 8{,}7\,cm$, $\beta = 45°$ und $b = 7{,}8\,cm$, $c = 8{,}7\,cm$, $\alpha = 45°$

3 Gib an, welche dieser Dreiecke zueinander kongruent sind.

a)

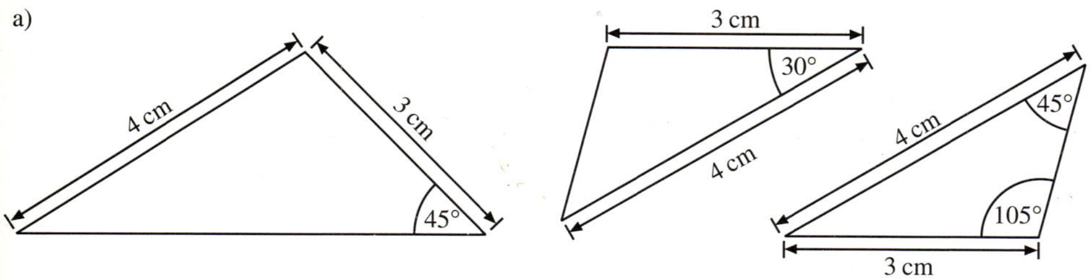

b)

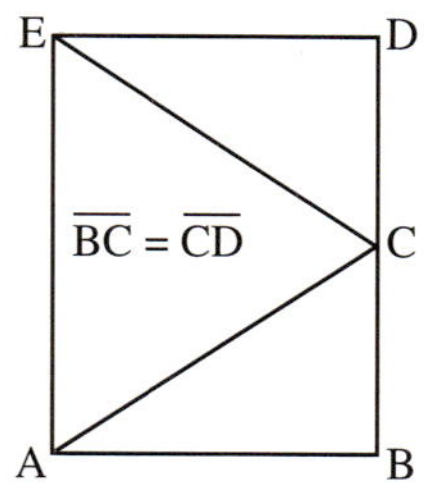

4 Übertrage die Tabelle in dein Heft und ergänze sie so, dass die Dreiecke alle zueinander kongruent sind.

Dreieck	Seite	Seite	Winkel
ABC	$\overline{AB} = 4{,}3\,cm$		$\beta = 40°$
A′B′C′		$\overline{A'C'} = 5{,}7\,cm$	$\gamma' = 40°$
A″B″C″	$\overline{A''B''} = 5{,}7\,cm$	$\overline{A''C''} = 4{,}3\,cm$	

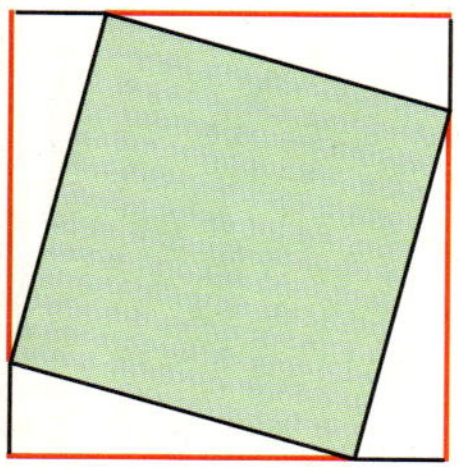

5 Zeichne ein Quadrat mit 4 cm langen Seiten. Trage auf den Seiten gleich lange Strecken ab. Begründe: Das entstehende Innenviereck ist ein Quadrat.

6 Konstruiere ein Dreieck ABC mit
a) $a = 3\,cm$; $b = 4\,cm$; $\gamma = 90°$
b) $b = 5{,}5\,cm$; $c = 3{,}5\,cm$; $\alpha = 60°$
c) $b = 4{,}5\,cm$; $c = 7{,}5\,cm$; $\alpha = 75°$
d) $a = 4{,}3\,cm$; $c = 3{,}4\,cm$; $\beta = 25°$

7 Konstruiere ein gleichschenkliges Dreieck ABC mit dem Winkel β an der Spitze.
a) $\beta = 120°$; Schenkellänge: 3,5 cm
b) $\beta = 60°$; Schenkellänge: 4,5 cm

8 Konstruiere ein Viereck ABCD mit
$\overline{AB} = 5\,cm$, $\overline{BC} = 2\,cm$, $\overline{CD} = 3{,}5\,cm$, $\sphericalangle CBA = 115°$ und $\sphericalangle DCA = 35°$.

4 Der Kongruenzsatz wsw bzw. sww

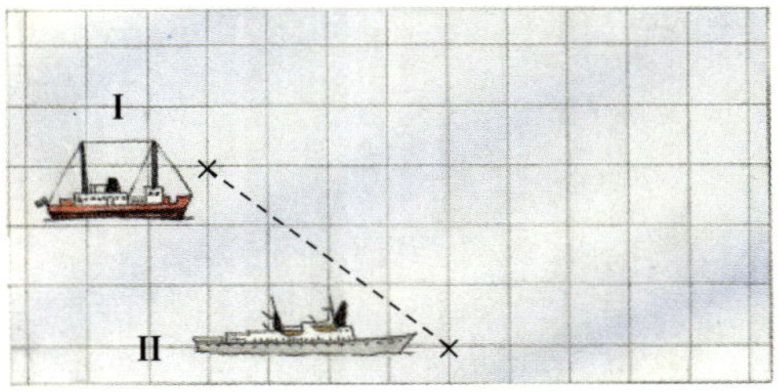

Fig. 1

1 Die Kreuze geben die Positionen zweier Schiffe auf dem Meer an.
Die Kapitäne vereinbaren einen Treffpunkt.
a) Übertrage die Zeichnung in dein Heft. Ermittle den Treffpunkt, wenn Schiff I Kurs Ost und Schiff II Kurs Nord-Ost fährt.
b) In deiner Zeichnung entsteht ein Dreieck. Wodurch ist dieses Dreieck festgelegt?

Zwei Dreiecke ABC und A′B′C′, bei denen eine Seite und zwei gleich liegende Winkel (zwei anliegende Winkel bzw. ein anliegender und der gegenüber liegende Winkel) übereinstimmen, kann man mit Kongruenzabbildungen aufeinander abbilden:

Hier ist
$\overline{AC} = \overline{A'C'}$
$\alpha = \alpha'$,
$\gamma = \gamma'$

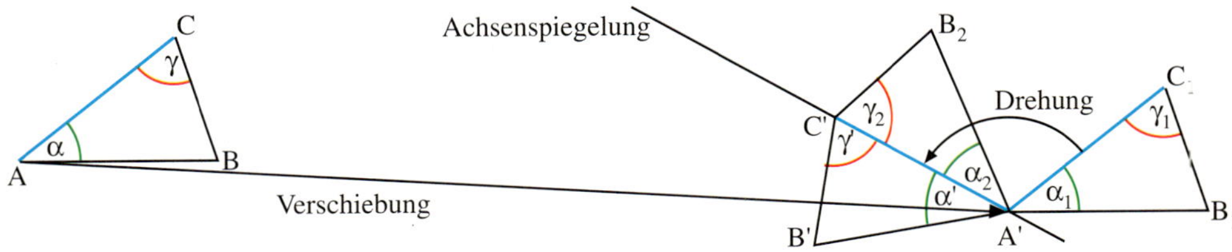

Fig. 2

Stimmen zwei Dreiecke in zwei gleich liegenden Winkeln überein, dann stimmen sie auch im dritten Winkel überein. Warum?

1. Schritt: Wie schon bei den Begründungen zu den beiden anderen Kongruenzsätzen kann man das Dreieck ABC so abbilden, dass A auf A′ und C auf C′ abgebildet wird.

2. Schritt: Falls $B_2 = B'$ ist, ist die Kongruenz der Dreiecke ABC und A′B′C′ gezeigt.
Falls $B_2 \neq B'$ ist, dann liegen A′ und C′ auf der gemeinsamen Winkelhalbierenden der Winkel $\sphericalangle B_2A'B'$ und $\sphericalangle B'C'B_2$, denn $\alpha_2 = \alpha'$ und $\gamma_2 = \gamma'$.
Man spiegelt nun $\overline{A'B_2}$ und $\overline{C'B_2}$ an A′C′ und erhält $\overline{A'B'}$ und $\overline{C'B'}$.
Weil B_2 auf $\overline{A'B_2}$ und $\overline{C'B_2}$ liegt und B′ auf $\overline{A'B'}$ und $\overline{C'B'}$ liegt, wird bei dieser Achsenspiegelung B_2 auf B′ abgebildet.
Also sind die Dreiecke ABC und A′B′C′ zueinander kongruent.

3. Kongruenzsatz für Dreiecke (wsw bzw. sww):
Wenn zwei Dreiecke in einer Seite und zwei gleich liegenden Winkeln übereinstimmen, dann sind die beiden Dreiecke zueinander kongruent.

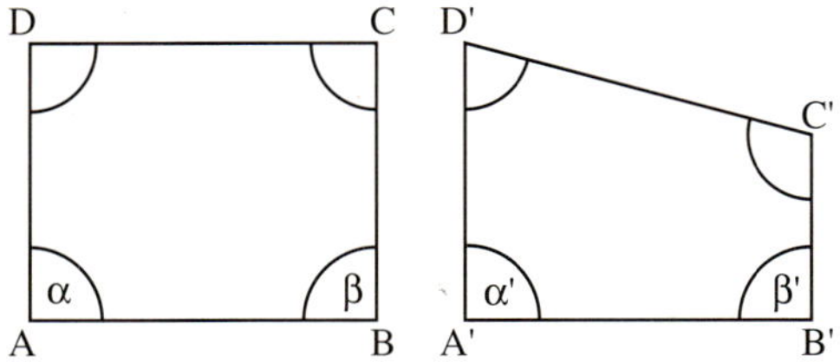

Fig. 3

Bemerkungen:
Der Kongruenzsatz wsw bzw. sww kann nicht auf andere Vielecke übertragen werden. In Fig. 3 ist:
$\overline{AB} = \overline{A'B'}$; $\alpha = \alpha' = 90°$; $\beta = \beta' = 90°$
Die beiden Vierecke sind nicht zueinander kongruent.

Im Beispiel sind die Dreiecke ABC und AC′B zueinander kongruent.

Beispiel

Konstruiere ein Dreieck ABC mit
$\overline{AB} = 4\,cm$, $\alpha = 40°$ und $\beta = 50°$.
Beschreibung der Konstruktion:
1. Zeichne die Strecke $\overline{AB}$ mit $\overline{AB} = 4\,cm$.
2. Trage bei A den Winkel α an. (Zwei Möglichkeiten!)
3. Trage bei B den Winkel β an. (Zwei Möglichkeiten!)

Die Schnittpunkte der Schenkel von α und β sind die Punkte C und C′.

Konstruktion:

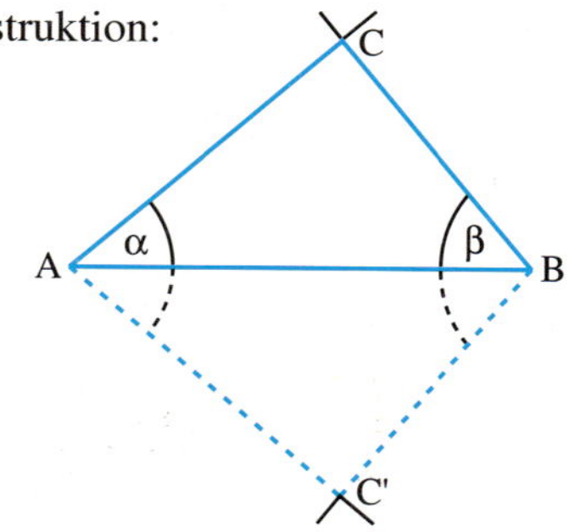

Fig. 1

Aufgaben

Die Dreiecke ABC und PQR stimmen in einer Seite und zwei Winkeln überein; sie sind aber dennoch nicht zueinander kongruent!

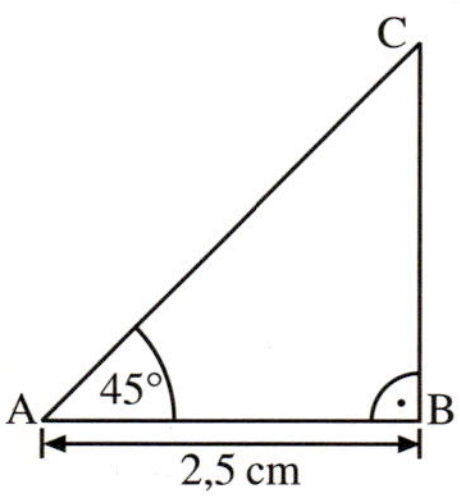

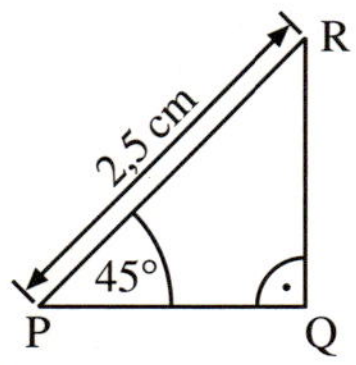

2 Kann man sofort sehen, ob die Dreiecke ABC und A′B′C′ zueinander kongruent sind?
a) $\overline{AB} = 4\,cm$, $\alpha = 70°$, $\beta = 65°$ und $\overline{A'B'} = 4\,cm$, $\alpha' = 70°$, $\gamma' = 45°$
b) $a = 5\,cm$, $\beta = 55°$, $\gamma = 68°$ und $b' = 5\,cm$, $\gamma' = 68°$, $\alpha' = 55°$
c) $\overline{BC} = 7{,}5\,cm$, $\alpha = 20°$, $\gamma = 110°$ und $\overline{B'C'} = 7{,}5\,cm$, $\alpha' = 110°$, $\beta' = 20°$
d) $c = 8{,}7\,cm$, $\beta = 45°$, $\gamma = 67°$ und $b' = 8{,}7\,cm$, $\alpha' = 45°$, $\beta' = 67°$

3 Gib an, welche dieser Dreiecke zueinander kongruent sind.

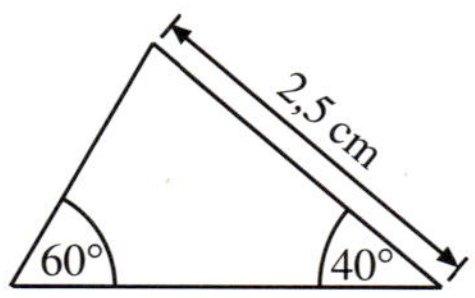

Fig. 2

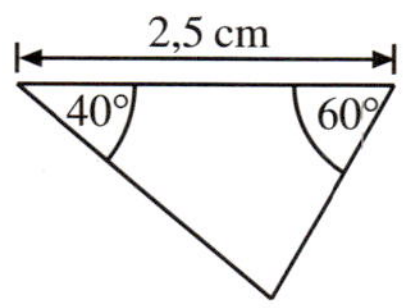

Fig. 3

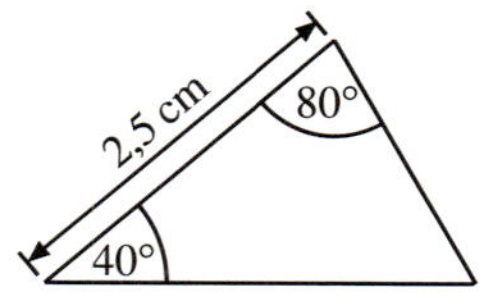

Fig. 4

4 Übertrage die Tabelle in dein Heft und ergänze sie so, dass die Dreiecke alle zueinander kongruent sind.

Dreieck	Seite	Winkel	Winkel
ABC	$\overline{AB} = 4{,}3\,cm$	$\alpha =$	$\beta = 40°$
A′B′C′	$\overline{B'C'} = 4{,}3\,cm$	$\beta = 60°$	$\gamma' =$
A″B″C″	$\overline{A''B''} = 4{,}3\,cm$	$\alpha'' =$	$\gamma'' = 80°$

5 In Fig. 5 sind $\overline{MP}$ und $\overline{MP'}$ Kreisradien. Begründe:
Die beiden Dreiecke MPQ und MQ′P′ sind zueinander kongruent.

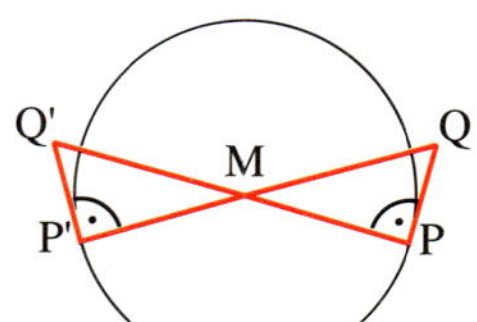

Fig. 5

6 Konstruiere ein Dreieck ABC mit
a) $a = 3\,cm$; $\beta = 45°$; $\gamma = 90°$;
b) $b = 5{,}5\,cm$; $\alpha = 60°$; $\beta = 70°$;
c) $c = 7{,}5\,cm$; $\alpha = 75°$; $\gamma = 60°$.

7 Konstruiere ein gleichschenkliges, rechtwinkliges Dreieck ABC mit dem Winkel α an der Spitze und der Basislänge 5 cm (6,5 cm).

8 Konstruiere ein Viereck ABCD mit
$\overline{AC} = 5\,cm$, $\sphericalangle ACB = 35°$, $\sphericalangle BAC = 85°$, $\sphericalangle CAD = 65°$ und $\sphericalangle ADC = 70°$.

5 Der Kongruenzsatz Ssw

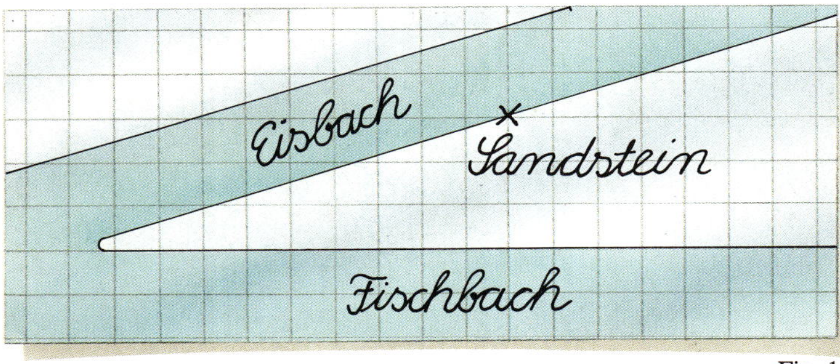

Fig. 1

1 Bei einem Sommerfest findet ein Orientierungslauf mit Zusatzaufgaben statt. Die Teilnehmer erhalten die Karte mit dem Hinweis:
„Am Ufer des Eisbaches ist ein großer Sandstein. 30 m von diesem Stein entfernt liegt eine Flasche mit einem Zettel am Ufer des Fischbaches . . .“
Zeichne die Karte ab und markiere die gesuchte Stelle. Was fällt dir auf?

Zwei Dreiecke ABC und A′B′C′, bei denen zwei Seiten und der Gegenwinkel der größeren Seite übereinstimmen, kann man mit Kongruenzabbildungen aufeinander abbilden:

Hier ist
$\overline{AB} = \overline{A'B'}$
$\overline{BC} = \overline{B'C'}$
$\gamma = \gamma'$
$\overline{AB} > \overline{BC}$
und damit
$\overline{A'B'} > \overline{B'C'}$

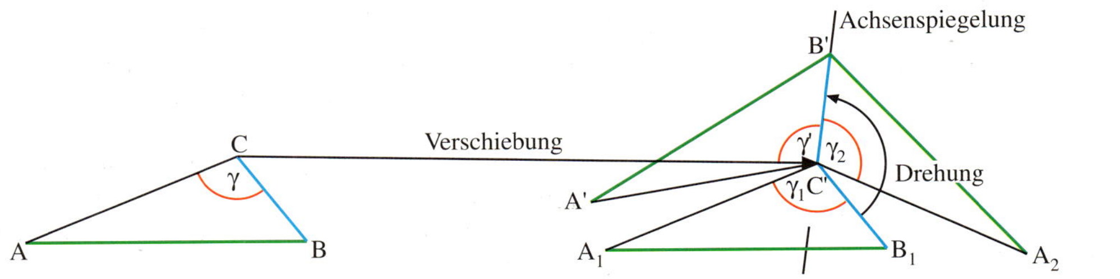

Fig. 2

1. Schritt: Ähnlich wie bei den Begründungen zu den drei anderen Kongruenzsätzen kann man das Dreieck ABC so abbilden, dass B auf B′ und C auf C′ abgebildet wird.

2. Schritt: Falls $A_2 = A'$ ist, ist die Kongruenz der Dreiecke ABC und A′B′C′ gezeigt. Falls $A_2 \neq A'$ ist, spiegelt man das Dreieck $A_2B'C'$ an der Geraden B′C′. Da $\gamma_2 = \gamma$ ist, wird die Halbgerade von C′ durch A_2 auf die Halbgerade von C′ durch A′ abgebildet. Das Bild von A_2 liegt auf einem Kreis um B′ mit dem Radius $\overline{A_2B'}$. Da $\overline{A_2B'} > \overline{B'C'}$, schneidet dieser Kreis die zweite Halbgerade genau einmal, und zwar im Punkt A′. Also wird A_2 auf A′ abgebildet und die Dreiecke ABC und A′B′C′ sind zueinander kongruent.

4. Kongruenzsatz für Dreiecke (Ssw):
Wenn zwei Dreiecke in zwei Seiten und dem Gegenwinkel der größeren Seite übereinstimmen, dann sind die beiden Dreiecke zueinander kongruent.

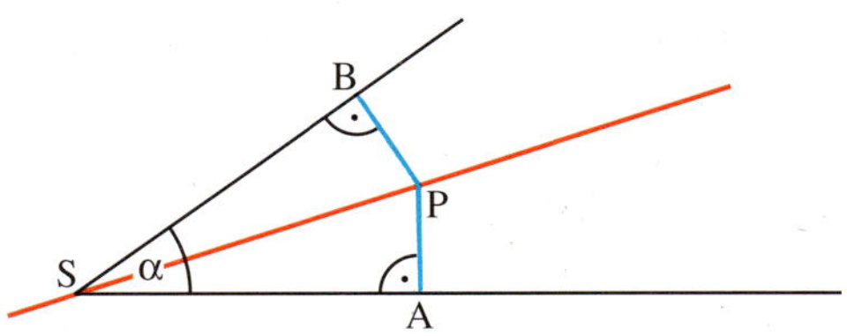

Fig. 3

Wenn in Fig. 3 $\overline{PA} = \overline{PB}$ ist, dann sind die beiden Dreiecke SPA und SPB zueinander kongruent (Ssw-Satz).
Damit ist $\sphericalangle ASP = \sphericalangle PSB = \frac{1}{2}\alpha$ und SP ist die Winkelhalbierende des Winkels α.

Die Überlegungen zu Fig. 3 auf Seite 210 verdeutlichen:
Alle Punkte, die von den beiden Schenkeln eines Winkels den gleichen Abstand haben, liegen auf der Winkelhalbierenden dieses Winkels.

Beginne bei Konstruktionen mit der Seite, an der der gegebene Winkel anliegt.

Beispiel
Konstruiere ein Dreieck ABC mit
$\overline{AB} = 3\,cm$; $\overline{BC} = 1{,}5\,cm$ und $\gamma = 50°$.
Beschreibung der Konstruktion:
1. Zeichne die Strecke $\overline{BC}$ mit $\overline{BC} = 1{,}5\,cm$.
2. Trage bei C den Winkel γ an.
(Zwei Möglichkeiten!)
3. Zeichne einen Kreis mit dem Mittelpunkt B und dem Radius $r = 3\,cm$.
Dieser Kreis schneidet die Schenkel der beiden Winkel in den Punkten A und A′.

Konstruktion:

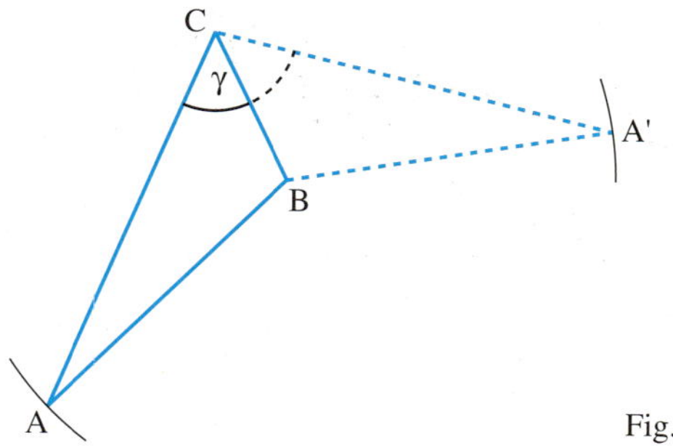

Fig. 1

Aufgaben

2 Kann man aus den Angaben schließen, dass die Dreiecke ABC und A′B′C′ zueinander kongruent sind?
a) $\overline{AB} = 7\,cm$, $\overline{AC} = 4\,cm$, $\gamma = 70°$ und $\overline{A'B'} = 7\,cm$, $\overline{A'C'} = 4\,cm$, $\gamma' = 70°$
b) $a = 5\,cm$, $b = 6{,}5\,cm$, $\alpha = 68°$ und $a' = 5\,cm$, $b' = 6{,}5\,cm$, $\alpha' = 68°$
c) $a = 7{,}8\,cm$, $c = 8{,}7\,cm$, $\alpha = 45°$ und $a' = 7{,}8\,cm$, $c' = 8{,}7\,cm$, $\alpha' = 45°$

3 a) Konstruiere ein Dreieck ABC mit $a = 4\,cm$, $b = 6\,cm$ und $\beta = 40°$.
b) Warum kannst du kein Dreieck mit $a = 4\,cm$, $b = 6\,cm$ und $\alpha = 80°$ konstruieren?
c) Warum erhält man mit den Angaben $a = 4\,cm$, $b = 6\,cm$ und $\alpha = 40°$ zwei nicht zueinander kongruente Dreiecke?

4 Konstruiere ein Dreieck mit
a) $a = 5{,}3\,cm$; $c = 3{,}9\,cm$; $\alpha = 40°$
b) $a = 3{,}8\,cm$; $c = 4{,}6\,cm$; $\gamma = 72°$
c) $b = 7{,}5\,cm$; $c = 6{,}4\,cm$; $\beta = 30°$
d) $b = 4{,}7\,cm$; $c = 5{,}5\,cm$; $\gamma = 40°$.

5 Konstruiere ein Rechteck ABCD mit $\overline{AB} = 6\,cm$ und $\overline{AC} = 7{,}5\,cm$.

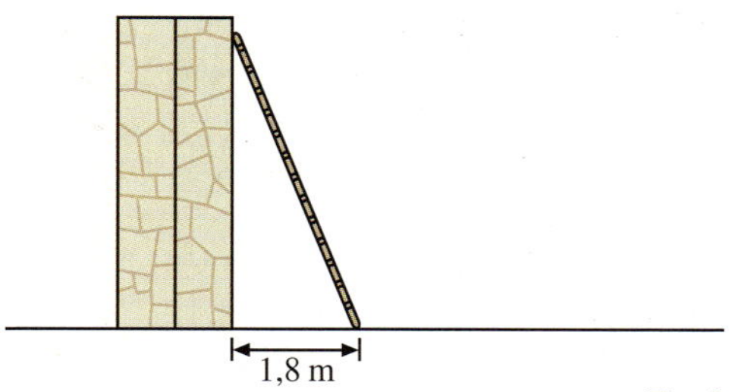

Fig. 2

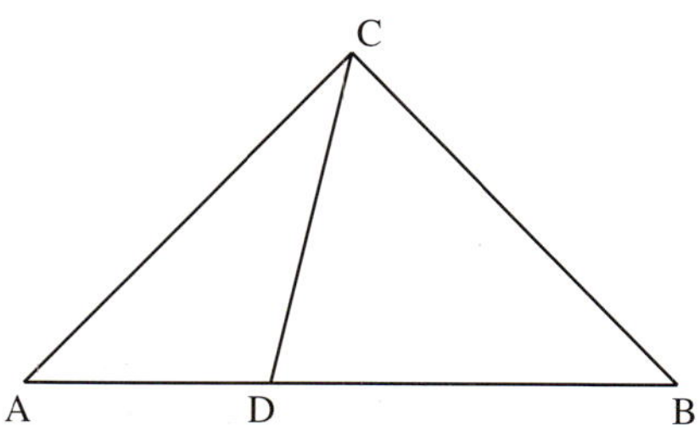

Fig. 3

6 Wie hoch reicht die 4,5 m lange Leiter (Fig. 2)?
Fertige eine Zeichnung im Maßstab 1 : 100 an und bestimme die gesuchte Höhe.

7 Das Dreieck ABC in Fig. 3 ist gleichschenklig. Die beiden Dreiecke ADC und DBC stimmen in zwei Seiten und einem Winkel überein.
a) Welche Seiten und Winkel sind dies?
b) Warum kann man hier den Kongruenzsatz Ssw nicht anwenden?

6 Umkreis und Mittelsenkrechte

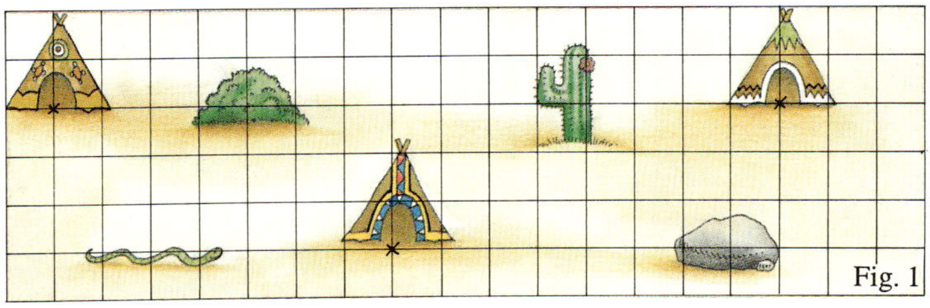

Fig. 1

1 Die Indianer wollen ihr Lagerfeuer so anlegen, dass es von jedem der drei Zelte gleich weit entfernt ist.
Die Kreuze geben die jeweilige Stelle an, von der aus die Entfernung eines Zeltes zum Lagerfeuer gemessen wird. Zeichne die Skizze in dein Heft. Ermittle die Stelle des Lagerfeuers.

Zur Erinnerung:
Alle Punkte, die von zwei Punkten P und Q den gleichen Abstand haben, liegen auf der Mittelsenkrechten der Strecke $\overline{PQ}$.

Zu jedem Dreieck ABC gibt es einen Kreis, der durch alle drei Ecken geht:
In Fig. 2 sind m_1, m_2 und m_3 die Mittelsenkrechten der Dreiecksseiten. Jeder Punkt von m_1 hat von A und B den gleichen Abstand. Entsprechendes gilt für die Mittelsenkrechte m_2 und die Punkte B und C. Für den Schnittpunkt U von m_1 und m_2 gilt: $\overline{UA} = \overline{UB} = \overline{UC}$. Also liegt U auch auf m_3.
Der Kreis mit dem Mittelpunkt U und dem Radius $\overline{UA}$ geht somit durch A, B und C.
Er heißt **Umkreis** des Dreiecks, sein Mittelpunkt U heißt **Umkreismittelpunkt**.

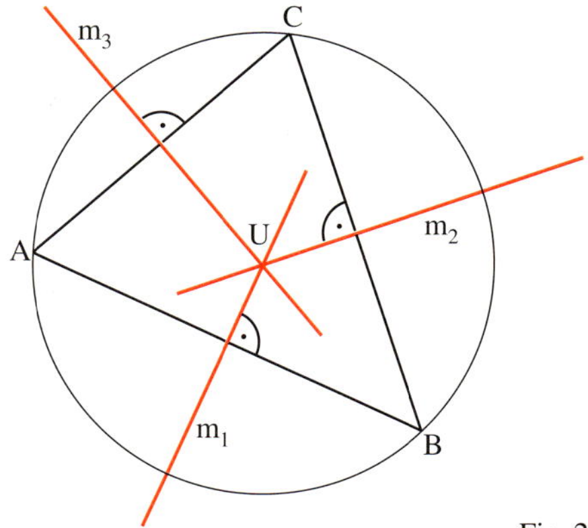

Fig. 2

Für jedes Dreieck gilt:
Die Mittelsenkrechten der drei Dreiecksseiten schneiden sich in einem Punkt U.
Dieser Punkt hat von allen drei Ecken des Dreiecks den gleichen Abstand, er ist der Umkreismittelpunkt des Dreiecks.

Beispiel 1
Zeichne ein spitzwinkliges (rechtwinkliges, stumpfwinkliges) Dreieck und konstruiere den Umkreis. Wo liegt der Umkreismittelpunkt?
Lösung:
Konstruiere in dem jeweiligen Dreieck die Mittelsenkrechten zweier Seiten. Ihr Schnittpunkt ist der Umkreismittelpunkt. Der Abstand des Umkreismittelpunktes von einer Ecke ist der Radius.

spitzwinkliges Dreieck | rechtwinkliges Dreieck | stumpfwinkliges Dreieck

Fig. 3

U liegt im Dreieck | U liegt auf einer Dreiecksseite | U liegt außerhalb des Dreiecks

Beispiel 2
Konstruiere ein Dreieck ABC mit:
c = 3 cm, β = 30° und dem Umkreisradius r = 2,5 cm.
Beschreibung der Konstruktion:
1. Zeichne den Umkreis mit r = 2,5 cm.
2. Wähle A auf der Kreislinie.
3. Zeichne einen Kreis mit dem Mittelpunkt A und dem Radius 3 cm.
4. Die beiden Kreise schneiden sich in den Punkten B und B′.
5. Trage bei B den Winkel β an $\overline{AB}$ (bzw. bei B′ den Winkel β′ an $\overline{A'B'}$) an.
6. Der andere Schenkel von β (β′) schneidet den Umkreis im Punkt C (C′).

Konstruktion:

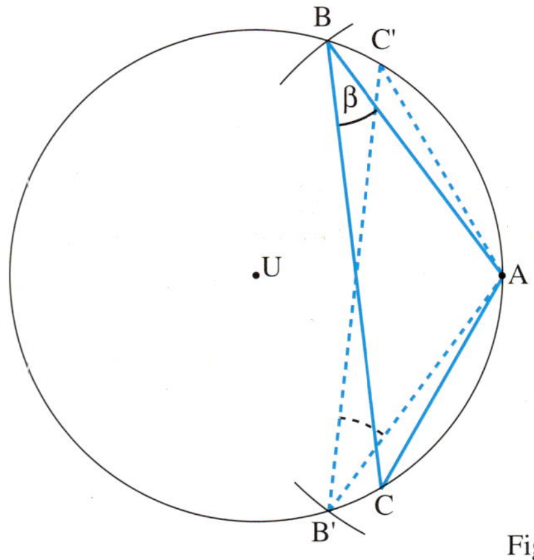

Fig. 1

Aufgaben

2 Konstruiere zu den folgenden Dreiecken den jeweiligen Umkreis.
a) b = 5,8 cm; c = 5,4 cm; α = 48°
b) a = 5,8 cm; b = 3,5 cm; c = 7,5 cm
c) a = 4,7 cm; b = 7,7 cm; c = 6,6 cm
d) b = 6,8 cm; c = 7,5 cm; γ = 78°
Miss jeweils den Radius des Umkreises.

3 Konstruiere ein Dreieck mit (r ist der Umkreisradius):
a) r = 3 cm; a = 2,5 cm; b = 4 cm
b) r = 3,5 cm; a = 5 cm; b = 5,5 cm
c) r = 4 cm; c = 7,5 cm; α = 60°
d) r = 3,5 cm; a = 5,8 cm; γ = 46°

4 Zeichne die Punkte A(0|0); B(8|2) und C(5|7). Konstruiere einen Kreis, der durch die drei Punkte geht.

5 a) Zeige: Drei Punkte A, B, C können so liegen, dass es keinen Kreis gibt, der durch A, B und C geht.
b) Jedes Dreieck hat einen Umkreis; gilt dies auch für jedes Viereck?
Lässt sich danach zu vier gegebenen Punkten A, B, C, D stets ein Punkt finden, der von A, B, C und D gleich weit entfernt ist?

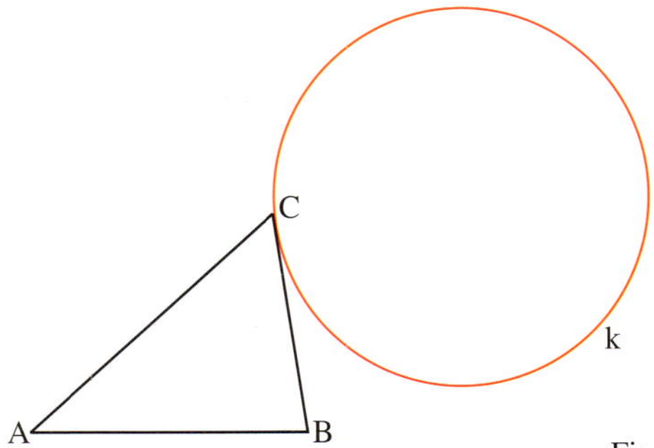

Fig. 2

***6** In Fig. 2 sind die Ecken A und B des Dreiecks ABC fest. Die Ecke C wandert auf dem Kreis. Wie ändert sich die Lage des Umkreismittelpunktes U des Dreiecks ABC?

Ein Tipp zu Aufgabe 7: Betrachte das Mittendreieck DEF.

***7** In Fig. 3 wurde der Umkreismittelpunkt des Dreiecks ABC an den Seiten dieses Dreiecks gespiegelt.
Die drei Bildpunkte sind A_1, B_1 und C_1.
Begründe: Die beiden Dreiecke ABC und $A_1B_1C_1$ sind zueinander kongruent.

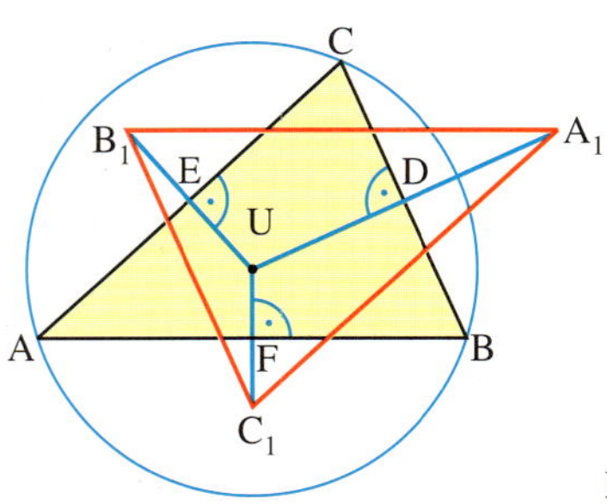

Fig. 3

7 Inkreis und Winkelhalbierende

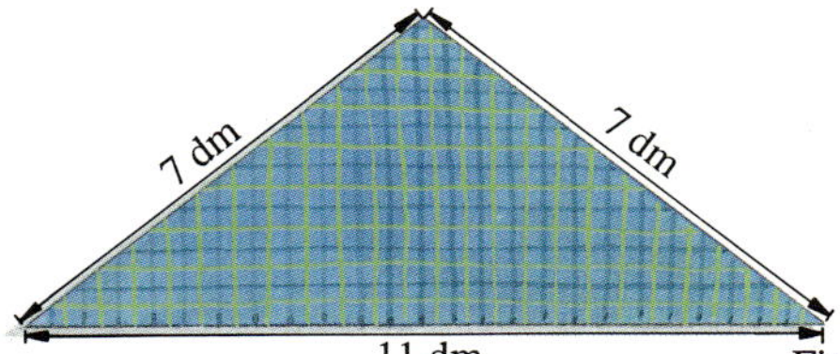

Fig. 1

1 Johanna möchte aus dem Dreieckstuch ein möglichst großes kreisförmiges Stück ausschneiden.
a) Übertrage die Zeichnung des Tuches in dein Heft (Maßstab 1 : 10).
b) Wo liegt der Mittelpunkt des Kreises?
c) Wie groß ist der Kreisradius?

Zur Erinnerung:
Alle Punkte, die von den beiden Schenkeln eines Winkels den gleichen Abstand haben, liegen auf der Winkelhalbierenden des Winkels.

In jedem Dreieck gibt es einen Kreis, der alle Dreiecksseiten berührt:
In Fig. 2 sind w_α, w_β und w_γ die Winkelhalbierenden der Innenwinkel des Dreiecks ABC.
Jeder Punkt der Winkelhalbierenden w_α hat von b und c den gleichen Abstand.
Entsprechendes gilt für die Winkelhalbierende w_β und die Seiten a und c.
Der Schnittpunkt I von w_α und w_β hat also von den Seiten a, b und c den gleichen Abstand; deshalb liegt der Punkt I auch auf der Winkelhalbierenden w_γ.
Der Kreis mit dem Mittelpunkt I, dessen Radius gleich dem Abstand von I zu a ist, berührt somit die Seiten a, b und c.
Dieser Kreis heißt **Inkreis** des Dreiecks, sein Mittelpunkt I heißt **Inkreismittelpunkt**.

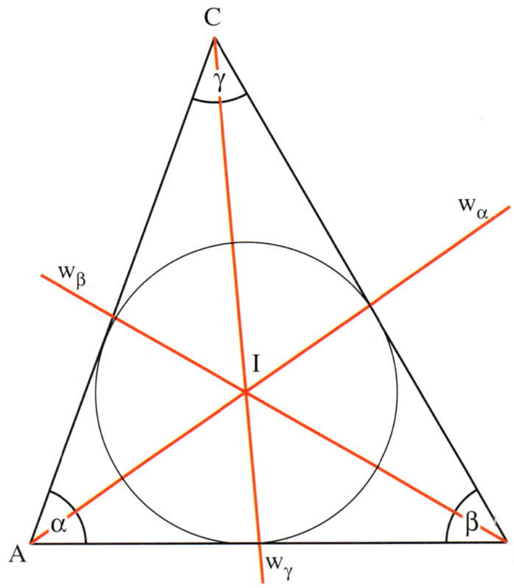

Fig. 2

Für jedes Dreieck gilt:
Die Winkelhalbierenden der drei Innenwinkel schneiden sich in einem Punkt I.
Dieser Punkt hat von allen drei Seiten des Dreiecks den gleichen Abstand, er ist der Inkreismittelpunkt des Dreiecks.

Beispiel 1
Konstruiere den Inkreis des Dreiecks ABC.
Beschreibung der Konstruktion:
1. Konstruiere die Winkelhalbierende des Winkels α.
2. Konstruiere die Winkelhalbierende des Winkels β.
3. Der Schnittpunkt I dieser Winkelhalbierenden ist der Inkreismittelpunkt des Dreiecks ABC.
4. Der Abstand des Punktes I von einer Dreiecksseite ist der Radius des Inkreises.

Konstruktion:

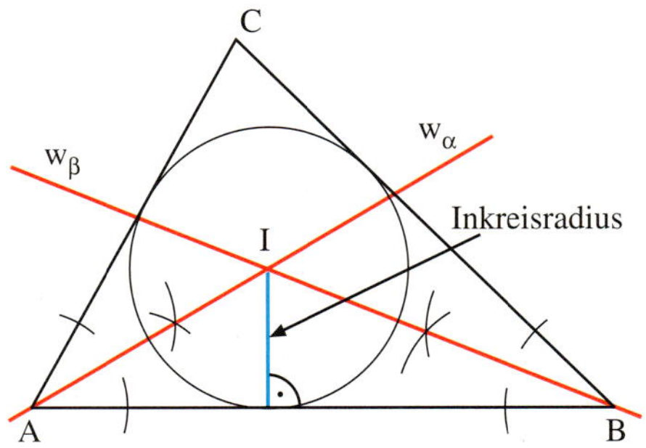

Fig. 3

Die Winkelhalbierenden der Winkel α, β, γ bezeichnet man mit w_α, w_β, w_γ.

Bemerkung:
Die Winkelhalbierende eines Winkels ist eine Gerade. Wird jedoch bei einem Dreieck die **Länge einer Winkelhalbierenden** angegeben, so meint man damit die Länge des Stückes der Winkelhalbierenden, das im Innern des Dreiecks liegt.

Beispiel 2
Konstruiere ein Dreieck ABC mit $c = 4\,cm$, $w_\alpha = 2\,cm$ und $\alpha = 50°$.
Beschreibung der Konstruktion:
1. Zeichne die Seite c mit $c = 4\,cm$.
2. Trage bei A den Winkel α mit $\alpha = 50°$ an c an. (Zwei Möglichkeiten!)
3. Konstruiere w_α mit $w_\alpha = 2\,cm$. Der zweite Endpunkt von w_α sei D.
4. Der Schnittpunkt des zweiten Schenkels von α und der Geraden BD ist C.

Konstruktion:

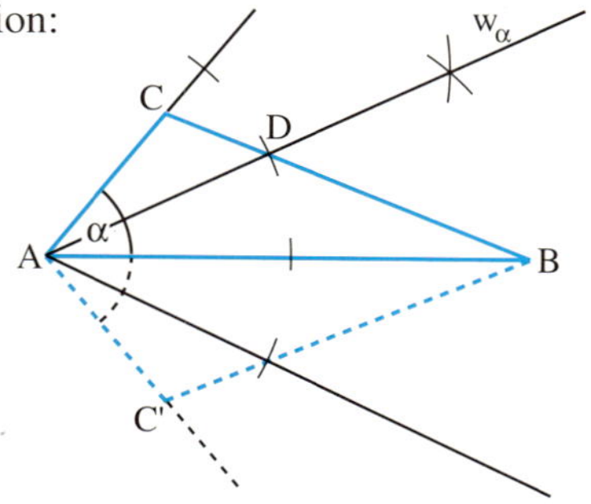

Fig. 1

Aufgaben

2 Konstruiere ein Dreieck ABC und seinen Inkreis.
a) $c = 5{,}8\,cm$; $\alpha = 48°$; $w_\alpha = 6{,}3\,cm$
b) $a = 5{,}5\,cm$; $\beta = 113°$; $w_\beta = 2{,}7\,cm$
c) $c = 4{,}8\,cm$; $\alpha = 60°$; $w_\alpha = 4{,}6\,cm$
d) $\beta = 40°$; $\gamma = 65°$; $w_\beta = 6{,}2\,cm$

3 Konstruiere ein Dreieck ABC und seinen Inkreis.
a) $a = 5{,}8\,cm$; $\alpha = 47°$; $\gamma = 55°$
b) $a = 8\,cm$; $b = 5\,cm$; $\alpha = 57°$
c) $b = 3{,}4\,cm$; $c = 4{,}3\,cm$; $\alpha = 64°$
d) $a = 5\,cm$; $b = 3\,cm$; $c = 4\,cm$

4 a) Konstruiere ein Dreieck ABC mit $a = 7{,}5\,cm$; $b = 10\,cm$; $c = 8{,}6\,cm$. Konstruiere den Umkreis und den Inkreis des Dreiecks.
b) Konstruiere ein Dreieck aus $\gamma = 90°$; $b = 5{,}2\,cm$; $w_\alpha = 5{,}5\,cm$.

5 a) Zeige an einem Beispiel: Drei Geraden g, h, k können so liegen, dass es keinen Punkt gibt, der von g, h und k den gleichen Abstand hat.
b) Zeichne zwei zueinander parallele Geraden g und h und eine dritte Gerade k, die g und h schneidet. Konstruiere alle Punkte, die von g, h und k den gleichen Abstand besitzen. Wie viele solche Punkte gibt es?

6 Begründe:
Wenn bei einem Dreieck der Umkreismittelpunkt U mit dem Inkreismittelpunkt I zusammenfällt, dann ist das Dreieck gleichseitig.

***7** Bei dem Trichter in Fig. 2 ist die rote Linie in Wirklichkeit ein Kreis mit dem Durchmesser 30 cm; die kürzeste (grün eingezeichnete) Mantellinie ist 20 cm, die längste (blau eingezeichnete Mantellinie) 40 cm lang.
a) Zeichne eine Seitenansicht des Trichters im Maßstab 1 : 4.
b) Welchen Durchmesser darf eine kugelrunde Orange (Fig. 2) höchstens haben, damit der Trichter (mit eingelegter Orange) noch durch ein Brettchen abgedeckt werden kann?

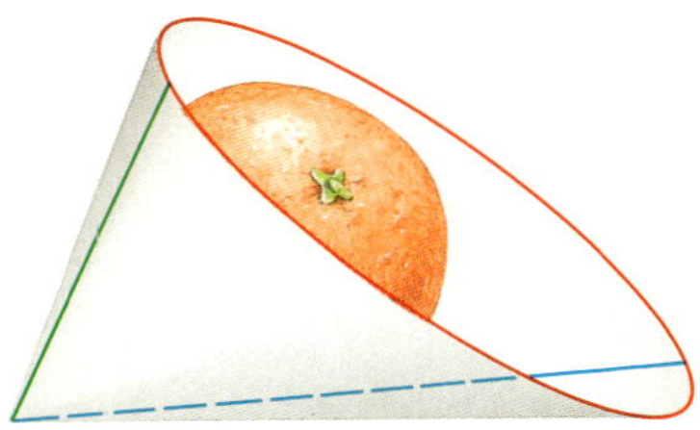
Fig. 2

8 Die Höhen im Dreieck

Claudias Einladungskarte

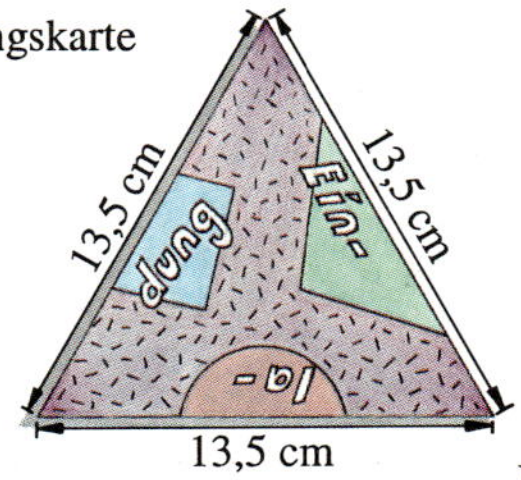

Fig. 1

1 Claudia feiert bald Geburtstag. Sie hat für ihre Feier dreieckige Einladungskarten gebastelt.
Ein normaler Briefumschlag (C 6) hat die Maße 162 mm × 114 mm.
Kann Claudia solche Umschläge zum Verschicken ihrer Einladungen verwenden?

In jedem Dreieck gibt es drei **Höhen**:
Jede Höhe ist die senkrechte Verbindungsstrecke einer Ecke mit der ihr gegenüber liegenden Seite (oder deren Verlängerung).
In Fig. 2 sind h_a, h_b und h_c die Höhen des Dreiecks ABC.

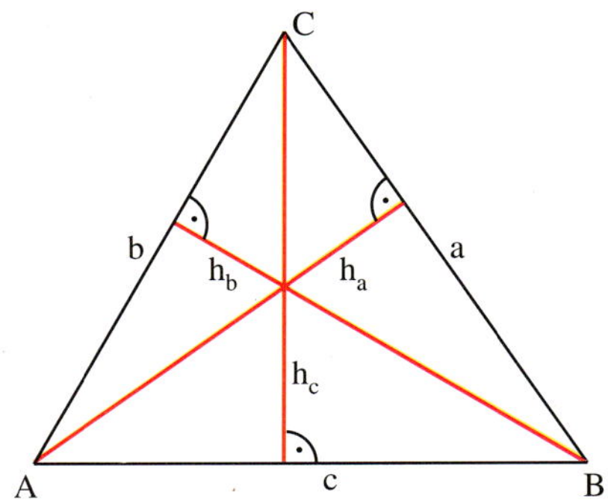

Fig. 2

Bei jedem Dreieck schneiden sich die Höhen (oder deren Verlängerungen) in einem Punkt (Fig. 3), denn:
Zeichnet man zu einem Dreieck ABC zu jeder Seite eine Parallele durch die gegenüber liegende Ecke, so erhält man ein neues Dreieck A′B′C′.
In diesem Dreieck A′B′C′ sind A, B und C die Seitenmitten (man hat nämlich 4 zueinander kongruente Dreiecke).
Die Höhen des Dreiecks ABC liegen deshalb auf der Mittelsenkrechten des Dreiecks A′B′C′. Diese Mittelsenkrechten schneiden sich in einem Punkt (siehe Seite 212).

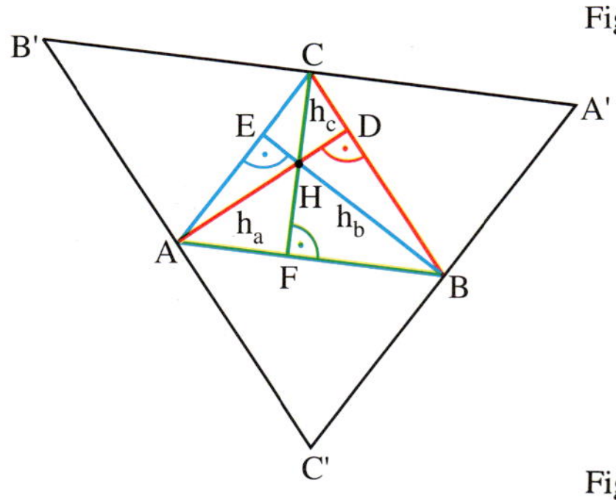

Fig. 3

In jedem Dreieck schneiden sich die drei Höhen (oder deren Verlängerungen) in einem Punkt.

Höhen in einem rechtwinkligen Dreieck:

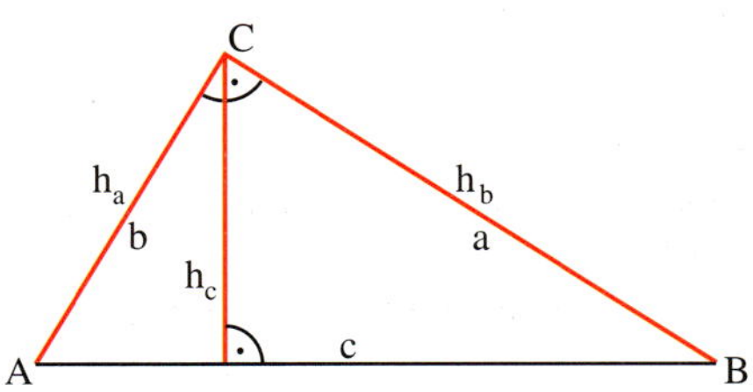

Höhen in einem stumpfwinkligen Dreieck:

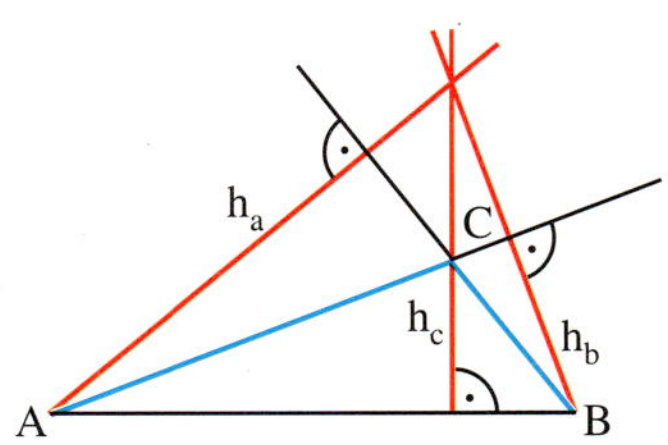

Beispiel
Konstruiere ein Dreieck ABC mit
c = 5 cm, $\alpha = 50°$ und $h_c = 2$ cm.
Beschreibung der Konstruktion:
1. Zeichne die Seite c mit c = 5 cm.
2. Trage bei A den Winkel α mit $\alpha = 50°$ an c an. (Zwei Möglichkeiten!)
3. Konstruiere die Parallele zu c, die von c den Abstand 2 cm besitzt und den zweiten Schenkel von α schneidet.
4. Der Schnittpunkt ist C.

Konstruktion:

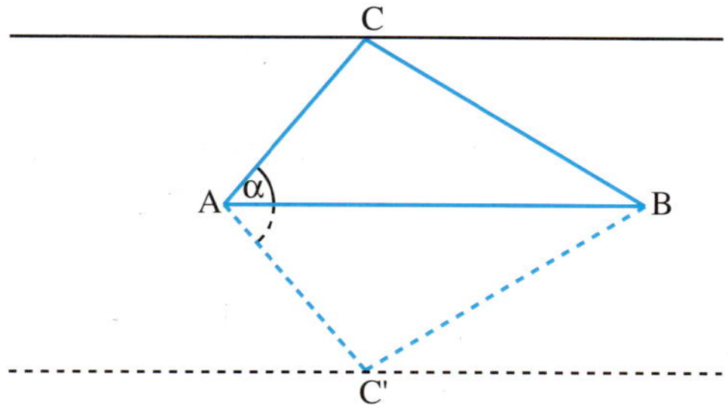

Fig. 1

Aufgaben

2 Zeichne ein spitzwinkliges, ein stumpfwinkliges und ein rechtwinkliges Dreieck und zeichne jeweils alle Höhen ein.
Vergleiche die Lagen des jeweiligen Schnittpunktes der Höhen.
Welche Besonderheit haben zwei der drei Höhen eines rechtwinkligen Dreiecks?

3 Konstruiere ein Dreieck ABC mit:
a) a = 4 cm; c = 4,5 cm; h_c = 3,5 cm
b) h_a = 4 cm; c = 4,2 cm; a = 3,4 cm
c) h_c = 4,2 cm; b = 4,4 cm; $\gamma = 40°$
d) h_c = 4,2 cm; a = 4,4 cm; b = 4,6 cm
e) h_c = 3,6 cm; a = 3,8 cm; $\alpha = 50°$
f) b = 3,8 cm; h_c = 3 cm; $\beta = 28°$

4 Konstruiere ein gleichschenkliges Dreieck ABC (Basis $\overline{AB}$) mit:
a) h_c = 6,6 cm; b = 7 cm
b) h_c = 5 cm; c = 2,8 cm
c) h_a = 3 cm; b = 3,2 cm
*d) h_b = 4 cm; c = 4,5 cm

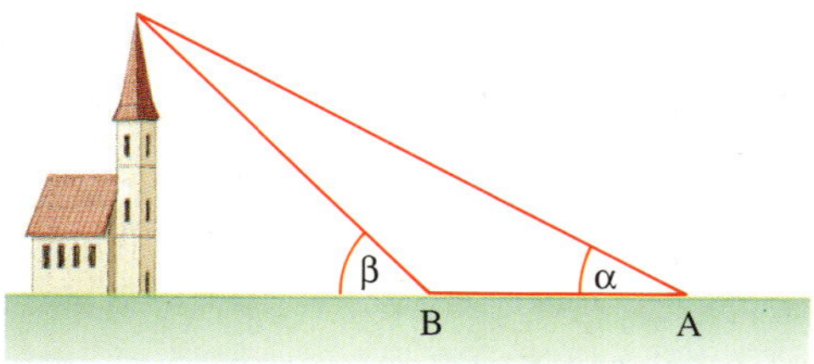

Fig. 2

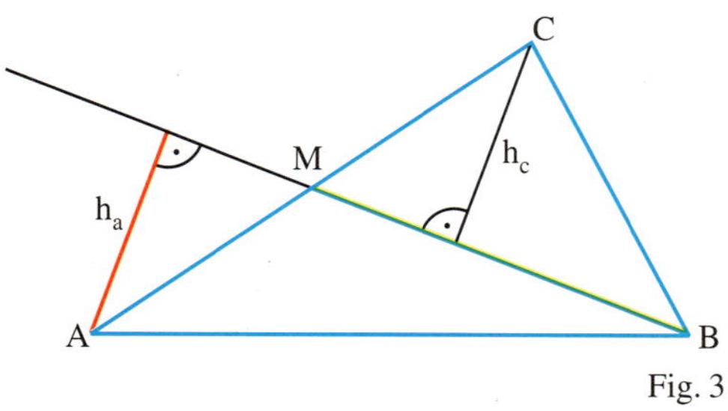

Fig. 3

5 Konstruiere ein gleichseitiges Dreieck ABC mit h_a = 3,5 cm.

6 Wie hoch ist der Turm in Fig. 2, wenn
a) $\overline{AB}$ = 54 m; $\alpha = 30°$; $\beta = 40°$,
b) $\overline{AB}$ = 70 m; $\alpha = 40°$; $\beta = 56°$?
Zeichne im Maßstab 1 : 2000.

7 Zeichne ein Dreieck ABC.
Zeichne den Mittelpunkt M der Strecke $\overline{AC}$ ein.
Verbinde die Punkte B und M (Fig. 3).
Begründe:
Die Höhe h_a im Dreieck ABM und die Höhe h_c im Dreieck BCM sind gleich lang.
(Hinweis: Nutze den sww-Satz aus.)

Knobelecke

8 Zeichne drei Geraden, die sich alle in einem Punkt H schneiden. Wähle auf einer der Geraden einen weiteren Punkt A (also A ≠ H).
Zeichne nun ein Dreieck ABC, bei dem der Punkt A eine Ecke ist und dessen Höhen auf den drei Geraden liegen.

9 Die Seitenhalbierenden im Dreieck

Fig. 1

1 Schneide aus einem Stück Pappe ein Dreieck aus.
Hänge das Dreieck und ein Lot (Faden mit Gewicht) nacheinander an jeder Ecke drehbar auf (Fig. 1).
a) Zeichne jeweils den Verlauf des Fadens in das Dreieck ein.
b) Wo schneiden sich die eingezeichneten Linien der Dreiecksseiten?
c) Was fällt dir sonst noch auf?

In einem Dreieck gibt es drei **Seitenhalbierende**:
Jede Seitenhalbierende ist die Verbindungsstrecke einer Seitenmitte mit der ihr gegenüber liegenden Ecke.
Die Seitenhalbierenden der Seiten a, b, c bezeichnet man mit s_a, s_b, s_c (Fig. 2–4).

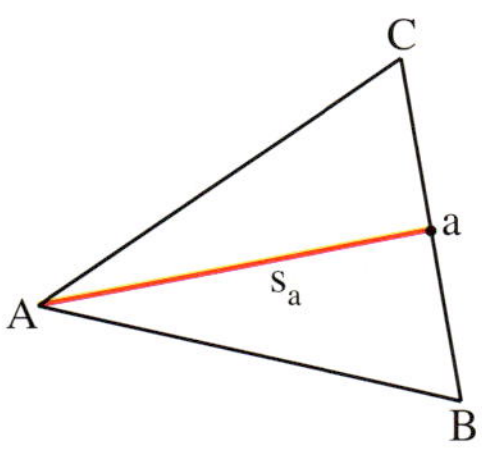

Fig. 2

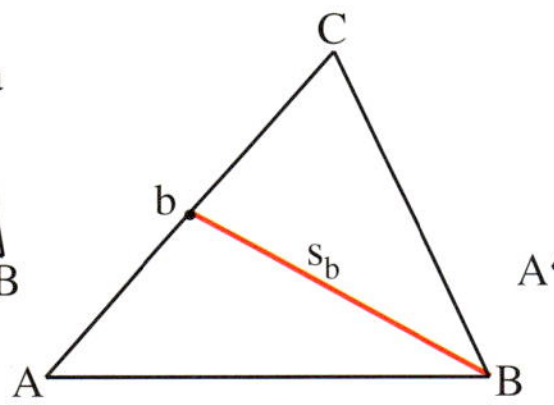

Fig. 3

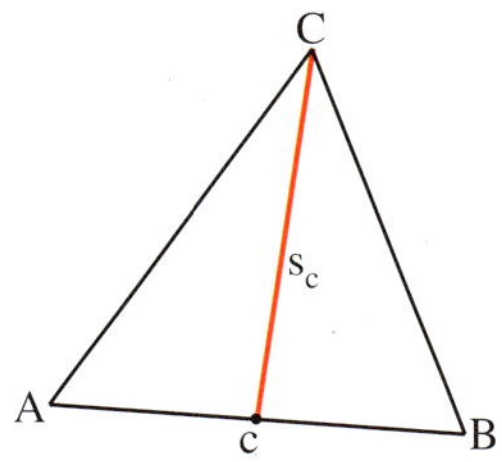

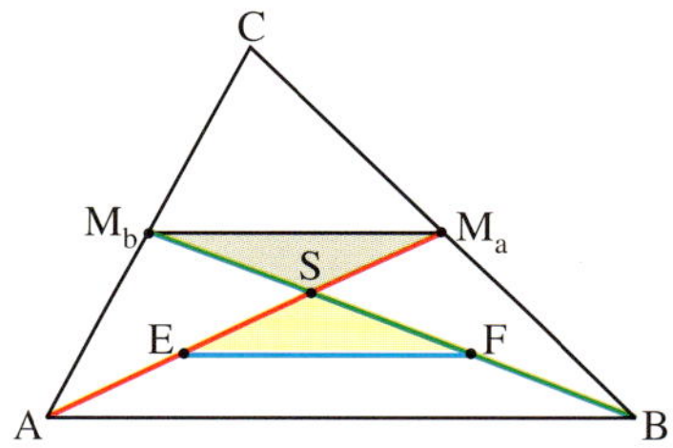

Fig. 5

So kannst du ein Dreieck aus Pappe, Holz usw. im Gleichgewicht halten:

In jedem Dreieck schneiden sich die Seitenhalbierenden in einem Punkt (Fig. 5).
Im Dreieck ABC sind M_a und M_b die Mitten der Seiten a und b und es gilt: $\overline{M_aM_b} \parallel \overline{AB}$ und $\overline{M_aM_b} = \frac{1}{2}\overline{AB}$ (siehe Seite 109). Der Schnittpunkt von s_a und s_b ist S.
Im Dreieck ABS sind E und F die Mitten der Seiten $\overline{AS}$ und $\overline{BS}$, und es gilt: $\overline{EF} \parallel \overline{AB}$ und $\overline{EF} = \frac{1}{2}\overline{AB}$.
Die Dreiecke EFS und M_aM_bS sind zueinander kongruent (wsw Kongruenzsatz), also gilt: $\overline{ES} = \overline{SM_a}$, $\overline{FS} = \overline{SM_b}$ und damit: $\overline{AS} = 2\,\overline{SM_a}$ und $\overline{BS} = 2\,\overline{SM_b}$. S teilt somit s_a und s_b jeweils in zwei Teilstrecken, von denen eine doppelt so lang ist wie die andere. Ebenso teilt der Schnittpunkt von s_a und s_b die Seitenhalbierenden s_b und s_c. Deshalb schneiden sich s_a, s_b und s_c alle im Punkt S.

> In jedem Dreieck schneiden sich die Seitenhalbierenden in einem Punkt.
> Dieser Punkt teilt jede Seitenhalbierende in zwei Teilstrecken, von denen eine doppelt so lang ist wie die andere.

Bemerkung:
Die Seitenhalbierenden heißen auch Schwerlinien und den Schnittpunkt der Seitenhalbierenden nennt man auch **Schwerpunkt**.

Beispiel
Konstruiere ein Dreieck mit
$a = 2{,}4\,cm$, $b = 2\,cm$ und $s_a = 2{,}6\,cm$.
Beschreibung der Konstruktion:
1. Zeichne die Seite b mit $b = 2\,cm$.
2. Zeichne einen Kreis k_1 mit dem Mittelpunkt C und dem Radius $r_1 = \frac{a}{2} = 1{,}2\,cm$.
3. Zeichne einen Kreis k_2 mit dem Mittelpunkt A und dem Radius $r_2 = s_a = 2{,}6\,cm$.
4. Die beiden Kreise schneiden sich in den Punkten M_a und M_a'. M_a (bzw. M_a') ist die Mitte der Seite a (bzw. a').
5. Verlängere die Strecke $\overline{CM_a}$ (bzw. $\overline{CM_a'}$) über M_a (bzw. M_a') hinaus um $\frac{a}{2} = 1{,}2\,cm$. Der neue Endpunkt ist B (bzw. B').

Konstruktion:

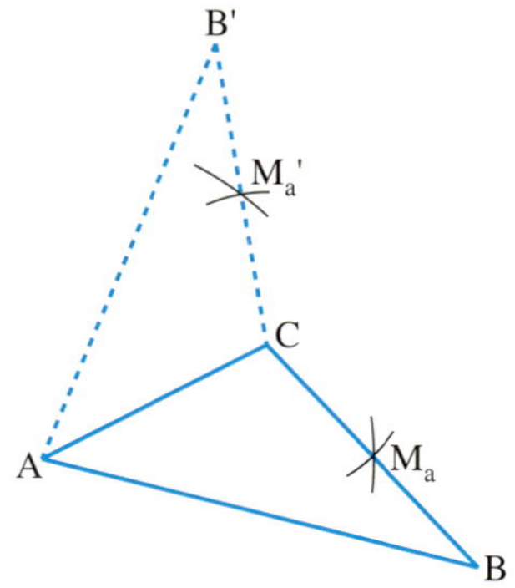

Fig. 1

Aufgaben

2 Konstruiere ein Dreieck ABC mit:
a) $a = 7\,cm$; $c = 6{,}4\,cm$; $s_c = 5\,cm$
b) $a = 4\,cm$; $b = 5\,cm$; $s_b = 4{,}3\,cm$
c) $a = 3\,cm$; $\gamma = 70°$; $s_b = 3{,}4\,cm$
d) $c = 6{,}6\,cm$; $\alpha = 61°$; $s_b = 5{,}8\,cm$
e) $c = 6\,cm$; $\alpha = 49°$; $s_c = 5{,}4\,cm$
f) $b = 7{,}2\,cm$; $\gamma = 92°$; $s_b = 5{,}8\,cm$

3 Konstruiere ein Dreieck ABC. Beginne mit einem Teildreieck, bei dem S eine Ecke ist.
a) $a = 6\,cm$; $s_b = 6{,}6\,cm$; $s_c = 3{,}6\,cm$
b) $c = 10{,}2\,cm$; $s_a = 8{,}7\,cm$; $s_b = 7{,}2\,cm$
c) $b = 7\,cm$; $s_b = 4{,}8\,cm$; $s_c = 5{,}1\,cm$
d) $c = 5{,}5\,cm$; $s_b = 4{,}8\,cm$; $s_c = 6{,}6\,cm$

4 Konstruiere ein gleichschenkliges Dreieck ABC (Basis $\overline{AB}$) mit:
a) $s_b = 4{,}7\,cm$; $a = 7\,cm$
b) $c = 4{,}2\,cm$; $s_c = 5\,cm$
c) $s_a = 3{,}6\,cm$; $s_c = 6{,}3\,cm$
d) $s_c = 7{,}2\,cm$; $s_b = 7{,}5\,cm$

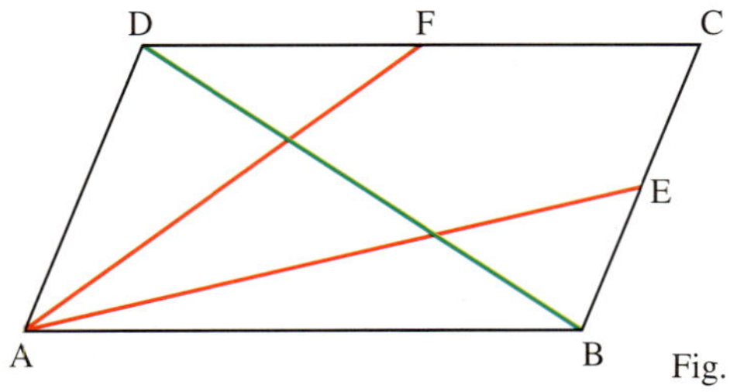

Fig. 2

5 In dem Parallelogramm ABCD von Fig. 2 sind E und F die Mitten der Seiten $\overline{BC}$ und $\overline{CD}$.
Begründe:
$\overline{AE}$ und $\overline{AF}$ teilen die Diagonale $\overline{BD}$ in drei gleich lange Teile.

6 Denke dir die Dreiecke in Fig. 3 aus einer dicken Spanplatte ausgesägt. Wenn man sie auf eine Tischplatte stellt, so wird das linke Dreieck stehen bleiben, das rechte dagegen um die Ecke B nach rechts kippen.
Wird das mittlere Dreieck stehen bleiben oder ebenfalls umfallen?
Kann man bei einem solchen Dreieck voraussagen, ob es nach rechts kippen wird oder nicht?

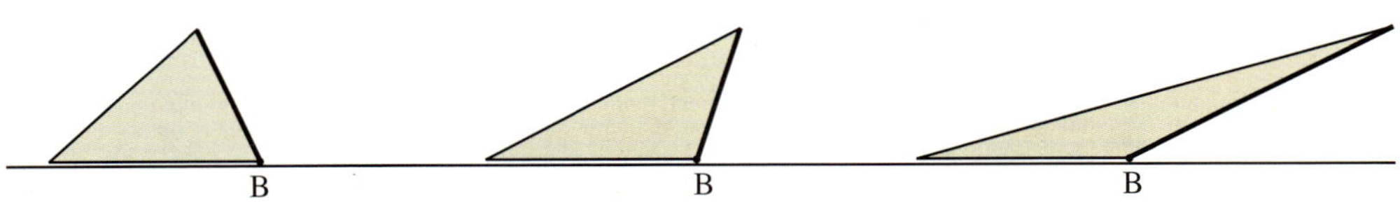

Fig. 3

10 Vermischte Aufgaben

Theodolit für Horizontal- und Höhenmessung (um 1840)

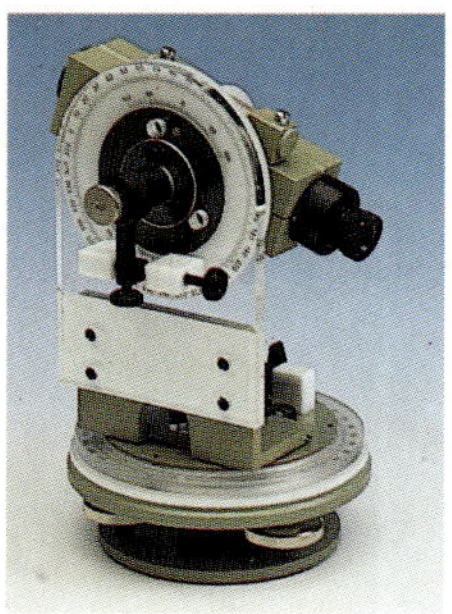

Theodolit aus der heutigen Zeit

1 Von einer 40 m langen Standlinie $\overline{AB}$, die auf einen Fabrikschornstein zuläuft, wird seine Spitze mit einem Theodoliten angepeilt. Die Höhenwinkel α und β bei A und B sind 38° und 56° groß (Fig. 1). Zeichne das Dreieck ABS im passenden Maßstab.
Wie hoch ist der Schornstein?

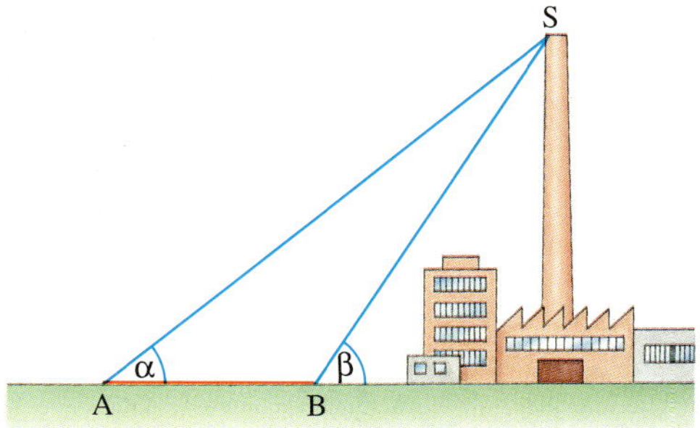

Fig. 1

2 Von einem Freiballon aus werden die Orte A und B unter den Tiefenwinkeln α und β angepeilt.
Der Winkel α ist ungefähr 66° groß, der Winkel β ungefähr 24° (Fig. 2).
Wie hoch schwebt der Ballon über dem Punkt G, wenn $\overline{AB} = 2700\,m$ ist?
a) Berechne in dem Dreieck ABC die Winkel bei B und C.
b) Zeichne das Dreieck ABC im Maßstab 1 : 50 000 und miss die Höhe.

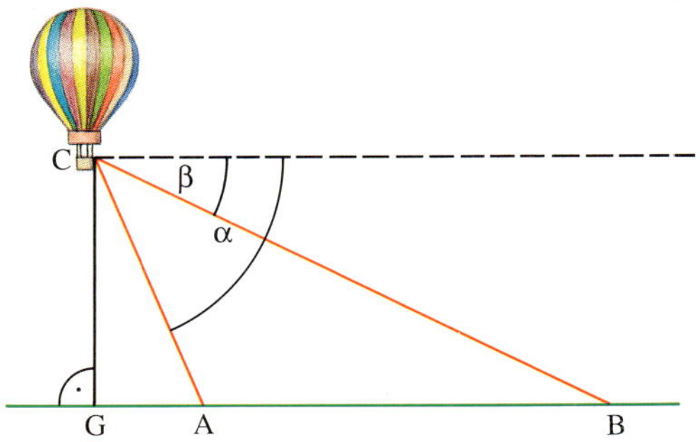

Fig. 2

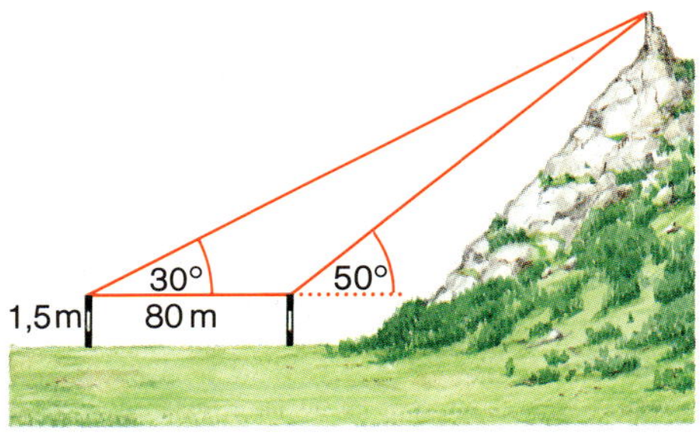

Fig. 3

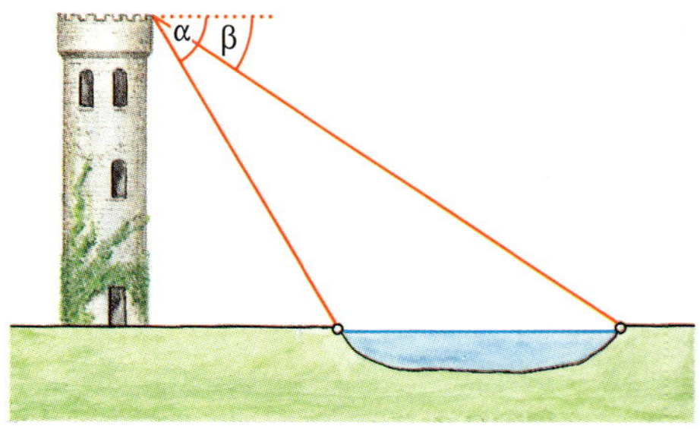

Fig. 4

3 Wie groß ist der Höhenunterschied zwischen der Ebene und dem Berggipfel in Fig. 3? Zeichne im Maßstab 1 : 2000.

4 Der Turm in Fig. 4 ist in Wirklichkeit 26 m hoch. Wie breit ist der an ihm vorbeifließende Fluss, wenn α = 65° und β = 28°?
Zeichne im Maßstab 1 : 100.

5 Begründe:
„Zeichnet man von den Endpunkten eines Kreisdurchmessers aus vier gleich lange Sehnen, so sind die sich gegenüber liegenden Sehnen zueinander parallel (Fig. 5)“
a) mit Hilfe des Kongruenzsatzes sss
b) mittels Kongruenzabbildungen.

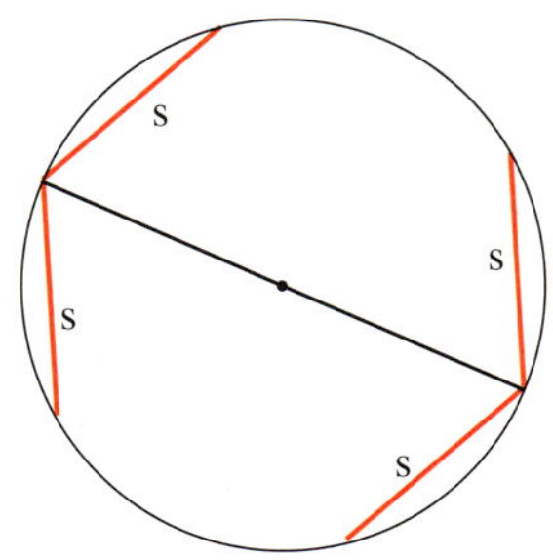

Fig. 5

6 An dem Rechteck von Fig. 1 wurden auf den Seiten gleich lange Strecken abgetragen. Begründe mit Hilfe des Kongruenzsatzes sws: „Bei dem entstandenen Innenviereck sind gegenüber liegende Seiten zueinander parallel.“

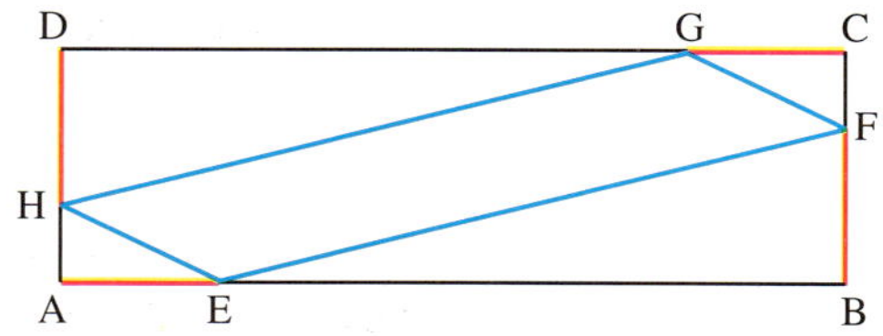

Fig. 1

7 Zeichne ein Dreieck ABC. Konstruiere über den Seiten dieses Dreiecks drei gleichseitige Dreiecke ABC_1, BCA_1 und ACB_1.
Begründe:
Die Strecken $\overline{AA_1}$, $\overline{BB_1}$ und $\overline{CC_1}$ sind gleich lang.

8 Begründe: In einem Kreis haben alle Sehnen, die gleich lang sind, vom Mittelpunkt den gleichen Abstand.
Wo liegen danach die Mittelpunkte aller solcher Sehnen? Fertige zuerst eine entsprechende Zeichnung an.

9 Konstruiere ein Dreieck ABC mit:
a) $b = 6\,cm$; $\alpha = 43°$; $\beta = 70°$
b) $a = 5{,}6\,cm$; $\alpha = 30°$; $\gamma = 130°$
c) $a = 6{,}5\,cm$; $b = 4{,}8\,cm$; $c = 3{,}2\,cm$
d) $c = 7{,}5\,cm$; $a = 4\,cm$; $b = 4{,}7\,cm$
e) $a = 4{,}6\,cm$; $c = 5{,}9\,cm$; $\beta = 60°$
f) $\alpha = 34°$; $b = 6{,}2\,cm$; $c = 3{,}9\,cm$
g) $a = 6\,cm$; $b = 3{,}2\,cm$; $\alpha = 86°$
h) $\gamma = 112°$; $c = 7{,}4\,cm$; $a = 6{,}5\,cm$

10 Gib (falls die Aufgabe lösbar ist) für jedes Lösungsdreieck die fehlenden Seitenlängen und Größen der Winkel an. Konstruiere:
a) $b = 7\,cm$; $c = 3{,}6\,cm$; $\gamma = 28°$
b) $a = 5{,}7\,cm$; $b = 5\,cm$; $\beta = 53°$
c) $a = 6{,}5\,cm$; $b = 3{,}8\,cm$; $c = 2{,}5\,cm$
d) $c = 7{,}5\,cm$; $\alpha = 31°$; $a = 3{,}5\,cm$

11 Konstruiere bei den folgenden Dreiecken den Inkreis.
a) $c = 6\,cm$; $\alpha = 54°$; $\gamma = 60°$
b) $b = 7{,}5\,cm$; $c = 5\,cm$; $\beta = 67°$
c) $a = 4\,cm$; $c = 5{,}5\,cm$; $\gamma = 107°$
d) $a = 4\,cm$; $b = 6\,cm$; $c = 11\,cm$
e) $c = 7{,}6\,cm$; $\alpha = 80°$; $w_\alpha = 8\,cm$
f) $\beta = 45°$; $\gamma = 65°$; $w_\beta = 5{,}9\,cm$

12 Konstruiere bei den folgenden Dreiecken den Umkreis.

	$\overline{AB}$	$\overline{BC}$	$\overline{AC}$	α	β	γ
a)	6,4 cm		5,6 cm	55°		
b)	7,2 cm	6,8 cm	5,3 cm			
c)		5,5 cm	7,3 cm		44°	
d)	5 cm	4 cm				90°

13 Konstruiere ein Dreieck ABC mit dem Umkreisradius $r = 4\,cm$ und
a) $c = 4\,cm$; $b = 5{,}5\,cm$;
b) $c = 7\,cm$; $\alpha = 55°$;
c) $a = 6\,cm$; $\gamma = 50°$.

14 Konstruiere ein Dreieck ABC mit
a) $a = 4{,}5\,cm$; $b = 5{,}5\,cm$; $s_b = 4{,}8\,cm$;
b) $c = 6{,}9\,cm$; $\alpha = 52°$; $s_c = 5{,}7\,cm$;
c) $a = 3{,}5\,cm$; $c = 4\,cm$; $h_c = 3{,}3\,cm$;
d) $h_c = 4\,cm$; $s_c = 4{,}3\,cm$; $a = 6\,cm$;
e) $a = b = c$; $h_a = 4{,}5\,cm$;
f) $a = b$; $h_b = 3{,}7\,cm$; $c = 4{,}2\,cm$;
g) $a = b$; $s_b = 3{,}7\,cm$; $s_c = 6{,}2\,cm$;
h) $\beta = 90°$; $b = 5{,}2\,cm$; $h_b = 2{,}3\,cm$.

Bilder von M. C. Escher

Zueinander kongruente Figuren und Parkettierungen

Die hier gezeigten Bilder 1 und 2 von M. C. Escher sind lückenlose Überdeckungen der Zeichenebene mit zueinander kongruenten Figuren. Solche Überdeckungen nennt man auch Parkettierungen (der Ebene).

Der niederländische Künstler Maurits Cornelis Escher lebte von 1898 bis 1972. Dieses Selbstportrait stammt aus dem Jahr 1942.

Im Bild 1 kann man u. a. folgende Kongruenzabbildungen entdecken:
Zwei Eidechsen der gleichen Farbe können durch eine Verschiebung aufeinander abgebildet werden.
Zwei Eidechsen, die sich am Kopf berühren, kann man mit Hilfe einer Drehung um 120° (240°) aufeinander abbilden. Der Drehpunkt ist dabei ein „Kopfecke".
Zwei Eidechsen, die sich mit den Hinterbeinen berühren, kann man mit Hilfe einer Drehung um 120° (240°) aufeinander abbilden. Der Drehpunkt ist dabei ein „Knie".

Bei Bild 2 kannst du eine Kongruenzabbildung, die aus der Hintereinanderausführung einer Achsenspiegelung und einer Verschiebung besteht, nachvollziehen:
1. Lege eine Folie oder Transparentpapier auf das Bild.
2. Zeichne die Flügelumrisse von einem unteren Engel, die Gerade g und den Punkt P nach.
3. Drehe die Folie um und lege sie so auf das Bild, dass die Gerade wieder auf g und der Punkt auf P liegt. Du hast jetzt die Flügel mit einer Spiegelung an g abgebildet.
4. Durch Verschieben kannst du nun die Flügelumrisse mit zwei anderen Engelflügeln zur Deckung bringen.

Es lassen sich in Bild 2 auch besondere Symmetrien entdecken:
Das Muster der gesamten Ebene ist punktsymmetrisch zu jedem Punkt, in dem sich vier Flügelspitzen treffen.
Jede Gerade, die durch die Symmetrieachsen von Engeln oder Teufeln geht, ist Symmetrieachse für das Muster der gesamten Ebene.

Bild 1

Bild 2

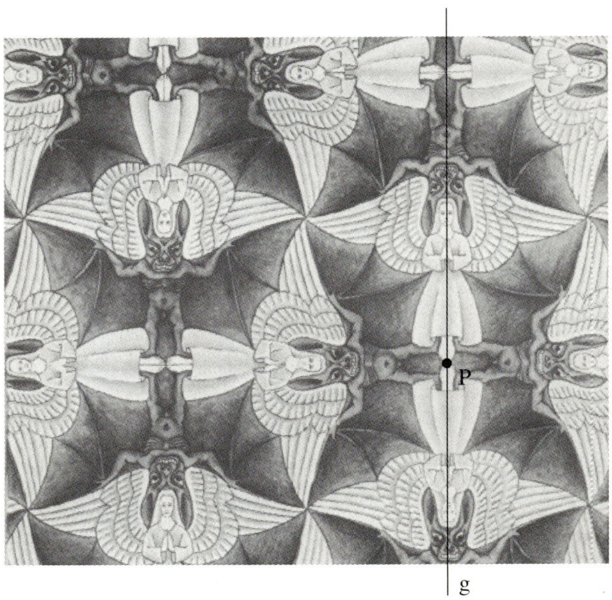

Eines der bekanntesten Werke Eschers ist der Holzschnitt *Tag und Nacht*. Je zwei weiße bzw. schwarze Vögel sind zueinander kongruent. Man kann jeden weißen Vogel auf einen anderen weißen Vogel und jeden schwarzen Vogel auf jeden anderen schwarzen Vogel verschieben. Ein weißer und ein schwarzer Vogel sind jedoch nicht zueinander kongruent. Dies ist gut in der Studie zu *Tag und Nacht* zu erkennen.

Tag und Nacht

Die kleinen Männchen in dem Bild *Kreislauf* steigen eine Treppe herab und verwandeln sich in geometrische Figuren. Diese Figuren bilden eine regelmäßige Flächenaufteilung. Die Punkte, bei denen drei Köpfe, drei Knie oder drei Füße zusammentreffen, sind besondere Punkte. Dreht man ein Männchen mit 120° um einen solchen Punkt, dann wird es auf ein anderes Männchen abgebildet (nur die Farbe ändert sich!).

Kreislauf

Flächenaufteilung aus Kreislauf

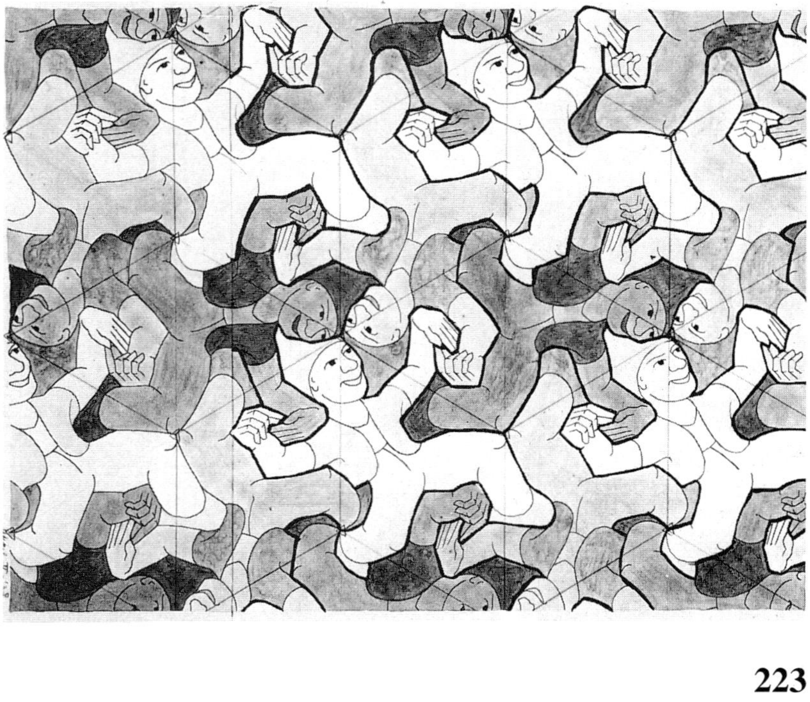

Rückblick

Dreiecksungleichung
Die Summe der Längen zweier Dreiecksseiten ist stets größer als die Länge der dritten Seite.

Ein Dreieck mit den Seitenlängen 3 cm, 7 cm und 15 cm kann es nicht geben, weil 3 cm + 7 cm < 15 cm

Kongruente Figuren
Zwei Figuren heißen zueinander kongruent, wenn man sie mit einer Kongruenzabbildung, das heißt einer oder mehreren Achsenspiegelungen, Verschiebungen, Punktspiegelungen oder Drehungen aufeinander abbilden kann (Fig. 1).

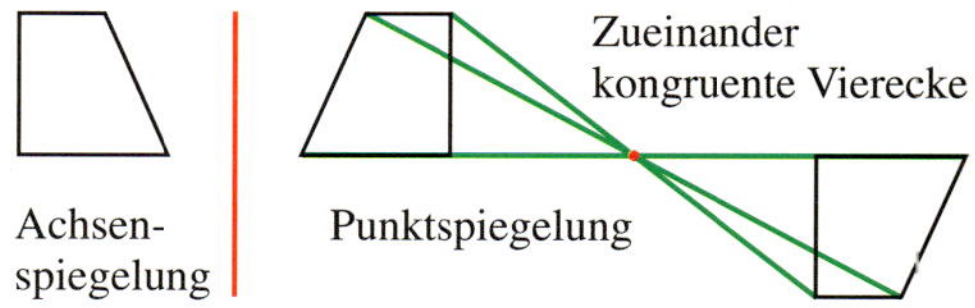

Fig. 1

Kongruente Dreiecke
Zwei Dreiecke sind zueinander kongruent, wenn sie in folgenden Angaben übereinstimmen:
– drei Seiten (sss) oder
– zwei Seiten und dem eingeschlossenen Winkel (sws) oder
– einer Seite und zwei gleich liegenden Winkeln (wsw/sww) oder
– zwei Seiten und dem Gegenwinkel der größeren Seite (Ssw) (Fig. 2)

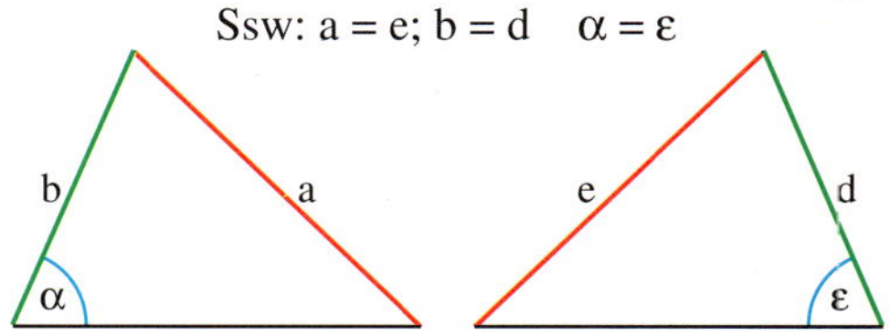

Fig. 2

Umkreis und Mittelsenkrechte
Die Mittelsenkrechten der Dreiecksseiten schneiden sich in einem Punkt.
Dieser Punkt hat von allen Ecken des Dreiecks den gleichen Abstand. Er ist der Umkreismittelpunkt des Dreiecks (Fig. 3).

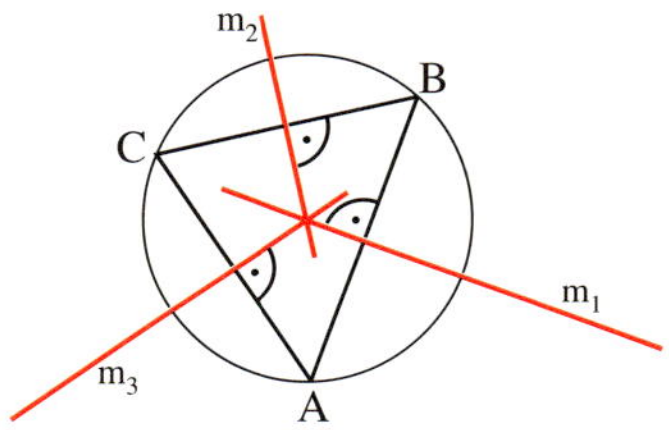

Fig. 3

Inkreis und Winkelhalbierende
Die Winkelhalbierenden eines Dreiecks schneiden sich in einem Punkt. Dieser Punkt hat von allen Dreiecksseiten den gleichen Abstand. Er ist der Inkreismittelpunkt des Dreiecks.
Der Inkreis berührt alle Dreiecksseiten (Fig. 4).

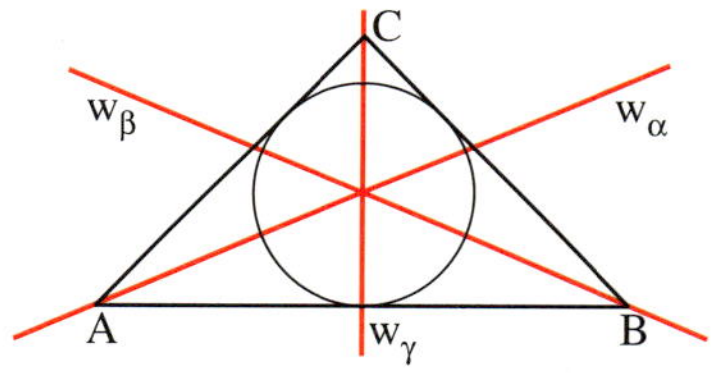

Fig. 4

Die Höhen im Dreieck
Eine senkrechte Verbindungsstrecke einer Dreiecksseite (oder ihrer Verlängerung) mit der gegenüber liegenden Ecke heißt Höhe des Dreiecks.
Jedes Dreieck hat drei Höhen. Bei jedem Dreieck schneiden sich die drei Höhen (oder deren Verlängerungen) in einem Punkt (Fig. 5).

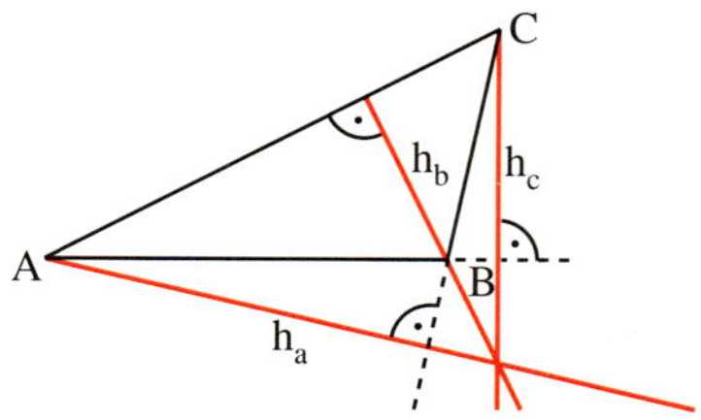

Fig. 5

Die Seitenhalbierenden im Dreieck
Jede Verbindungsstrecke einer Seitenmitte mit der ihr gegenüber liegenden Ecke heißt Seitenhalbierende (oder auch Schwerlinie).
In jedem Dreieck schneiden sich die Seitenhalbierenden in einem Punkt (Fig. 6).
Dieser Punkt heißt Schwerpunkt des Dreiecks.
Der Schwerpunkt eines Dreiecks teilt jede Seitenhalbierende in zwei Teilstrecken. Eine dieser Teilstrecken ist doppelt so lang wie die andere.

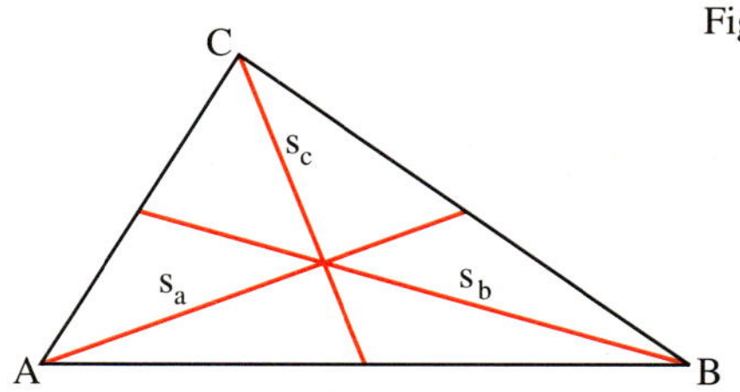

Fig. 6

Aufgaben zum Üben und Wiederholen

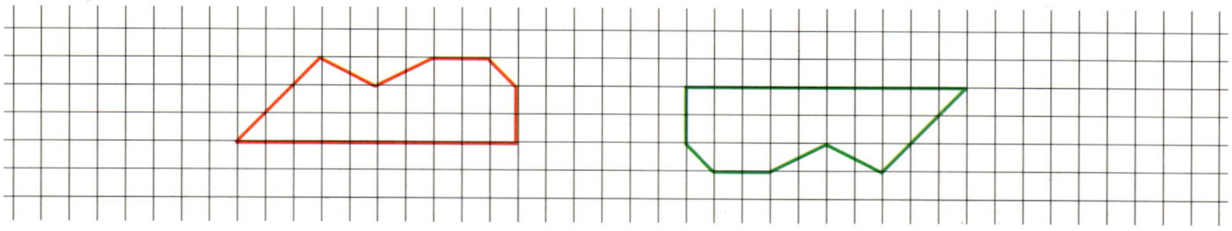

Fig. 1

1 Übertrage die beiden Vielecke in dein Heft. Bilde das eine Vieleck auf das andere Vieleck ab. Welche Abbildung hast du verwendet (Fig. 1)?

2 Kann man sofort sehen, ob die Dreiecke ABC und A′B′C′ zueinander kongruent sind? Begründe deine Antwort.

	$\overline{AB}$	$\overline{BC}$	$\overline{AC}$	α	β	γ	$\overline{A'B'}$	$\overline{B'C'}$	$\overline{A'C'}$	α′	β′	γ′
a)	3 cm	4 cm	5 cm				5 cm	4 cm	3 cm			
b)	4 cm		5 cm			30°	4 cm		5 cm			30°
c)	5 cm	4 cm			40°			4 cm	5 cm			40°
d)			3 cm	60°		50°	3 cm			50°	40°	

3 Konstruiere ein Dreieck ABC und seinen Umkreis.
a) a = 4,4 cm; b = 3,8 cm; c = 5,3 cm
b) a = 4 cm; c = 5 cm; β = 35°
c) b = 6 cm; α = 45°; γ = 88°
d) a = 6,4 cm; b = 4,6 cm; α = 60°

4 Konstruiere ein Dreieck ABC mit dem Umkreisradius r = 3 cm und
a) a = 4 cm; c = 4,5 cm;
b) c = 5 cm; β = 65°;
c) b = 4 cm; α = 45°.

5 Konstruiere ein Dreieck ABC und seinen Inkreis.
a) b = 4 cm; c = 5 cm; s_c = 3,5 cm
b) a = 4 cm; c = 5 cm; β = 35°
c) a = 3,5 cm; b = 4,4 cm; h_b = 3,5 cm
d) b = 4,4 cm; c = 3,5 cm; h_b = 3,5 cm
e) c = 6,7 cm; β = 80°; $w_β$ = 5 cm
f) α = 45°; γ = 75°; $w_β$ = 6,4 cm

6 So kann man die Breite eines Flusses bestimmen:
Man misst an einem Ufer eine Strecke $\overline{AB}$ ab. Anschließend wählt man einen Punkt C am anderen Ufer aus.
Mit Hilfe eines Theodoliten kann man nun die Winkel ∢BAC und ∢CBA bestimmen (Fig. 2).
Bei einem Fluss wurden für diese beiden Winkel 52° und 47° gemessen, die Strecke $\overline{AB}$ war 68 m lang.
Wie breit ist dieser Fluss? Zeichne.

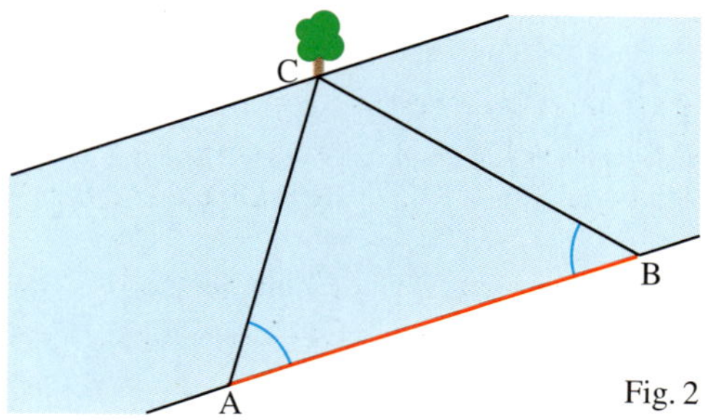

Fig. 2

7 Begründe: Ist in einem Dreieck eine nach zwei Seiten verlängerte Höhe gleichzeitig die Winkelhalbierende eines Innenwinkels, dann ist das Dreieck gleichschenklig (Fig. 3).

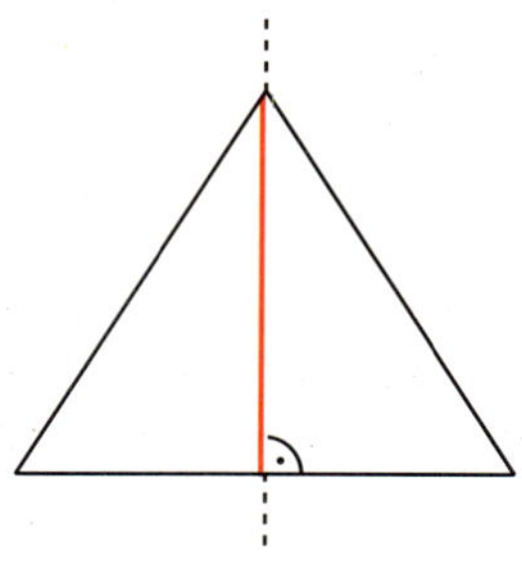

Fig. 3

Die Lösungen zu den Aufgaben dieser Seite findest du auf Seite 233.

Rechnen mit dem Taschenrechner

Es gibt viele verschiedene Taschenrechner. Wozu speziell bei **deinem** Taschenrechner die einzelnen Tasten dienen, kannst du in der **Bedienungsanleitung** nachlesen.
Für die meisten Taschenrechner gilt: Zahlen, Rechenzeichen und Klammern werden in der Reihenfolge eingegeben, wie sie auch in den Termen stehen. Auch gilt für die meisten Taschenrechner:

Punktrechnung **vor** Strichrechnung.

Jede Rechnung ist mit der [=]-Taste zu beenden.
Die meisten Taschenrechner haben auch eine Reihe von Funktionstasten, z. B. [1/x] zur Bestimmung des Kehrwertes und [x²] zur Berechnung des Quadrates der zuletzt eingegebenen Zahl.

Schließlich noch zwei **wichtige Hinweise**:
Vor jeder Rechnung ist es zweckmäßig, alles zu **löschen**, damit du nicht mit dem letzten Ergebnis weiterrechnest.
Nach jeder Rechnung solltest du **überschlagen**, ob das angezeigte Ergebnis stimmen kann. Es passiert ganz leicht, dass man etwas falsch eingegeben hat!

Rechnen mit Dezimalbrüchen:
Statt eines Kommas musst du einen „Dezimalpunkt" eingeben.

Beispiel 1
$4{,}8 - 3 \cdot 1{,}6$ Tastenfolge: 4.8 [–] 3 [×] 1.6 [=]

Rechnen mit Brüchen

Es gibt verschiedene Bruchtasten, z. B. [ab/c] *oder* [/]

Beispiel 2
$\frac{3}{4} \cdot \frac{7}{5} + 2\frac{2}{3}$
Die Bruchtaste muss für jeden Bruchstrich und bei der gemischten Schreibweise auch zwischen der ganzen Zahl und dem Bruch gedrückt werden.
Tastenfolge z. B.: 3 [ab/c] 4 [×] 7 [ab/c] 5 [+] 2 [ab/c] 2 [ab/c] 3 [=]

Terme mit Klammern

Beispiel 3
$(-45 + 1{,}7 \cdot 3) \cdot 5 + 4(17{,}7 - 29)$
Rechenzeichen, auch nicht geschriebene Malpunkte, und Klammern werden an den Stellen eingegeben, an denen sie im Term stehen. Beachte: die [+/–]*-Taste ist eine Vorzeichentaste, keine Rechentaste.*
Tastenfolge: [(] 45 [+/–] [+] 1.7 [×] 3 [)] [×] 5 [+] 4 [×] [(] 17.7 [–] 29 [)] [=]

Bruchterme

Beispiel 4
$\frac{2 \cdot 12 - 17}{8 + 4 \cdot 5}$
Denke dir den Bruch als Quotienten, setze dabei Zähler und Nenner jeweils in Klammern:
$(2 \cdot 12 - 17) : (8 + 4 \cdot 5)$
Tastenfolge: [(] 2 [×] 12 [–] 17 [)] [÷] [(] 8 [+] 4 [×] 5 [)] [=]

Die* [1/x] *-Taste

Beispiel 5

$\frac{1}{12 \cdot 0{,}5 - 1{,}2 : 0{,}3}$

Bei Brüchen mit dem Zähler 1 benutzt man am besten die [1/x] *-Taste.*

Tastenfolge: 12 [×] 0.5 [−] 1.2 [÷] 0.3 [=] [1/x]

Die* [x^2] *-Taste

Beispiel 6

$(1{,}25 \cdot 14 + 24{,}4 \cdot 1{,}8)^2 \cdot (2{,}45 - 1{,}245 \cdot 0{,}25)$

Das Quadrat einer Zahl oder eines Terms berechnet man mit der Quadrattaste.

Tastenfolge: [(] 1.25 [×] 14 [+] 24.4 [×] 1.8 [)] [x^2] [×] [(] 2.45 [−] 1.245 [×] 0.25 [)] [=]

Rechnen mit dem Speicher

Es gibt verschiedene Tasten für den Speicher, z. B.:
[Min] *oder* [STO]
für die Eingabe,
[MR] *oder* [RCL]
für die Ausgabe.

Beispiel 7

$(4{,}5 + 5{,}567) \cdot 5{,}567 - (8{,}76 - 1{,}45 \cdot 5{,}567) \cdot (1{,}2 \cdot 5{,}567 - 2{,}3)$

Wenn man häufig mit derselben Zahl rechnen muss, ist es bequemer, mit dem Speicher zu arbeiten. Lies in der Bedienungsanleitung deines Taschenrechners nach, wie man eine Zahl in den Speicher eingibt, die Zahl wieder abruft, den Speicher löscht.
Gib zuerst 5,567 in den Speicher ein, rufe dann jedes Mal bei Bedarf diesen Wert aus dem Speicher ab.

Tastenfolge z. B.: Erst 5.567 [Min], dann Löschtaste betätigen und
[(] 4.5 [+] [MR] [)] [×] [MR] [−] [(] 8.76 [−] 1.45 [×] [MR] [)] [×] [(] 1.2 [×] [MR] [−] 2.3 [)] [=]

Aufgaben

Überprüfe jedes Mal dein Ergebnis durch einen Überschlag.

1 Berechne.

a) $(173{,}5 + 86{,}27 - 102{,}05) \cdot 0{,}45$
b) $7{,}8 - 3{,}09 \cdot (-15{,}2)$
c) $(39{,}02 + 112{,}88)^2 : 15{,}19$
d) $8{,}9 \cdot (4{,}5 + 28{,}4)^2$
e) $44{,}98 : 2{,}6 - 1{,}52$
f) $8{,}25 \cdot 2{,}47 - 3{,}4 \cdot 2{,}5$
g) $\frac{7}{9} + \frac{2}{3} \cdot \frac{11}{12}$
h) $\frac{3}{8} \cdot \frac{4}{9} + 2\frac{1}{4}$
i) $\left(2\frac{3}{4} - 1\frac{2}{5}\right) : \left(2\frac{2}{3} - 1\frac{1}{5}\right)$

2 Berechne und gib die zugehörige Tastenfolge an.

a) $7{,}92 - 1{,}25 + 3{,}24 - 2{,}04 \cdot 1{,}5$
b) $\frac{3}{5} + 2 \cdot \frac{1}{4} \cdot 3\frac{1}{5}$
c) $(3{,}34 + 0{,}125)^2 - 2{,}56$
d) $7{,}92 - (1{,}25 + 3{,}24) - 2{,}04 \cdot 1{,}5$
e) $\frac{3}{4} + 2\frac{1}{4} \cdot 3 \cdot \frac{1}{5}$
f) $3{,}34 + 0{,}125^2 - 2{,}56$
g) $7{,}92 - (1{,}25 + 3{,}24 - 2{,}04) \cdot 1{,}5$
h) $\left(\frac{3}{4} + 2\frac{1}{4}\right) \cdot 3\frac{1}{5}$
i) $(3{,}34 + 0{,}125 - 2{,}56)^2$

3 Runde das Ergebnis auf zwei Stellen nach dem Komma.

a) $5{,}014 - 12{,}74 + 74{,}25 - 6{,}75 \cdot 0{,}24$
b) $(12{,}45 - 3{,}63) \cdot (5{,}87 + 14{,}78)$
c) $12{,}467 \cdot 15{,}748 : 0{,}002$
d) $(23{,}5 - 5{,}67) - (54{,}7 + 9{,}86) \cdot 5{,}05$
e) $4{,}2 \cdot [15{,}7 - 6{,}8 \cdot (2{,}5 - 2{,}48)]$
f) $[(26{,}4 + 12{,}7) : 0{,}8 + 2{,}5 \cdot 0{,}8] : 0{,}5$
g) $[18{,}7 \cdot (1{,}25 - 0{,}84) - 2{,}6] : (12{,}4 - 3{,}76)$
h) $(123{,}45 + 2{,}79) \cdot [9{,}38 - (4{,}5 + 7{,}8) : 4{,}5] : 0{,}034$

4 Runde das Ergebnis auf zwei Stellen nach dem Komma. Notiere die Tastenfolge.

a) $\frac{20{,}02}{1{,}4 \cdot 28{,}6}$
b) $\frac{1{,}38 \cdot 0{,}558}{0{,}46 \cdot 2{,}79}$
c) $\frac{23{,}87 - 72{,}01}{-3{,}7}$
d) $\frac{0{,}087}{0{,}0025 : 0{,}75}$
e) $\frac{1}{23{,}6 + 0{,}75}$
f) $\frac{1}{(3{,}7 + 21{,}87) \cdot 0{,}045}$
g) $\frac{124{,}5 - 33{,}8}{42{,}7 + 11{,}04} \cdot 5$
h) $\frac{17{,}9 + 12{,}4}{0{,}45 : 0{,}24 - 0{,}87} - 0{,}087$
i) $\frac{23 - 3{,}08}{0{,}75 + 0{,}085} + 2{,}6 \cdot \frac{3}{4}$
k) $\frac{(34{,}7 - 11{,}02) \cdot 0{,}04}{(2{,}45 - 0{,}68) : 0{,}75}$
l) $\frac{1}{\left(2\frac{1}{3} + 3\frac{1}{4}\right) \cdot 5\frac{1}{5}}$
m) $\frac{2{,}5 \cdot (4{,}67 \cdot 2{,}5 - 3{,}46 : 2{,}5)}{(3{,}25 : 2{,}5 - 1{,}2) - (2{,}5 - 1{,}25)}$

5 Benutze den Speicher.
a) Addiere 4,5872 jeweils zu 23,75; 124,78; 1289,1; 0,035; 38,94; 25,78.
b) Subtrahiere 26,96 jeweils von 1029,4; 203; 214,7; 29,89; 78,002; 102,03.
c) Multipliziere 5,75 jeweils mit 0,74; 8,78; 13,75; 5,75; 93,005; 124,5; 128,5.
d) Dividiere 29,76; 56,24; 45,90; 124,03; 1004,5; 0,024; 0,0045 jeweils durch 0,82. Runde das Ergebnis auf 3 Stellen nach dem Komma.

Wie viele Stellen kann dein Taschenrechner anzeigen? Wie viele Stellen kannst du höchstens eingeben?

6 Multipliziere die Zahl 15 873 nacheinander mit den ersten neun Vielfachen der Zahl 7. Was fällt bei den Ergebnissen auf? Begründe die Beobachtung.

7 Berechne. Wann zeigt dein Rechner das Ergebnis nicht mehr genau an?
a) 7 + 8; 77 + 88; 777 + 888; 7777 + 8888; 77 777 + 88 888; 777 777 + 888 888; usw.
b) $5 \cdot 9$; $55 \cdot 99$; $555 \cdot 999$; $5555 \cdot 9999$; $55\,555 \cdot 99\,999$; $555\,555 \cdot 999\,999$; usw.
c) 6 – 4; 66 – 44; 666 – 444; 6666 – 4444; 66 666 – 44 444; 666 666 – 444 444; usw.
d) 12 : 40; 12 : 400; 12 : 4000; 12 : 40 000; 12 : 400 000; 12 : 4 000 000; 12 : 40 000 000; usw.

Große und kleine Zahlen

8 Rechne schriftlich und mit dem Taschenrechner. Vergleiche die Ergebnisse.

a) $25\,400 \cdot 800\,000$	b) $350\,000 \cdot 124\,000$	c) $875\,000 \cdot 640\,000$	d) $14\,500\,000 \cdot 840\,000$
e) $0{,}1 \cdot 0{,}000\,06$	f) 0,002 : 3000	g) 700 : 0,000 09	h) 40 : 15 000 000

Eine Multiplikation mit einer Zehnerpotenz wie z. B. $6 \cdot 10^9$ bewirkt eine Kommaverschiebung um so viele Stellen, wie der Exponent (hier die 9) angibt.

9 Große Zahlen zeigt ein Taschenrechner meist in der Form `6. 09` an. Dies bedeutet: Verschiebe das Komma um 9 Stellen nach rechts. Also: 6 000 000 000.
Entsprechend bedeutet z. B. `1.5 –07` eine Verschiebung nach links: 0,000 000 15.
Man kann selbst solche Zahlen mit Hilfe der „Exponentialtaste" eingeben. Schlage in der Bedienungsanleitung deines Taschenrechners nach, wie diese Taste bezeichnet ist und wie sie zu benutzen ist.
Berechne. Gib die Zahlen, wenn notwendig, mit der Exponentialtaste.

a) $1\,400\,000 \cdot 150\,000\,000\,000$	b) $14\,500\,000 \cdot 28\,400\,000\,000$
c) $250\,000\,000 \cdot 500\,000\,000$	d) 13 500 000 : 15 000 000 000
e) 0,000 062 1 : 0,23	f) $0{,}000\,000\,000\,002 \cdot 0{,}000\,000\,034$
g) 12,09 : 0,000 000 000 000 025	h) $125\,000\,000\,000\,000 \cdot 0{,}000\,000\,000\,008$

Rechnen mit Termen

10 a) Speichere die Zahl 5,5. Berechne den Wert der Terme für x = 5,5.
(1) $\frac{7 \cdot x}{4 \cdot (x+1)}$ (2) $\frac{x-2}{x-3}$ (3) $\frac{5 \cdot x^2}{2 \cdot x^2 + 1}$ (4) $\frac{2 \cdot x + 4}{3 \cdot x - 2} + 4 \cdot x^2$
b) Berechne die Terme für $x = 2{,}25$; $x = -0{,}5$; $x = \frac{1}{3}$; $x = 2\frac{2}{5}$ und $x = 4\frac{3}{8}$.

11 Setze für x nacheinander –2,5; –2; –1,5; –1; 1; 1,5; 2; 2,5; 3; 3,5 ein und berechne. Stelle deine Ergebnisse in einer Tabelle zusammen.
a) $\frac{2x-1}{3x+4}$ b) $\frac{1}{x} + \frac{2}{x^2}$ c) $\frac{2(x^2-1)+x}{(x-4{,}5)(x+3)}$ d) $\frac{1}{(x^2+1)(2x+3)} + 2x^2$

12 Prüfe, ob dein Taschenrechner den Wert der folgenden Terme richtig berechnet. Rechne schriftlich nach.

a) (1 : 3) – (2 : 3) : 2	b) $(1 : 6) \cdot (8 : 9) \cdot (7 : 9) \cdot (81 : 56) \cdot 6$
c) $1 + 10^{11} - 10^{11}$	d) $1 - 2^{11} + 2^{10}$

Taschenrechnerquiz

Mit dem Taschenrechner kannst du auch „schreiben“. Die Lösung ergibt sich, wenn du die folgenden Rechnungen mit dem Taschenrechner durchführst und dann, nach Drehung des Rechners, die Antwort abliest.

waagerecht:

1)	Unterrichtsfach	$2458\cdot9815+2684\cdot2458+1\,184\,476$
2)	wichtiger Bestandteil des Computer-ROMs	$22\,581:4,5$
3)	Wohnort des Teufels	$(168\cdot345+217)\cdot6,5-846,5$
4)	anderer Begriff für Peitsche	24^5-28^4+7171
5)	Nahrungsmittel	$57\cdot68+302-49\cdot85$
6)	Kleidungsstück	$7^4+11\cdot102-19$
7)	Autokennzeichen von San Sebastián (Spanien)	$\frac{(43,31+1,42\cdot2,5)\cdot0,5}{0,3\cdot1,42}$
8)	nicht laut	$(38,2+117,3)\cdot(9,4+64,8)\cdot(4,52+5,48):3,5+2171$
9)	Storchvogel	$\frac{8662\frac12:2\frac14+48\frac{83}{125}}{0,75\cdot1,2-0,3\cdot0,52}$
10)	ledig	$\left(26\frac14\cdot28\frac25+34\frac12\right)^2-317^2-23^2-39$
11)	dt. Übersetzung für victory	$\left(25\frac13\cdot\frac34-4\right)\cdot(1044-147)\cdot\frac{9}{13}$
12)	stacheliges Lebewesen im Meer	$(4150\cdot117+12\,400:0,02)\cdot7-347\,515$
13)	deutscher Fluss	$\frac{13\,795+112\cdot87,5}{5,5}-417$
14)	Insektenfresser	$(851\,549-24\cdot66):115$
15)	Paarhufer	$8803\cdot8-63\,071$
16)	Bestandteil des Eises	$\frac{13}{16}\cdot302\,032+6547\cdot(100,3-4,3)$
17)	Endpunkt des Laufwettbewerbs	$\frac{17,3\cdot8,4}{0,1211}\cdot6+8\cdot14$
18)	Metall	$4\cdot344,5$
19)	Windstoß	$206\frac34\cdot\left(4\frac15+19\frac23\cdot\frac35\right)$
20)	deutscher Schriftsteller	$\frac{95,2\cdot151,2}{0,54\cdot0,34}-1092$
21)	seemännischer Ausdruck	$920\cdot\frac35-215$
22)	anderer Begriff für die Ernte von Trauben	$(49\,676-158):14$
23)	biologischer Ausdruck	$17\cdot(17+18)\cdot(17+36)\cdot(17+58)\cdot1,6-10\,987$

senkrecht:

1)	deutsches Gewässer	$580\,691\cdot5+4195\cdot7185+542\cdot914$
2)	Autokennzeichen von Bochum	$\frac18\cdot\frac35+0,725$
24)	Werkzeug	$71\,433+7^4$
25)	olymp. deutscher Skilangläufer (1984)	$(45\cdot108,4+54\cdot104,5)\cdot3,5+614,5$
26)	weibl. Vorname	$(314\,749+17\,354):93$
27)	amerik. Bundesstaat	Runde auf 3 Dezimalen: $4,5\cdot0,7-3\frac{1}{99}$
28)	Berufsbezeichnung für einen Erdforscher	$\left[(256\,820+5,6842)\cdot\left(2\frac12+3\frac15\right)+413,5\cdot239,2\right]\cdot2,5$
29)	Hilfsmittel zum „Hairstyling“	$55,425:0,075$
30)	Unterkunft	$\left(1800\cdot15\frac13+65\frac89\right)\left(4\frac12+3\frac13+1\frac16\right)+415\cdot319$
31)	nicht fest	$3\cdot[8,7\cdot(1,8-0,7)+15,43]\cdot[6,2\cdot(7,2+0,36)+0,336]-33,6$
32)	span. Ausruf	$35,6\cdot\left(5,6\cdot\frac{3,2}{0,8}+0,4\right)+26,32-468$
33)	Farbe	$95\,412:0,24-4480,15\cdot80$
34)	Spiel eines einzelnen Instruments (Plural)	$\left(1409,55-\frac35\cdot21\right):\frac34-157\frac35$
35)	engl. ist	$19\cdot17-17\cdot14-17\cdot2$
36)	heiliges Buch	$77\,508,9:1,5:0,7$
37)	Gewässer	$\left(15\frac{10}{11}\cdot4\frac25+1\frac{81}{484}\cdot4\frac25\right)4\frac25+4\frac25$
38)	Teil des Hauses	$\left(11\,503+\frac{0,5\cdot7,2}{7,5+2,5\cdot4,2}+89\frac35\right)\cdot30+25^4-90$
39)	Zugabe zu einem Braten	$2\cdot(124+24^2)\cdot25+5\cdot101$
40)	russ. Schriftsteller des 19. Jhdts.	$(29^4-28^4):1,5+61,06\cdot150$

Rückblick, Seite 43

1

a) Eine antiproportionale Zuordnung mit $x \mapsto \frac{84}{x}$.

b) Eine proportionale Zuordnung mit $x \mapsto \frac{1}{7} \cdot x$.

2

Proportionale Zuordnung:

1. Wert	7	9	$\frac{2}{3}$	36,75	$\frac{3}{7}$
2. Wert	$\frac{2}{7}$	$\frac{18}{49}$	$\frac{4}{147}$	1,5	$\frac{6}{343}$

Antiproportionale Zuordnung:

1. Wert	7	9	$\frac{2}{3}$	$1\frac{1}{3}$	$\frac{3}{7}$
2. Wert	$\frac{2}{7}$	$\frac{2}{9}$	3	1,5	$4\frac{2}{3}$

3

a) Die durch die beiden Geraden dargestellten Zuordnungen sind proportional. Sie gehören zu gleichförmigen Bewegungen.

b) 12,5 km; 75 km

4

a)

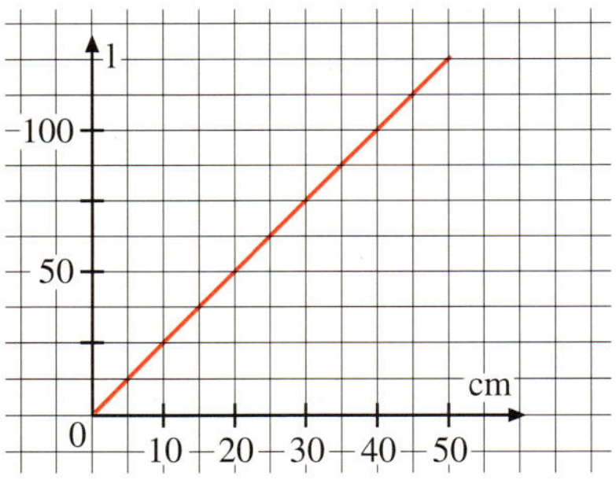

Höhe in cm	5	12	24	36	49	57
Rauminhalt in l	13	30	60	90	123	143

b)

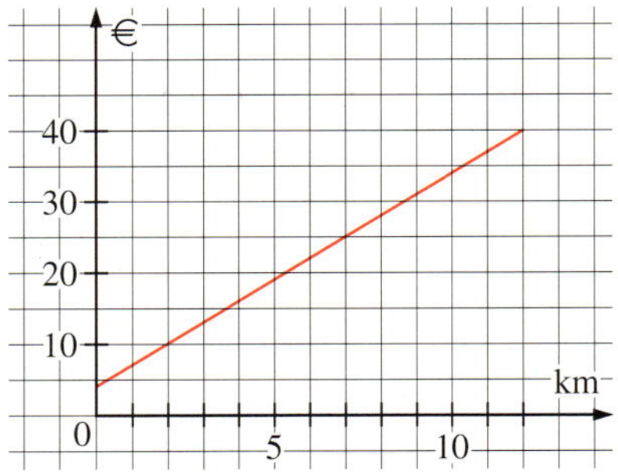

Gefahrene km	1,5	3,5	5	8,1	11	12
Fahrpreis in €	8,5	14,5	19	28,3	37	40

5

	a)	b)	c)
Eier	3	5	7
Milch in l	$\frac{3}{8}$	$\frac{5}{8}$	$\frac{7}{8}$
Mehl in g	270	450	630
Salz in g	1,5	2,5	3,5
Fett in g	75	125	175

6

a) 120 600 kg = 120,6 t

b) Metergewichte:
neue Schienen: 60,3 kg
ältere Schienen: 49,4 kg

7

Gesamtkosten: 80 €

Anzahl der Schüler	26	22	28	32
Kosten pro Schüler in €	3,08	3,64	2,86	2,50

8

18 Tage

Rückblick, Seite 77

1

a) 244,40 €
b) 25 %
c) 475 t
d) $13\frac{1}{3}$ t
e) 200 g
f) 90 cm

2

a) 4,35 €
b) 7,5 %
c) 57,60 €
d) 2400 €
e) 9 %
f) 1200 €

3

15 %

4

663,39 € (1006,67 €)

5

a) 1220,60 €
b) 32 %

6

a) 6 596 km²
b) 18 088 km²
c) 8 398 km²

7

Recycelt: 20 %
verbrannt: 28 %
deponiert: 52 %

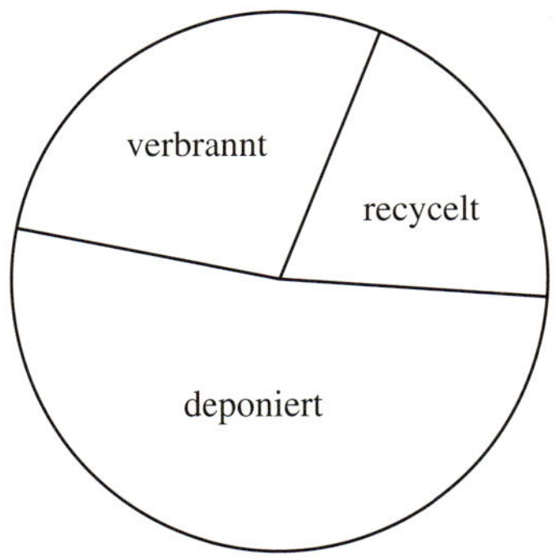

8

1,73 €

9

a) Zinsfaktor: 1,0725
b) 8514,08 €
c) in 10 Jahren

Rückblick, Seite 99

1

a) $\frac{2}{27} \approx 7\,\%$

b) $0{,}82 \cdot 23 = 18{,}86$; 19 Schüler

20 Schüler $\triangleq$ 90,55 %

19 Schüler $\triangleq$ 82,61 %

2

a)

1	2	3	4
20 %	10 %	10 %	10 %
35 %	5 %	5 %	5 %

5	6	7	8
10 %	10 %	10 %	20 %
5 %	5 %	5 %	35 %

b) Den gleichartigen Seiten 1 und 8 bzw. 2 bis 7 ordnet man gleiche Wahrscheinlichkeiten zu.

3

a) Elke: 60 % Bruni: 30 %

b) Elke: $0{,}4^2 = 16\,\%$

Bruni: $0{,}7^2 = 49\,\%$

c) Elke: $0{,}3^2 + 0{,}3^2 + 0{,}4^2 = 34\,\%$

Bruni: $0{,}15^2 + 0{,}15^2 + 0{,}7^2 = 53{,}5\,\%$

4

a) $\frac{2}{4} \cdot \frac{2}{3} \cdot \frac{1}{2} \cdot 1$ b) $(\frac{1}{2})^4 = \frac{1}{16}$

5

a) OOO, SSS, OSO, SOS

b) OOO: $\frac{3 \cdot 2 \cdot 1}{9 \cdot 8 \cdot 7} = \frac{1}{84}$ OSO: $\frac{3 \cdot 6 \cdot 2}{9 \cdot 8 \cdot 7} = \frac{6}{84}$

SSS: $\frac{6 \cdot 5 \cdot 4}{9 \cdot 8 \cdot 7} = \frac{20}{84}$ SOS: $\frac{6 \cdot 3 \cdot 5}{9 \cdot 8 \cdot 7} = \frac{15}{84}$

Zusammen: $\frac{42}{84} = \frac{1}{2}$

6

$(\frac{1}{2})^4 = \frac{1}{16} \approx 6\,\%$

($0{,}8^4 \approx 41\,\%$; $0{,}95^4 \approx 81\,\%$)

Rückblick, Seite 127

1

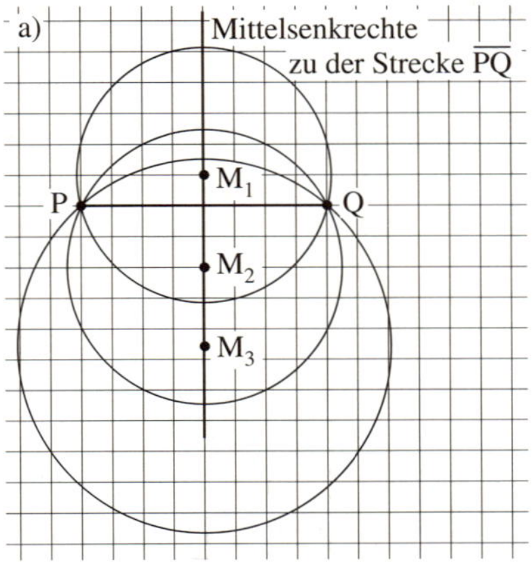

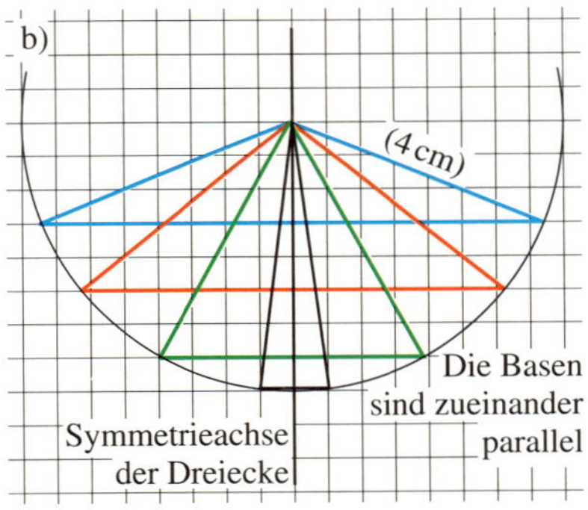

c) Die Punkte liegen zwischen den beiden Parallelen zu g, die von g den Abstand 3 cm besitzen.

2

$\alpha = 60°$; $\beta = 120°$

3

a)

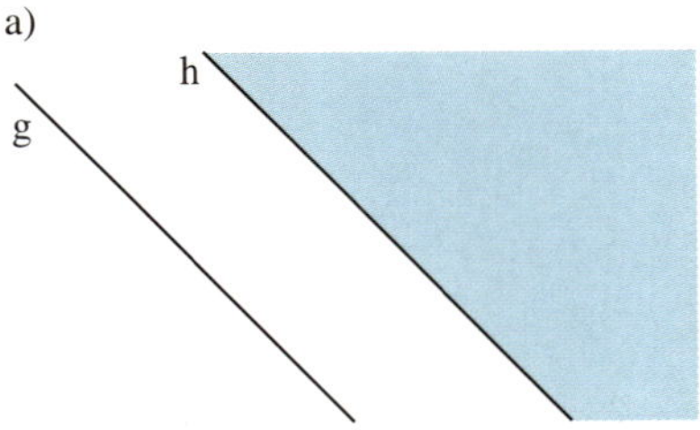

Die Punkte liegen in der blauen Fläche.

b)

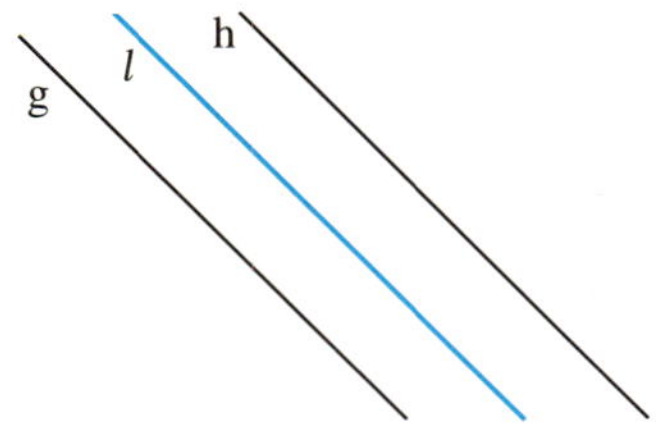

Die Punkte liegen auf der Mittelparallelen

c)

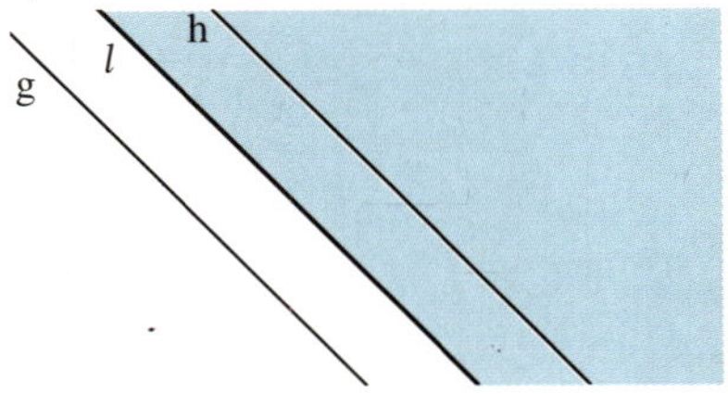

Die Punkte liegen in der blauen Fläche.
l ist die Mittelparallele.

4

a) α und γ_1; β und δ_1; γ und α_1; δ und β_1

b) α und γ; β und δ; α_1 und γ_1; β_1 und δ_1

c) $\alpha, \gamma, \alpha_1, \gamma_1$: 40°; $\beta, \delta, \beta_1, \delta_1$: 140°

5

Die Basiswinkel sind 57° groß.

6

a) $\alpha = 80°$; $\beta = 40°$

b) $\alpha = 20°$; $\beta = 100°$

7

	α	β	γ	α_1	β_1	γ_1
a)	99°	50°	31°	81°	130°	149°
b)	40°	70°	70°	140°	110°	110°

8

a) $\frac{(8-2) \cdot 180°}{8} = 135°$;

es ist ein regelmäßiges 8-Eck zu zeichnen.

b) Bei einem regelmäßigen 24-Eck ist der Mittelpunktswinkel 15° groß.

9

a) 120° b) 90° c) 1260°

10

Siehe Aufgabe 8a) auf Seite 121.

Rückblick, Seite 165

1
–4,5; –3,1; –2,7; –0,3; 0,7

2

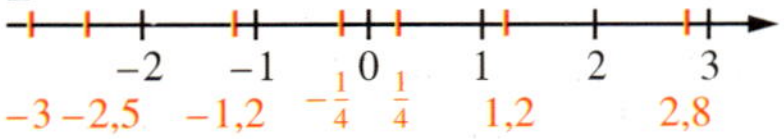

3

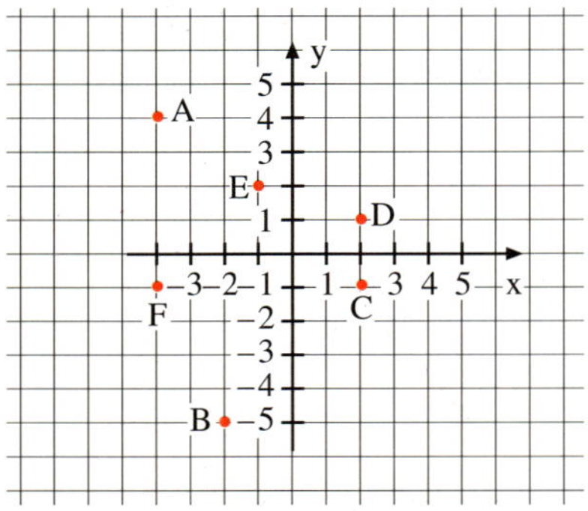

4
–27; 13; 8,3; $-\frac{2}{5}$; $1\frac{1}{4}$; 0

5
a) 7; –7
b) 3,2; –3,2
c) 0

6

a) –52	b) 46	c) –36	d) 1,25
e) 40	f) –999	g) 105	h) –37
i) 3,65	k) –4,92	l) –6,4	m) –0,15
n) $\frac{1}{10}$	o) $-\frac{4}{9}$	p) $-\frac{1}{10}$	q) $\frac{1}{6}$

7
a) –660 b) 944
c) 379,47 d) $-1\frac{7}{9}$

8
a) 14 b) 83
c) –2,47 d) $2\frac{8}{63}$

9
a) –72 000 b) –1440

10
a) –40 b) $2\frac{3}{7}$ c) $-\frac{5}{12}$

11
a) 36 b) –700 c) 25,125
d) –663 e) $-\frac{9}{28}$ f) $\frac{5}{72}$

12
a) a b) b c) a

13
a) $\frac{1}{2}\cdot[28 + (-16)] = 6$
b) $(-4{,}8 - 3{,}2) : (-0{,}4) = 20$
c) $[12 - (-16)] - [12 + (-16)] = 32$
d) $[4 : (-7)] : (-\frac{6}{7}) = \frac{2}{3}$
e) $[(-27) : 16]\cdot[(-4) : (-45)] = -\frac{3}{20}$

Rückblick, Seite 199

1
a) $3(x + 7) - 12$
b) $(4x - 5) : 3$

2
a) 3,5 b) 40 c) $-2\frac{3}{4}$ d) –4

3
a) $2\cdot 4a + 6a + 3a^2$
b) $3\cdot 4a + 4a^2$

4
a) $19k$
b) $16y + 5$
c) $-8d - 16$
d) $1{,}3w - 0{,}625$
e) $4x^2 - 4x + 12$
f) $2y^2 + \frac{1}{4}y - \frac{2}{7}$

5
a) $r + 12$
b) $9d - 1$
c) $-7z + 10$
d) $21s - 42$
e) $-5f - 60$
f) $9g - 30$
g) $18x + 13{,}5$
h) $4s - \frac{3}{5}$
i) $-6y + 35$

6
a) $7z + 12$ b) $-12x + 3$
c) $8s - 9$ d) $-5x - 65$
e) $1\frac{4}{5}d - 8$ f) $6\frac{3}{4}x + 4$

7
a) $x = 16$; $L = \{16\}$
b) $z = -1{,}5$; $L = \{-1{,}5\}$
c) $s = 40$; $L = \{40\}$
d) $y = 2$; $L = \{2\}$
e) $x = 6$; $L = \{6\}$
f) $z = \frac{1}{3}$; $L = \{\frac{1}{3}\}$
g) $x = -3{,}5$; $L = \{-3{,}5\}$
h) $x = -31\frac{1}{3}$; $L = \{-31\frac{1}{3}\}$
i) $x = \frac{8}{5}$; $L = \{\frac{8}{5}\}$

8
a) $d = -3$; $L = \{-3\}$
b) $s = 7$; $L = \{7\}$
c) $r = 3$; $L = \{3\}$
d) $x = 3$; $L = \{3\}$
e) $x = 4\frac{1}{3}$; $L = \{4\frac{1}{3}\}$
f) $y = 0{,}6$; $L = \{0{,}6\}$

9
a) $z > -2$

b) $x < -1$

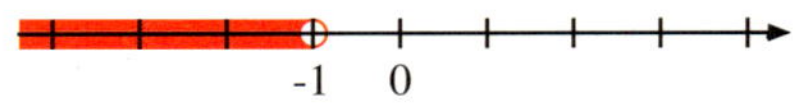

c) $y > -2$

10
Mutter: 36 Jahre
Sohn: 12 Jahre

Rückblick, Seite 225

1
Halbdrehung (Punktspiegelung)

2
a)–c) Die Dreiecke ABC und A′B′C′ sind zueinander kongruent.
d) Die Dreiecke ABC und A′B′C′ sind nicht zueinander kongruent.

3
a)–d) Wenn die Dreiecke konstruiert sind, müssen noch die Mittelsenkrechten konstruiert werden, um den Kreismittelpunkt zu erhalten.
a) Zeichne die Seite a (a = 4,4 cm) mit den Endpunkten B und C. Zeichne den Kreis mit dem Mittelpunkt B und dem Radius 5,3 cm und den Kreis mit dem Mittelpunkt C und dem Radius 3,8 cm.
b) Zeichne die Seite a (a = 4 cm) mit den Endpunkten B und C. Trage bei B den Winkel β (β = 35°) an. Zeichne den Kreis mit dem Mittelpunkt B und dem Radius 5 cm.

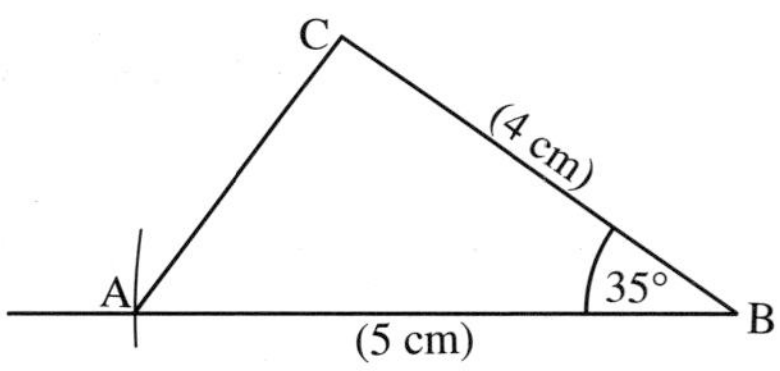

c) Zeichne die Seite b (b = 6 cm) mit den Endpunkten A und C. Trage bei A den Winkel α (α = 45°) und bei C den Winkel γ (γ = 88°) an.

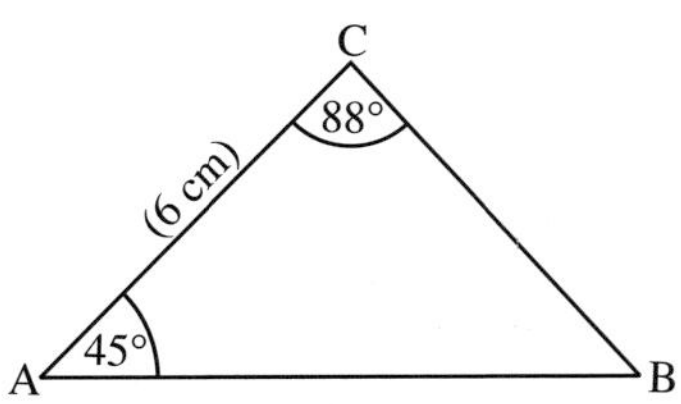

d) Zeichne die Seite b (b = 4,6 cm) mit den Endpunkten A und C. Zeichne den Kreis mit dem Mittelpunkt C und dem Radius 6,4 cm. Trage bei A den Winkel α (α = 60°) an.

4
a)–c) Wähle einen Umkreismittelpunkt U und zeichne den Umkreis (Radius: 3 cm).
a) Wähle auf dem Umkreis einen Punkt B und zeichne um B zwei Kreise mit den Radien 4 cm und 4,5 cm.

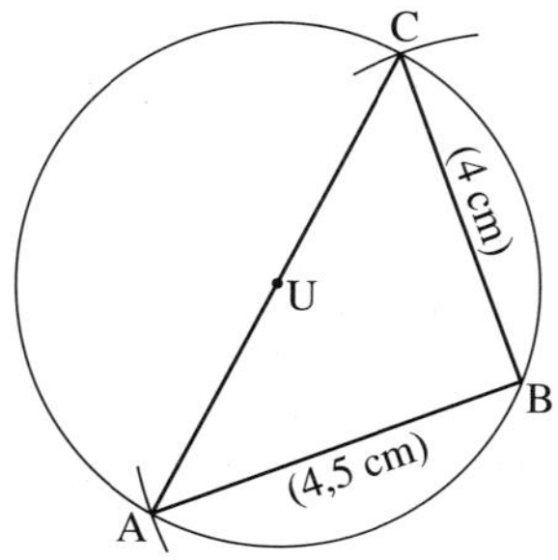

b) Wähle auf dem Umkreis einen Punkt B und zeichne den Kreis um B mit dem Radius 5 cm. Trage bei B den Winkel β (β = 65°) an.
c) Wähle auf dem Umkreis einen Punkt A und zeichne den Kreis um A mit dem Radius 4 cm. Trage bei A den Winkel α (α = 45°) an.

5
a)–f) Wenn die Dreiecke konstruiert sind, sind noch die Winkelhalbierenden zu konstruieren, um den Inkreismittelpunkt zu erhalten.
a) Zeichne die Seite c (c = 5 cm) mit den Endpunkten A und B. Zeichne den Kreis mit dem Mittelpunkt A und dem Radius 4 cm. Zeichne den Kreis mit der Mitte der Seite c als Mittelpunkt und dem Radius 3,5 cm.

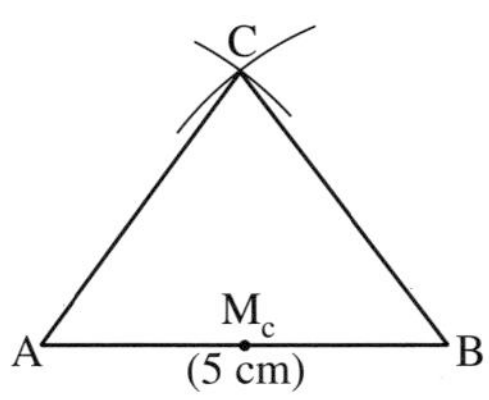

b) Zeichne die Seite a (a = 4 cm) mit den Endpunkten B und C. Trage bei B den Winkel β (β = 35°) an. Zeichne den Kreis mit dem Mittelpunkt B und dem Radius 5 cm.
c) Zeichne die Seite b (b = 4,4 cm) mit den Endpunkten A und C. Zeichne den Kreis mit dem Mittelpunkt C und dem Radius 3,5 cm. Zeichne die Parallelen zu b, die von b den Abstand 3,5 cm besitzen.

5
d) Zeichne die Seite b (b = 4,4 cm) mit den Endpunkten A und C. Zeichne den Kreis mit dem Mittelpunkt A und dem Radius 3,5 cm. Zeichne die Parallelen zu b, die von b den Abstand 3,5 cm besitzen.
e) Zeichne die Seite c (c = 6,7 cm) mit den Endpunkten A und B. Trage bei B den Winkel β (β = 80°) an. Konstruiere die Winkelhalbierende w_β (w_β = 5 cm) mit dem zweiten Endpunkt D. Zeichne die Gerade AD.

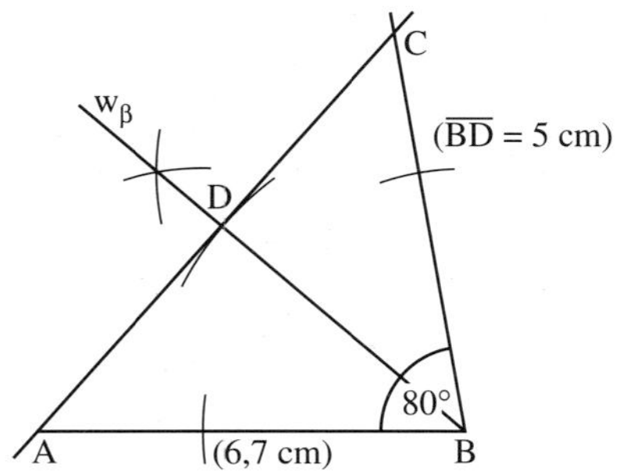

f) Zeichne den Winkel β (β = 180° – 45° – 75° = 60°) mit dem Scheitelpunkt B. Konstruiere die Winkelhalbierende w_β (w_β = 6,4 cm) mit dem zweiten Endpunkt D. Konstruiere die Teildreiecke ABD und BCD, indem du bei D den Winkel mit der Größe 105° ($180° - \alpha - \frac{\beta}{2} = 105°$) bzw. 75° ($180° - \gamma - \frac{\beta}{2}$) anträgst.

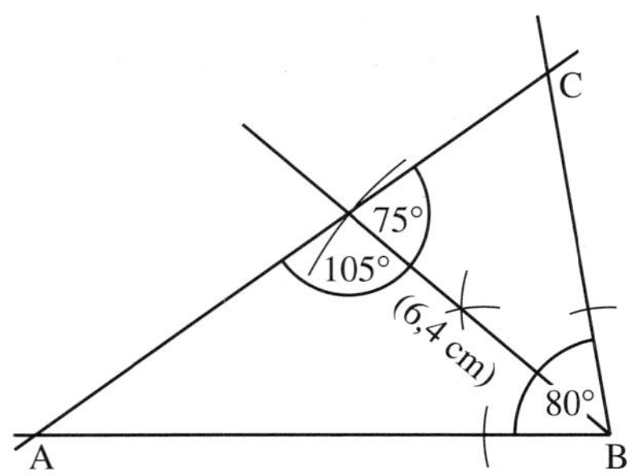

6
Der Fluss ist 40 m breit.

7
Die beiden Teildreiecke sind zueinander kongruent, denn sie stimmen in der Höhe des großen Dreiecks und den beiden anliegenden Winkeln überein (sws-Satz). Das große Dreieck ist somit gleichschenklig.

Hinweis zur Stochastik

Stochastik lebt vom Experimentieren wie Physik oder Chemie. Die Experimente erfordern meist nur wenig Aufwand, sie sind tragende Säulen. Gelegenheiten für exemplarische Klassenexperimente sind auf der Marginalie gekennzeichnet. Besonders motivierend sind Fragestellungen, bei denen es gelingt, intuitive Erwartungen experimentellen Ergebnissen gegenüberzustellen.

Aus diesem Grund beginnt die Stochastik mit einer Lerneinheit 1 zur Begriffsbildung über Experimente, bei denen **vor (!)** den Versuchsdurchführungen Vermutungen („Hypothesen") aufgestellt werden. Sie endet mit der spannenden Themeneinheit „Geschmackstest", in der die zuvor erworbenen Kenntnisse über Pfad- und Summenregel zur Anwendung kommen.
Der mit Stochastik vertraute Lehrer wird eine motivierende Unterrichtsreihe **alleine aus den Lerneinheiten 1** (Wahrscheinlichkeit und relative Häufigkeit) **und 4** (Baumdiagramm und Pfadregel) zusammenstellen können. Er wird Laplace-Wahrscheinlichkeiten und Summenregel als Selbstverständlichkeiten einflechten. Es ist auch möglich, die Pfadregel anhand der Aufgaben 1, 2, 3 aus der Themeneinheit „Problemorientierte Anwendungen der Pfadregel" im Unterricht zu erarbeiten.
Bei Verzicht auf die Experimente in Lerneinheit 1 entsteht ein Unterrichtsgang, in dem die klassischen Laplace-Wahrscheinlichkeiten ein starkes Gewicht erhalten.
Die Lerneinheit Summenregel sollte man in jedem Fall nur kurz bearbeiten.

Da Stochastikunterricht auch ohne starke Formalisierung auskommt, wird in Übereinstimmung mit dem Lehrplan auf formale Darstellungen mit Hilfe der Mengenalgebra bewusst verzichtet. Fragen, die mit dem Begriff des Wahrscheinlichkeitsraumes zusammenhängen, kommen in Aufgabe 17, Seite 88, und Aufgabe 20, Seite 93, in inhaltlich bedeutsamem Zusammenhang zur Sprache.

Mathematische Begriffe und Bezeichnungen

1 Zahlen

$\mathbb{N} = \{0; 1; 2; 3; \ldots\}$	ist die Menge der natürlichen Zahlen
ggT	größter gemeinsamer Teiler
kgV	kleinstes gemeinsames Vielfaches
$\mathbb{Z}$	Menge der ganzen Zahlen
$\mathbb{Q}$	Menge der rationalen Zahlen
$\{\,\}$	leere Menge

2 Beziehungen zwischen Zahl und zwischen Größen

$a = b$	a gleich b	z. B. $0{,}75\,\text{m} = 75\,\text{cm}$
$a \approx b$	a ungefähr gleich b	z. B. $346 \approx 350$
$a < b$	a kleiner b	z. B. $19 < 21$
$a > b$	a größer b	z. B. $2\,\text{m} > 195\,\text{cm}$
$a < b < c$	b liegt zwischen a und c	z. B. $7 < 10 < 11$

3 Geometrie

P; Q; R; . . .	Punkte
$P(x\|y)$	Punkt P mit der 1. Koordinate x und der zweiten Koordinate y: z. B. $P(2\|3)$
$\underline{PQ}$	Gerade durch die Punkte P und Q
$\overline{PQ}$	Strecke mit den Endpunkten P und Q, auch Länge dieser Strecke
g; h; k . . .	Geraden, Halbgeraden
a; b; c; . . .	Strecken, auch Länge der Strecken (z. B. $a = 3\,\text{cm}$)
$g \perp h$	g ist senkrecht zu h
$g \parallel h$	g ist parallel zu h
$\sphericalangle BAC$	Winkel mit B auf dem ersten und C auf dem zweiten Schenkel und A als Scheitel
$\sphericalangle gh$	Winkel mit g als erstem Schenkel und h als zweitem Schenkel
$\alpha; \beta; \gamma; \ldots$	griechisches Alphabet, Bezeichnung für Winkel

Register